新手学电脑（第3版）

智云科技◎编著

清華大學出版社
北京

内 容 简 介

这是一本以Windows 10操作系统为基础的、新手学习电脑的工具书。全书共有12章，其内容主要包括电脑基础入门与Windows 10操作系统设置与体验、Office常用组件的应用、网络设置、网上生活以及电脑的优化、维护与故障排除等。通过本书的学习，不仅能让读者学会Windows 10操作系统的基本使用方法，还能通过学习本书中的实战案例掌握电脑的各种实用技巧，帮助读者快速学会使用电脑并轻松上手操作。

由于本书内容实用、操作详细、栏目丰富，非常适合希望快速学会电脑的初、中级用户使用。此外，本书也适合各类家庭用户和社会培训学员使用，或作为各大中专院校及各类电脑培训班的实用教程。

图书在版编目 (CIP) 数据

新手学电脑 / 智云科技编著．—3 版．—北京：清华大学出版社，2019 (2020.7重印)

ISBN 978-7-302-52102-0

Ⅰ．①新…　Ⅱ．①智…　Ⅲ．①电子计算机—基本知识　Ⅳ．① TP3

中国版本图书馆 CIP 数据核字（2019）第 009979 号

责任编辑： 李玉萍
封面设计： 李　坤
责任校对： 吴春华
责任印制： 宋　林

出版发行：清华大学出版社
网　　址： http://www.tup.com.cn，http://www.wqbook.com
地　　址： 北京清华大学学研大厦 A 座　　**邮　　编：** 100084
社 总 机： 010-62770175　　**邮　　购：** 010-62786544
投稿与读者服务： 010-62776969，c-service@tup.tsinghua.edu.cn
质 量 反 馈： 010-62772015，zhiliang@tup.tsinghua.edu.cn

印 装 者： 涿州汇美亿浓印刷有限公司
经　　销： 全国新华书店
开　　本： 190mm×260mm　　**印　　张：** 18.75　　**字　　数：** 456 千字
版　　次： 2015 年 1 月第 1 版　　2019 年 7 月第 3 版　　**印　　次：** 2020 年 7 月第 2 次印刷
定　　价： 69.80 元

产品编号：080798-01

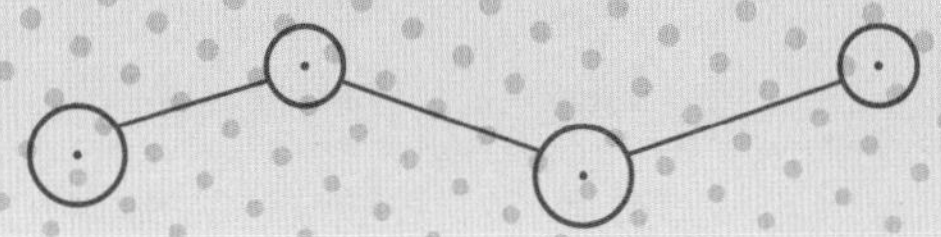

前/言

本书的编写缘由

在信息科技飞速发展的今天，电脑早已成为人们日常生活、工作和学习中必不可少的工具之一，会使用电脑不仅是每个人必须掌握的基本技能，也是反映一个人综合素质的重要标准之一。

虽然电脑的操作很简单，并且随着电脑技术的不断进步，其操作也更趋于简单和人性化，但是对于许多还未接触过电脑，或者正在学习电脑的初学者而言，仍然会有各种担心，怕学习起来会很困难。

为了帮助读者在短时间内能够轻松、快速掌握电脑各个方面的基础知识和基本操作，并在日常生活和实际工作中使用好电脑，我们编写了本书。

本书有哪些内容

本书共12章，可划分为4个部分，各部分的具体内容如下。

篇	章　节	内容描述
电脑基础	第1~5章	这部分内容是初学者学电脑的第一步，其内容包括：新手学电脑必知、Windows 10操作系统的入门与体验、输入法的掌握以及电脑中资料的管理方法。通过对本部分内容的学习，旨在帮助读者能够快速入门电脑使用
软件应用	第6、7章	这部分内容为常用办公软件讲解，其内容包括：Office软件的共性操作、使用Word编排普通文档和图文混排文档的操作、使用Excel制作表格并处理和计算数据等。通过对本部分内容的学习，可以让读者快速掌握电脑办公的基本技能
网络应用	第8~10章	这部分内容为网络应用专题讲解，其内容包括：网络设置与应用、电子邮件、QQ和微信的使用、在网上休闲娱乐、进行各种网上便民服务等。通过对本部分内容的学习，可以让读者轻松走进互联网，畅享网络生活
电脑维护	第11、12章	这部分内容为技能提升篇，其内容包括：电脑的优化操作、常见维护方法，以及电脑在使用过程中遇到的常见故障的排除方法。通过对本部分内容的学习，可以提升初学者的电脑水平，掌握基本的电脑维护技能，从而更好地使用电脑

本书有哪些特色

特　点	说　明
讲解实用，语言精练、通俗易理解	本书挑选的内容都是最实用的，其操作最常见、案例最典型，在讲解上力求语言简洁、精练，通过通俗易懂的语言将知识讲解清楚，提高读者的阅读和学习效率
结构科学，理论与操作同步掌握	本书在每章知识的安排上采取“主体知识+实例操作”的结构，力求让读者在学习理论知识的同时掌握该知识的实际应用。此外，在本章的末尾都安排了“高手支招”板块，它是本章内容的技巧掌握和延展提升，通过这部分内容的学习可以让读者能力快速提升
栏目丰富，拓展知识学得更多	本书在知识讲解过程中，大量穿插“长知识”栏目，通过该栏目，有效增加了本书的知识量，扩展了读者的学习宽度，从而帮助读者掌握更多实用的知识和技巧操作
超值赠送，海量资源买得超值	本书不仅免费赠送了书中涉及的素材和效果文件，方便读者上机操作，还额外赠送了海量的其他资源，包括各种电脑操作，电脑组装、维护，网上开店，电脑炒股等学习视频，另外还有电子书、快捷键使用大全、Excel常用函数速查、常用办公设备使用技巧、各类图示结构集合、五笔字型汉字编码速查表、PPT精选模板等，让读者花一本书的钱，买得更超值，更划算

关于读者的对象

本书主要定位于希望快速入门学习电脑的初级用户，适合不同年龄段的办公人员、文秘、财务人员、国家公务员等。此外，本书也适用于各类家庭用户、社会培训学员使用，或作为各大中专院校及各类电脑培训的教材。

我们的创作团队

本书由智云科技编著，参与本书编写的人员有邱超群、杨群、罗浩、林菊芳、马英、邱银春、罗丹丹、刘畅、林晓军、周磊、蒋明熙、甘林圣、丁颖、蒋杰、何超等，在此对大家的辛勤工作表示衷心的感谢！

由于编者经验有限，加之时间仓促，书中难免会有疏漏和不足，恳请专家和读者不吝赐教。本书赠送的视频、课件等其他资源均以二维码形式提供，读者可以使用手机扫描下面的二维码下载并观看。

编　者

目录 CONTENTS

第 1 章 新手学电脑入门第一课

第 2 章 初次接触Windows 10操作系统

第3章 Windows环境的个性化设置与初体验

第4章 认识与使用输入法打字

第 5 章 轻松管理文件资源

第 6 章 文档编辑大师——Word 2016

第7章 数据处理专家——Excel 2016

第8章 网络设置与应用一点通

第 9 章 便捷的网络通信与社交

第 10 章 畅享网上娱乐与便民服务

第 11 章 电脑的优化与维护

第 12 章 电脑使用的常见故障排除

第1章

新手学电脑入门第一课

学习目标

电脑不仅可以听歌、追剧、玩游戏、网上冲浪，让我们的生活更加丰富多彩，它还是现代化办公必不可少的一个辅助工具，因此，学习电脑的操作是非常必要的。对于新手而言，要想学好电脑的操作，首先要对电脑的基本知识进行了解。在本章将具体针对常见的电脑入门知识进行介绍。

本章要点

- 认识主机的外部与内部结构
- 认识输入与输出设备
- 将各个设备与主机连接
- 电脑的正确开关机

……

- 认识鼠标的结构及其握法
- 鼠标的常见操作
- 认识键盘各个功能区
- 键盘的正确操作和打字姿势

……

知识要点	学习时间	学习难度
认识电脑的类型和常见设备	30 分钟	★★
电脑的软件组成	20 分钟	★★
鼠标与键盘的认识与使用	40 分钟	★★★

LESSON 1.1 认识电脑的类型

电脑也称为计算机，其划分种类很多。对于日常工作和生活中常见的电脑，主要是根据其外观结构和便携性来划分的，具体又可分为台式电脑、笔记本电脑、电脑一体机、平板电脑和上网本等类型。

● 台式电脑

台式电脑在常见电脑中体积是最大的，其移动性有限，通常固定安装在某一位置。因其价格低廉、性能强大、维护方便，并且可扩展性很强，所以是普通家庭娱乐和办公的首选，如图1-1所示。

● 笔记本电脑

笔记本电脑也称为便携式个人电脑，它将主机、显示器、鼠标和键盘等基本设备整合在一起，并可以使用专用电源供电，实现移动办公的目的，如图1-2所示。

图1-1

图1-2

● 电脑一体机

电脑一体机是台式电脑和笔记本电脑之间的一个新型产物，其一体性体现在将主机、屏幕和音箱集成在一起。随着无线技术的发展，如今的电脑一体机的键盘、鼠标与显示器已实现无线连接，只需一根电源线即可，如图1-3所示。这就解决了台式电脑一直为人诟病的线缆多而杂的问题。

图1-3

平板电脑

平板电脑是一种新型个人电脑，其功能虽然比不上一般电脑强大，但因其超便携性、强大的娱乐功能和超低的价格等优势，成为很多人的娱乐工具，如图1-4所示。

上网本

上网本就是低配置、小巧轻便的便携式计算机，可支持网络交友、网上冲浪、听音乐、看照片、观看流媒体、即时聊天、收发电子邮件、基本的网络游戏等，如图1-5所示。

图1-4

图1-5

长知识 | 上网本与笔记本电脑的区别

乍一看，上网本和笔记本电脑的外观很相似，但是二者也是存在差别的。

①尺寸：上网本大多数都是7~12英寸屏幕；笔记本电脑基本上是在10.2英寸之上。

②配置：上网本基本上都采用英特尔Atom处理器，强调低能耗和长时间的电池续航能力，性能以满足基本上网需求为主，比较强调无线上网能力；笔记本电脑则拥有更强劲的多媒体性能。

③用途：上网本主要以上网为主，多用于在出差、旅游甚至公共交通上的移动上网；笔记本电脑则可以安装高级复杂的软件、下载、存储、进行视频会议、编辑大型文件、多任务处理以及体验更为丰富的游戏等。

因此，可以说上网本是笔记本电脑的低配版，它更注重轻便易带，一般为显卡集成，受分辨率和配置问题，无法玩大型的游戏，而笔记本电脑的配置更高，几乎可以替代台式电脑，但续航能力略差。

LESSON 1.2 电脑的硬件组成

很多人对电脑已经不陌生了，但是要问其电脑由哪些硬件组成，可能大多数人只知道由主机、显示器、鼠标和键盘组成，但各个硬件的作用是什么，即使是少数能熟练使用电脑的人也未必说得出来。在本节中将对电脑的常用设备及其作用进行详细介绍。

1.2.1 认识主机的外部与内部结构

主机是电脑中最重要的设备，是电脑储存数据、处理数据等行为的载体，主机性能的高低，决定了电脑的运行速度、处理速度等。下面具体来认识主机的外部结构和内部结构。

1. 主机的外部结构

主机的外部就是一个机箱，其正面和背面有不同的按钮和接口，与其他设备的连接大部分都在机箱的背后，了解这些按钮与接口是非常必要的，如图 1-6 所示。

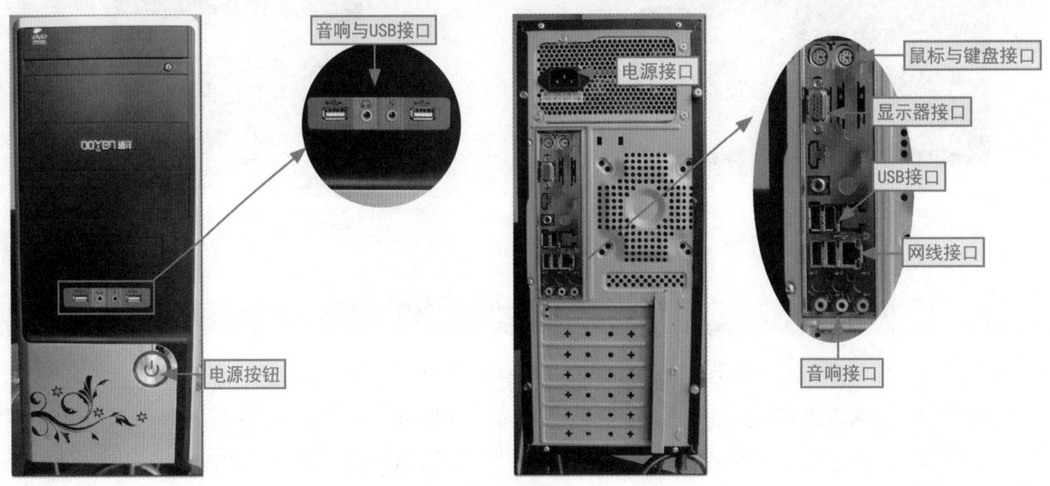

图1-6

2. 主机的内部结构

主机内部的构成比较复杂，主要由主板、CPU、独立显卡、电源、内存和硬盘等部分组成。对于新手而言，认识一些重要的部件即可，如主板、CPU、内存和硬盘。

● 主板

主板又叫主机板、系统板或母板，是电脑最基本、最重要的部件之一。主板大多为矩形电路板，如图1-7所示。其主要作用就是在上面安装组成电脑的主要电路系统，为CPU、显卡、声卡、硬盘、存储器、对外设备等提供接洽点，因此主板的兼容性非常重要。

图1-7

CPU

CPU又称中央处理器，它是电脑的核心，相当于人类的大脑。CPU性能的高低，决定了电脑处理数据的速度，具体表现为电脑的运行速度、反应速度等。目前，市场常见的CPU品牌有两种，分别是Intel和AMD，如图1-8所示。其中，Intel的CPU稳定性较好，而AMD的CPU性价比较高。

图1-8

内存

内存又称内存储器，其外观如图1-9所示。内存的作用是暂时存放CPU中的运算数据，以及与硬盘等外部存储器交换的数据。对于电脑来说，有了存储器才有记忆功能，才能保证电脑正常工作。由于电脑中所有程序的运行都是在内存中进行，因此内存的性能对电脑运行速度的影响非常大。

图1-9

硬盘

硬盘是电脑主要的存储媒介，负责数据的储存，由一个或多个铝制或玻璃制的碟片组成。硬盘有三种类型，分别是机械硬盘（HDD）、固态硬盘（SSD）和混合硬盘（SSHD）。其中，固态硬盘是在机械硬盘之后推出的新型硬盘，是以固态电子存储芯片阵列制成的一种硬盘，是目前装机的首选硬盘，其外形如图1-10所示。

图1-10

长知识 | 了解机械硬盘与混合硬盘

机械硬盘是传统式硬盘，如图1-11所示。在没有固态硬盘之前该硬盘是首选，由于其具有容量大、价格低及技术成熟等优点，目前一般将其作为存储副盘来使用；其缺点是速度相对慢、发热大、噪声大、防震抗摔性差。混合硬盘是基于传统机械硬盘诞生出来的新硬盘，其相当于机械硬盘和固态硬盘的组合产品，其外形如图1-12所示。混合硬盘读写速度相比机械硬盘要快，但是不如固态硬盘，与机械硬盘同样，存在发热明显、有噪声、有震动的缺点。

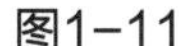

图1-11

图1-12

1.2.2 认识输入与输出设备

虽然主机是电脑的核心部件，但是要让电脑正常运行，还离不开必要的输入设备（鼠标、键盘）与输出设备（显示器、音响、打印机），下面具体来介绍一些常见的输入与输出设备供初学者学习。

● 鼠标

鼠标作为电脑的输入设备，分为有线鼠标和无线鼠标两种，是计算机显示系统纵横坐标定位的指示器，因形状与老鼠相似，所以称之为“鼠标”。如图1-13所示为无线鼠标。

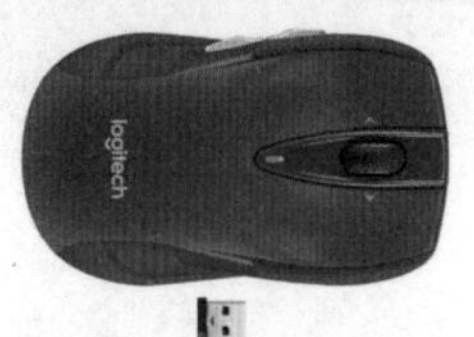

图1-13

● 键盘

键盘一般用于输入文字，也可以发出指令，它与鼠标共同组成了电脑的必要输入设备，两者配合使用，几乎可以实现电脑的所有功能，如图1-14所示。

图1-14

● 显示器

显示器是一种将电子文件通过特定的传输设备显示到屏幕上再反射到人眼的显示工具，它是电脑必备的输出设备，如图1-15所示。

图1-15

● 音响

在使用电脑观看电影、电视剧等视频或听音乐时，音响可以让电脑输出声音，如今市面上音响的样式也是多种多样，如图1-16所示。

图1-16

● 打印机

使用打印机可以将电脑中的文件内容或图像输出到纸张上阅读和保存，它一般在办公中较为常见，家庭中较少使用。如图1-17所示为打印机的外形。

图1-17

长知识

在选择输入/输出设备时，除了要考虑预算外，还应考虑品牌，知名品牌的产品质量佳，使用体验好，可提高用户的生活质量和工作效率。

LESSON 1.3 电脑的软件组成

在整个电脑系统中，除了前面介绍的硬件系统以外，还包括软件系统。它是电脑的灵魂，如果缺少软件系统，电脑就如同一堆废铁。电脑的软件系统划分为系统软件和应用软件两大组成部分，具体介绍如表1-1所示。

表 1-1　系统软件和应用软件介绍

系统组成	说　明
系统软件	系统软件是负责管理电脑系统中各种独立的硬件，使得它们可以协调工作，通常包括： ①各类操作系统，如 Windows、Linux、UNIX 等； ②操作系统的补丁程序及硬件驱动程序； ③一系列的基本工具，如编译器、数据库管理、存储器格式化、文件系统管理、用户身份验证、网络连接等
应用软件	应用软件是为了某种特定的用途而被开发的软件。通常包括： ①特定的程序，如 QQ、飞鸽传书、360 安全卫士、游戏软件等； ②一组功能联系紧密，可以互相协作的程序集合，如 Office 软件； ③由众多独立程序组成的庞大的软件系统，如图书管理系统、进销存管理系统等

用户在电脑上进行的所有操作都是在系统软件或应用软件上进行的。虽然二者的用途不同，但它们的共同点是都存储在计算机存储器中，是以某种格式编码书写的程序或数据。

LESSON 1.4 电脑操作初掌握

在对电脑的基础知识进行一番了解后，就可以开始学习电脑的基本操作了。首先要学会的操作就是电脑设备的连接以及正确的开关机。

1.4.1 将各个部件与主机连接

无论用户是从实体店还是从网络上购买电脑，要让电脑开始工作，首先需要将电脑的各个部件与主机连接起来，待接通电源后才能够正常使用。下面具体介绍将各个设备与主机连接的操作。

步骤01 准备设备

依次将显示器、主机、鼠标、键盘、音响和网线准备好，待用。

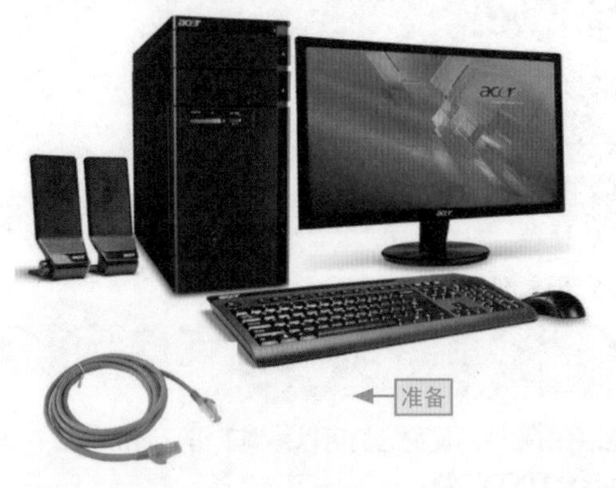

步骤02 将显示器与主机连接

将带有针形插头的显示器信号线与机箱的显示器接口接好。连接时应注意插头的插入方向，连接好后将插头上的螺帽按顺时针方向旋转，使其与接口连接稳固。用同样的方法将信号线的另一端连接到显示器的接口处。

步骤03 将键盘与主机连接

将键盘插头插入机箱背面的紫色PS/ 2圆形插孔中。在插入时应注意插头的插入方向（有的键盘插头为扁平的USB接口，此时就需要将其插入USB接口中）。

步骤04 将鼠标与主机连接

用相同的方法将鼠标插头按正确的方向插入机箱背面的绿色PS/ 2圆形插孔中（有的鼠标插头为扁平的USB接口，此时就需要将其插入USB接口中）。

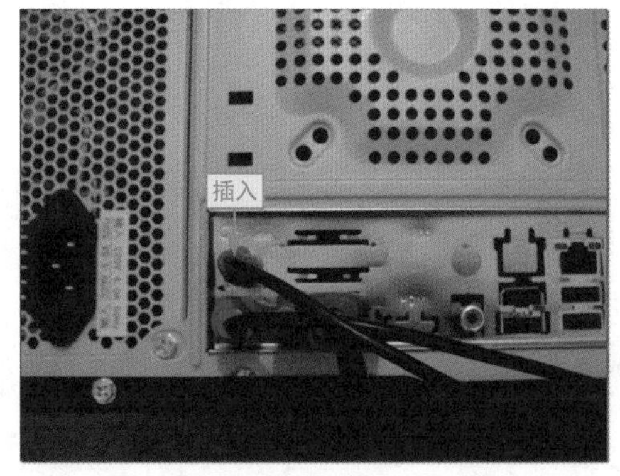

步骤05 将音响线和话筒线连接到主机

将音响线和话筒线连接到机箱背面端口（这里有3个插孔，每个插孔上方都有对应的图标，根据图标即可正确判断连接的插孔），将音响的电源线连接到电源插座。

步骤06 将网线与主机连接

将网线的一端插入机箱背后对应的插孔中（要连入网，还需要将网线的另一端插在Modem对应的插孔上）。

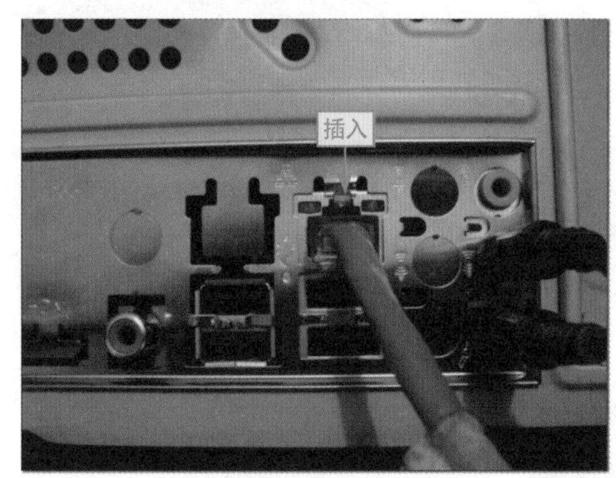

步骤07 连接电源线

将电源输入线插入机箱背面的电源输入孔中，再将另一端插到电源插座上，完成设备与主机的连接。

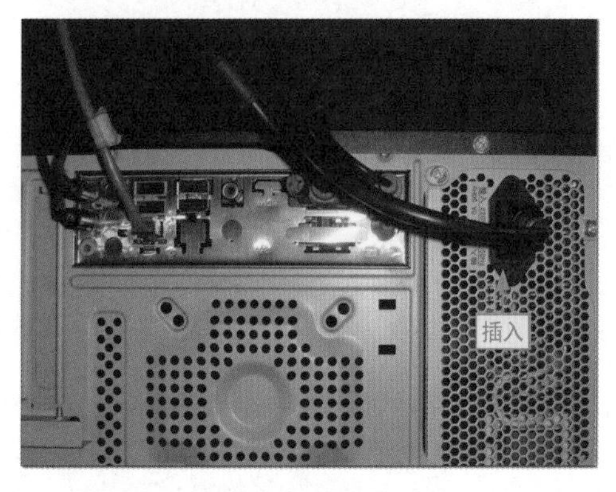

需要注意的是，完成以上的连接操作后，还要将显示器电源线的一端插入显示器后面的电源插孔中，再将另一端插到电源插座上，然后通电即可开机。

1.4.2 电脑的正确开关机

所谓开关机就是启动与退出电脑操作系统。开关机的操作必须正确，不规范的开关机，会对电脑造成极大的损害，从而缩短电脑的使用寿命。

1. 正确的开机方法

启动电脑，首先要确保电源与主机和显示器的总电源是接通的，然后执行以下操作即可启动电脑，这种启动电脑的方法又叫冷启动。

步骤01 打开显示器与主机

在接通显示器与主机的电源后，❶按下显示器的电源按钮，打开显示器。❷按下主机的电源按钮，启动主机。

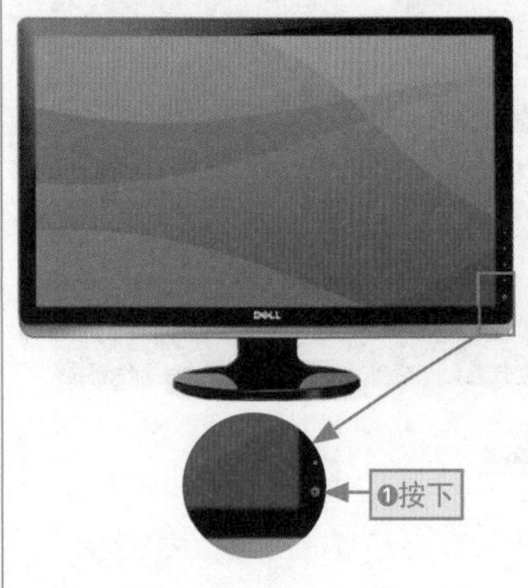

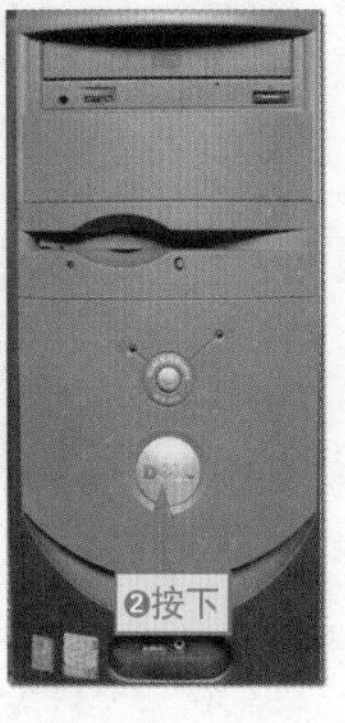

步骤02 进入Windows操作系统

电脑会自行启动一系列准备工作，随后进入开机启动界面，等待一会儿后，电脑将自动进入Windows 10 的系统桌面。

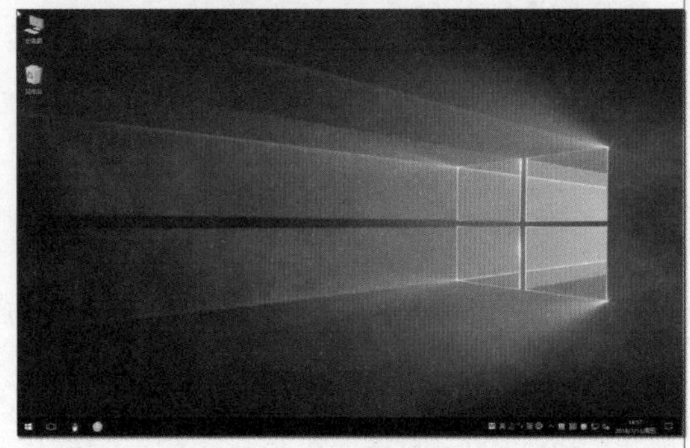

长知识 | 出现故障时重启系统

电脑如果在使用过程中出现故障，可以通过热启动和复位启动两种方法来重启系统。

热启动：该方法是指已进入Windows操作系统界面中，但由于系统故障而导致电脑“死机”，此时可以使用热启动的方法对电脑进行重新启动。其操作方法为：❶单击“开始”按钮，❷在弹出的“开始”菜单中单击“电源”按钮，❸选择“重启”命令即可，如图1-18左图所示。

复位启动：该方法是在系统故障且无法采用热启动方法重启电脑时使用。此时按下主机机箱上的“复位”按钮即可进行复位启动，如图1-18右图所示。“复位”按钮又叫重启键，即RESET。

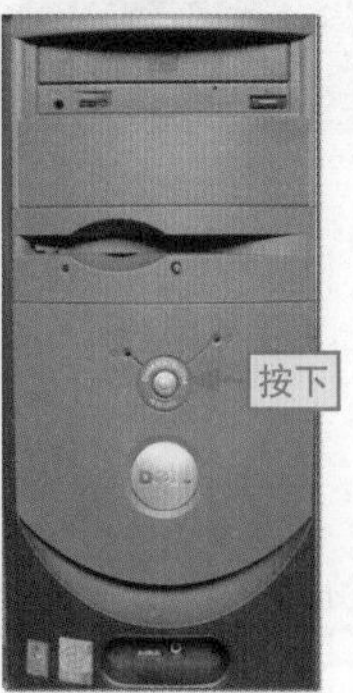

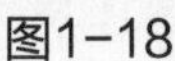
图1-18

2. 正确的关机方法

用完电脑以后应该将其正确关闭，这不仅仅是为了省电，也是为了保护电脑和数据的安全，关闭电脑就是先退出电脑的操作系统，然后切断显示器电源。对于退出电脑操作系统的方法有以下几种。

● 通过“开始”菜单直接退出

❶单击“开始”按钮，弹出“开始”菜单，❷在其中单击“电源”按钮，❸在弹出的菜单中选择“关机”命令可以关闭所有应用并退出操作系统，如图1-19所示。

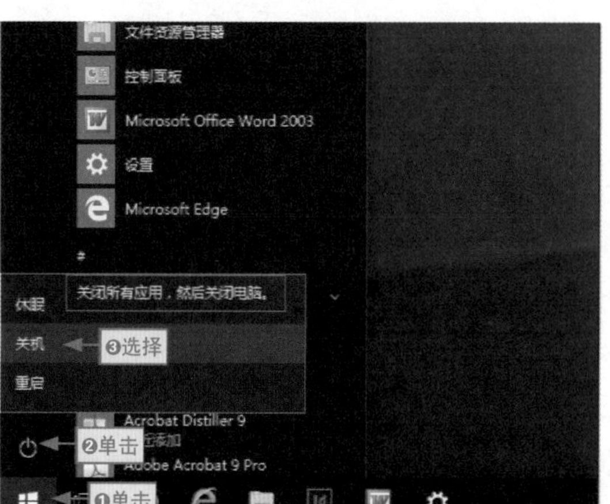

图1-19

● 通过“开始”按钮快捷菜单退出

❶右击“开始”按钮，或按Windows +X组合键，❷在弹出的快捷菜单中选择“关机或注销”命令，❸在其子菜单中选择“关机”命令即可退出操作系统，如图1-20所示。

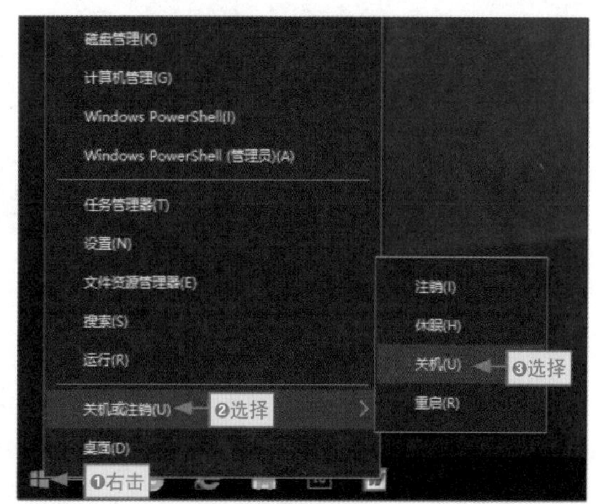

图1-20

● 通过“电源”菜单退出

直接按Ctrl+Shift+Delete组合键，❶在打开的界面中单击桌面右下角的“电源”按钮，❷在弹出的菜单中选择“关机”命令即可退出操作系统，如图1-21所示。

图1-21

● 通过对话框退出

在桌面状态直接按Alt+F4组合键，在打开的“关闭Windows”对话框的“希望计算机做什么”下拉列表框中选择“关机”选项，此时直接单击“确定”按钮即可退出操作系统，如图1-22所示。

图1-22

LESSON 1.5 认识鼠标及其操作

鼠标是在使用电脑过程中应用最多的设备之一，为了更好地使用鼠标操作电脑，用户必须对它的基本结构、握法和常见操作进行了解。

1.5.1 认识鼠标的结构及其握法

目前，市面上常见的鼠标类型有光电有线鼠标和无线鼠标，不同类型的鼠标，其外形结构也多样，但是它的基本结构都大同小异，主要包括鼠标左键、鼠标右键和鼠标中键（又称为鼠标滚轮或滚轮）三个部分，如图1-23所示。

一般情况下，用户都是用右手操作鼠标。正确的握住鼠标的方法是：食指和中指自然放在鼠标的左键和右键上，不要太紧，就像把手放在自己的膝盖上一样。拇指横向放在鼠标左侧，无名指和小指放在鼠标右侧，拇指与无名指及小指轻轻握住鼠标。手掌心轻轻贴住鼠标后背，手腕自然垂放在桌面上，如图1-24所示。

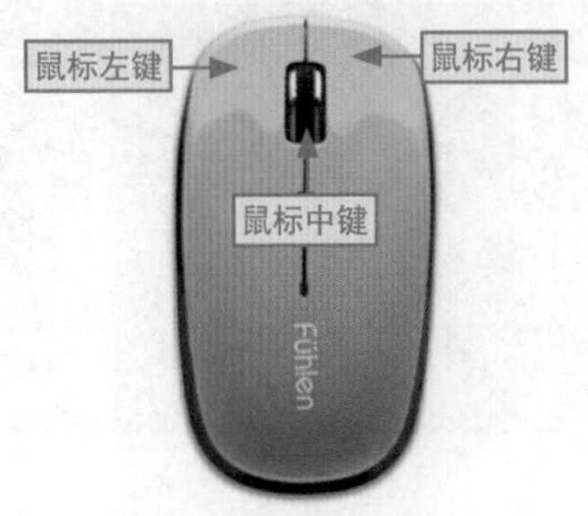

图1-23

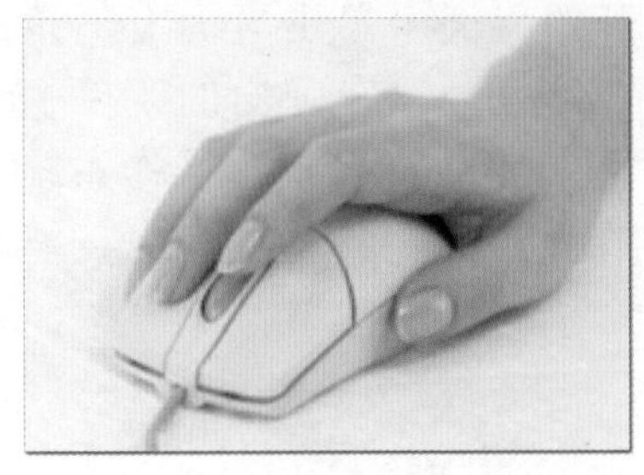

图1-24

1.5.2 鼠标的常见操作

在前面的正确开关机的内容讲解中已经涉及了鼠标的操作，如单击、右击，除了这些操作，鼠标的常见基本操作还包括指向、拖动和双击。下面分别详细介绍这五种基本操作的具体操作方法和作用。

● 指向

指向操作主要是对鼠标进行移动操作，即握住鼠标，将鼠标光标移到所需的位置上。将鼠标光标指向某个对象（按钮、程序、命令等）上后，程序会自动弹出该对象的相关信息，如图1-25所示。

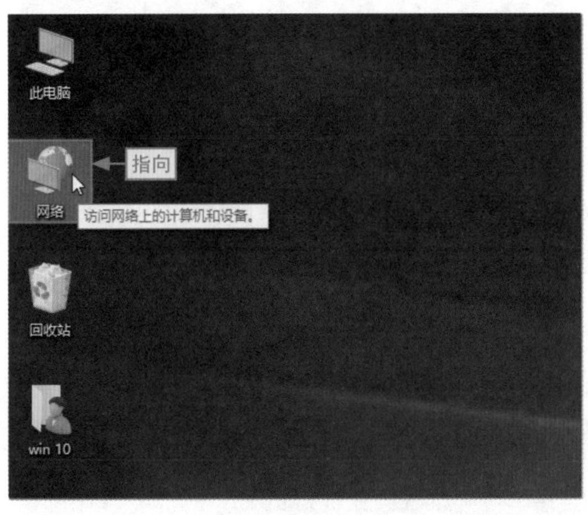

图1-25

● 拖动

拖动是指将鼠标光标移动到某个对象上之后，按住鼠标左键不放进行拖动，当拖动到目标位置后释放鼠标左键，拖动操作常用于改变对象的位置。如图1-26所示为通过拖动鼠标移动文件的位置。

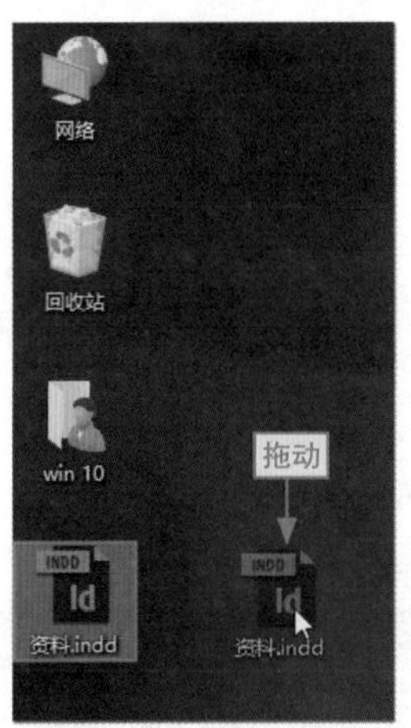

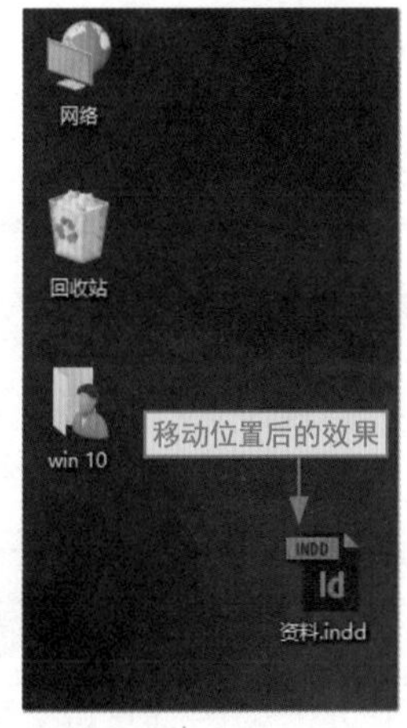

图1-26

● 单击

单击操作是指将鼠标光标移动到某个对象上之后，按下鼠标左键后立即释放鼠标左键，该操作常用于选择某个对象、弹出菜单或执行命令等，是鼠标操作使用频率最高的操作。如图1-27所示为通过单击鼠标操作选择“img7.jpg”图片文件。

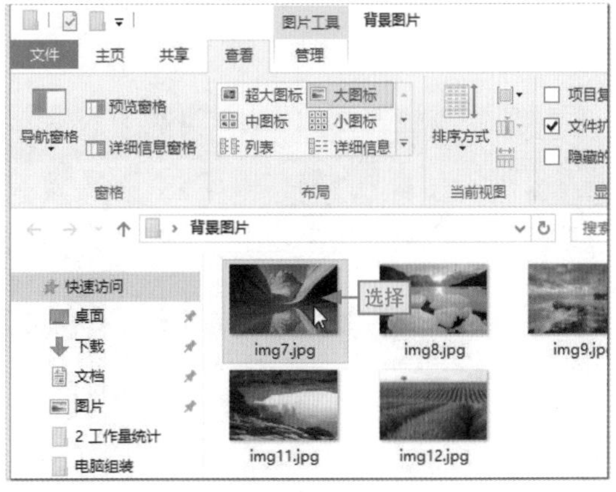

图1-27

● 双击

双击操作是指将鼠标光标移到某个目标对象上后快速按两次鼠标左键，该操作常用于启动程序、打开某个文件和文件夹窗口、展开/隐藏面板等。如图1-28所示为通过双击“计算机”选项卡将隐藏的功能区面板显示出来。

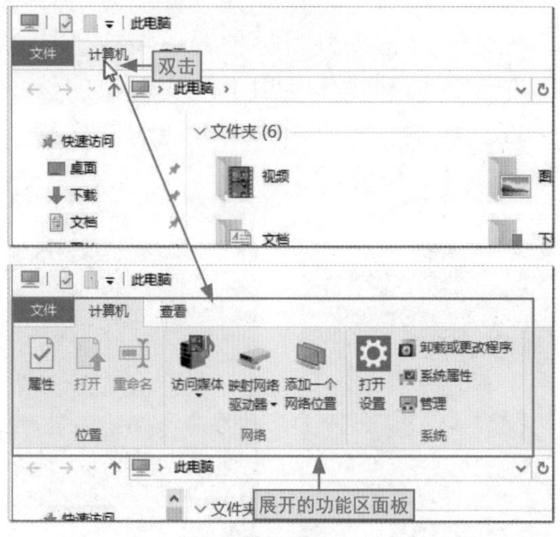

图1-28

● 右击

右击操作是指将鼠标光标移到某个对象上后单击鼠标右键，通常该操作被用于弹出对象的快捷菜单。如图1-29所示为在图片文件上执行右击操作后弹出的快捷菜单（不同的对象，其快捷菜单的命令及其个数也是不同的）。

图1-29

长知识 | 鼠标双击操作中需要注意的问题

需要注意的是，两次单击操作之间的间隔时间要短，否则系统会默认为此次双击为两次单击操作。在执行双击左键操作时，发现图标被移动，说明进行双击操作时，操作鼠标的手晃动了；若双击图标时，图标的名称处变成蓝色可编辑状态，说明两次单击的间隔时间太长。

LESSON 1.6 认识键盘及其操作

键盘是文字输入最重要也是最基本的硬件设备之一，认识并掌握它的基本操作是很有必要的。虽然键盘外形和按键数量各有不同，但基本功能大同小异。通常可将键盘划分为功能键区（①）、电源控制键区（②）、状态指示灯区（③）、主键盘区（④）、编辑键区（⑤）和小键盘区（⑥），如图1-30所示。

图1-30

1.6.1 认识键盘各个功能区

在图1-30中清晰地标出了键盘的结构组成分区，下面具体介绍各个结构组成分区包含的按键及其对应的作用。

1. 功能键区

功能键区共有 13 个按键，最左边的 Esc 键即英文单词“Escape（逃跑）”的缩写，在这里为“取消、退出”的意思，通常用于取消当前正在执行的操作。F1 ～ F12 键的功能一般取决于具体的应用程序，其中 F1 一般为获得当前应用程序的帮助信息。

2. 电源控制键区

电源控制键区有 3 个按键，其中，Power 键主要用来关闭电脑；Sleep 键主要用来让电脑进入睡眠状态；Wake Up 键主要用来唤醒处于睡眠状态的电脑。

3. 状态指示灯区

状态指示灯区有 3 个指示灯，分别按下键盘上的 Num Lock 键、Caps Lock 键和 Scroll Lock 键会点亮对应的指示灯，用于指示当前键盘对应的区域处于何种输入状态。

4. 主键盘区

主键盘区主要输入文字和符号，它包括字母键、数字键、符号键、控制键和空格键。除了空格键和控制键，其余按键都是用来输入对应的字母、数字及符号，空格键用来输入空字符。各控制键的作用如表 1-2 所示。

表 1-2　各控制键的功能

按　键	功　能
Tab	制表键，通常用于转到下一个文本输入框和在文字处理中对其文本进行控制
Caps Lock	大写字母锁定键，按下该键，键盘相应指示灯点亮，此时可输入大写字母
Shift	上档选择键，一般与数字键和符号键结合使用，以输入上档字符
Ctrl	一般不单独使用，和其他键结合使用形成一些快捷键和完成特定功能
	又称“开始”菜单键或者 Windows 键，按该键会弹出“开始”菜单
Alt	与 Ctrl 键类似，一般不单独使用，与其他键结合使用
Backspace	退格键，按此键会删除文本插入点左边的一个字符
Enter	回车键，主要用于确认并执行命令
	快捷菜单键，按该键弹出鼠标光标对应地方的快捷菜单

5. 编辑键区

编辑键区共有 13 个按键，主要用来控制编辑过程中的光标和做一些特殊操作，如截屏和翻页等。其中各编辑键功能如表 1-3 所示。

表 1-3　各编辑键的功能

按　键	功　能
Print Screen	截屏键，按下该键可将当前屏幕以位图形式截取到剪贴板，再粘贴到支持位图的程序中进行编辑，利用其文本
Scroll Lock	滚动锁定键，若在 Excel 中按下，然后按上、下方向键，会锁定光标而滚动屏幕，再按下该键后按上、下方向键，会向下移动光标
Pause Break	中断暂停键，可终止某些程序的执行
Insert	在写字板和 Word 等文字处理软件中使用该键可以在插入和改写状态之间进行切换
Page Up	按下该键可使屏幕翻到前一个页面
Page Down	按下该键可使屏幕翻到后一个页面
Home	按下该键可以将鼠标光标移至当前行的行首，按下 Ctrl+Home 组合键可将鼠标光标移至文档第一行行首
End	按下该键可以将鼠标光标移至当前行的行尾，按下 Ctrl+End 组合键可以将鼠标光标移至文档最后一行行尾
Delete	删除键，按下该键可删除文本插入点左侧的一个字符，选中某个或多个对象后，按下该键可将其删除
方向键	包括上、下、左、右 4 个键，按下某个键可以将光标或选中的对象朝箭头所指的方向移动；在放映 PPT 时，使用这些键可进行翻页操作

6. 小键盘区

小键盘区主要用于快速输入数字和进行一些简单的数学运算。在 17 个键中包括 10 个双字符键，它们是上档键用于输入数字，下档键可用来控制光标和进行某些操作，如图 1-31 所示。

需要特别注意的是，Shift 键的上档切换操作只针对主键盘区，小键盘区的上下档字符的切换由 Num Lock 键控制。

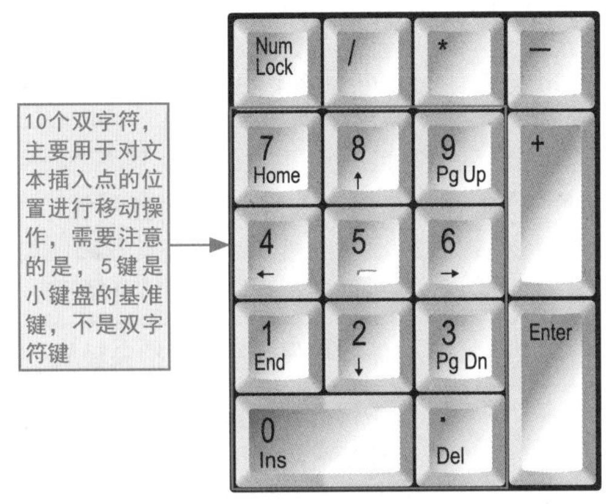

图1-31

1.6.2 键盘的正确操作和打字姿势

要想打字快、准、轻松，就必须正确地操作键盘及了解正确的打字姿势，对于初学者而言，在刚开始学习打字的时候就要养成良好的习惯。

1. 正确地操作键盘

正确地操作键盘包括掌握正确的指法和击键要领。正确的指法是指手指键位分工，即把键盘上的按键合理分配给每根手指，让每根手指在键盘上都有固定的负责区域，工作的时候让它们各司其职，相互配合快速完成任务。

主键盘区键位分为 8 个区域，除拇指外，其余 8 根手指各负责一个区域，主键盘区各手指键位管辖区域如图 1-32 所示。

图1-32

从图1-32中可以看到，每根手指所负责的按键都为一个斜线区域，只要在操作中掌握如表1-4所示的要领，就能准确、快速地输入字符。

表 1-4　正确的击键要领

要　领	具体阐述
1	手腕要平直，胳膊尽可能不动，主键盘区的全部动作仅限于手指部分
2	手指要保持弯曲，指尖轻放于按键中央
3	击键前，手指要保持放在基准键位上；击键后，要迅速返回到相应的基准键位，不要长时间按住一个键不放
4	击键时以手指指尖垂直向键位击下，并立即放开，力度一定要适当
5	右手击键时，左手手指应放在基准键位上并保持不动；左手击键时，右手手指应放在基准键位上并保持不动。总之“该出手时才出手”

此外，在主键盘区中有8个基准键位，为第三排字母键的A、S、D、F、J、K、L和“;”键，当用户打字时在非按键情况下，手指都放在基准键位上。其中F、J键称为定位键，这两个键上有一条凸起的小横杠，方便人们通过感知快速定位。

准备打字时，将左手的食指放在F键上，右手的食指放在J键上，其他手指（除拇指外）按顺序分别放置在相邻的基准键位上，双手大拇指放在空格键上，如图1-33所示。

图1-33

对于初学者而言，在进行指法练习时，必须严格按照指法分区的规定练习，并养成良好的操作习惯，不能用单个手指来进行指法练习。因为坏习惯一旦养成就很难改正，从而无法提高打字速度。

2. 正确的打字姿势

在使用键盘输入字符时，还要注意打字姿势。如果姿势不正确，不但会影响打字的速度，也容易产生疲劳感，从而影响视力，正确的坐姿如图 1-34（a）所示；错误的坐姿如图 1-34（b）所示。

图1-34

正确打字姿势的具体要点说明如表1-5所示。

表 1-5 正确的坐姿要点

要 领	具体阐述
1	身体坐正，全身放松，双手自然放于键盘上，腰部挺直，上身微微前倾，身体与键盘的距离大约为 20cm
2	眼睛距显示器的距离为 30～40cm，显示器中心应与水平视线保持 15°～20° 夹角。不要长时间盯着屏幕，以免损伤眼睛
3	双脚脚尖和脚跟自然贴放在地面上，大腿自然平直，而且小腿与大腿之间的角度近似 90°
4	座椅高度应配合电脑键盘和显示器的放置高度。座椅的高度以双手自然垂放在键盘上时肘关节与手腕高度基本持平为宜；显示器的高度以操作者坐下后，其目光水平线处于显示屏幕上方的 2/3 处为准

高手支招 | 互换鼠标左右键功能，“左撇子”也能更好地使用鼠标

常规的鼠标左右键功能对于“左撇子”而言，操作起来就不太方便，可不可以改变鼠标左右键的功能，让习惯使用左手的用户也能更顺畅地使用鼠标来操作电脑呢？答案是肯定的，下面就来介绍一下，如何将鼠标默认的左右键功能进行互换。

步骤01 单击“设置”按钮

❶单击“开始”按钮，❷在弹出的“开始”菜单中单击“设置”按钮。

步骤02 单击“设备”按钮

在打开的“Windows设置”窗口中单击“设备”按钮。

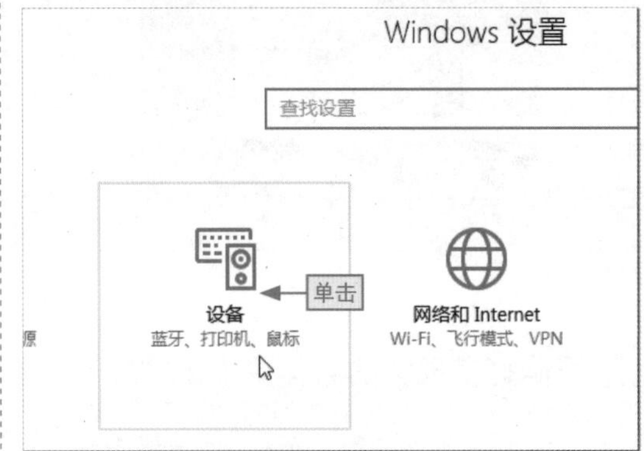

步骤03 单击“鼠标”选项卡

❶在打开的“设置”窗口中单击左侧的“鼠标”选项卡。❷在窗口的中间单击“选择主按钮”下拉列表框右侧的下拉按钮。

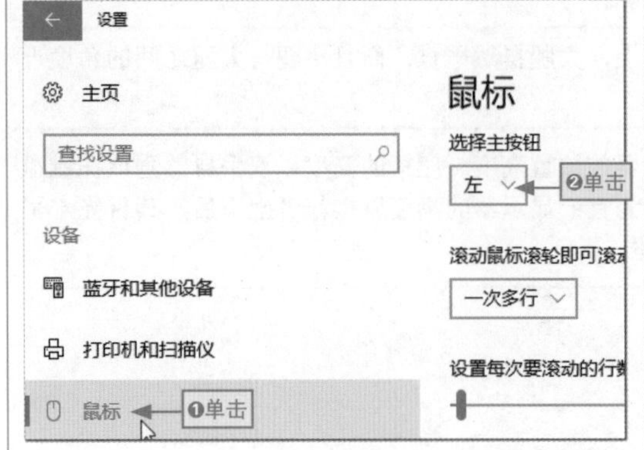

步骤04 更换鼠标左右键功能

❶在弹出的下拉列表中选择“右”选项完成鼠标左右键功能的互换，❷单击“关闭”按钮即可关闭窗口。

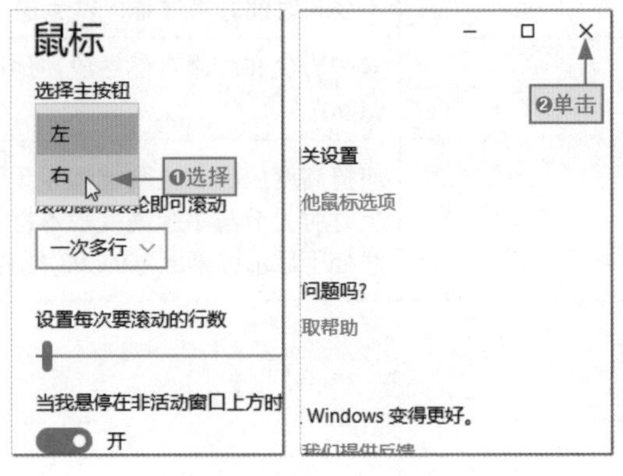

高手支招 | 鼠标光标设置得大一些，大屏幕中更容易查看

对于一些视力不太好的用户而言，默认大小的鼠标光标有时看不清甚至看不到，尤其在大屏幕、分辨率高的显示器上，寻找鼠标光标更是费劲，此时用户可以通过单独将鼠标光标的显示设置得大一些，其具体操作方法如下。

步骤01 单击“设置”按钮

进入“Windows设置”窗口，在其中单击“设备”按钮打开“设置”窗口。

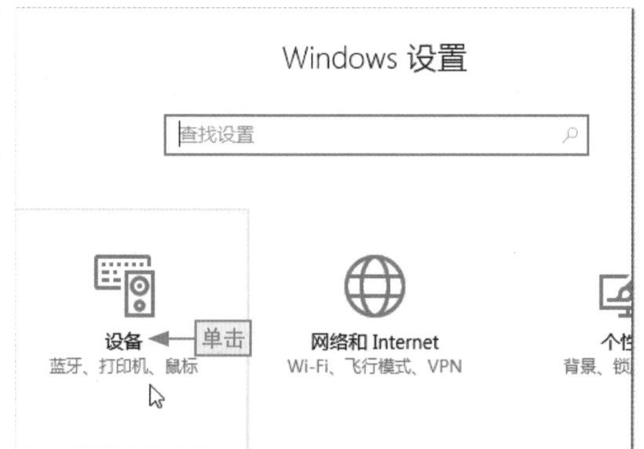

步骤02 单击超链接

❶在“设置”窗口中单击“鼠标”选项。❷单击窗口右侧的“其他鼠标选项”超链接。

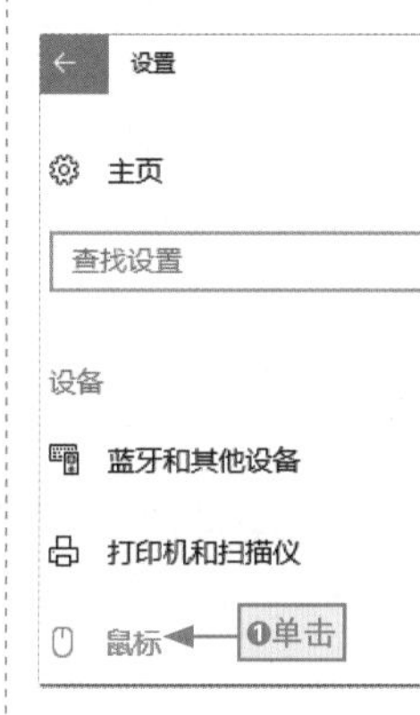

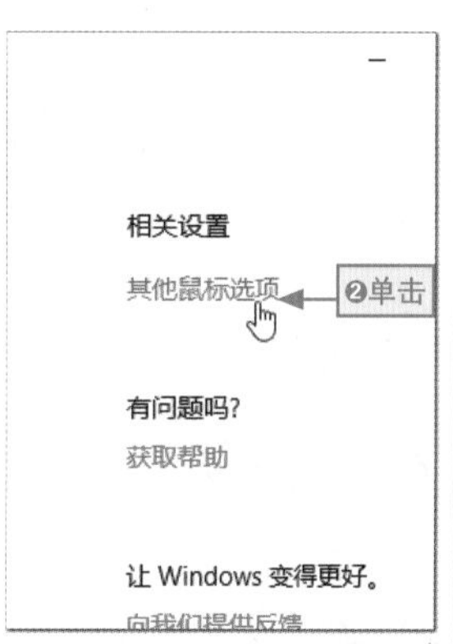

步骤03 选择鼠标光标方案

❶在打开的对话框中单击“指针”选项卡。❷在“方案”下拉列表中选择“Windows标准（特大）（系统方案）”选项。

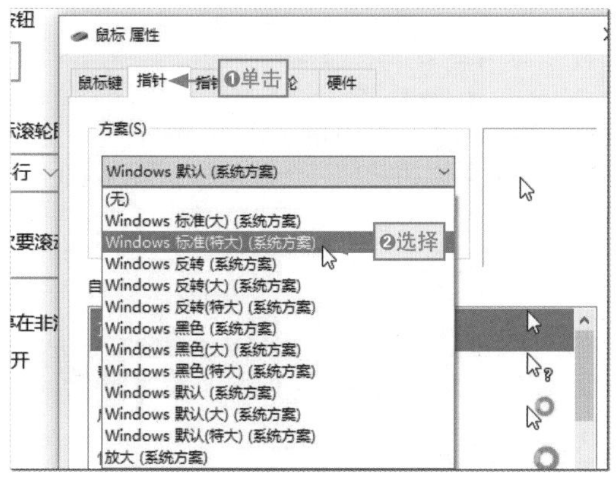

步骤04 确认选择的方案

在预览区域和“自定义”列表框中即可查看到鼠标光标发生了变化，单击“确定”按钮确认选择的方案。

步骤05 关闭窗口

在返回的“设置”窗口中单击“关闭”按钮（此时可以发现，鼠标光标已经变大了）即可完成整个操作。

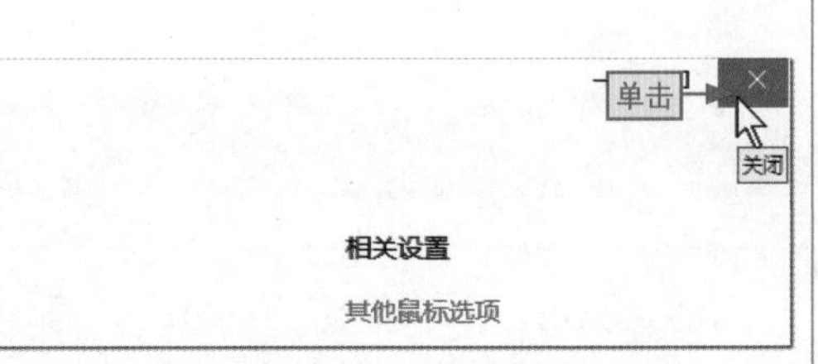

高手支招｜电脑不神秘，学好电脑有方法

对于一些初学者而言，总觉得电脑很神秘，学习起来会很困难。其实不然，只要掌握了方法，就能很好地使用电脑。那么，初学者该如何学习电脑呢？下面给出一些方法和技巧来帮助有畏惧心理的初学者学习电脑。

大胆使用

初学者因为不会使用电脑，所以怕损坏它。其实不然，电脑是很耐用的设备，只要按照正确的使用方法，是不会损坏电脑的。即使是出了故障，一般也只是电脑中的软件出了问题，这时一般通过重启电脑或是重装软件，就能够修复并继续使用。

注重细节，从实际出发

在学习电脑时，其实对于初学者来讲，只要知道如何操作就可以了，不需要知道为什么。掌握正确的使用方法，反复练习，熟能生巧，并能够举一反三。

不懂就问

当遇到问题或是困难时，要多问，不要怕丢了面子。要多听，多看，多问，与他人多交流，这样才能达到事半功倍的效果。

循序渐进

学习电脑其实就是为了给我们的生活带来更多的乐趣与方便，切不可因某个操作不懂，又找不到人问时，就心烦意乱。若真的遇到这种情况，完全可以将它放在一边，等到有人可问时，再来学习，或使用一些已经学会的操作。

放宽心态

在实际操作过程中，不可能都是一学就会的。每一个会操作电脑的人都是从不会到会，从陌生到熟悉的。所以，在学习使用电脑的时候，一定要放宽心态，不会就慢慢学，反复操作，反复练习，切不可为此而影响心情。

第2章

初次接触Windows 10操作系统

学习目标

操作系统是用户和电脑的接口，同时也是电脑硬件和其他软件的接口。任何其他软件都必须在操作系统的支持下才能运行。因此，其重要性也就不言而喻了。本章将以Windows 10操作系统为平台，来学习操作系统的功能及其基本操作，让用户对Windows 10操作系统的新功能有快速、全面的了解。

本章要点

- Windows 10的版本介绍
- 了解Windows 10的配置要求
- “开始”菜单进化
- 智能语音助手Cortana
- Microsoft Edge浏览器

……

- Continuum模式
- 增强的分屏多窗口功能
- Windows 10桌面的组成
- 整理桌面上的图标
- 操作“开始”屏幕

……

知识要点	学习时间	学习难度
了解 Windows 10 的配置及新功能	20 分钟	★
掌握桌面的组成及操作	30 分钟	★★
掌握任务栏和窗口的操作	45 分钟	★★

LESSON 2.1

Windows 10的版本介绍及配置要求

Windows 10是美国微软公司研发的新一代跨平台及设备应用的操作系统，也是微软独立发布的最后一个Windows版本。2014年10月1日，微软公司在新品发布会上对外展示了Windows 10操作系统，最终在2015年7月29日，面向所有用户全面推送该系统。

2.1.1 Windows 10的版本介绍

由于Windows 10操作系统融合了PC、平板以及智能手机三大平台，因此明显比Windows 7/8的操作系统更复杂。目前，Windows 10已有7个不同的版本，分别是家庭版、专业版、企业版、教育版、移动版、移动企业版和物联网核心版。作为电脑数码爱好者或者电脑初学者，用户可以对这些版本了解一下，具体介绍如表2-1所示。

表 2-1　Windows 10 的 7 个版本

版　本	介　绍
家庭版	对于大多数购买新 PC 的用户来讲，他们最有可能得到的就是 Windows 10 家庭版，它具备 Windows 10 的关键功能，包括全新的开始菜单、Edge 浏览器、Windows Hello 生物特征认证登录以及虚拟语音助理 Cortana。Windows 10 家庭版，主要是面向消费者和个人 PC 用户的电脑系统版本，适合个人或者家庭电脑用户
专业版	Windows 10 专业版将会带来 Windows 10 家庭版之外的功能，例如加入域、Azure Active Directory 用于单点登录到云服务等。同时，Windows 10 专业版还将会为用户带来 Hyper-V 客户端（虚拟化）、BitLocker 全磁盘加密、企业模式 IE 浏览器、远程桌面、Windows 商业应用商店、企业数据保护容器以及接受特别针对商业用户推出的更新功能
企业版	Windows 10 企业版中包括专业版所提供的所有商业功能，并且还针对大型企业提供一系列更加强大的功能，包括无须 VPN 即可连接的 Direct Access、支持应用白名单的 AppLocker、通过点对点连接与其他 PC 共享下载与更新的 BranchCache 以及基于组策略控制的“开始”屏幕
教育版	教育版是在 Windows 10 企业版推出之后才出现的，它是专门为大型学术机构（例如大学）设计的版本，它具备 Windows 10 企业版中的安全、管理及连接功能。Windows 10 教育版中的功能与 Windows 10 企业版几乎相同，但是它并不具备 Long Term Servicing Branch 更新选项
移动版	如果用户使用的是 Windows Phone 或者是运行 Windows 8.1 的小尺寸平板电脑，那么将可以安装 Windows 10 移动版。该版本的操作系统中包括 Windows 10 中的关键功能，包括 Edge 浏览器以及全新触摸友好版的 Office，但是它并未内置 IE 浏览器。如果硬件条件充分，可将手机或平板电脑直接插入显示屏，并且获得 Continuum 用户界面，它将会给用户带来更强大的“开始”菜单以及与 PC 中通用应用相同的用户界面

续表

版　本	介　绍
移动企业版	此版本是针对大型企业用户推出的，它采用了与企业版类似的批量授权许可模式，但微软并未对外透露相关的细节
物联网核心版	该版本主要面向低成本的物联网设备。物联网版提供了其他针对销售终端、ATM 或其他嵌入式设备设计的工业移动版本

2.1.2 了解Windows 10的配置要求

Windows 10是Windows最后一个大的版本号，很多用户想更新或安装该系统，但又担心电脑配置不行，从而导致电脑无法进行流畅运行。那么，Windows 10操作系统对电脑配置有哪些要求呢？具体如表2-2和表2-3所示。

表 2-2　Windows 10 最低配置要求

硬　件	最低要求
CPU	1GHz 或更快的处理器或 SoC
内存	1GB（32 位），2GB（64 位）
硬盘	16GB（32 位），20GB（64 位）
显卡	DirectX 9 或更高版本（包含 WDDM1.0 驱动程序）
显示器	分辨率最低 800×600

表 2-3　Windows 10 推荐配置要求

硬　件	最低要求
CPU	双核以上处理器
内存	2GB 或 3GB（32 位），4GB 或更高（64 位）
硬盘	20GB 或更高（32 位），40GB 或更高（64 位）
显卡	DirectX 9 或更高版本（包含 WDDM1.3 或更高驱动程序）
显示器	800×600 或更高的分辨率
固件	UEFI2.3.1，支持安全启动

以上就是Windows 10操作系统的配置要求，从上述的要求可以看出，Windows 10操作系统对硬件的配置并不高，只要之前可以运行Windows 7/8，那么安装Windows 10操作系统就没有问题。

LESSON 2.2 体验Windows 10新功能

随着Windows 10版本的不断更新，功能也越来越先进，下面就来具体介绍Windows 10操作系统中新增了哪些功能，让用户对Windows 10操作系统有更多新的体验。

2.2.1 “开始”菜单进化

在Windows 10操作系统中带回了用户期盼已久的“开始”菜单功能，并将其与Windows 8操作系统的“开始”屏幕的特色相结合。单击桌面左下角的“开始”按钮即可弹出“开始”菜单，在其中不仅会在左侧看到包含系统关键设置的控制按钮和应用列表，标志性的磁贴也会出现在右侧，如图2-1所示。

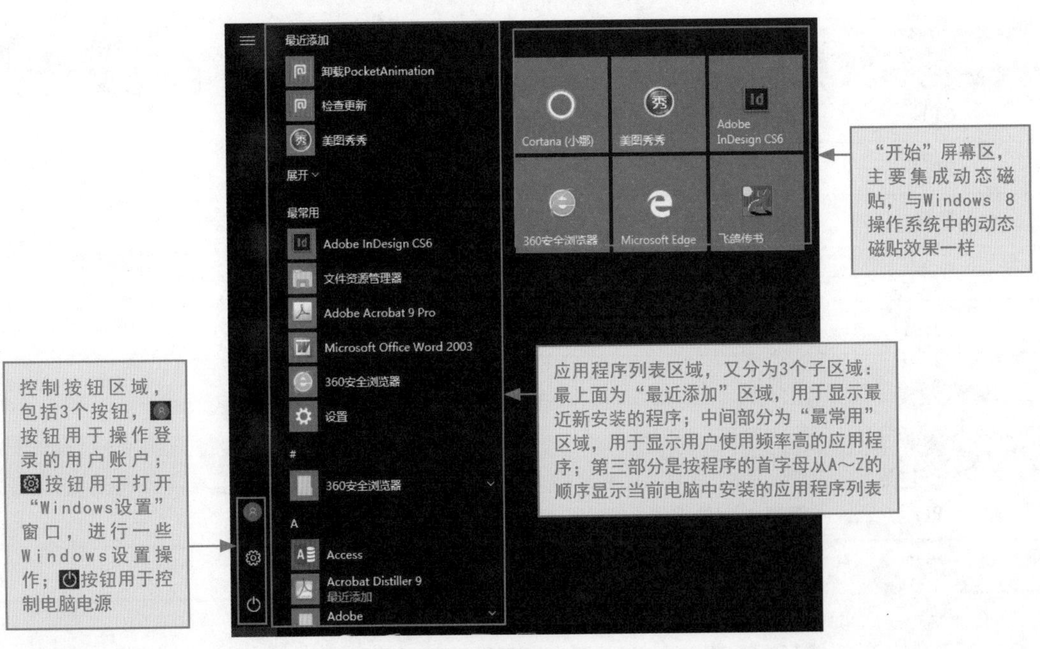

图2-1

2.2.2 智能语音助手Cortana

Cortana语音助手是Windows 10中的一大亮点，许多人对该功能的认识还仅仅停留在娱乐上，而事实上，Cortana的功能非常强大，它还可以搜索文件、设置提醒等，下面分别进行详细介绍。

1. 搜索电脑的内部文件

Cortana 不仅可以搜索硬盘内的文件、系统设置、安装的应用，甚至可以直接在互联网中搜索需要的信息，其操作方法相似。下面以查找“实用小工具助力 PPT 制作 .doc”文件来讲解利用 Cortana 查找文件的操作。

步骤01 启动Cortana程序

❶单击“开始”按钮，❷在弹出的“开始”菜单的应用列表中选择“Cortana（小娜）”选项启动Cortana程序。

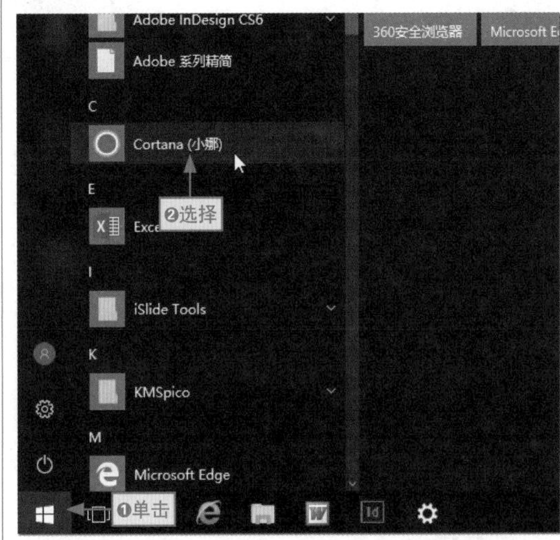

步骤02 搜索文件

❶在打开的面板搜索文本框中输入要搜索文件的关键字，如这里输入“实用小工具doc”，❷按Enter键搜索。

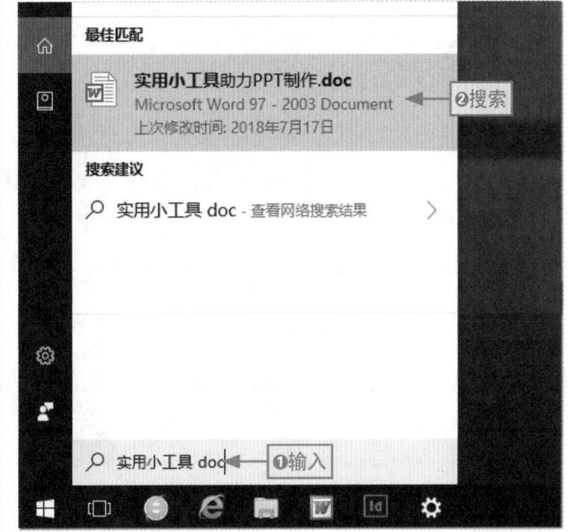

步骤03 查看文件的保存位置

❶在“最佳匹配”栏中的搜索结果上右击，❷在弹出的快捷菜单中选择“打开文件所在的位置”命令即可快速找到文件的保存位置。

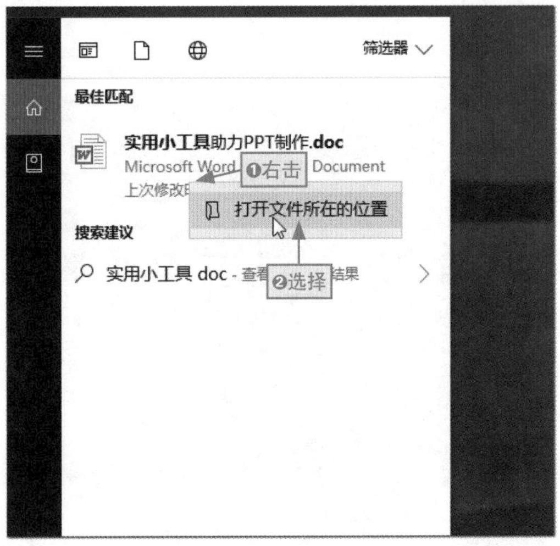

长知识 | 搜索结果的其他操作

在本例中，如果直接选择“实用小工具助力PPT制作.doc”文件，程序将打开该Word文档。如果在搜索建议栏中选择搜索结果，则程序会自动在网络中搜索相关内容。

2. 设置提醒

作为一款私人助手服务，Cortana 还能像在移动平台中那样帮用户设置基于时间和地点的备忘提醒，从而避免用户忘记某些重要的事情。下面通过设置一个时间提醒为例来讲解相关的操作。

步骤01 单击“笔记本”按钮

启动Cortana程序，在打开的面板中单击左侧的“笔记本”按钮。

步骤02 选择“提醒”选项

在展开的面板中即可查看到Cortana程序提供的各种功能，在其中选择“提醒”选项。

步骤03 单击“新建”按钮

在打开的新建提醒界面中单击右下方的“新建”按钮开始新建提醒。

步骤04 设置提醒内容

❶在提醒内容文本框中输入“订火车票”，❷单击“时间”按钮，❸在弹出的下拉列表中选择“别的时间”选项。

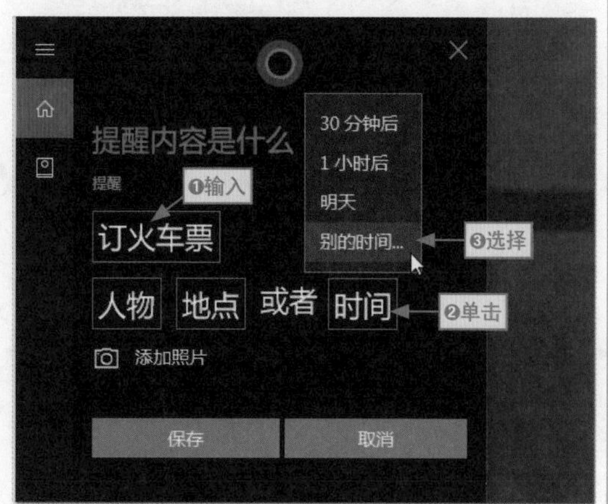

步骤05 设置提醒时间

在切换到的界面中单击显示时间的按钮，❶在展开的面板中设置时间为“16:30”，❷单击“√”按钮确认设置的时间。

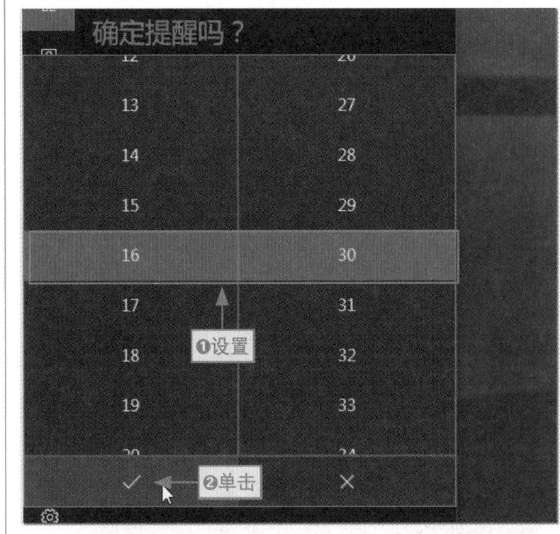

步骤06 设置提醒日期

单击“今天”按钮，❶在展开的面板中设置日期为“2018年7月20日”，❷单击“√”按钮确认设置的日期。

步骤07 确认提醒

在返回的确定提醒界面中即可预览设置的提醒内容，直接单击“提醒”按钮确认设置的时间提醒。

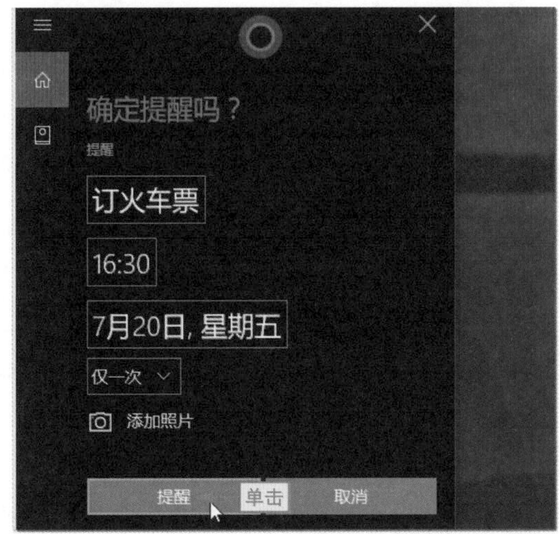

步骤08 退出Cortana程序

程序自动在Cortana主界面中显示新建的时间提醒，单击界面右上角的“关闭”按钮退出Cortana程序。

长知识 | 通过搜索框快速设置提醒

通过Cortana程序的搜索功能也可以快速设置提醒，如图2-2左图所示，❶在搜索框中输入“记得明天订火车票”，此时在搜索结果的“最佳匹配”栏中自动生成一个提醒，并在其搜索结果下方用蓝色的文字显示“设置提醒”文本，标志已经生成一个提醒，❷单击该提醒，在打开的界面中即可查看具体的提醒内容，如图2-2右图所示，在该界面中可以继续对提醒内容、时间和日期等参数进行修改，如果不做修改，直接单击界面右上角的“关闭”按钮确认创建的提醒并退出Cortana程序；如果要放弃该提醒，则单击“取消”按钮即可。

图2-2

2.2.3 Microsoft Edge浏览器

网上冲浪，用户用得最多的当然是浏览器，早期的Windows操作系统中内置的是IE浏览器，为了追赶Chrome和Firefox等热门浏览器，微软在Windows 10操作系统中新增了全新的Microsoft Edge浏览器。

这款整合了微软自家Cortana语音助理的新浏览器有桌面和移动两个版本，并深度融合了Bing搜索服务，让用户的搜索体验更加无缝。Microsoft Edge浏览器除了性能的增强外，还支持地址栏搜索、手写笔记和阅读模式等功能，其界面效果如图2-3所示。

尽管Microsoft Edge浏览器在许多方面都领先于IE浏览器，但它对于当前标准的支持还没有完全到位。如果你需要运行ActiveX控件或使用类似的插件，就需要依赖于IE浏览器。因此，IE 11浏览器依然会存在于Windows 10操作系统中。

图2-3

2.2.4 Continuum模式

Continuum模式是Windows 10的主要新功能之一，它可以让平板电脑、二合一设备以及变形本等设备用户更加方便地在平板模式和传统PC桌面模式下无缝自然切换。Windows 10会自动感知设备运行模式的改变，并自动调整到最适合的模式，用户只需确认是否要改变模式即可。

对于Windows 10平板模式来说，和传统桌面模式比较，明显的区别在于“开始”屏幕、平板任务栏、应用窗口最大化显示等方面，这些都更适合平板电脑用户操作。

❶用户可以单击“操作中心”按钮，❷在展开的操作中心面板中单击“平板模式”按钮，将电脑桌面转换为平板模式，如图2-4所示。

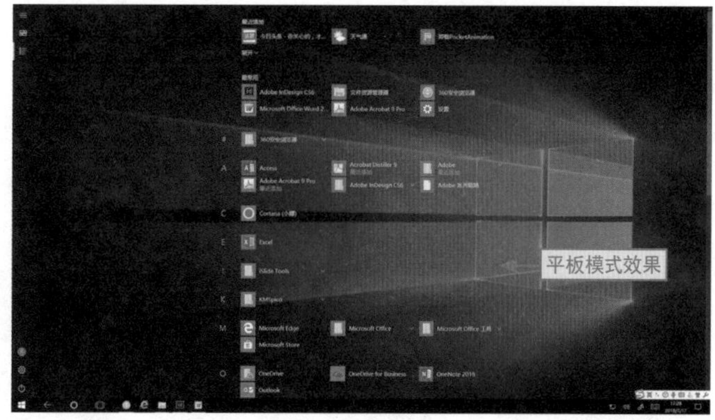

图2-4

2.2.5 虚拟桌面

在OS 操作系统与Linux操作系统中有个比较受用户欢迎的虚拟桌面功能，用户可以建立多个桌面，在各个桌面上运行不同的程序互不干扰。现在Windows 10中也加入了该功能。

在该功能的帮助下，用户可以将窗口放进不同的虚拟桌面中，并在其中进行轻松切换。这样一来，原本杂乱无章的桌面也就变得整洁有序起来。下面通过具体的实例讲解一下虚拟桌面的创建和使用方法。

步骤01 单击“新建桌面”按钮

❶按Windows+Tab组合键查看当前桌面正在运行的程序，❷在右下角单击“新建桌面”按钮。

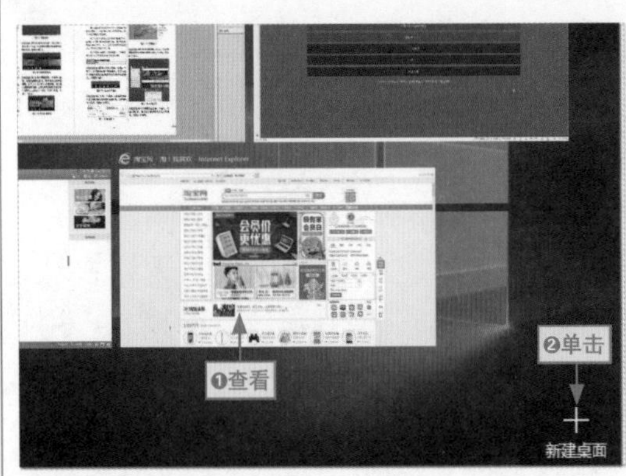

步骤02 新建虚拟桌面

程序自动在桌面下方新建一个“桌面2”空白虚拟桌面（当前桌面的所有窗口都显示在默认的“桌面1”虚拟桌面中）。

步骤03 切换虚拟桌面

将鼠标光标移动到“桌面1”虚拟桌面上，此时当前的桌面窗口中显示了所有打开的程序窗口。

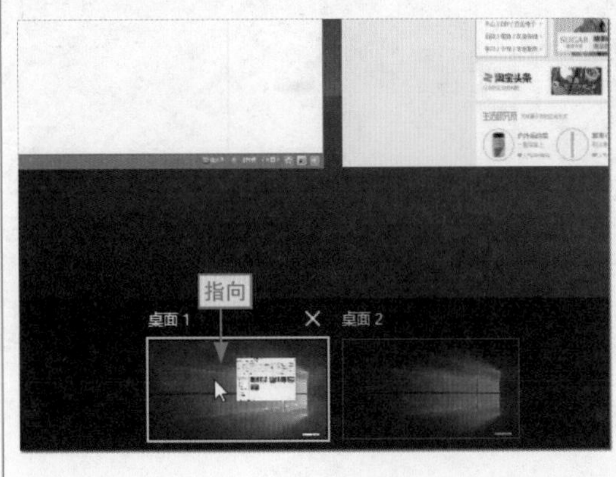

步骤04 将程序窗口移动到“桌面2”虚拟桌面

选择一个程序窗口，按住鼠标左键不放，拖动鼠标光标至“桌面2”虚拟窗口，释放鼠标左键即可完成程序窗口的添加。

成功新建虚拟桌面并在不同的桌面中添加对应的程序窗口后，即可让整个桌面的程序窗口归类存放，切换也比较方便，❶直接按Windows+Tab组合键或者单击“任务视图”按钮后即可显示当前系统中的所有虚拟桌面，❷选择某个虚拟桌面即可切换到该桌面，如图2-5所示。

图2-5

2.2.6 增强的分屏多窗口功能

Windows的分屏功能即是将当前运行的多个任务的窗口同时显示在屏幕上，如图2-6所示，这样操作不仅方便，而且可以避免频繁切换窗口的麻烦。

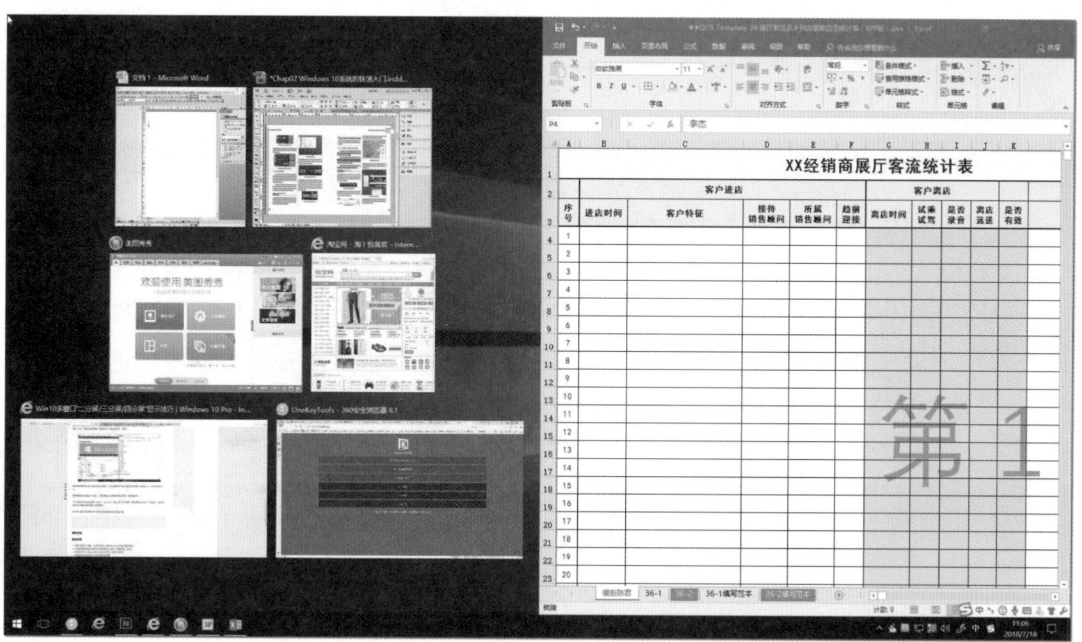

图2-6

如今Windows的分屏功能已经不是Windows 10的新功能了，但在Windows 10正式版本中，这个分屏功能有所增强。之前的版本用户是可以将窗口拖到左右两侧，实现两个屏幕同时进行编辑，如图2-7所示。

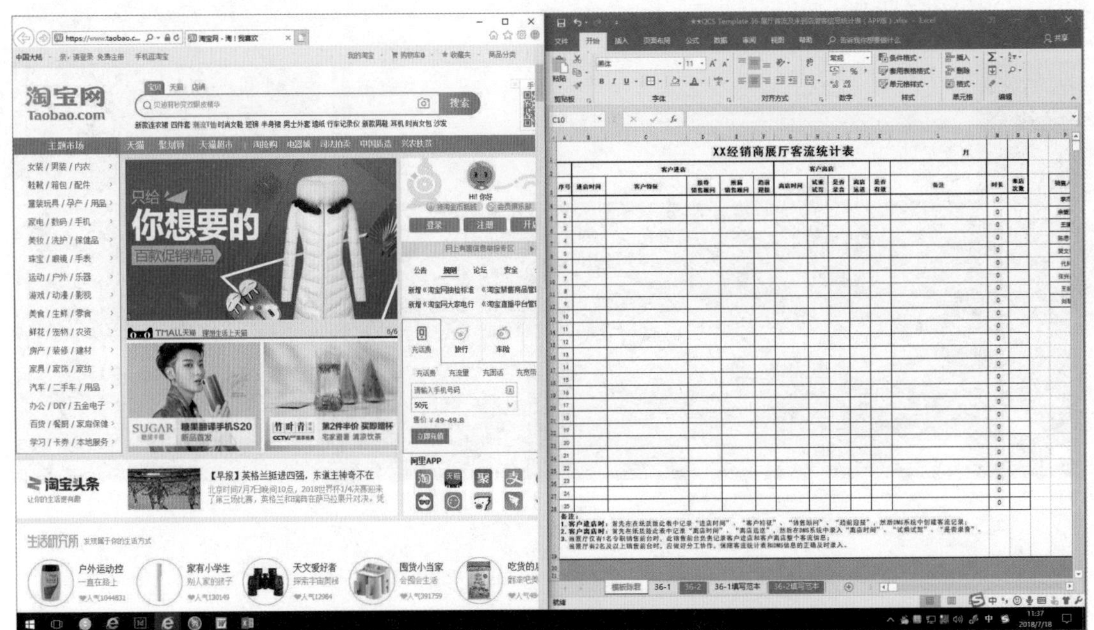

图2-7

现在新的Windows 10中可以实现三分屏、四分屏。用户的显示器尺寸越来越大，分屏多窗口对于用户来说还是比较实用的。

如何才能快捷地让多个窗口实现“二分屏/三分屏/四分屏”显示呢？其具体的操作如下。

● 二分屏

按住鼠标左键拖动某个窗口到屏幕的左边缘或右边缘，直到鼠标光标接触屏幕的边缘，此时会出现一个虚化的大小为1/2屏的半透明背景，释放鼠标左键，当前窗口就会1/2屏显示了。同时其他窗口会在另半侧屏幕显示缩略窗口，单击想要在另1/2屏显示的窗口，它就会在另半侧屏幕1/2屏显示了。

● 三分屏

按住鼠标左键拖动某个窗口到屏幕的任意一角，直到鼠标光标接触屏幕的一角，此时会出现一个虚化的大小为1/4屏的半透明背景，释放鼠标左键，当前窗口就会1/4屏显示了。然后将第二个窗口按1/2屏显示的方法显示在一侧，将第三个窗格按1/4屏显示的方法显示在另一角即可让桌面三分屏显示了。

● 四分屏

如果要让窗口在桌面以四分屏显示，直接将四个窗口都拖动到屏幕一角1/4屏显示就可以了。

长知识 | 分屏中的快捷键使用

将窗口进行分屏后，按Windows键的同时按上/下方向键可在1/2和1/4屏显示中切换，按左/右方向键可以更改当前窗口的位置。

LESSON 2.3 Windows 10桌面组成及操作

桌面是Windows操作系统的入口，因此，学习电脑的使用，首先要认识桌面及其基本操作。对于Windows 10操作系统的桌面，它放弃了Windows 8的“开始”屏幕，回归经典的Windows 7操作系统桌面，如图2-8所示。

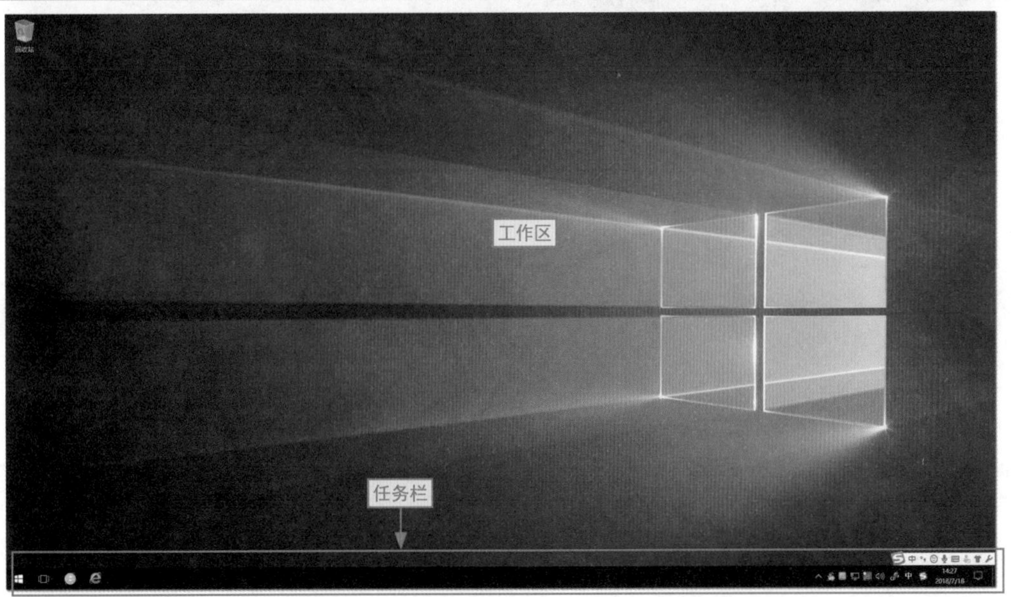

图2-8

2.3.1 Windows 10桌面的组成

从图2-8中可以看到，Windows 10桌面由工作区和任务栏两部分组成，下面具体来认识这些组成部分。

● 工作区

桌面中大片空白的蓝色区域称为工作区，它就好比一个容器，用户可以在其中添加各种应用程序、文件以及文件夹图标等，如图2-9所示。

图2-9

● 任务栏

屏幕下方从左边界延伸至右边界的长条形就是任务栏，它是桌面上非常重要的对象，任务栏的结构从左到右依次是“开始”按钮、“任务视图”按钮、快速启动栏、任务按钮区域、通知区域以及“操作中心”按钮，如图2-10所示。

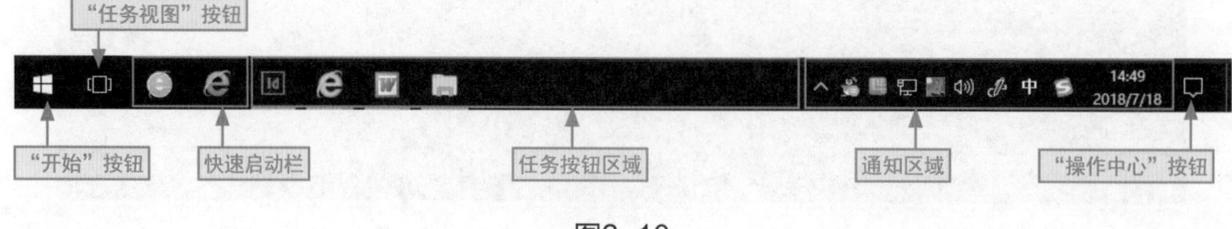

图2-10

长知识 | 任务栏部分组成介绍

快速启动栏：该区域存放程序的快捷启动方式图标，通过单击程序图标即可快速启动该程序。

任务按钮区域：程序打开的所有窗口都会在该区域中以任务按钮的方式呈现。

通知区域：该区域显示的都是当前运行程序的托盘图标。

2.3.2 调出常用桌面图标

从Windows XP操作系统开始，当用户第一次安装完正版的操作系统后，在桌面上只有一个回收站图标，虽然用户可以通过Windows+E组合键来调出文件资源管理器，从而访问本地电脑和局域网，但为了长久的方便，还是有必要将常用的图标调用到桌面上。调出常用图标包括调用系统内置图标和创建桌面快捷方式图标两种情况，下面对这两种情况分别进行讲解。

1. 调出系统内置的图标

在 Windows 10 中，系统提供的内置桌面图标有“计算机”“回收站”“用户的文件”“控制面板”和“网络”共五个图标，用户可以根据需要将其添加到桌面上，其具体的操作方法如下。

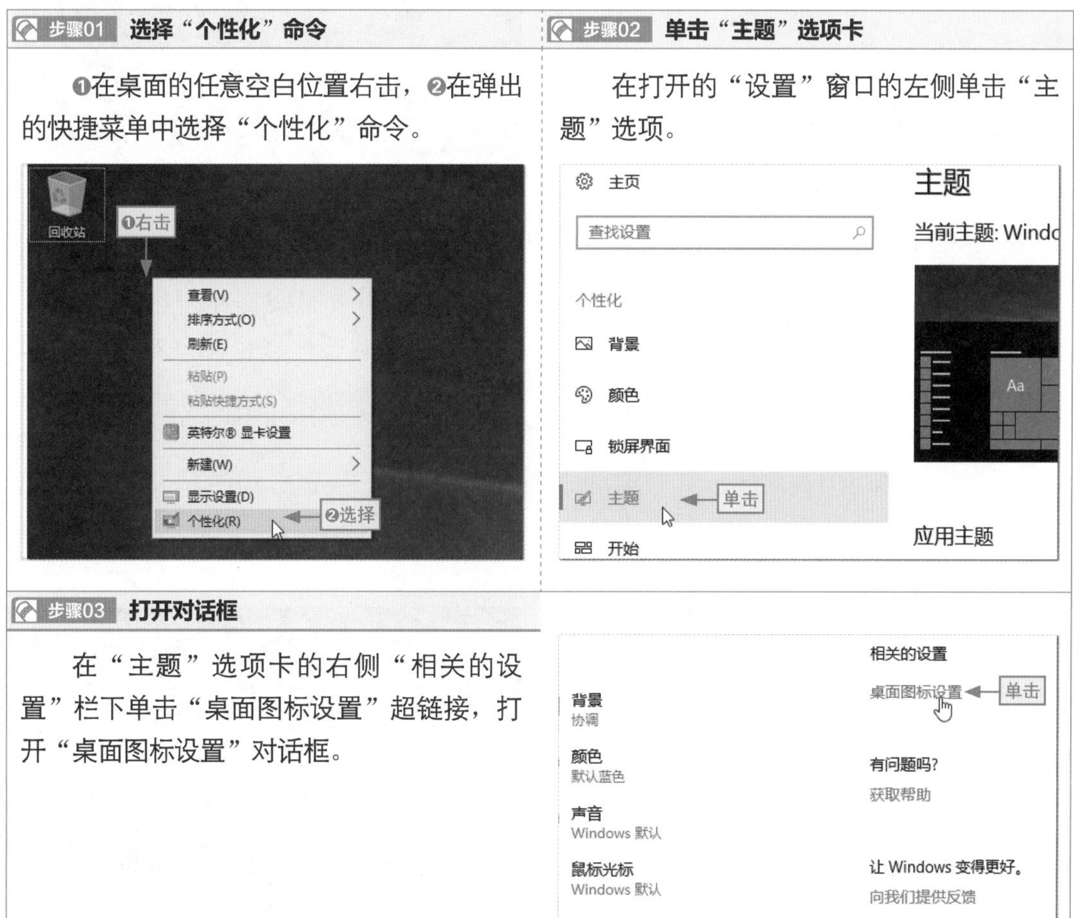

步骤01 选择“个性化”命令

❶在桌面的任意空白位置右击，❷在弹出的快捷菜单中选择“个性化”命令。

步骤02 单击“主题”选项卡

在打开的“设置”窗口的左侧单击“主题”选项。

步骤03 打开对话框

在“主题”选项卡的右侧“相关的设置”栏下单击“桌面图标设置”超链接，打开“桌面图标设置”对话框。

步骤04 添加图标

❶在该对话框的“桌面图标”栏中选中要添加的系统内置图标对应的复选框，❷单击“确定”按钮即可关闭该对话框并应用设置。

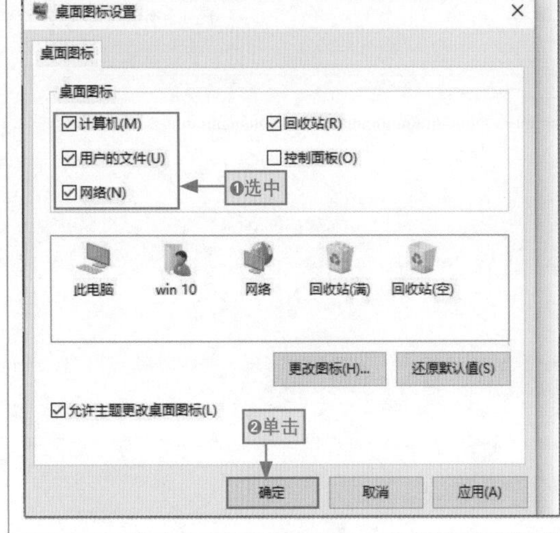

步骤05 查看效果

在返回的“设置”窗口中单击右上角的“关闭”按钮关闭窗口，在桌面中即可查看到添加的系统内置图标效果。

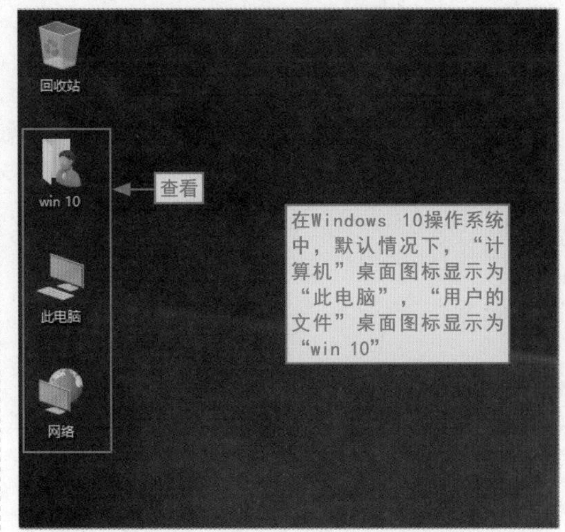

2. 创建桌面快捷方式图标

快捷方式是 Windows 提供的一种快速启动程序、打开文件或文件夹的方法。它是应用程序的快速链接，其扩展名一般为“.lnk”。快捷方式图标与一般的文件图标和系统内置的桌面图标最大的区别就是，快捷方式图标的左下角都有一个非常小的箭头。这个箭头就是用来表明该图标是一个快捷方式的。

一般在安装应用程序时，程序会自动创建对应的桌面快捷方式图标，用户也可以通过手动的方式为程序、文件或者文件夹创建快捷方式图标，其具体的创建方法有以下两种。

● 拖动操作创建桌面快捷方式图标

单击“开始”按钮，打开“开始”菜单，❶选择需要创建桌面快捷方式图标的程序，❷按住鼠标左键不放将其拖动到桌面，如图2-11所示。释放鼠标左键即可创建对应的桌面快捷方式图标。

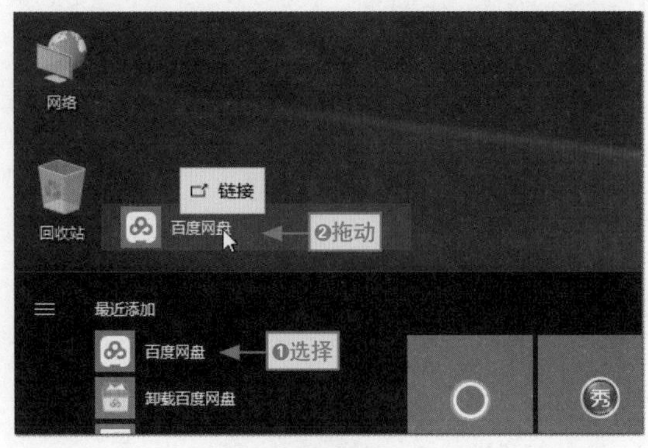

图2-11

● 通过快捷菜单创建桌面快捷方式图标

选择需要创建桌面快捷方式图标的文件或者文件夹，❶在其上右击，❷在弹出的快捷菜单中选择“发送到”命令，❸在弹出的子菜单中选择“桌面快捷方式”命令即可，如图2-12所示。

图2-12

2.3.3 整理桌面上的图标

随着电脑使用时间的增长，桌面上的图标会越来越多，为了方便操作，用户就需要对电脑上的图标进行整理，具体包括删除、排序、自定义排列等，下面分别进行介绍。

1. 删除不需要的桌面图标

有的桌面图标是用户临时使用的，当不再使用时，就应该及时将其删除，具体的删除方法有以下几种。

● 通过快捷菜单删除

❶选择需要删除的桌面图标，在其上右击，❷在弹出的快捷菜单中选择“删除”命令即可将其删除，如图2-13所示。

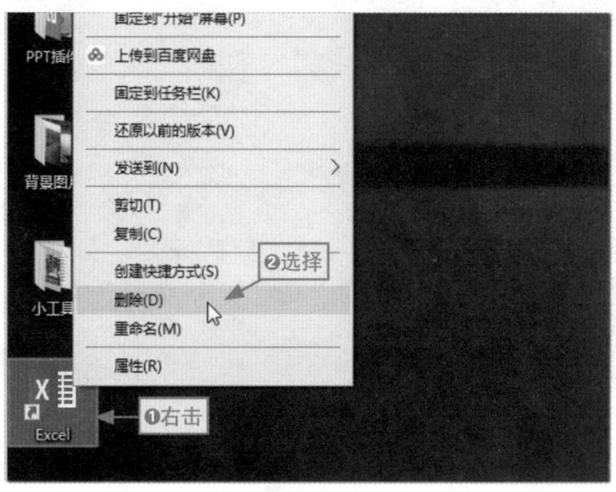

图2-13

● 拖动删除

❶选择需要删除的桌面图标，❷按住鼠标左键不放，将其拖动至“回收站”图标上，该图标处会出现“移动到回收站”字样，图标并以高亮显示，如图2-14所示，释放鼠标左键即可删除。

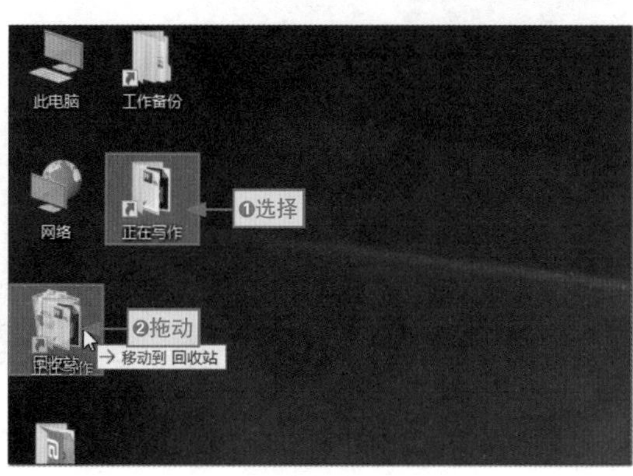

图2-14

● 按快捷键删除

选择需要删除的桌面图标，直接按Delete键即可快速将选择的图标删除，如图2-15所示。

图2-15

2. 排列桌面图标让桌面更整齐

桌面图标的数量及其位置不是固定不变的，尤其是在桌面中删除了一些不需要的图标后，当前位置就留空了，为了让整个桌面更加整齐，可以将零乱的桌面图标进行重新排列。并且在重排桌面图标时，还可以设置重排的依据，如按名称、大小、项目类型或修改日期对桌面图标进行重排。

重排桌面图标的方法很简单，其具体操作为：❶在桌面的空白位置右击，❷在弹出的快捷菜单中选择“排序方式”命令，在其子菜单中即可选择排序依据，❸这里选择“项目类型”命令，如图 2-16 所示。程序自动将所有的桌面图标按系统桌面图标和快捷方式图标进行归类排列（通常是按列先排列系统桌面图标，再排列快捷方式图标）。

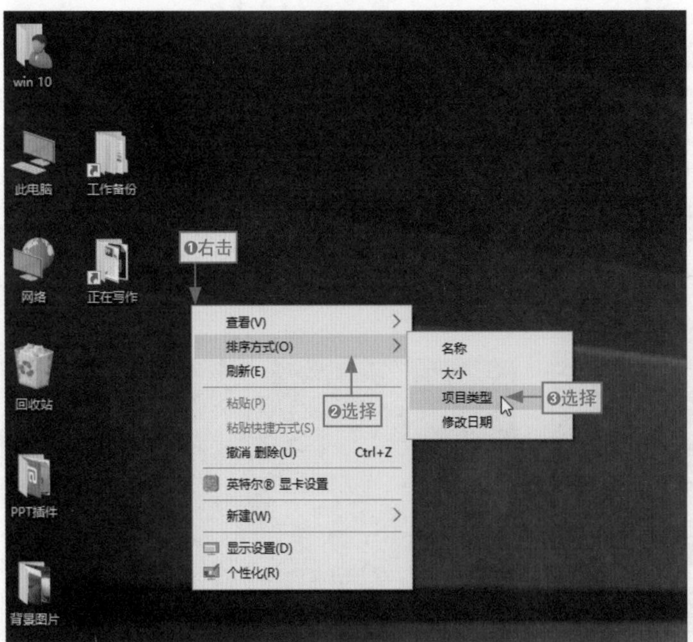

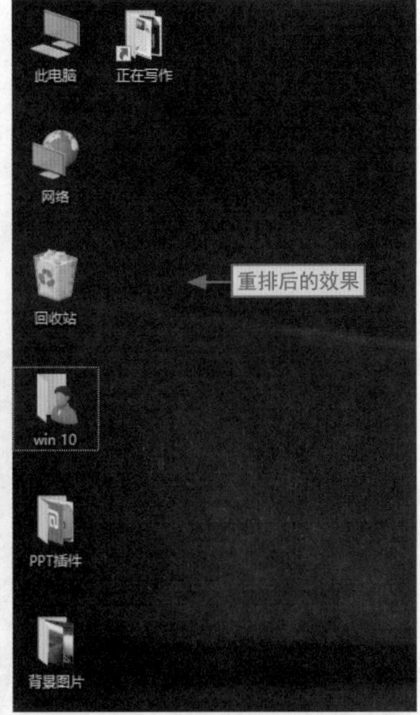

图2-16

3. 自定义排列桌面图标

如果桌面的图标太多，对于一些重点使用或者频繁使用的快捷方式，可以将其单独摆放在桌面的某个区域中，从而可以快速查找到。但是在这之前，首先需要取消系统默认的自动排列方式，否则桌面图标是不能随意拖动到其他位置的。下面通过具体的实例讲解相关的操作方法。

步骤01 选择“自动排列图标”命令

❶在桌面的任意位置右击，❷在弹出的快捷菜单中选择“查看”命令，❸在其子菜单中选择“自动排列图标”命令。

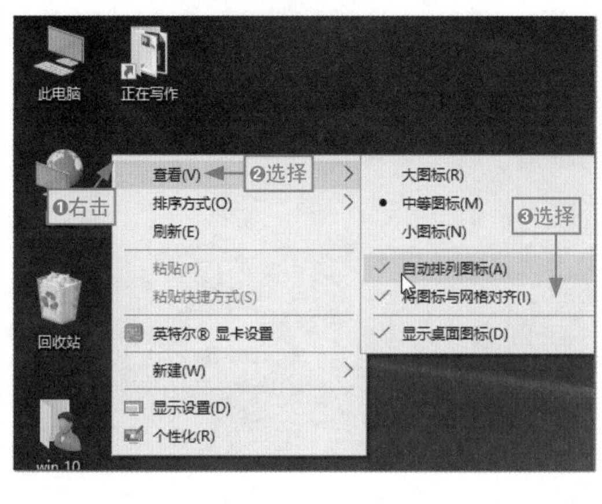

步骤02 自定义移动图标位置

选择需要自定义设置摆放位置的图标，按住鼠标左键不放，拖动鼠标到目标位置后释放鼠标左键即可完成操作。

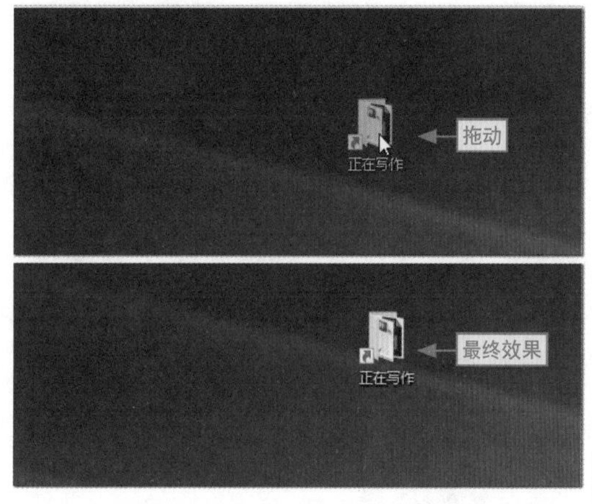

LESSON 2.4 操作Windows 10的任务栏

任务栏是电脑桌面的另一主要组成部分，也是电脑使用过程中经常操作的位置，下面针对任务栏中的一些常规操作进行介绍，如操作“开始”屏幕、添加程序到快速启动栏、设置任务按钮的显示效果、自定义通知区域的显示图标等。

2.4.1 操作“开始”屏幕

动态磁贴在Windows 8中就已经有了，Windows 10将动态磁贴功能集成到了“开始”菜单的“开始”屏幕中，这是一个容易让人忽视却又很好用的功能，下面具体来介绍一下动态磁贴中的相关操作。

1. 动态磁贴的基本操作

如果你讨厌繁杂的桌面，又不想到处寻找软件程序，此时完全可以将程序的快捷方式放在动态磁贴里面。对于不需要经常使用的程序，也可以将其从动态磁贴区域中删除，又或者建立分组来存放磁贴。下面具体讲解相关的操作方法。

步骤01 选择“固定到‘开始’屏幕”命令

❶单击“开始”按钮，弹出“开始”菜单，在其中找到“计算器”程序，❷在其上右击，❸在弹出的快捷菜单中选择“固定到‘开始’屏幕”命令。

步骤02 删除动态磁贴

程序自动将“计算器”应用程序添加到“开始”屏幕中，如果要删除动态磁贴，❶直接在其上右击，❷在弹出的快捷菜单中选择“从‘开始’屏幕取消固定”命令即可。

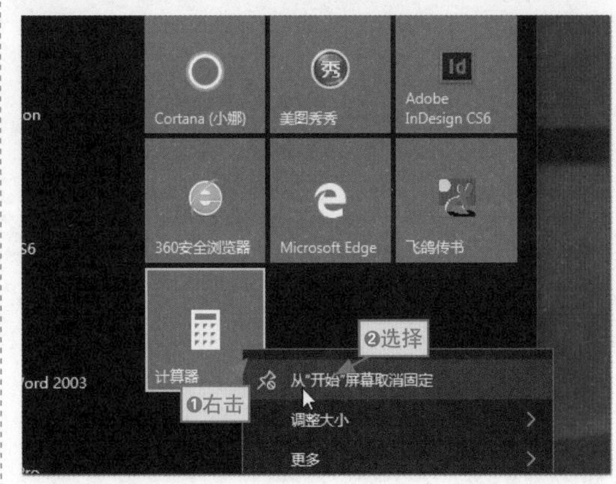

步骤03 建立分组

在“开始”屏幕中选择要单独分组的动态磁贴，按住鼠标左键不放，将其拖动到下方的区域，此时屏幕中自动显示蓝色矩形条的分组标记，释放鼠标即可。

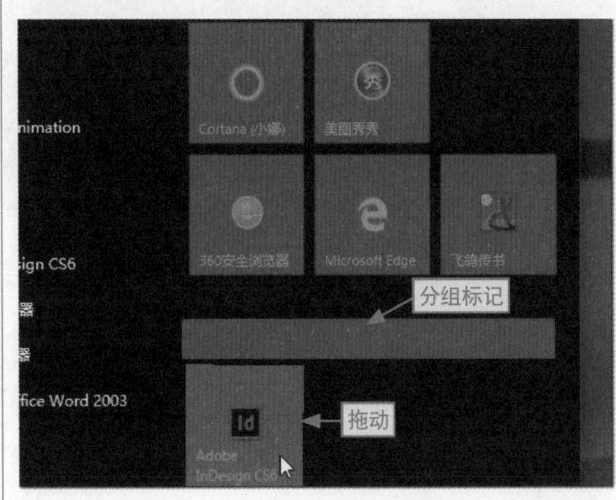

步骤04 为组定义名称

❶将鼠标光标指向分组标记，此时显示“命名组”名称，单击将其变为可编辑状态，❷输入“工作”组名称，❸在空白位置单击退出可编辑状态完成操作。

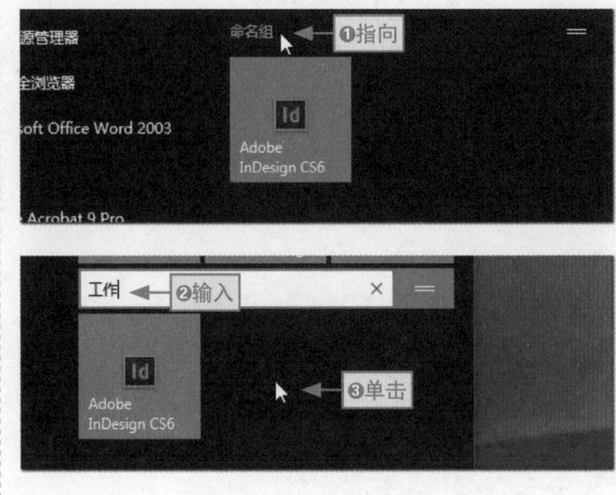

2. 从应用商店获取动态磁贴

在 Windows 10 的应用商店中，系统自带了很多的应用，其中许多应用是可以免费获取并固定到“开始”屏幕中的，这就极大地方便了用户的使用。下面就来具体介绍如何从应用商店中获取应用的动态磁贴，其相关操作方法如下。

步骤01 启动应用商店

❶单击“开始”按钮，❷在弹出的“开始”菜单中选择Microsoft Store应用程序启动应用商店。

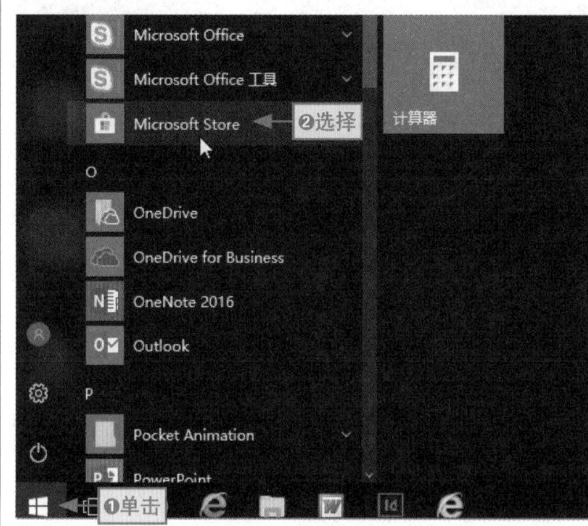

步骤02 切换到热门应用

❶在打开的Microsoft Store窗口中单击“应用”选项卡，❷单击“热门应用”按钮。

步骤03 单击“免费下载”按钮

在打开的界面中找到需要的应用，这里单击“微信 For Windows”应用下方的“免费下载”按钮。

步骤04 单击“获取”按钮

程序自动切换到该应用的下载界面，直接单击“获取”按钮即可开始免费下载该应用，同时将该应用安装到电脑中。

步骤05 固定到“开始”屏幕

❶待程序下载并安装完成后，在界面中即可查看到已安装的信息，❷单击“固定到‘开始’菜单”按钮。

步骤06 查看添加的动态磁贴

关闭Microsoft Store窗口，在返回的界面中再次弹出“开始”菜单，在其中的“开始”屏幕区域即可查看到添加的动态磁贴。

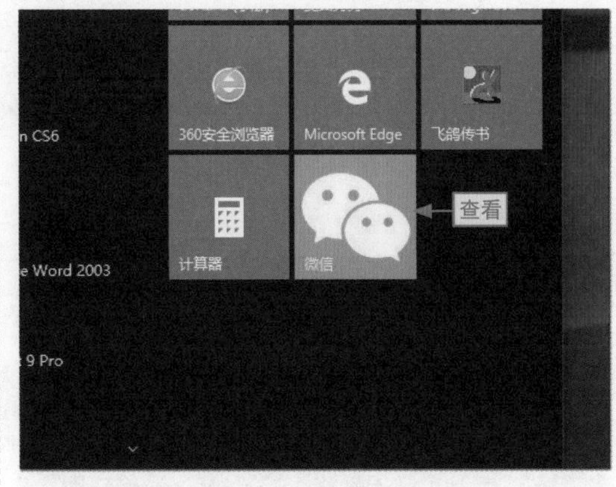

2.4.2 添加程序到快速启动栏

有些应用程序在安装时，会提醒是否将其添加到快速启动栏，但是大部分的应用程序在安装时都没有提醒功能，为了方便使用，用户可以手动将常用的应用程序添加到快速启动栏，其具体的操作方法有以下两种。

1. 通过拖动鼠标添加快速启动按钮

❶在桌面、“开始”菜单的应用列表或者“开始”屏幕中选择目标应用程序对应的图标或者动态磁贴，❷按住鼠标左键不放，将应用程序图标或动态磁贴拖动到快速启动栏后释放鼠标左键即可，如图2-17所示，左图为将桌面图标添加到快速启动栏，右图为将“开始”菜单的应用列表中的应用程序添加到快速启动栏。

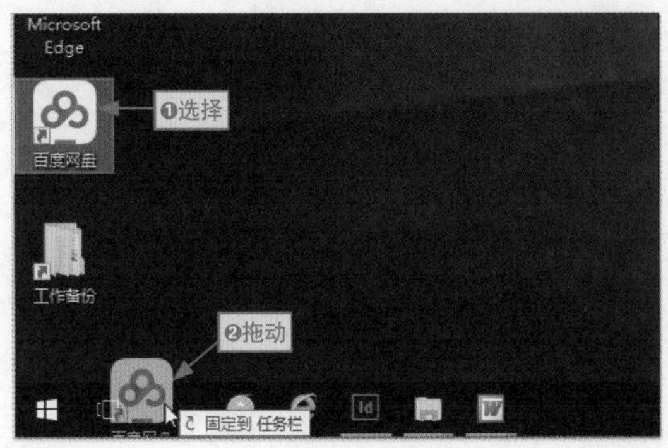

图2-17

2. 通过快捷菜单添加快速启动按钮

通过快捷菜单添加快速启动按钮，❶可以在“开始”菜单的应用列表或者“开始”屏幕中选择目标应用程序对应的图标或者动态磁贴，在其上右击，❷在弹出的快捷菜单中选择“更多”命令，❸在其子菜单中选择“固定到任务栏”命令即可，如图 2-18 所示。

❶也可以在当前正在运行的应用程序的任务按钮上右击，❷在弹出的快捷菜单中选择“固定到任务栏”命令，完成将该应用程序添加到快速启动栏中的操作，如图 2-19 所示。

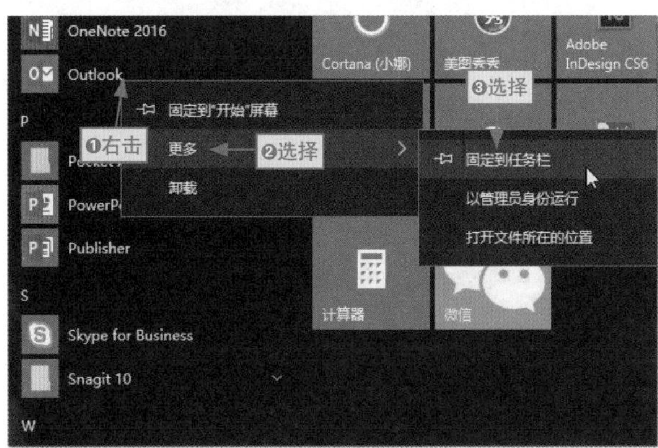

图2-18

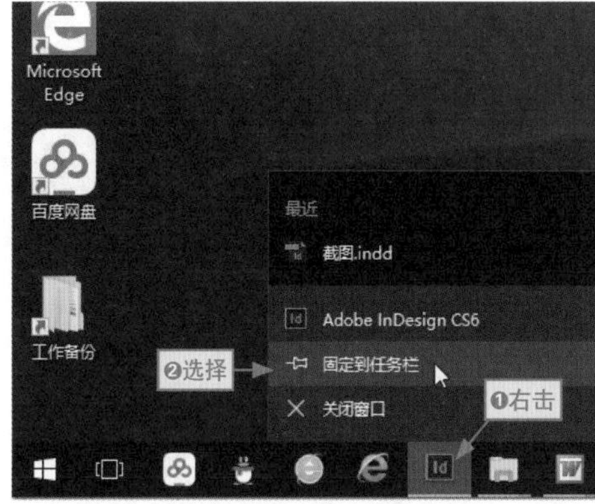

图2-19

长知识 | 从快速启动栏中清除快速启动按钮

如果要将快速启动栏中的按钮从快速启动栏中清除，直接在按钮上右击，在弹出的快捷菜单中选择“从任务栏取消固定”命令即可。

2.4.3 设置任务按钮的显示效果

在Windows 10中，任务栏中的任务按钮默认是按类别合并显示在一个任务按钮上，如果用户操作的文件不多，为了方便查看每个任务按钮具体是什么文件窗口，此时可以更改默认合并显示的任务按钮效果，使其任务按钮标签显示出来，其具体操作方法如下。

步骤01 选择“任务栏设置”命令

❶在任务栏的任意空白位置上右击，❷在弹出的快捷菜单中选择“任务栏设置”命令。

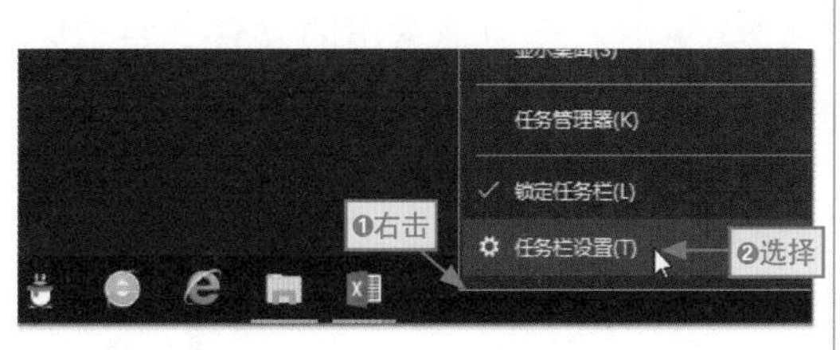

步骤02 更改显示参数选项

❶在打开的“设置”窗口的“任务栏”选项卡中单击“合并任务栏按钮”下拉列表框，❷选择“任务栏已满时”命令更改任务按钮的显示效果。

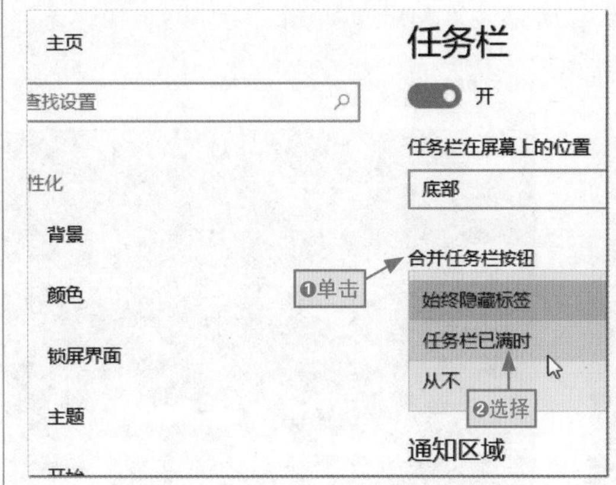

步骤03 查看效果

关闭“设置”窗口，在桌面中即可查看到，任务栏中合并显示的图标分别展开显示，并且其上还有对应的标签内容（该标签内容与文件/文件夹的名称一致）。

长知识｜任务栏属性的其他设置

在“设置”窗口的“任务栏”选项卡中，还可以对任务栏的更多属性进行设置，如在“任务栏在屏幕上的位置”下拉列表框中选择不同的选项，可以将任务栏的位置更改到桌面的顶部、左侧或者右侧；又如，启用“在桌面模式下自动隐藏任务栏”功能后，默认情况下不显示任务栏，当将鼠标光标移动到任务栏的位置时，程序自动显示隐藏的任务栏；再如，启用“使用小任务栏按钮”功能后，整个任务栏中的所有任务按钮或者图标会以小按钮的方式显示，从而让桌面的工作区有更多的操作空间。

2.4.4 自定义通知区域的显示图标

由于通知区域的范围有限，如果当前运行的应用程序太多，很多程序图标会被折叠起来，单击“显示隐藏的图标”按钮可以展开被隐藏的图标，如图2-20所示。

如果用户希望把常用的软件一直显示在通知区域以方便操作，此时就可以通过自定义区域的显示图标来实现该目的，其具体操作方法如下。

图2-20

步骤01 单击超链接

在任务栏快捷菜单中执行“任务栏设置”命令，打开“设置”窗口的“任务栏”选项卡，单击“通知区域”栏中的“选择哪些图标显示在任务栏上”超链接。

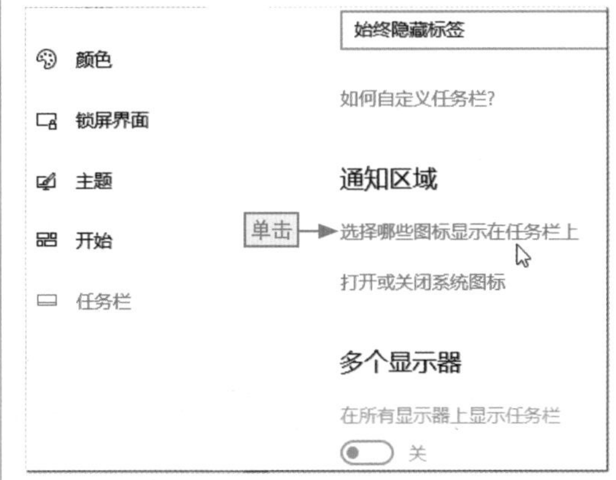

步骤02 设置显示或隐藏的图标

在打开的窗口中可以查看到在通知区域中显示的应用程序的列表，单击对应的开关按钮即可完成图标的显示或隐藏设置，❶这里单击关闭“百度网盘”图标，❷单击打开“网络”图标。

步骤03 查看设置效果

关闭“设置”窗口，❶在桌面可查看到通知区域中显示了“网络”图标，❷单击“显示隐藏的图标”按钮，❸在展开的被隐藏的图标中即可查看到“百度网盘”图标。

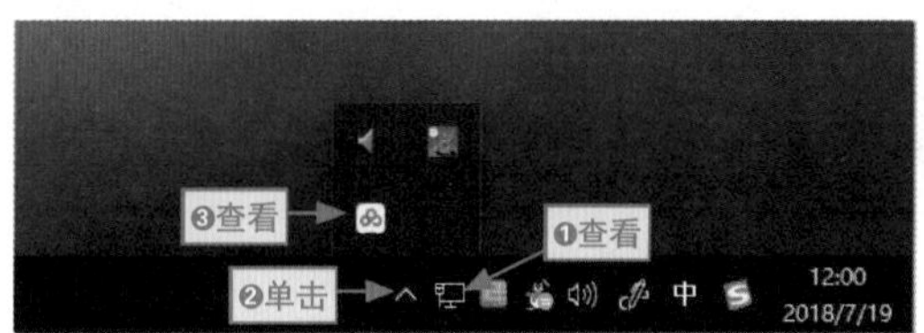

LESSON 2.5 认识与操作Windows 10窗口

Windows的中文意思即“窗户”，微软推出的桌面电脑操作系统以此命名，其中一方面的原因是它主要是通过窗口形式来进行操作的，可见窗口在系统中的重要性。在本节就来具体认识一下Windows中的窗口及相关的操作。

2.5.1 认识Windows 10的窗口

相比于早期Windows版本的窗口而言，Windows 10的窗口在外观效果上发生了一些变化，如图2-21所示。很多用户从早期版本升级到Windows 10操作系统后，对操作界面非常不习惯，找不到很多功能所在的位置。下面就来介绍Windows 10窗口的主要组成及其相关知识。

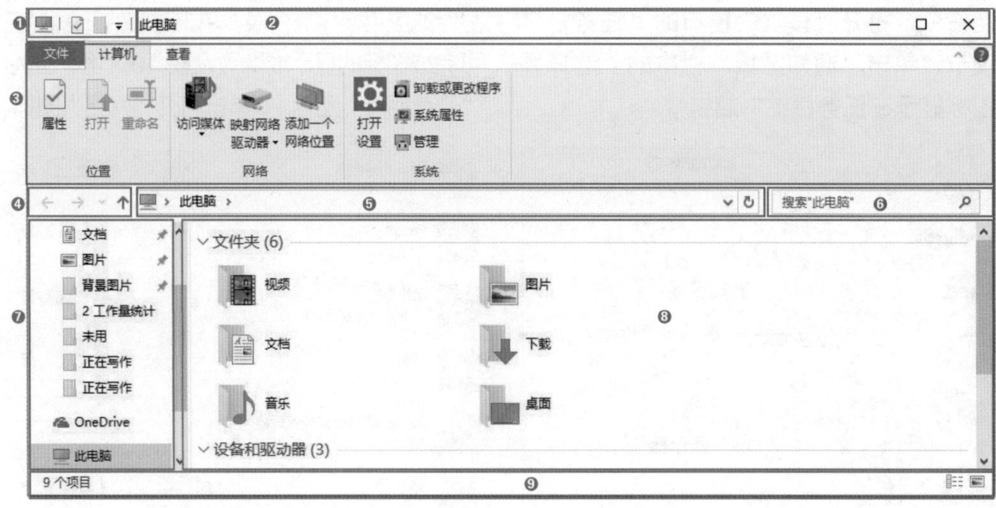

图2-21

快速访问工具栏

快速访问工具栏中列举了一些快捷的工具，单击快速访问工具栏右侧的小三角按钮，会弹出与该窗口相关的其他工具的选项，如图2-22所示。选择相应的选项后即可将其添加到快速访问工具栏，再次选择该选项将取消其左侧的“√”标记，即可将该工具对应的按钮从快速访问工具栏中删除。

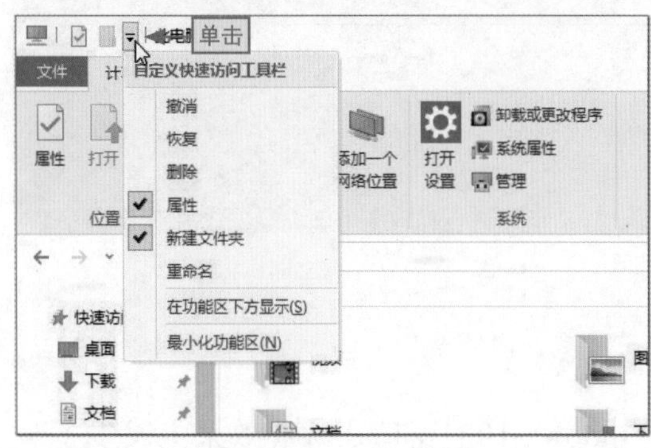

图2-22

标题栏

Windows 10的窗口标题栏由两部分组成，第一部分为左侧的窗口名称部分，其位置紧挨着快速访问工具栏；第二部分为标题栏右侧的3个控制按钮，分别是“最小化”按钮、“最大化（还原）”按钮和“关闭”按钮，如图2-23所示。“最小化”按钮可将窗口缩小为任务栏上的一个任务按钮；“最大化（还原）”按钮可将窗口全屏显示在屏幕中；“还原”按钮可将窗口还原到“最大化”或“最小化”操作之前的大小；“关闭”按钮可关闭该窗口。

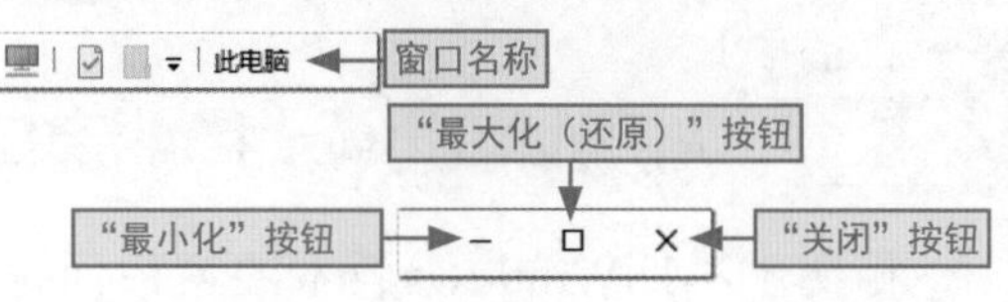

图2-23

功能区

功能区就相当于早期Windows版本的窗口的菜单栏，是Windows 10窗口特有的部分。它是将具有共性或联系的操作整合在一起，以选项卡的形式呈现（不同的窗口，显示的选项卡不同），选项卡中又包含了几个组，组中对应相应的操作。双击任意选项卡可折叠/展开功能区，如图2-24所示。

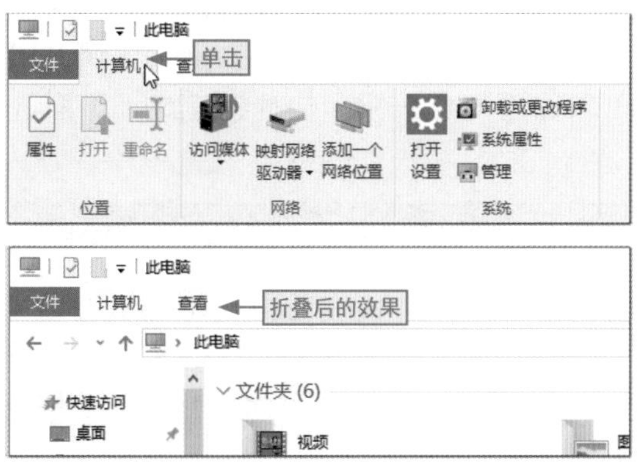

图2-24

前进、后退控制区

前进、后退控制区有4个按钮，“←”按钮用于逐步退回到最近打开的历史位置；“→”按钮用于前进到最近误退回的历史位置；“↑”按钮用于返回到当前位置的上一级位置；单击˅按钮会弹出一个下拉列表，在其中显示了最近浏览的位置，如图2-25所示，选择相应的选项即可快速跳转到指定位置。

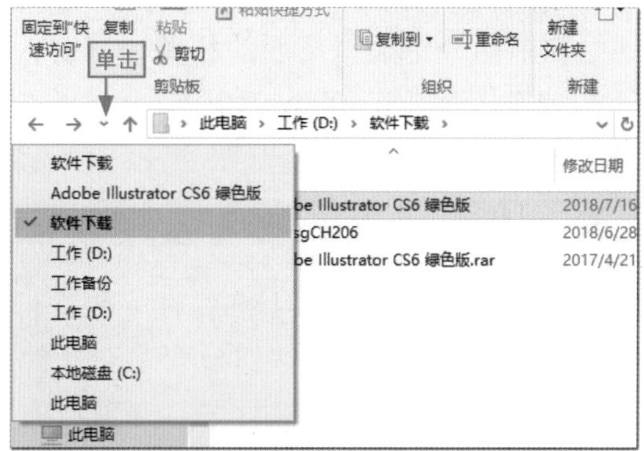

图2-25

地址栏

地址栏主要用于标识当前窗口的工作路径，且地址栏中单击各级地址按钮右侧的下拉按钮，在弹出的下拉列表中选择相应的选项可快速切换工作路径，如图2-26所示。

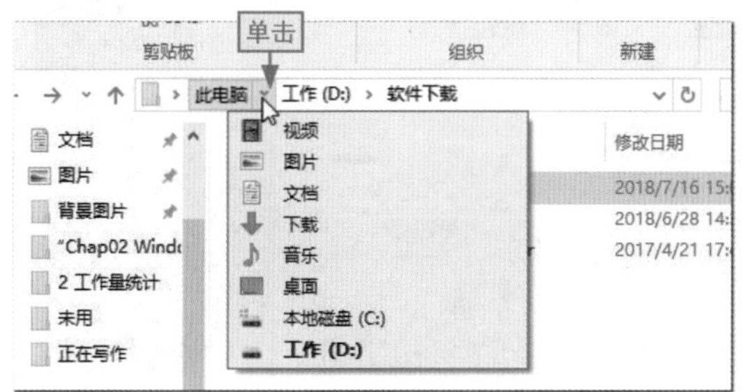

图2-26

搜索栏

搜索栏位于地址栏右边，当用户在大量芜杂的文件中“大海捞针”似的苦苦寻找需要的文件时，搜索栏就显得特别重要了，具体的操作将在第5章讲解。

导航窗格

在导航窗格中显示了可以由此访问的位置和记录了用户最近访问的位置等，通过展开各级目录，还可以查看其下的详细位置，直接单击目录，即可快速跳转到想要到达的位置。

● 工作区

工作区是窗口中占用面积最大的区域，它主要用于显示该路径下的磁盘、文件以及文件夹等对象（有关磁盘、文件以及文件夹的相关内容将在第5章进行详细介绍）。

● 状态栏

状态栏位于窗口的底部，其左侧显示当前窗口中的对象数量、当前对象的修改日期和其他详细信息，右侧有两个按钮，用于更改文件的显示方式（相关内容将在本书第5章介绍）。

2.5.2 切换当前活动窗口

在前面介绍虚拟桌面的相关内容时，我们已经了解了如何通过虚拟桌面切换窗口的相关操作，在Windows 10中，切换窗口还可以通过任务按钮和快捷键完成，下面进行具体介绍。

● 通过任务按钮切换窗口

如果当前的任务按钮只有一个文件，则直接单击任务按钮即可切换到当前窗口，如果当前的任务按钮包含多个文件窗口，❶则将鼠标光标指向任务栏的程序图标上，此时即可查看此程序打开窗口的实时预览图，❷直接单击出现的预览缩略图就能切换至对应的窗口，如图2-27所示。

图2-27

● 通过按快捷键切换窗口

按Alt+Tab组合键，此时屏幕中就会出现各个已经打开窗口的小窗口预览图，按住Alt键不放，每按一次Tab键就会切换一次小窗口，而桌面上也会随之出现对应程序的原始窗口预览图，继续按Tab键切换到需要的窗口后松开即可，如图2-28所示。也可以按Alt+Tab组合键后，按住Alt键不放，使用鼠标选择需要切换的窗口缩略图完成切换窗口的操作。

图2-28

2.5.3 重新排列打开的多个窗口

在Windows操作系统中，打开一个新窗口后，一般会把之前打开的窗口遮住，虽然通过分屏操作可以让各窗口都显示出来，但是当窗口较多时，分屏操作就会相对烦琐，此时可通过对窗口重排的方式，让其重新排列，其具体的操作为：❶在任务栏空白处右击，❷在弹出的快捷菜单中选择“并排显示窗口”命令，将当前打开的窗口并排排列，如图2-29所示。

若选择“层叠窗口”或“堆叠显示窗口”命令可将打开的窗口重新层叠或者堆叠排列，对于4个或4个以上窗口的排列，系统会将所有打开的窗口在界面中全部显示。

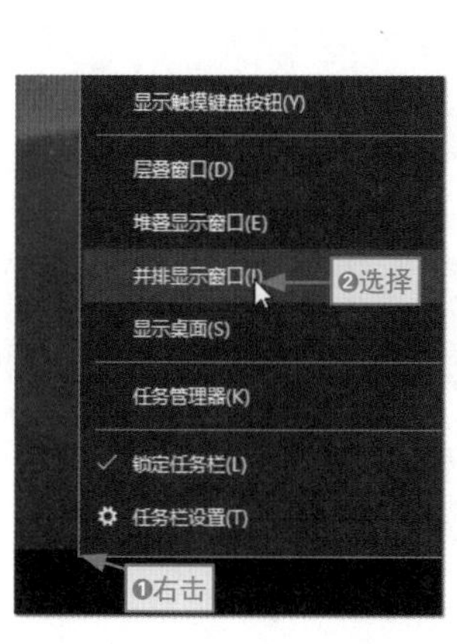

图2-29

高手支招 | Windows 7系统升级为Windows 10系统

Windows 7是目前使用人数最多的操作系统，在该系统下升级为Windows 10系统是最方便的。直接借助第三方软件即可完成系统的升级，下面以运用“百度-Windows 10直通车”软件为例，讲解系统升级的相关操作，其具体操作方法如下。

步骤01 自动检测是否符合升级要求

在网上下载“百度-Windows 10直通车”软件（有关下载资源的内容见本书第8章），双击运行软件图标即可看到软件自动检测用户电脑是否符合Windows 10升级要求。

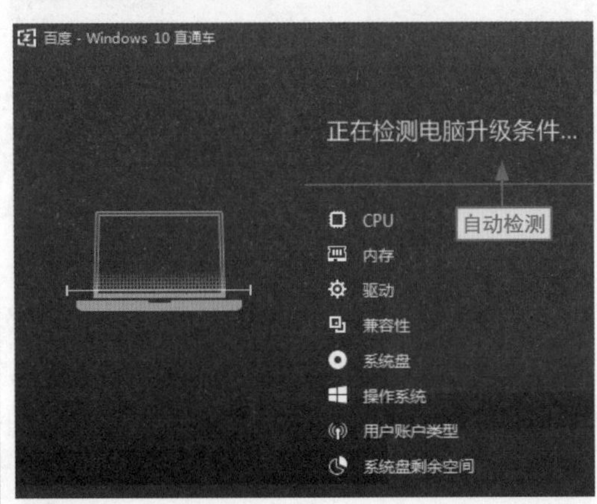

步骤02 单击“一键升级”按钮

稍后，程序如果检测当前电脑符合升级条件后，将在界面中显示“一键升级”按钮，单击该按钮即可开始Windows 10操作系统的升级。

步骤03 自动升级操作系统

此时，程序会自动下载系统文件，并执行安装操作，用户只需要按照相应提示进行操作，最后完成Windows 10的升级操作后，程序会打开一个提示对话框提示升级成功的信息，单击“知道了”按钮关闭对话框。

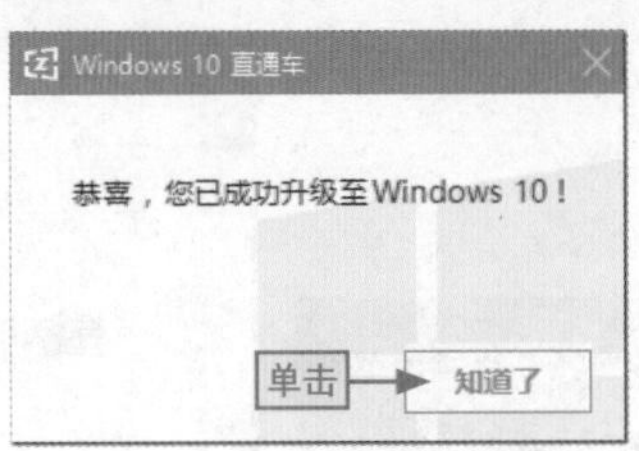

高手支招 | 应用商店没有显示内容，怎么办

对于刚从其他版本升级为Windows 10操作系统的用户而言，在使用过程中总会有不顺利的情况发生，例如，应用商店打开后，窗口中显示一片空白，对于这种问题怎么解决呢？下面就来具体讲解解决该问题的相关操作。

步骤01 搜索程序

在桌面状态下直接输入“powershell”关键字，程序自动启动搜索框，并执行搜索操作。

步骤02 以管理员身份运行程序

❶在“Windows PowerShell”搜索结果上右击，❷在弹出的快捷菜单中选择“以管理员身份运行”命令。

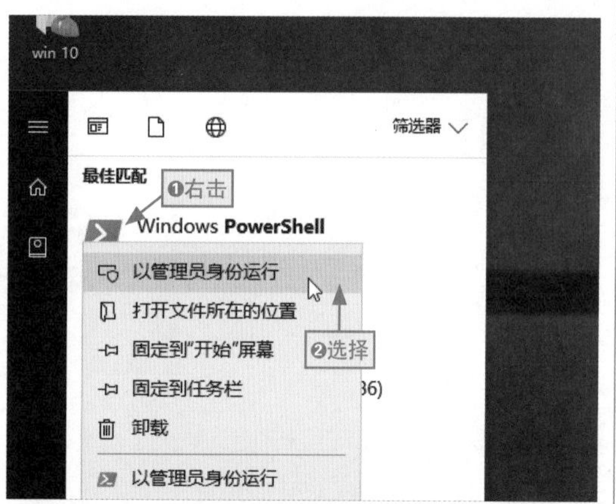

步骤03 运行代码

程序打开“管理员：Windows PowerShell”窗口，❶输入“$manifest=(Get-AppxPackage Microsoft.WindowsStore).InstallLocation + '\AppxManifest.xml' ; Add-AppxPackage -DisableDevelopmentMode-Register $manifest”代码，按Enter键运行代码，❷代码运行结束后单击“关闭”按钮，关闭该窗口。

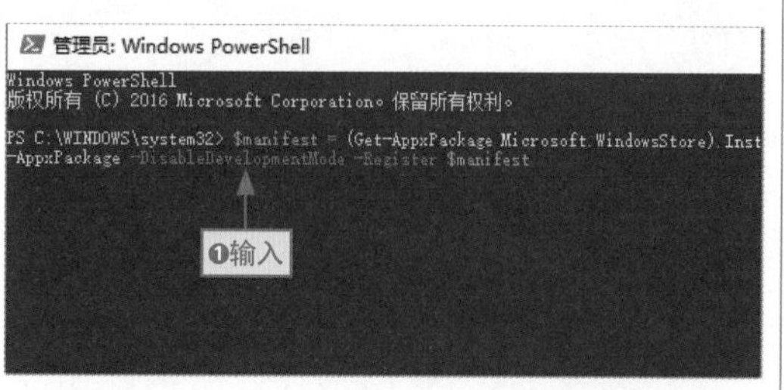

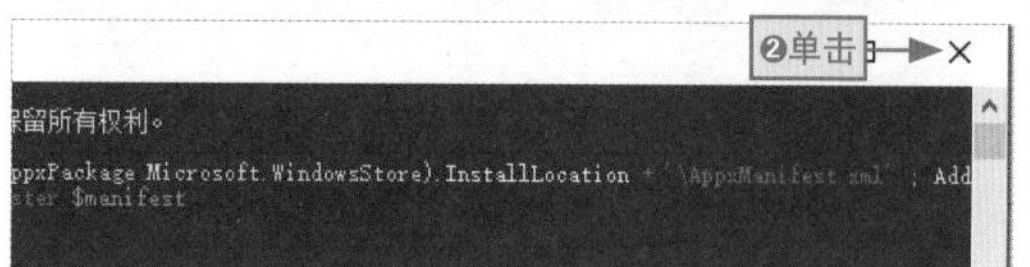

步骤04 单击“更新和安全”按钮

打开“Windows设置”窗口，在其中单击“更新和安全”按钮，将打开“Windows更新”窗口。

步骤05 检查并安装更新

在打开的窗口中单击“检查更新”按钮，程序自动检测当前电脑中的更新并将其自动进行全部安装，重启电脑后即可解决问题。

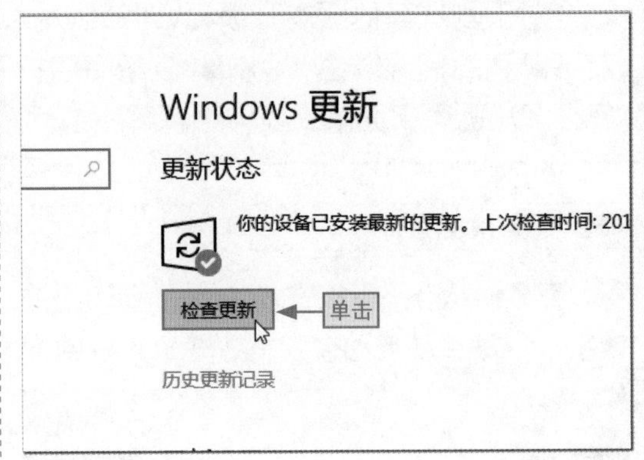

第3章

Windows环境的个性化设置与初体验

学习目标

新安装或升级的Windows 10操作系统，其各种显示效果都是默认的。用户可根据不同的使用习惯和喜好，对Windows环境进行自定义的设置，塑造个性化的外观。本章主要针对Windows环境的个性化设置与基本设置进行介绍，让读者对Windows 10操作系统能够有更全面和深入的了解和使用体会。

本章要点

◆ 设置桌面背景
◆ 设置颜色
◆ 下载并使用主题
◆ 设置屏幕保护程序
◆ Windows 10的控制面板在哪里
……

◆ 设置控制面板的查看方式
◆ 校正系统的日期和时间
◆ Windows 10怎么创建新用户账户
◆ 更改本地账户头像
◆ 管理本地账户
……

知识要点	学习时间	学习难度
自定义Windows 10系统外观	40 分钟	★★★
控制面板的操作和应用体验	20 分钟	★★
新建与管理Windows本地账户	35 分钟	★★★

LESSON 3.1 自定义Windows 10系统外观

用户在使用电脑的过程中，总是面对一成不变的桌面背景，很容易产生审美疲劳，用户可以根据自己的喜好对桌面背景、窗口颜色、主题效果、屏幕保护程序等进行设置，让电脑的显示效果更加美观与个性。

3.1.1 设置桌面背景

所谓设置桌面背景就是用其他背景效果来更换默认的桌面背景图，在Windows 10中，可以为桌面背景设置静态的背景效果和动态的背景效果，下面对这两种背景效果分别进行介绍。

1. 设置静态的桌面背景

设置静态的桌面背景是指用单一的图片或者颜色来替换默认的背景图，二者的操作相似。下面以桌面背景用指定的一张图片来进行更换为例，讲解相关的操作方法。

步骤01 选择“个性化”命令

❶在桌面的任意空白位置右击，❷在弹出的快捷菜单中选择“个性化”命令，打开“设置”对话框的“背景”选项卡。

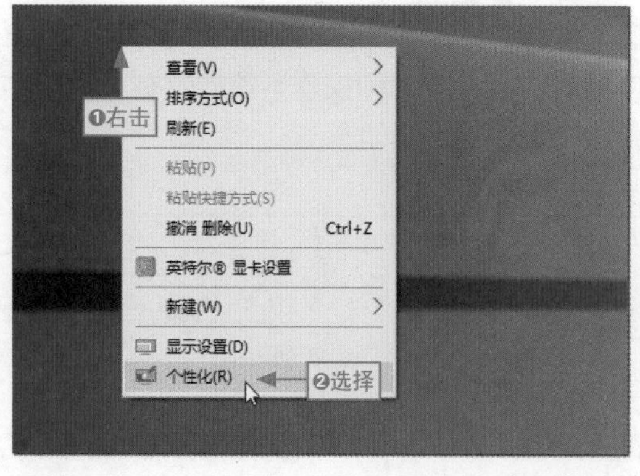

步骤01 单击“浏览”按钮

在“背景”下拉列表框中保持“图片”选项的选择状态，单击“选择图片”栏中的“浏览”按钮。

长知识 | 快速设置桌面背景图

在“选择图片”栏中选择需要的一张图片选项可以快速将该图片设置为桌面背景图，历史使用过的桌面背景图也会显示在该栏中。

步骤03 选择需要的背景图

❶在打开的“打开”对话框中找到文件的保存位置，❷在中间的列表框中选择需要的图片，❸单击“选择图片”按钮。

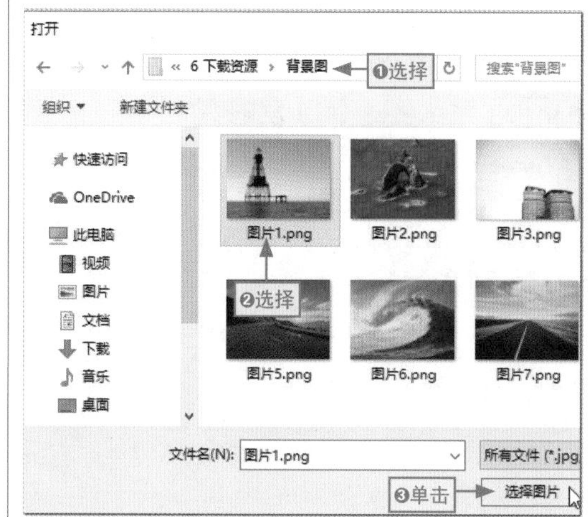

步骤04 应用设置的背景图

在返回的“设置”窗口中，程序自动以填充的方式填充背景图，关闭该窗口，在返回的桌面中即可查看到设置背景图后的效果。

如果要使用纯色填充色来替换默认的桌面背景图，❶直接在“背景”下拉列表框中选择“纯色”选项，❷在出现的“选择你的背景色”栏中选择一种颜色选项，系统会自动应用该颜色，❸并且在桌面中可以预览查看到设置的纯色背景效果，如图3-1所示。

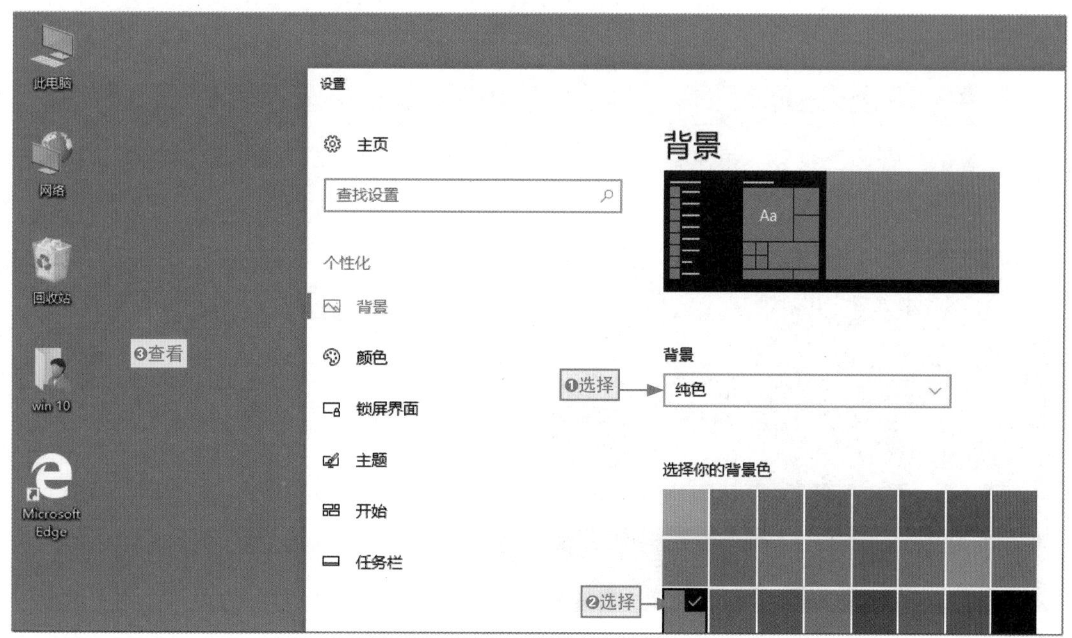

图3-1

长知识｜利用快捷菜单设置桌面背景图

❶在需要设置背景图的图片文件上右击，❷在弹出的快捷菜单中选择“设置为桌面背景”命令即可快速将该图片设置为桌面的背景图，如图3-2所示。

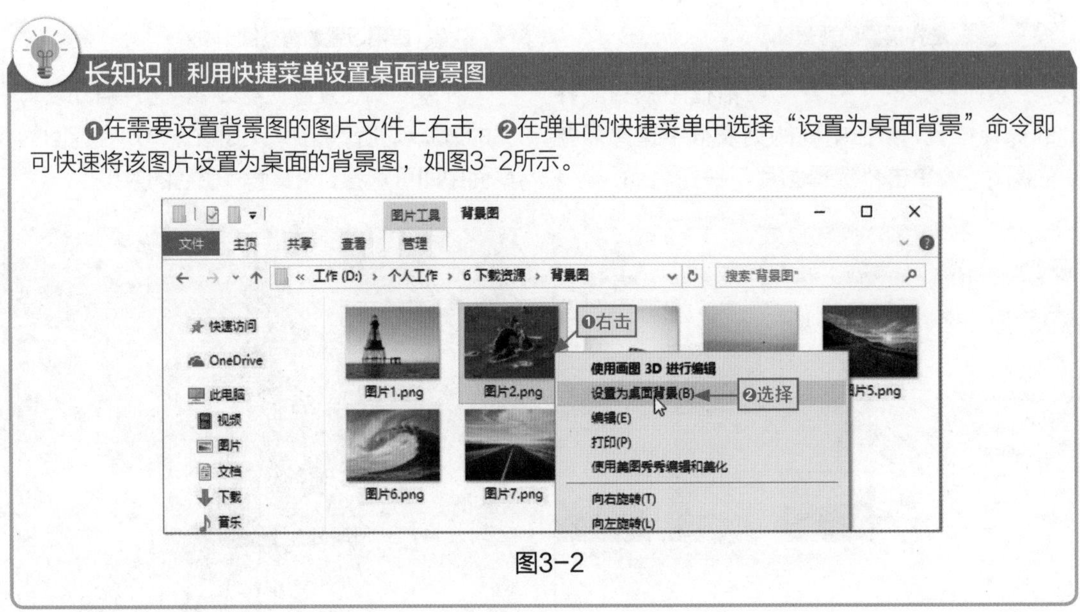

图3-2

2. 设置动态的桌面背景

设置动态的桌面背景是指将需要设为背景的图片放置在一个文件夹里，然后给桌面背景选择对应的文件夹存储位置，再设置好每张图片的切换时间，系统即可按照设置的间隔时间对文件夹里的图片进行定时切换，从而实现动态多变背景的效果，其具体操作方法如下。

步骤01 单击“设置”按钮

❶单击“开始”按钮，❷在弹出的“开始”菜单中单击“设置”按钮。

步骤02 单击“个性化”按钮

在打开的“Windows设置”窗口中单击“个性化”按钮。

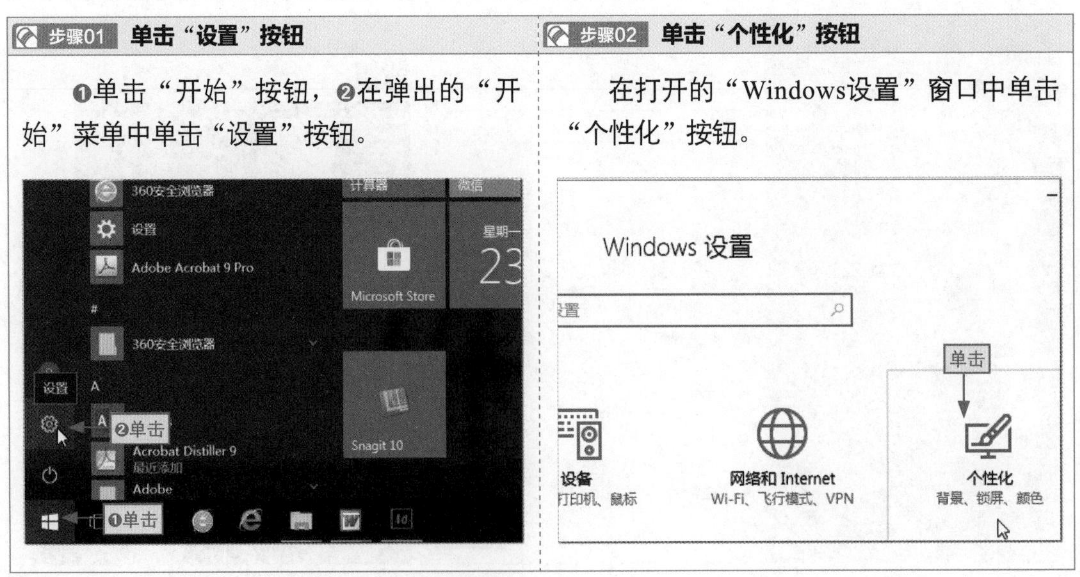

步骤03 选择“幻灯片放映”选项

❶在打开的“设置”窗口中单击“背景”下拉列表框，❷在弹出的下拉列表中选择“幻灯片放映”选项。

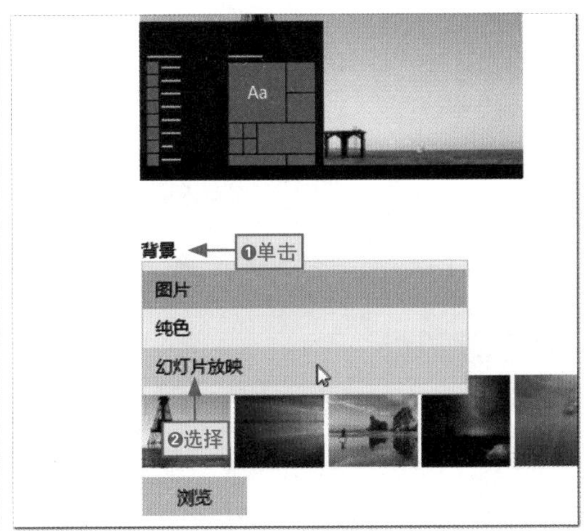

步骤04 单击“浏览”按钮

在“为幻灯片选择相册”栏中单击“浏览”按钮，将打开“选择文件夹”对话框。

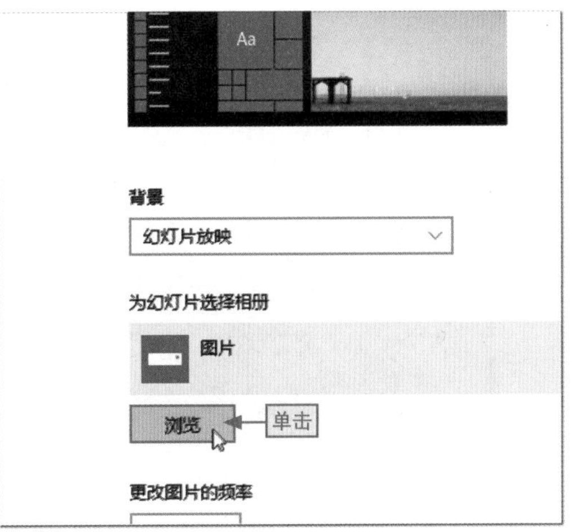

步骤05 选择多张背景图保存的文件夹

❶在该对话框中找到文件的保存位置，❷在中间的列表框中选择图片保存的文件夹，❸单击“选择此文件夹”按钮。

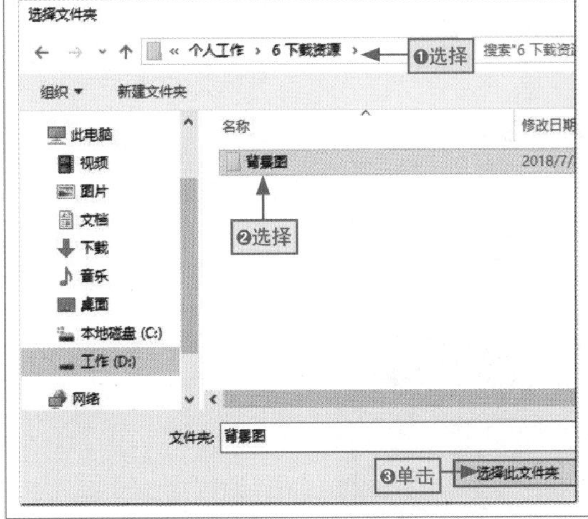

步骤06 设置图片更换频率和顺序

❶在返回的“设置”窗口中选择“更改图片的频率”为“10分钟”，❷单击“无序播放”开关按钮启用无序播放，最后关闭该窗口。

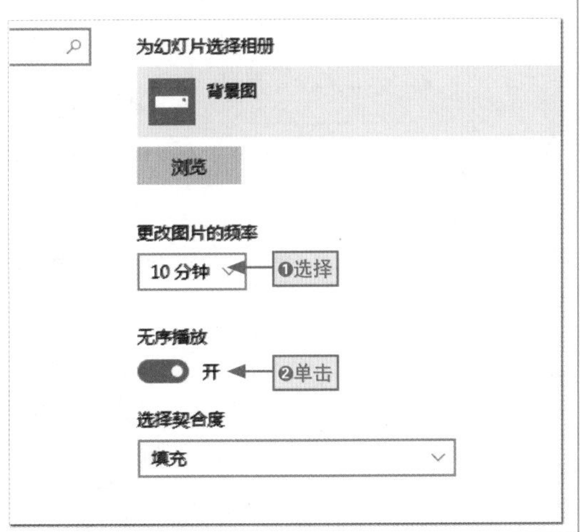

完成以上操作后，系统每隔10分钟，便会自动在“背景图”文件夹中选择一张图片作为当前状态的背景图，如此反复变化，从而形成动态变化的桌面背景效果。

3.1.2 设置颜色

安装Windows 10操作系统后，系统默认的颜色为默认蓝色，但凡与系统设置相关的颜色都会显示蓝色，如“开始”屏幕磁贴的背景、各种开关按钮打开时的颜色等，如图3-3所示。

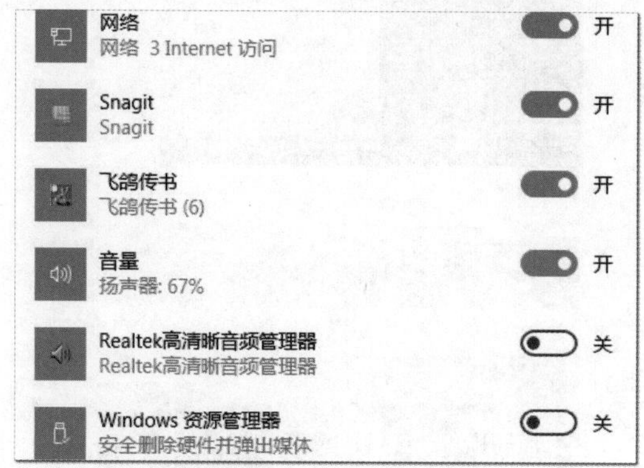

图3-3

其实，该颜色是可以更改的，其操作方法为：打开“设置”窗口，❶在左侧窗格中单击“颜色”选项卡，右侧窗格中选中“从我的背景自动选取一种主题色”复选框，程序会自动从当前的背景图中识别一种颜色作为主题色；如果要手动选择，可以在“Windows颜色”列表中选择一种颜色，❷这里选择“海沫绿”选项，如图3-4所示。

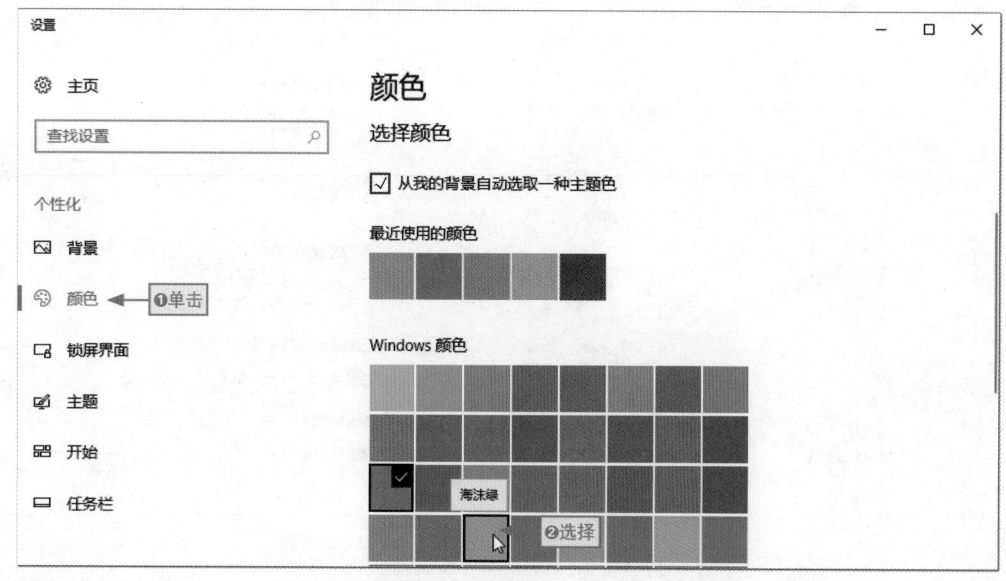

图3-4

关闭“设置”窗口后即完成颜色的更改，如图3-5所示为更改颜色后“开始”屏幕中磁贴的背景和开关按钮打开时的颜色效果。

图3-5

3.1.3 下载并使用主题

3.1.1节和3.1.2节中是单独对系统的桌面背景和颜色进行设置的，此时在“设置”窗口的“主题”选项卡中可以查看当前自定义的主题，此时单击“保存主题”按钮可以将设置的桌面背景和颜色保存下来，如图3-6所示，当下次使用该主题时，系统会自动应用该主题的背景图片和颜色效果。

图3-6

如果用户觉得自定义设置的主题不够美观、内置的主题样式也不太喜欢，此时可以从应用商店中下载更丰富、更时尚的主题，当然，这需要保证电脑已连接上互联网。下面通过具体的示例讲解下载并使用主题的相关操作。

步骤01 单击超链接

打开“设置”窗口的“主题”选项卡，在“应用主题”栏中单击“从应用商店中获取更多主题”超链接。

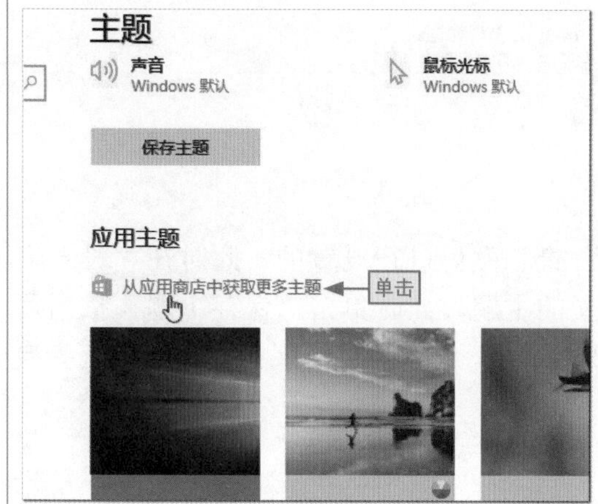

步骤02 选择主题

在打开的Microsoft Store窗口中找到需要下载的主题选项，选择该选项，如这里选择Baby Animals主题。

步骤03 单击“获取”按钮

在打开的界面中单击“获取”按钮即可免费下载并安装该主题到本地电脑。

步骤04 单击“启动”按钮

待主题下载并安装成功后系统会提示“此产品已安装”，单击“启动”按钮。

步骤05 查看下载的主题

程序自动返回到“设置”窗口的“主题”选项卡中，在“应用主题”栏中即可查看下载的主题，选择该主题。

步骤06 使用下载的主题

单击“使用自定义主题”按钮，程序自动为系统应用该主题，关闭窗口后即可完成所有操作。

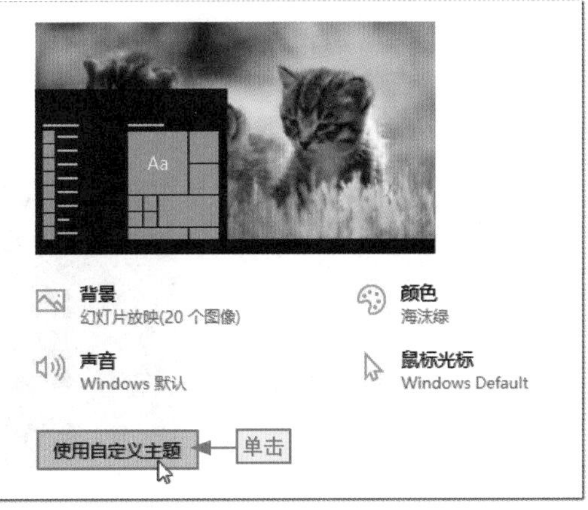

3.1.4 设置锁屏界面

当用户暂时不需要使用电脑，又不想关机时，❶此时可以在“开始”菜单中单击“用户账户”按钮，❷在弹出的菜单中选择“锁定”或者直接按Windows+L组合键，进入锁屏界面，如图3-7所示。

图3-7

在锁屏界面中只显示画面和日期与时间信息，对于这个界面，用户可以根据自己的喜好进行自定义设置，其具体的操作方法如下。

步骤01 单击选项卡

打开“设置”窗口，在左侧任务窗格中单击“锁屏界面”选项卡，切换到“锁屏界面”设置页面。

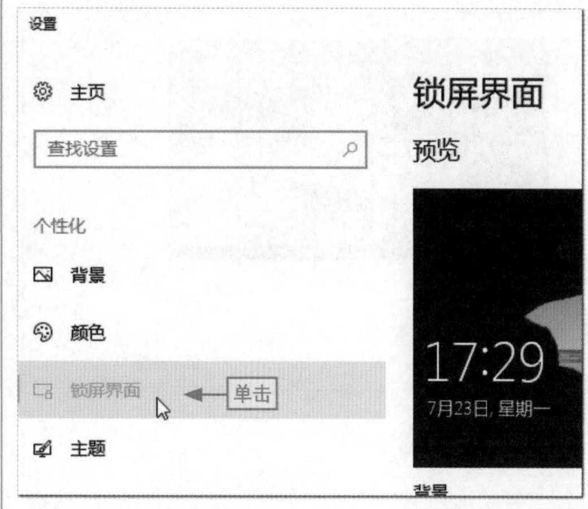

步骤02 单击“浏览”按钮

在右侧的任务窗格中可以选择内置的图片，也可以自定义选择图片，这里单击“浏览”按钮。

步骤03 指定锁屏界面

❶在打开的“打开”对话框中找到文件的保存位置，❷选择需要的锁屏界面图片，❸单击“选择图片”按钮。

步骤04 预览并关闭窗口

❶在返回的“设置”窗口的锁屏界面预览区域中即可预览到自定义的锁屏界面效果，❷单击“关闭”按钮关闭窗口即可完成整个操作。

3.1.5 设置屏幕保护程序

屏幕保护程序是电脑在一定时间内没有任何操作的情况下出现在屏幕中的画面和

文字。之所以叫作屏幕保护程序，是因为对于CRT（显像管）显示器而言，它能避免电脑长时间显示同一画面，从而保护显示器。

在Windows 10中，设置屏幕保护程序包括使用系统自带的屏幕保护程序、自定义文字屏幕保护程序和设置照片屏幕保护程序3种情况，下面分别进行讲解。

1. 使用系统自带的屏幕保护程序

在 Windows 10 中，系统自带了 5 种内置的屏幕保护程序，分别是 3D 文字、变幻线、彩带、空白和气泡。下面讲解如何使用这些屏幕保护程序。

步骤01 单击超链接

打开“设置”窗口，❶在左侧任务窗格中单击“锁屏界面”选项卡，❷在右侧单击“屏幕保护程序设置”超链接。

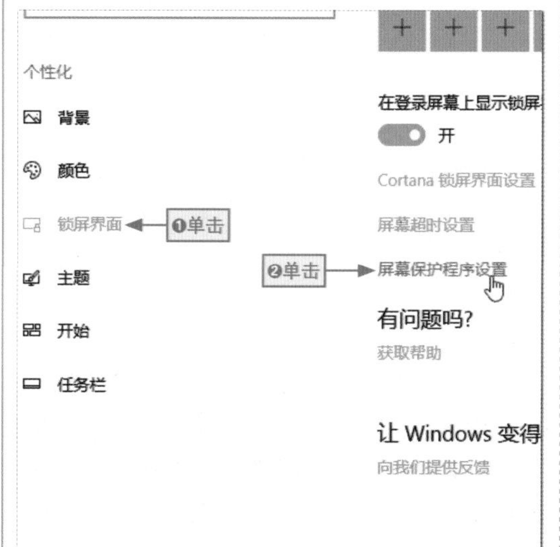

步骤02 选择屏幕保护程序

❶在打开的“屏幕保护程序设置”对话框中单击“屏幕保护程序”下拉列表框右侧的下拉按钮，❷选择“彩带”选项。

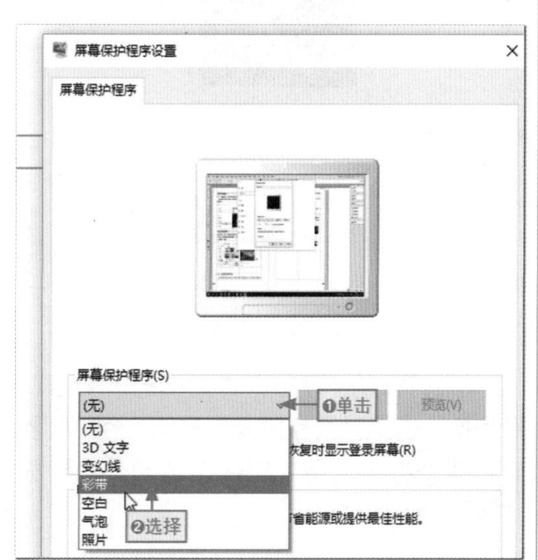

步骤03 设置等待时间

❶在“等待”微调框中输入“10”（表示如果10分钟内未对电脑进行任何操作，则启动屏幕保护程序，电脑屏幕显示设置的屏幕保护程序），❷单击“确定”按钮确认关闭对话框，最后关闭“设置”窗口即可完成整个操作。

2. 自定义文字屏幕保护程序

3D 文字屏幕保护程序的默认显示文字是“Windows 10”，而自定义文字屏幕保护程序就是对系统内置 3D 文字屏幕保护程序的显示文字进行自定义，其具体操作方法如下。

步骤01 单击“设置”按钮

打开“屏幕保护程序设置”对话框，❶在“屏幕保护程序”下拉列表框中选择“3D文字”选项，❷单击“设置”按钮。

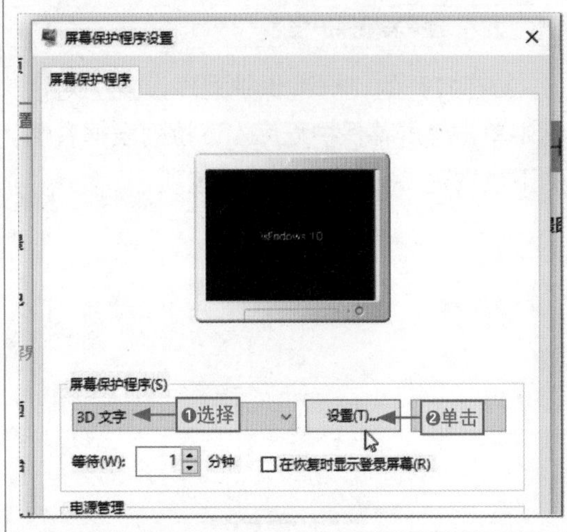

步骤02 自定义3D文字

❶在打开的“3D文字设置”对话框的“自定义文字”文本框中输入“休息……”，❷单击“选择字体”按钮。

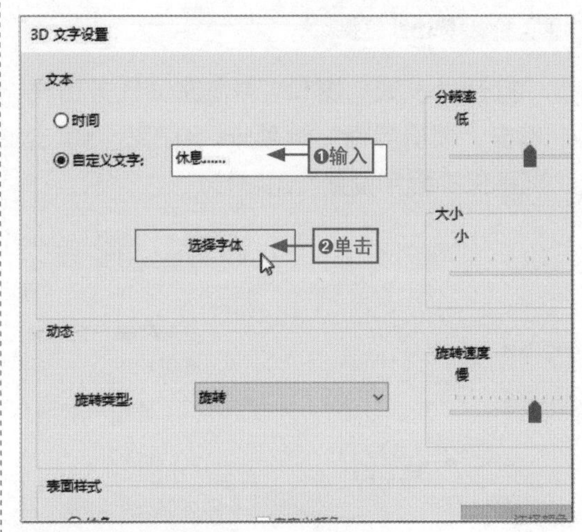

步骤03 设置3D文字的字体格式

❶在打开的“字体”对话框的“字体”列表框中选择“微软雅黑”字体，❷在“字形”列表框中选择“粗体”选项，❸单击“确定”按钮。

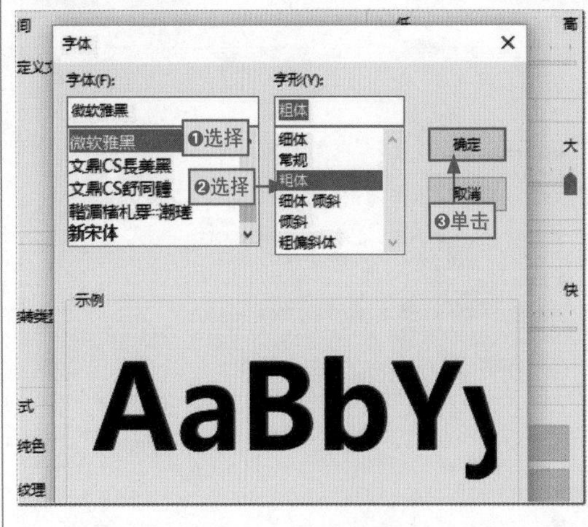

步骤04 设置3D文字的旋转速度

❶在返回的“3D文字设置”对话框的“旋转速度”栏中向左拖动滑块，降低3D文字的旋转速度，❷单击“确定”按钮，应用设置并关闭对话框。

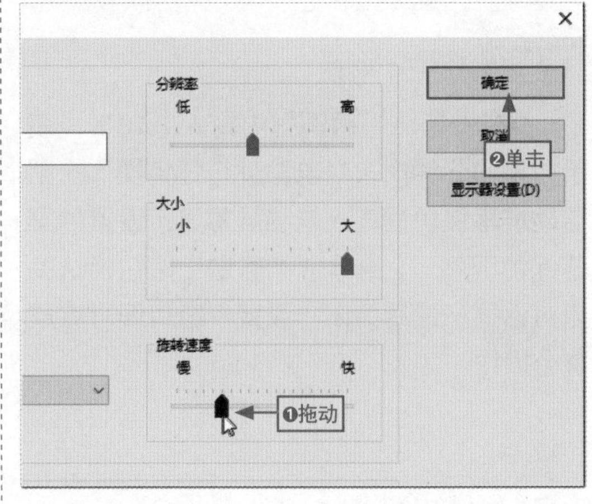

步骤05 设置等待时间

❶在返回的“屏幕保护程序设置”对话框的预览区域的缩略图中可以预览效果，❷设置等待时间为10分钟，❸单击“确定”按钮即可完成整个操作。

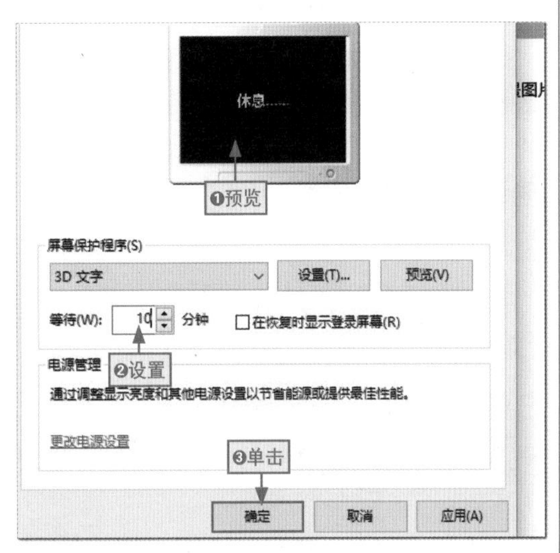

长知识 | 预览设置效果

在“屏幕保护程序设置”对话框中单击“预览”按钮即可进入屏幕保护程序状态并预览设置的3D文字屏幕保护程序效果。

3. 设置照片屏幕保护程序

在 Windows 10 中，设置照片屏幕保护程序是指将本地电脑中某个文件夹中的所有图片设置为屏幕保护程序，让不同的照片轮番显示，其具体操作方法如下。

步骤01 单击“设置”按钮

打开“屏幕保护程序设置”对话框，❶在“屏幕保护程序”下拉列表框中选择“照片”选项，❷单击“设置”按钮。

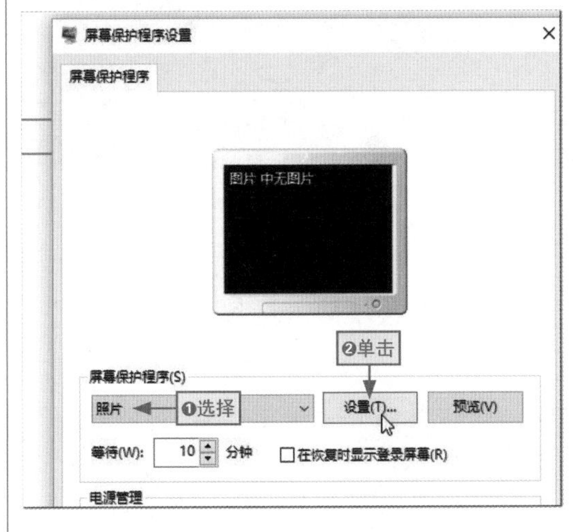

步骤02 单击“浏览”按钮

在打开的“照片屏幕保护程序设置”对话框中单击“使用来自以下位置的图片”栏对应的“浏览”按钮。

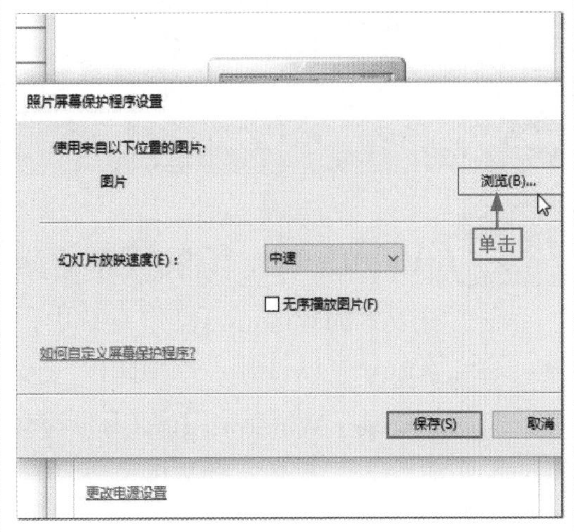

步骤03 选择图片所在的文件夹

❶在打开的"浏览文件夹"对话框的列表框中选择图片所在的文件夹，这里选择"背景图"文件夹，❷单击"确定"按钮，确认设置并关闭对话框。

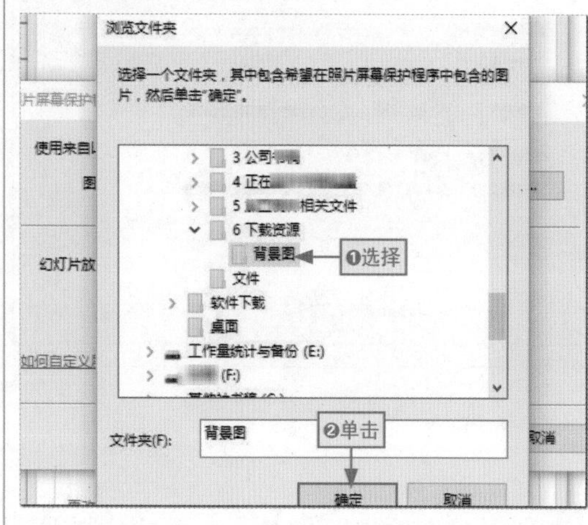

步骤04 设置无序播放图片

在返回的对话框中保持默认的"中速"放映速度，❶选中"无序播放图片"复选框，❷单击"保存"按钮后依次关闭所有对话框和窗口即可完成整个操作。

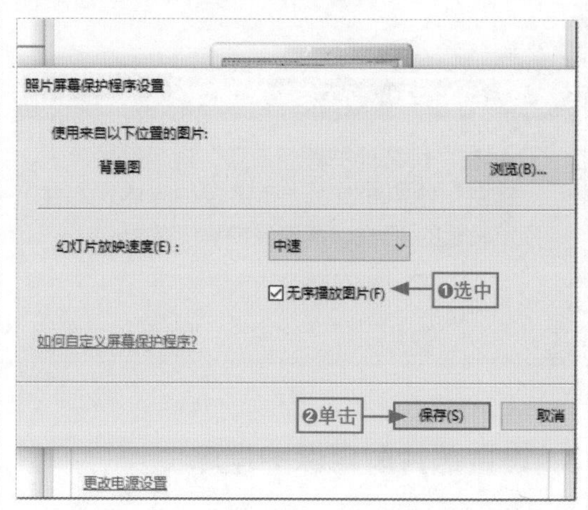

LESSON 3.2 控制面板的操作和应用体验

控制面板是Windows图形用户界面的一部分，它允许用户对基本的系统设置进行查看和更改。由于在控制面板中可进行的操作很多，在本节中除了掌握控制面板的基本操作外，还可通过更正系统的日期和时间来体验控制面板的应用。

3.2.1 Windows 10的控制面板在哪里

在之前版本的Windows操作系统中，打开"开始"菜单即可看到"控制面板"命令，通过该命令可以打开"控制面板"窗口。

但是，安装了Windows 10的用户可以发现，在"开始"菜单里没有直接显示"控制面板"命令了，那么，在Windows 10中，用户应该如何找到控制面板呢？可以先将"控制面板"系统图标添加到桌面。下面将介绍其他几种常见的打开"控制面板"窗口的方法。

● 从Windows 10窗口打开

打开Windows 10窗口，❶在搜索框中输入“控制面板”文字，❷在弹出的搜索列表中选择“控制面板”选项即可打开“控制面板”窗口，如图3-8所示。

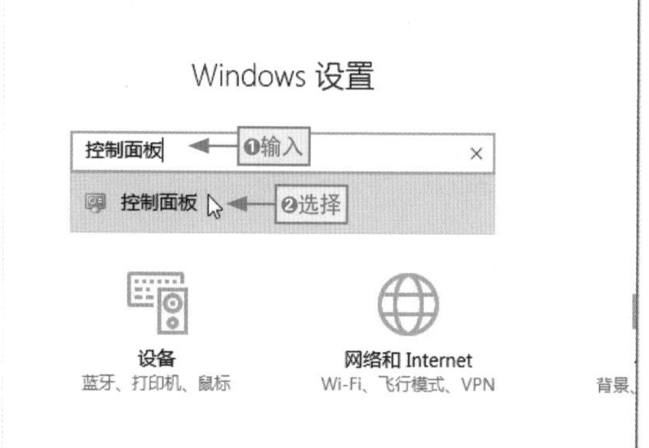

图3-8

● 从“开始”菜单打开

❶单击“开始”按钮，❷在弹出的“开始”菜单中选择“Windows系统”文件夹，展开该文件夹，❸选择“控制面板”命令将打开“控制面板”窗口，如图3-9所示。

图3-9

● 通过Cortana的搜索功能打开

❶在任务栏单击左下角的“Cortana搜索”按钮，❷在弹出的“小娜搜索”界面的搜索框中输入“控制面板”关键词，❸在搜索结果中选择“控制面板”选项将打开“控制面板”窗口，如图3-10所示。

长知识 | 在任务栏开启Cortana功能

如果任务栏中没有“小娜搜索”按钮，可以在任务栏的空白位置右击，在弹出的快捷菜单中选择Cortana命令，再在其子菜单中选择“显示Cortana图标”或者“显示搜索框”命令即可。

图3-10

3.2.2 设置控制面板的查看方式

在Windows 10操作系统中，控制面板默认以类别的方式将各个功能进行分类显示，包括系统和安全、外观和个性化以及程序等，如图3-11所示。

图3-11

此外，系统还提供了大图标和小图标的查看方式，这两种显示方式的显示效果相似，都是将控制面板中包含的各种功能以图标的方式列出来，只是一种显示的是大图标效果，另一种显示的是小图标效果。

要更改控制面板的查看方式，直接单击“类别”下拉按钮，在弹出的下拉列表中选择“大图标”或者“小图标”选项即可，如图3-12所示为“大图标”查看方式显示的控制面板效果，此时的“类别”下拉按钮已变为“大图标”下拉按钮。

图3-12

3.2.3 校正系统的日期和时间

如果用户的系统时间不太准确，可以在控制面板中进行更改校正。下面来具体介绍如何更改系统的日期和时间（说明：本书的所有控制面板操作都是在大图标的查看方式下进行的）。

步骤01 单击“日期和时间”按钮

打开“控制面板”窗口，在大图标查看方式下单击“日期和时间”按钮，打开“日期和时间”对话框。

步骤02 单击“更改日期和时间”按钮

在该对话框的“日期和时间”选项卡中可查看系统的当前日期和时间，单击“更改日期和时间”按钮。

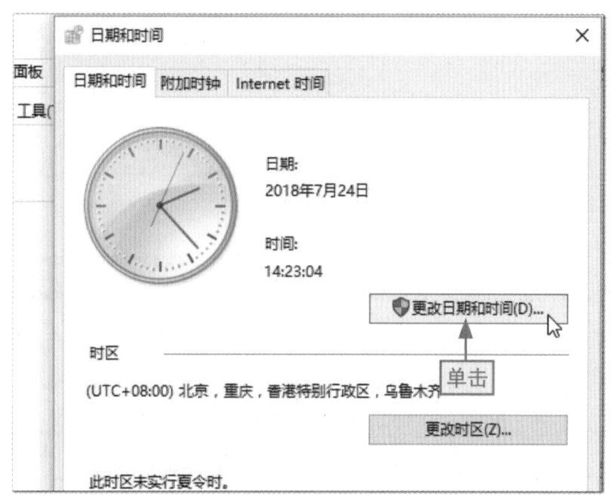

步骤03 修改系统日期

❶在打开的“日期和时间设置”对话框中单击▸按钮切换到下一月，❷在下方的日期列表中选择“2”选项完成日期的修改。

步骤04 修改系统时间

❶在时间下方的微调框中，时间按“时:分:秒”的格式显示，选择对应的时分秒数据，直接输入新数据即可对时间进行修改，❷单击“确定”按钮。

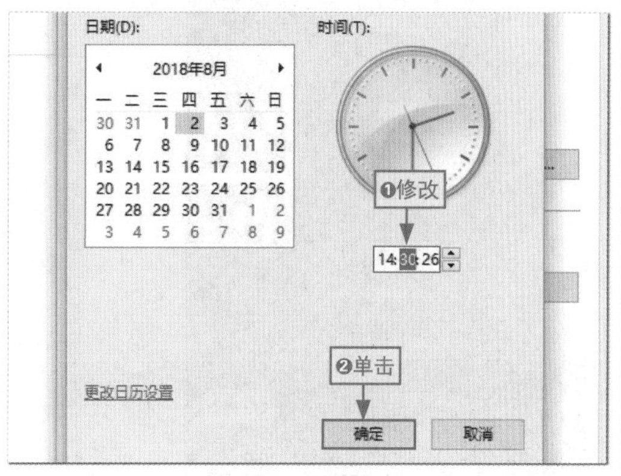

步骤05 关闭对话框确认设置

在返回的“日期和时间”对话框中单击“确定”按钮，依次关闭所有对话框即可完成操作。

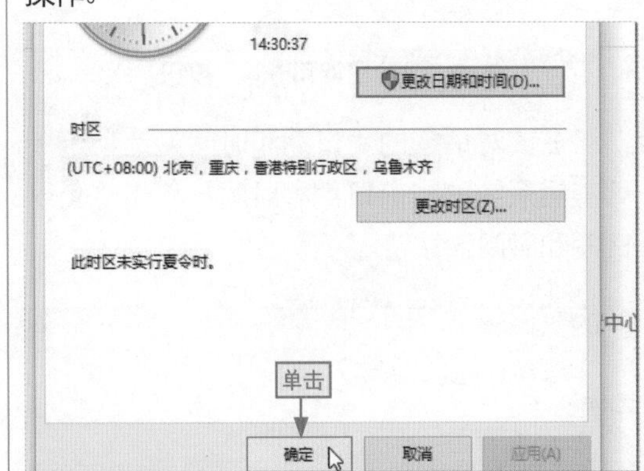

步骤06 查看更改的日期和时间

在任务栏的通知区域中也可以查看到系统的日期和时间被更改了。

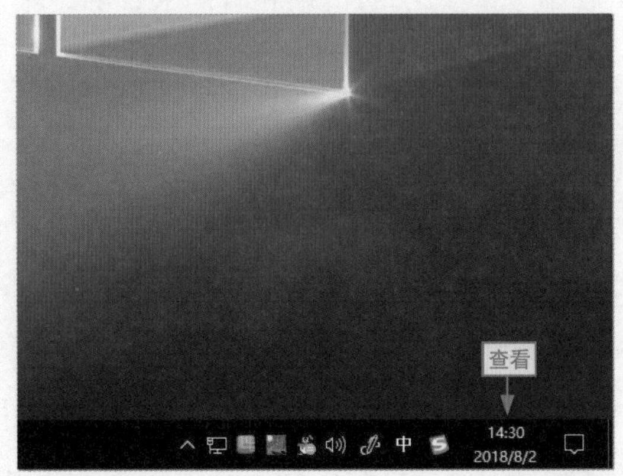

长知识 | 在“设置”窗口中校正系统的日期和时间

❶在通知区域的日期和时间上右击，❷在弹出的快捷菜单中选择“调整日期/时间”命令，打开“设置”窗口的“日期和时间”界面，❸在其中单击“更改”按钮，打开“更改日期和时间”对话框，其中显示了各级日期和时间的下拉列表框，通过该下拉列表框可以方便地选择要修改的日期和时间，❹如这里单击月份下拉按钮，❺在弹出的下拉列表中选择“8月”选项，❻单击“更改”按钮即可完成日期的修改，如图3-13所示。

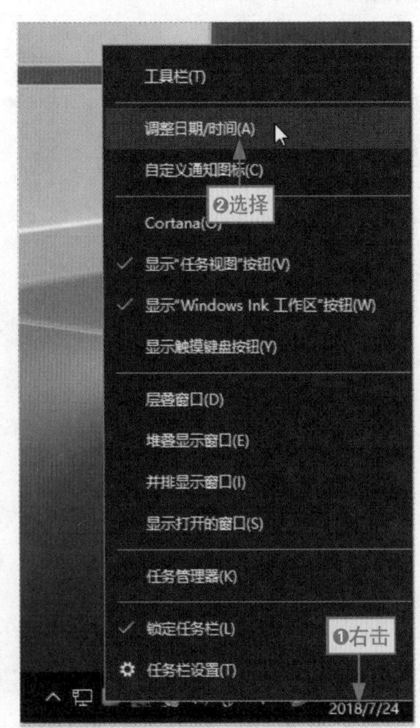

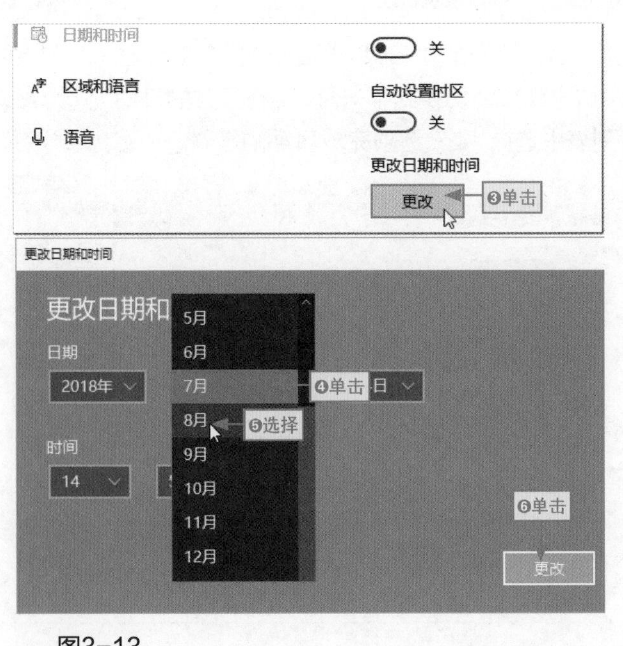

图3-13

LESSON 3.3 新建与管理Windows本地账户

用户账户是个人信息和设置的集合，通过用户账户可以在拥有自己的文件和设置的情况下与多人共用一台电脑，每个人都可以使用账户名称和密码来管理各自的账户。下面具体介绍多人共用一台电脑时，应该如何新建其他账户以及如何对账户进行管理操作。

3.3.1 Windows 10怎么创建新用户账户

一般的家用电脑，会出现多人共用一台电脑的情况，为了获得各自的使用环境，此时可以在本地创建多个账户，不同的用户可以使用自己的账户登录Windows 10操作系统，其具体操作方法如下。

步骤01 选择“管理”命令

❶在“此电脑”图标上右击，❷在弹出的快捷菜单中选择“管理”命令，打开“计算机管理”窗口。

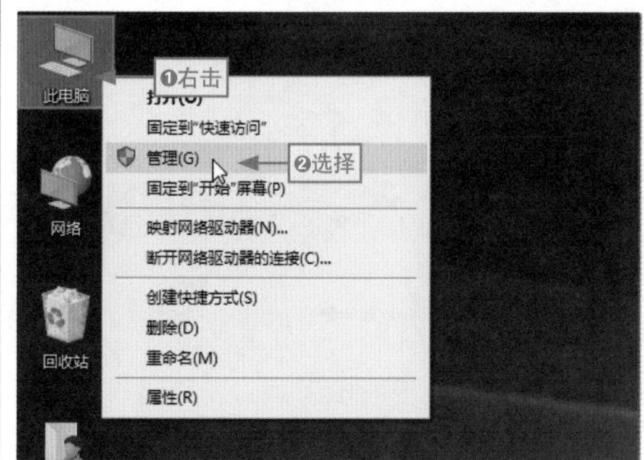

步骤02 选择“用户”选项

❶在该窗口的左侧任务窗格中单击“本地用户和组”左侧的展开按钮，❷在展开的目录中选择“用户”选项。

步骤03 选择“新用户”命令

在右侧窗格中即可查看到当前电脑中的用户，❶在空白位置右击，❷在弹出的快捷菜单中选择“新用户”命令。

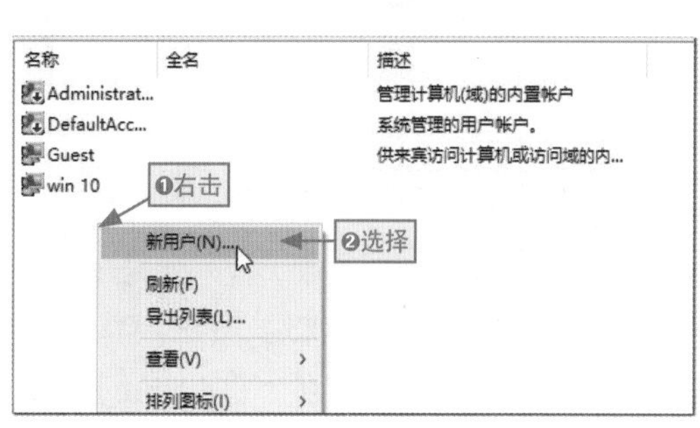

步骤04 设置用户名称

❶在打开的“新用户”对话框中输入用户名，❷在“全名”文本框中输入全名，❸在“描述”文本框中输入账户的描述。

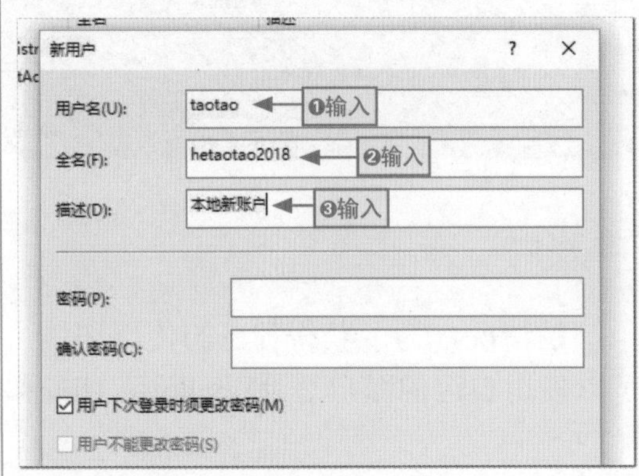

步骤05 设置账户密码

❶在“密码”文本框中输入密码，❷在“确认密码”文本框中输入相同的密码进行确认。

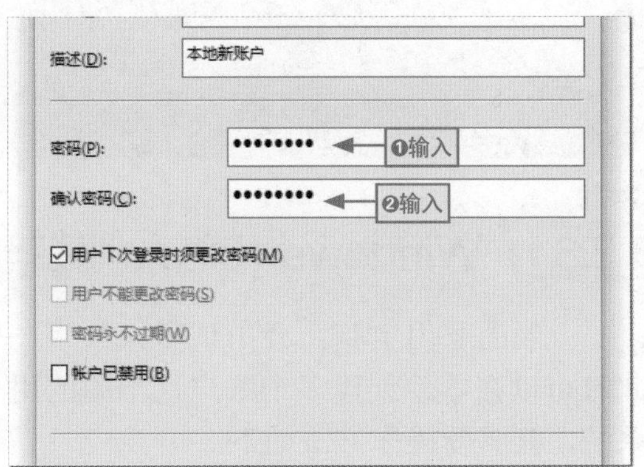

步骤06 设置账户密码选项

❶取消选中“用户下次登录时须更改密码”复选框，❷选中“用户不能更改密码”和“密码永不过期”复选框，❸单击“创建”按钮。

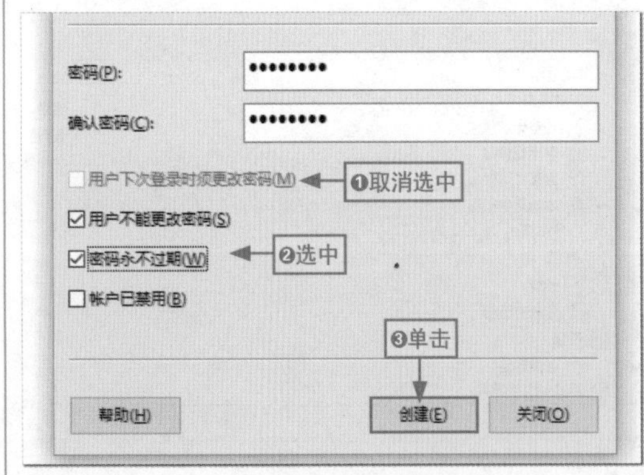

步骤07 查看创建的账户

关闭“新用户”对话框，❶在返回的“计算机管理”窗口中间的任务窗格中即可查看到创建的本地账户，❷单击“关闭”按钮关闭该窗口。

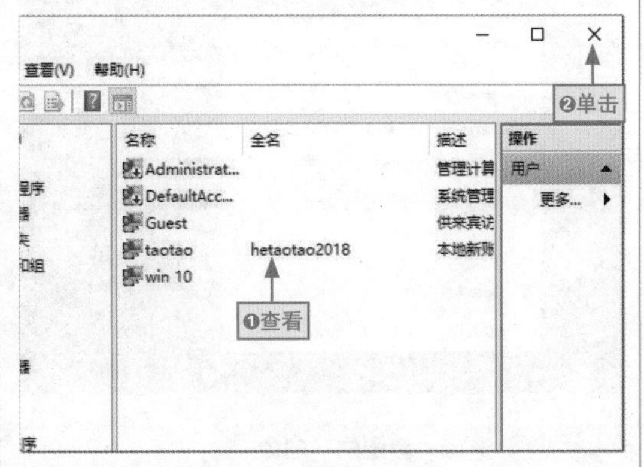

3.3.2 更改本地账户头像

默认新建的本地账户没有账户头像，为了让头像更直观，用户可以通过“Windows设置”窗口来添加账户头像。需要注意的是，要设置账户头像，必须先登录该账户，再进行设置。下面以刚创建的“taotao”账户添加账户头像为例讲解相关的操作，其具体操作方法如下。

步骤01 选择hetaotao2018账户

❶单击“开始”按钮，❷在弹出的“开始”菜单中单击“账户”按钮，❸在弹出的列表中选择hetaotao2018账户。

步骤02 切换到新账户

程序自动进入该账户的登录界面，由于创建该账户时设置了密码，这里需要输入登录密码，然后按Enter键登录。

步骤03 单击“账户”按钮

在新账户中打开“Windows设置”窗口，在其中单击“账户”按钮，打开“设置”窗口的“你的信息”界面。

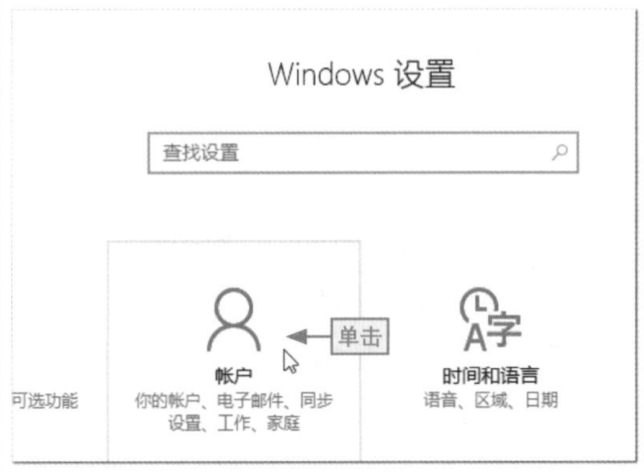

步骤04 选择创建头像的方式

在该界面的“创建你的头像”栏中单击“通过浏览方式查找一个”按钮（若电脑有摄像头，可以单击“摄像头”按钮获取头像）。

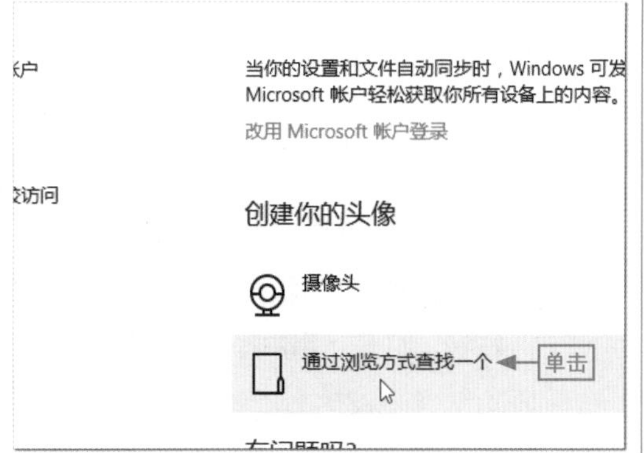

步骤05 选择头像要使用的图片

在打开的“打开”对话框中选择文件的保存位置，在中间的列表框中选择需要的图片，❶这里选择名为“图片5”的图片，❷单击“选择图片”按钮，关闭对话框并应用图片。

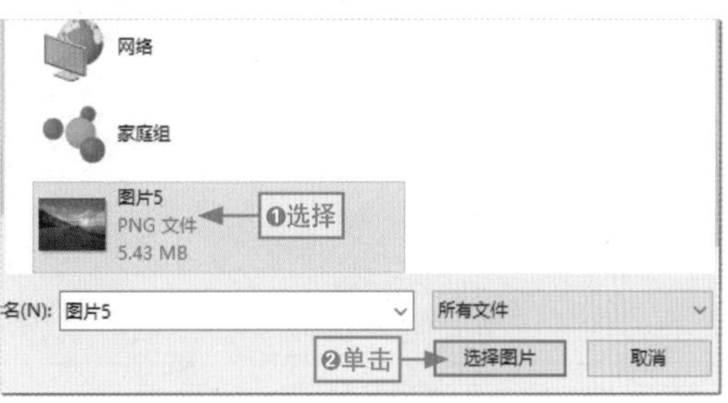

步骤06 查看设置的效果

❶在返回的“设置”窗口的“你的信息”界面中即可查看到设置的账户头像效果，❷单击“关闭”按钮，关闭该窗口即可完成整个操作。

长知识 | 删除账户的头像图片

在Windows 10操作系统中，如果要删除为账户添加的头像图片，可直接在“C:\Users\用户名\AppData\Roaming\Microsoft\Windows\AccountPictures”路径中删除对应的账户头像图片。

3.3.3 管理本地账户

管理本地账户即对创建的其他新账户的名称、密码、类型等进行编辑操作，也可以对不需要的账户进行删除操作（对于删除操作，只有超级管理员权限才可以对普通的标准账户进行删除）。

对于本地账户的各种修改，其操作都相似，下面以在“win 10”超级管理员账户中对“hetaotao2018”账户的名称进行编辑为例，讲解管理账户的操作方法，其具体操作方法如下。

步骤01 单击“用户账户”按钮

打开“控制面板”窗口，在其中单击“用户账户”按钮，打开“用户账户”窗口。

步骤02 单击“管理其他账户”超链接

在该窗口的“更改账户信息”栏中单击“管理其他账户”超链接。

步骤03 选择要更改的账户

在打开的“管理账户”窗口中的“选择要更改的用户”列表框中列举了当前电脑中的所有账户，选择要更改的账户。

步骤04 单击“更改账户名称”超链接

在打开的“更改账户”窗口的更改账户列表中显示了可以进行的各种更改操作，这里单击“更改账户名称”超链接。

步骤05 重命名账户

❶在打开的“重命名账户”窗口的文本框中输入新的账户名称，这里输入“何淘淘”，❷单击“更改名称”按钮。

步骤06 查看更改效果

❶在返回的“更改账户”窗口中即可查看到账户名称被修改了，❷单击“关闭”按钮，关闭窗口即可完成整个操作。

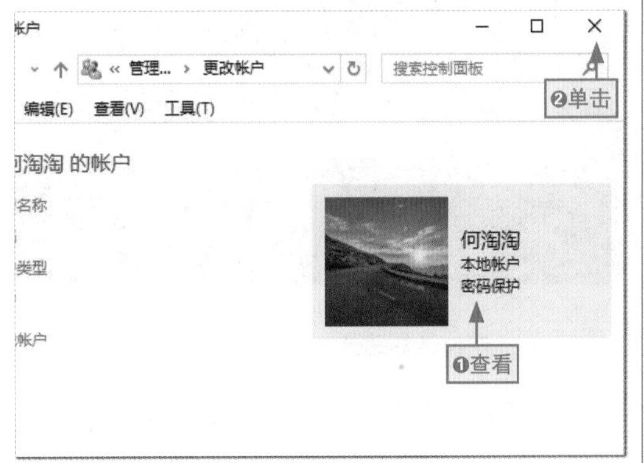

长知识 | 管理员账户和标准账户的区别

在Windows系统中，账户分为管理员账户和标准账户，账户类型不同，使用者所拥有的权限也不同。系统建议用户创建“标准账户”的类型，因为标准账户不能做出对电脑或对其他所有账户造成影响的更改，从而保护电脑，标准账户几乎能拥有管理员账户的所有权限。

所以，最好为每个账户创建一个标准账户。如果要安装软件或者更改系统安全设置，系统会要求提供管理员账户的密码。

高手支招 | 如何清除Windows 10历史使用的桌面背景

在Windows10操作系统中，使用过的桌面背景图片会保存在“选择图片”列表中，如图3-14所示。如果不想让其继续保留在列表中，可以通过修改注册表的方法来解决，其具体操作方法如下。

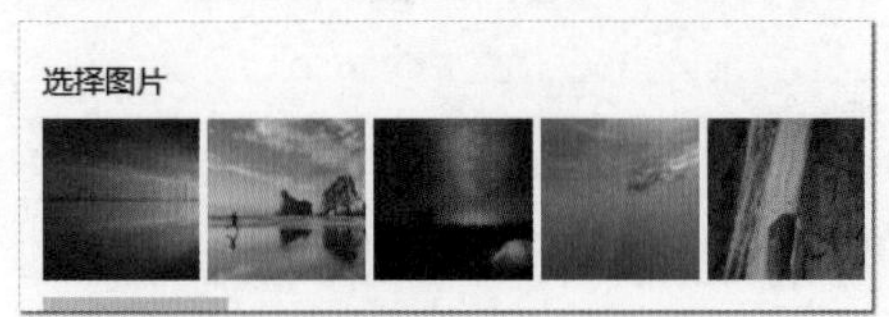

图3-14

步骤01 选择“运行”命令

❶在“开始”按钮上右击，❷在弹出的快捷菜单中选择“运行”命令。

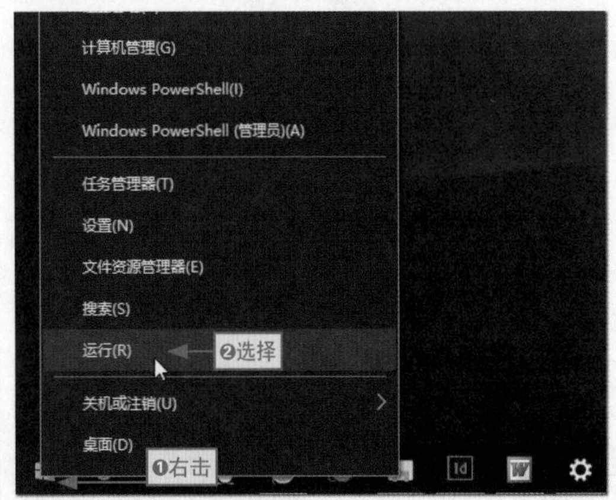

步骤02 运行regedit命令

❶在打开的“运行”对话框的“打开”下拉列表框中输入regedit命令，❷单击“确定”按钮。

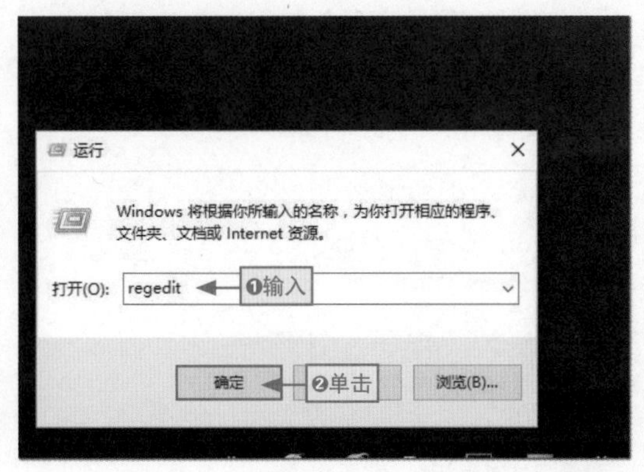

步骤03 定位注册表项

程序自动打开“注册表编辑器”窗口，❶在该窗口中定位到“HKEY CURRENT USER\Software\Microsoft\Windows\CurrentVersion\Explorer\Wallpapers”注册表项。❷在右侧的窗格中即可查看到使用的历史桌面背景图，其列表顺序按0～4的顺序依次排列。

步骤04 删除指定的背景图

选择要删除的桌面背景图的选项，❶在其上右击，❷在弹出的快捷菜单中选择“删除”命令。

步骤05 确认删除

在打开的提示对话框中提示是否确定要删除此数值，单击“是”按钮确认删除，即可完成整个操作。

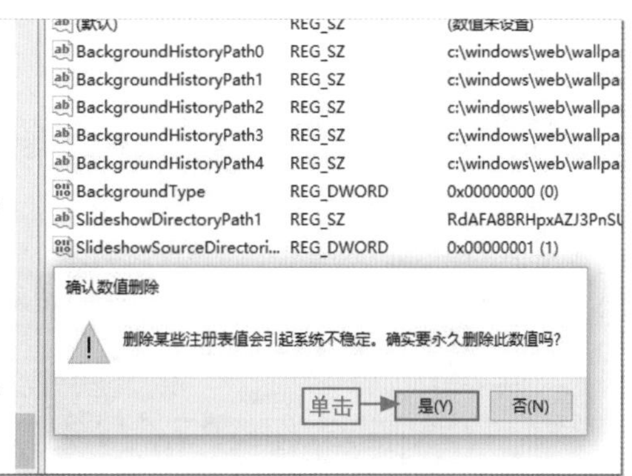

高手支招 | Windows 10电脑的时间与北京时间不同步怎么办

在电脑的使用过程中，有时系统时间莫名的就不准了，就算手动校准时间后，误差还是会越来越大，要解决这个问题，可以参考以下的操作来完成。

步骤01 运行“services.msc”命令

按Windows+R组合键，打开“运行”对话框，❶在“打开”下拉列表框中输入“services.msc”命令，❷单击“确定”按钮运行该命令。

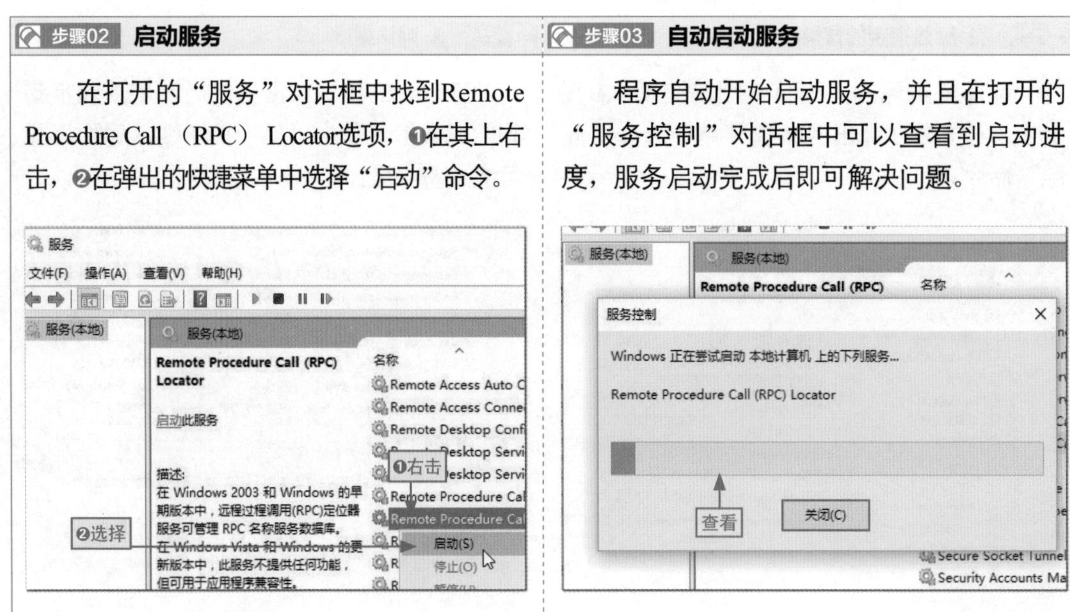

步骤02 启动服务

在打开的“服务”对话框中找到Remote Procedure Call （RPC） Locator选项，❶在其上右击，❷在弹出的快捷菜单中选择“启动”命令。

步骤03 自动启动服务

程序自动开始启动服务，并且在打开的“服务控制”对话框中可以查看到启动进度，服务启动完成后即可解决问题。

如果执行以上操作后，系统时间还是与北京时间不同步，此时可以在“控制面板”窗口中单击“日期和时间”按钮，打开“日期和时间”对话框，❶单击“Internet时间”选项卡，❷单击“更改设置”按钮，❸在打开的“Internet时间设置”对话框中选中“与Internet时间服务器同步”复选框，❹在“服务器”下拉列表框中选择“time.nist.gov”选项，❺单击“立即更新”按钮即可，如图3-15所示。

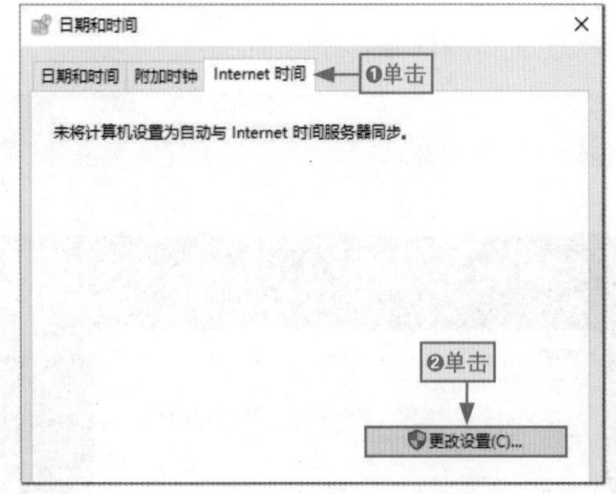

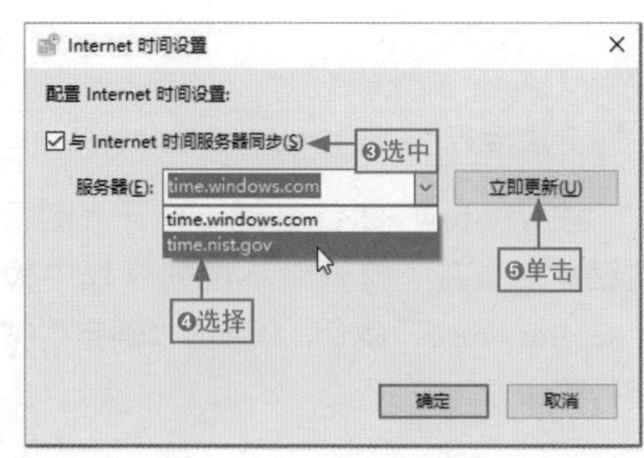

图3-15

第4章

认识与使用输入法打字

学习目标

在电脑的使用过程中，用户向电脑输入文字或其他信息，需要用到输入法。在前面的学习中，我们已经对输入文字有初步的接触。在本章中，将对使用输入法打字的知识和相关操作进行系统的讲解，让初学者全面掌握输入法打字。

本章要点

- 有哪些输入法可供选择
- 安装输入法
- 卸载输入法
- 添加与删除输入法

……

- 使用拼音输入法输入字词
- 使用手写功能输入生僻字
- 使用语音功能输入文字
- 汉字的五笔编码基础

……

知识要点	学习时间	学习难度
输入法的安装、卸载与基本设置	40 分钟	★★★
学习拼音输入法	30 分钟	★★★
学习五笔输入法	20 分钟	★★

LESSON 4.1 输入法的安装与卸载

在Windows 10操作系统中，默认安装的输入法有两种，一种是微软拼音，另一种是美式键盘。在实际的使用过程中，这两种输入法都不太方便，所以用户可以根据需要安装其他输入法。本节主要对输入法的安装和卸载的相关操作进行具体讲解。

4.1.1 有哪些输入法可供选择

目前应用得比较多的输入法有两种类型，一种是拼音输入法，另一种是五笔输入法，对于使用电脑的新用户而言，可以先从拼音学起，熟练之后可以考虑学习五笔。

在日常生活和工作中，应用得比较广泛的输入法品种有搜狗输入法、QQ输入法、百度输入法等。这些输入法品种都包含拼音输入法和五笔输入法，下面对各种输入法进行介绍，以供读者选择。

1. 搜狗输入法

搜狗输入法是搜狗（Sogou）公司于2006年6月推出的一款汉字输入法工具。与传统输入法不同，该输入法是第一款为互联网而生的输入法，它通过搜索引擎技术将互联网变成一个巨大的“活”词库。网民不仅是词库的使用者，也是词库的生产者。

除了专业类的词库外，还为不同领域的词汇使用者提供了分门别类的词语集合，安装细胞词库后，就可以输入所有的中文词汇，同时可以直接快速准确地输入。

作为中国国内主流的汉字拼音输入法之一，搜狗输入法长期占据最高的市场份额，是使用范围及受欢迎程度最高的输入法之一。如图4-1所示为搜狗输入法的官网首页（https://pinyin.sogou.com/），在该页面可以查看并下载搜狗公司提供的各种输入法产品。

图4-1

2. QQ输入法

QQ 输入法早期是腾讯公司开发的一款输入软件，它不仅能够支持基本的拼音、英文、五笔、笔画、数字符号输入，还支持手写、整句输入、智能纠错等扩展功能，用以满足用户的不同需求。QQ 输入法通过多项领先技术，为用户带来更快、更稳定、更流畅的输入体验。目前 QQ 输入法已经由搜狗公司运营。

QQ输入法具有更加广泛的专业词库支持，支持QQ云输入，灵活的输入特点，且与系统的兼容性非常好，在使用的过程中很少会出现系统错误。

通过QQ账号登录到QQ输入法的个人中心，还可以进行账户信息的管理，如查看自己或好友的输入法等级，查看电脑和手机的历史输入字数等统计信息。

如图4-2所示为QQ输入法的官网首页（http://qq.pinyin.cn/），在该页面可以查看并下载搜狗公司提供的各种输入法产品。

图4-2

长知识 | QQ输入法已正式成为搜狗公司名下产品

2013年9月17日，腾讯宣布以4.48亿美元入股搜狗，成为搜狗的第二大股东，并将搜搜和QQ输入法业务与搜狗的现有业务进行合并，形成一个全新的搜狗公司。现如今，我们在安装QQ输入法时，在许可协议描述中都会看到“QQ拼音输入法现在完全是由搜狗公司提供的客户端软件，搜狗拥有QQ拼音输入法的所有权及知识产权等全部权利”等有关的版权声明文字。虽然通过整合后，QQ输入法已成为搜狗公司名下的产品，但是对于用户来说并没有特别直观的感受，QQ输入法的同步账号仍然是QQ账号，而不是搜狗账号，因此用户可以继续像以前一样使用这款产品。

3. 百度输入法

百度输入法是由百度公司2010年10月推出的免费输入软件。由于该输入法拥有百度搜索和云端技术的支持，很快成为新一代的输入产品。它除了具有强大的智能词库支持之外，还具有许多实用的工具，比如截图、表情符号、亲笔信、翻译、贴图及传文件等功能，可以满足多样化的办公需要。

另外，百度输入法还支持语音输入，实现语音转化文字，不仅高效、精准，而且简单易用。用户只需点开面板上的话筒按钮，便可开始语音输入，以语句停顿间歇为节点，百度输入法自动逐句识别输出。

百度输入法非常注重用户体验，是第一个倡导并执行绿色输入的输入法。如图4-3所示为百度输入法的官网首页（https://shurufa.baidu.com/），在该页面可以查看并下载百度公司提供的各种输入法产品。

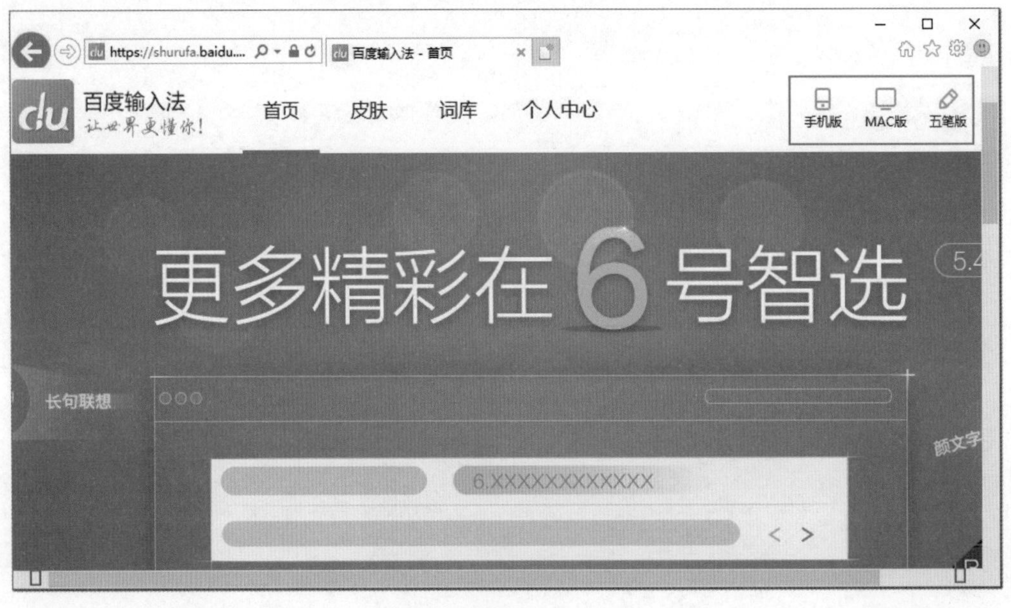

图4-3

4.1.2 安装输入法

将输入法从官网下载后（有关下载的内容可参见本书第8章），还必须安装到电脑中才能使用。

虽然程序提供了安装向导，但是在安装过程中还是有许多要注意的地方，下面以安装“搜狗拼音输入法”为例，讲解安装输入法的相关操作，其具体操作步骤如下。

步骤01 **选择“以管理员身份运行”命令**

在电脑中找到搜狗输入法的安装程序，❶在其上右击，❷在弹出的快捷菜单中选择“以管理员身份运行”命令。

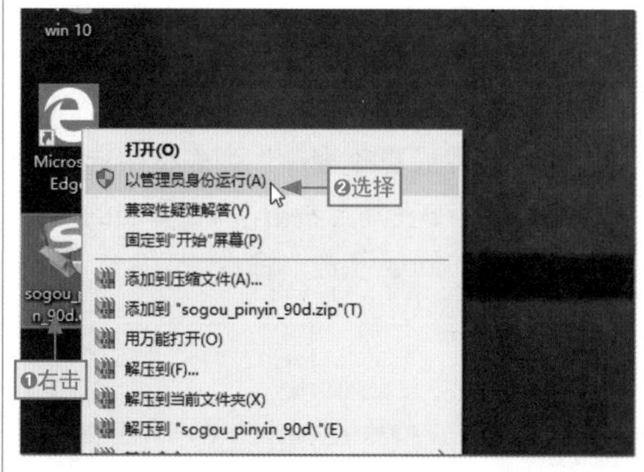

步骤02 **单击“自定义安装”下拉按钮**

在打开的安装向导对话框中自动选中已阅读并接受协议的复选框，单击“自定义安装”下拉按钮。

步骤03 **设置安装位置**

❶在展开的面板中将安装位置的盘符“C”修改为“D”，❷取消选中“运行设置向导”和“查看最新特性”复选框，❸单击“立即安装”按钮。

步骤04 **自动安装并跳过用户登录**

程序自动进行安装，并在打开的对话框中显示了安装进度。安装完成后将打开用户登录向导对话框，在其中单击“跳过”超链接，跳过账户登录的过程。

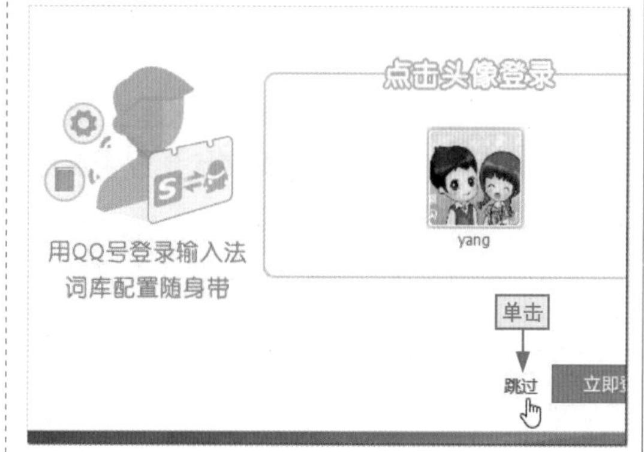

步骤05 **完成安装**

在打开的对话框中提示安装完成，单击“关闭”按钮即可完成整个操作（在安装完成向导对话框中程序会提供一些相关推荐，如果用户想要体验，可以单击“立即体验”按钮进行操作）。

4.1.3 卸载输入法

对于不需要使用的输入法，可以将其卸载，从而释放出更多的磁盘空间。对于卸载输入法的操作，可以从控制面板中来完成，通常确定要卸载的程序后，程序还会打开卸载向导，不同的软件其卸载向导也不一样，操作会存在差异，但是大体的方法相似。下面以卸载电脑中安装的“智能云输入法”为例，讲解卸载输入法的相关操作。

步骤01 单击“程序和功能”按钮

打开“控制面板”窗口，在其中单击“程序和功能”按钮，打开“程序和功能”窗口。

步骤02 选择“卸载/更改”命令

在“卸载或更改程序”列表框中选择要卸载的程序，❶在其上右击，❷在弹出的快捷菜单中选择“卸载/更改”命令。

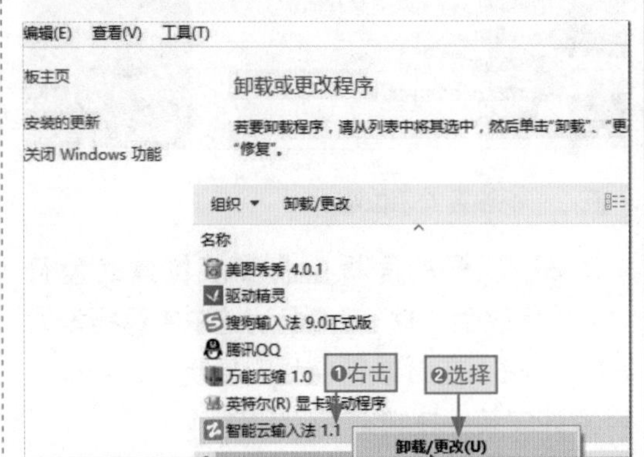

步骤03 单击“忍心卸载”按钮

程序自动打开“智能云输入法”对话框，在其中提示用户进行程序优化或者卸载操作，单击“忍心卸载”按钮。

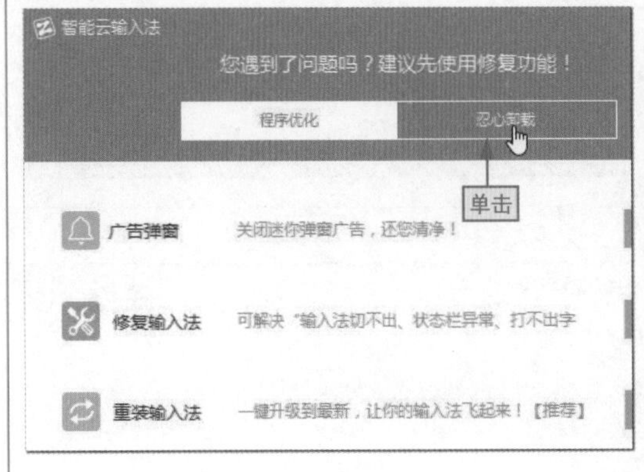

步骤04 设置卸载程序

❶在切换的界面中选中“删除用户词库和配置等”复选框，❷单击“卸载”按钮。程序开始自动卸载。

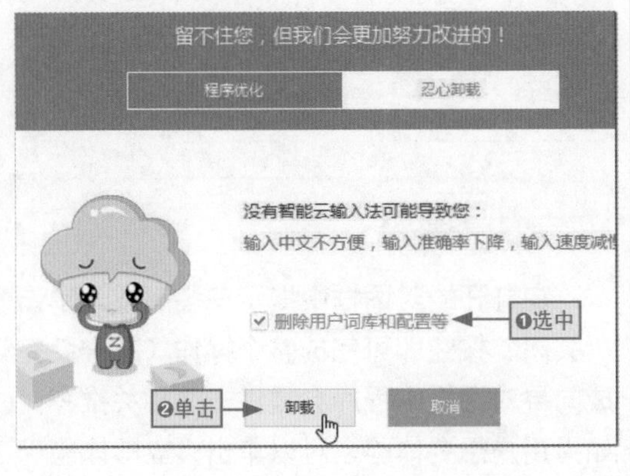

步骤05 完成卸载操作

待程序卸载完成后，在打开的界面中单击“完成”按钮，关闭卸载向导对话框。

步骤06 关闭窗口

❶在返回的“程序和功能”窗口中即可查看到程序被卸载了，❷单击“关闭”按钮，关闭该窗口即可完成整个操作。

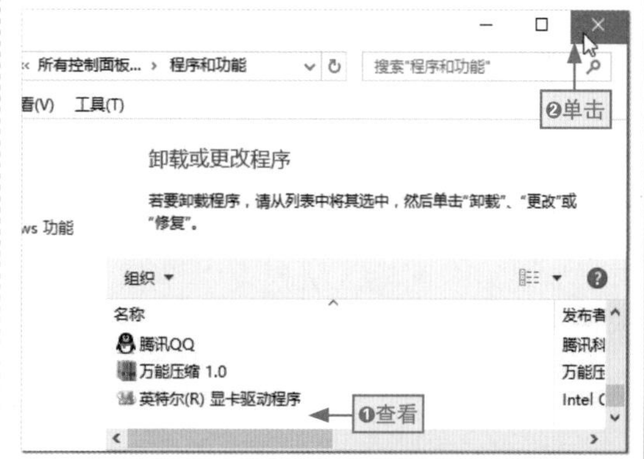

长知识 | 通过“Windows设置”窗口卸载

在Windows 10中，通过“Windows设置”窗口也可以卸载程序，其具体操作是：❶在“Windows设置”窗口中单击“应用”按钮，❷在打开的“设置”窗口的“应用和功能”界面中找到要卸载的程序并选择该程序，此时会出现“修改”和“卸载”按钮，❸单击“卸载”按钮即可开始卸载该程序，如图4-4所示。

图4-4

LESSON 4.2 输入法的基本设置

输入法安装完成后，为了方便使用，还要对输入法进行一些基本设置，包括添加与删除输入法、切换输入法、设置默认输入法等，下面分别对这些设置操作进行详细讲解。

4.2.1 添加与删除输入法

如果用户的输入法列表中没有需要的输入法，可手动将电脑上已经安装的输入法添加到列表中，而如果列表中的输入法太多甚至包括一些不常用的输入法，这会给输入法的选择造成不便，因此，可以将其从列表中删除。

1. 添加输入法

在 Windows 10 中，添加输入法主要是通过“语言选项”窗口进行的，下面以添加“搜狗五笔输入法”为例，讲解相关的操作，其具体操作方法如下。

步骤01 选择“设置”命令

❶在语言栏的输入法图标上右击，❷在弹出的快捷菜单中选择“设置”命令，打开“语言”窗口。

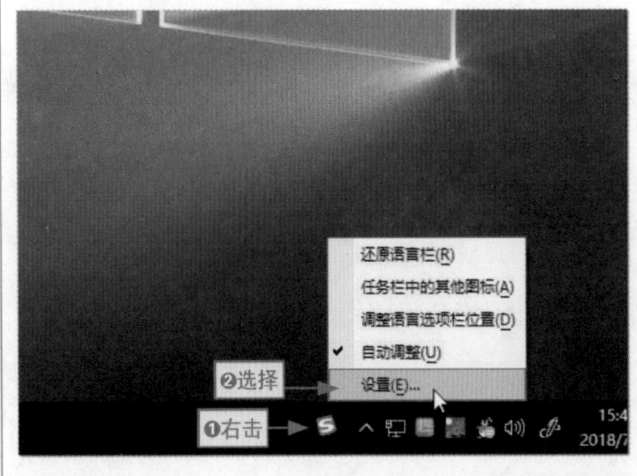

步骤02 单击“选项”按钮

在该窗口的“更改语言首选项”栏的“添加语言”列表框中单击中文选项对应的“选项”按钮。

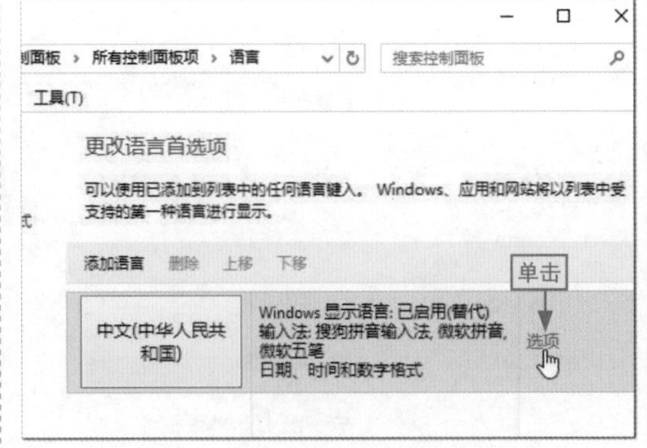

长知识 | 通过控制面板进入“语言”窗口

在“控制面板”窗口中单击“语言”按钮也可以进入步骤02的“语言”窗口中，如图4-5所示。

图4-5

步骤03 单击超链接

打开“语言选项”窗口，在“输入法”栏中单击“添加输入法”超链接，打开“输入法”窗口。

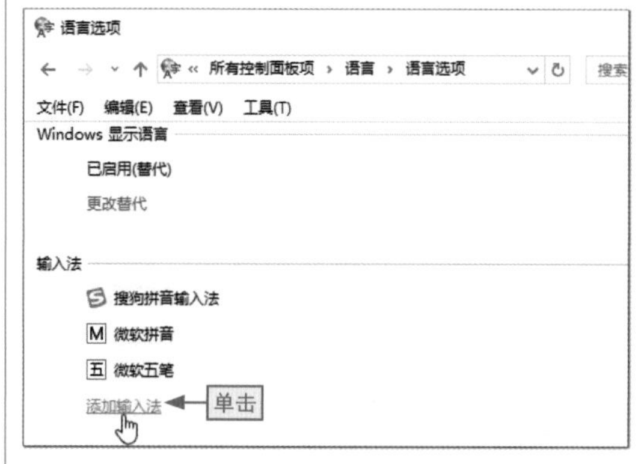

步骤04 添加指定的输入法

❶在该窗口的“添加输入法”列表框中选择“搜狗五笔输入法”选项，❷单击“添加”按钮。

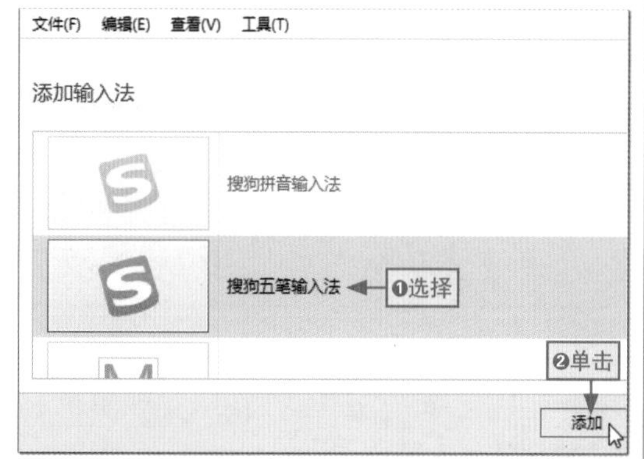

步骤05 保存添加的输入法

❶在返回的“语言选项”窗口的“输入法”栏中即可查看到添加的输入法，❷单击“保存”按钮。

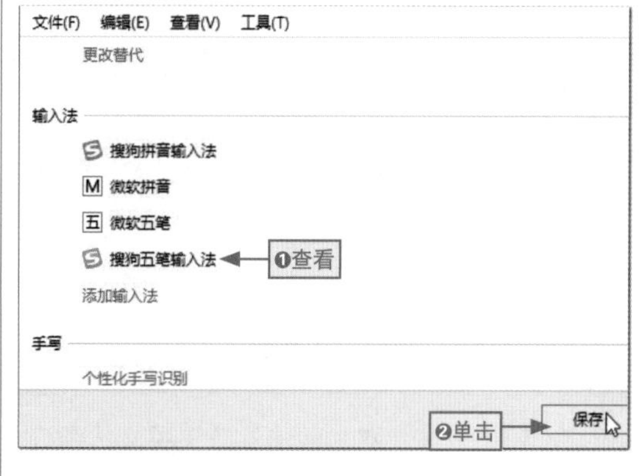

步骤06 关闭窗口

在返回的“语言”窗口中单击右上角的“关闭”按钮，关闭窗口即可完成整个操作。

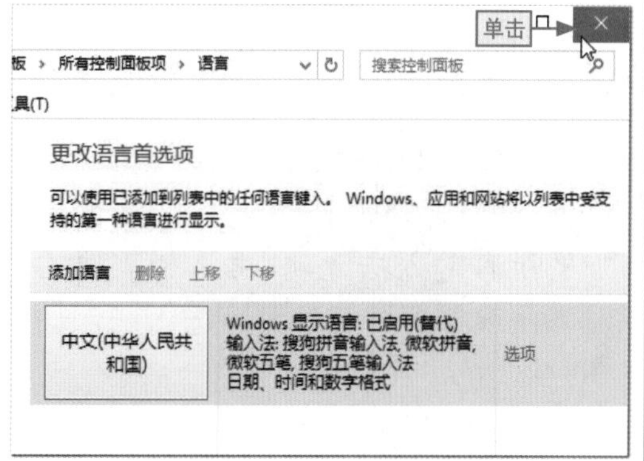

2. 删除输入法

删除输入法的操作和添加输入法类似，❶直接在“语言选项”窗口的“输入法”栏中单击要删除的输入法右侧的“删除”超链接，❷单击“保存”按钮后关闭所有窗口即可完成操作，如图 4-6 所示。

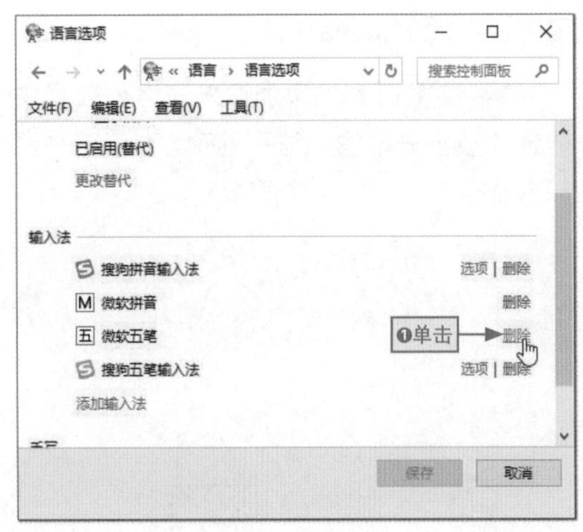

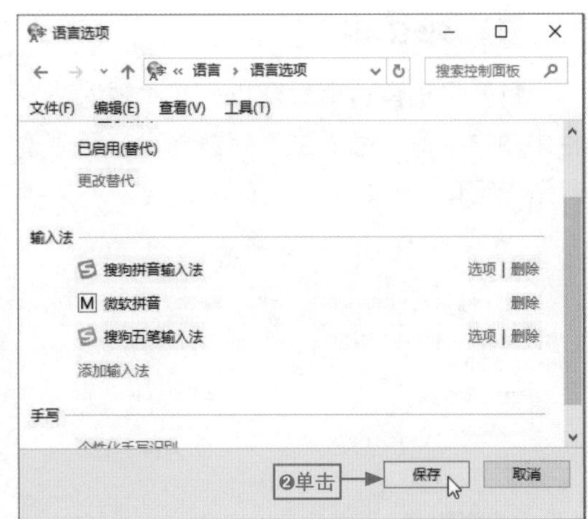

图4-6

4.2.2 切换输入法

每个人使用的输入法不尽相同，当一台电脑有多人共用时，可能会安装多种输入法软件，因此在使用输入法之前，首先要切换到熟悉的输入法。

在Windows 10中，切换输入法有两种方法，一种是通过语言栏的输入法列表，另一种是通过快捷键，这两种方法的具体操作如下。

通过语言栏选择

❶单击语言栏中的输入法图标，在弹出的输入法列表中显示了当前添加的所有输入法选项，❷选择需要的输入法选项即可切换到该输入法，如图4-7所示。

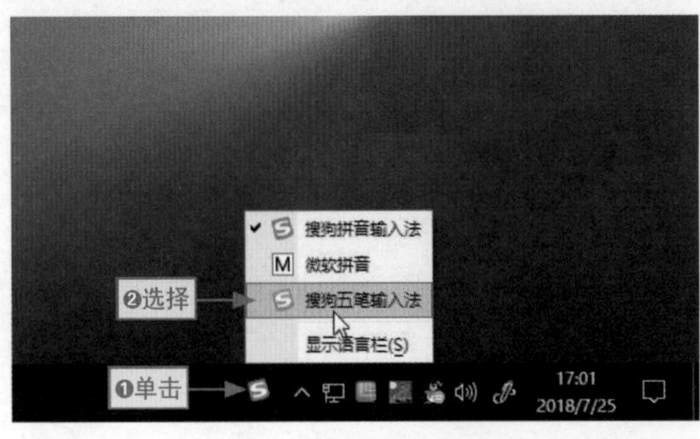

图4-7

通过快捷键切换

直接按Ctrl+Shift组合键，可快速在多种输入法之间进行切换。

长知识 | 中英文输入状态的切换

如果只需要对当前输入法中英文状态进行切换，可以按Shift键或者“Ctrl+空格”组合键，或者直接单击输入法状态条上的“中”或“英”按钮，如图4-8所示。

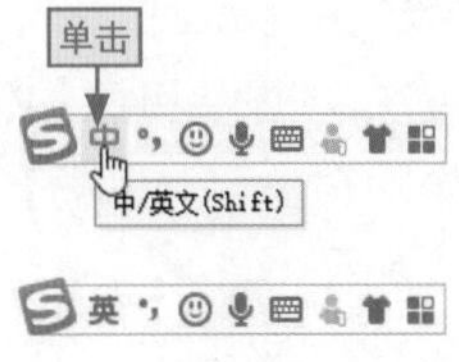

图4-8

4.2.3 设置默认输入法

用户可将自己最常使用的输入法设置为系统默认输入法，这样就无须因为每次使用需要输入文字的程序时都进行一次输入法的切换操作，从而提高工作效率。下面以将“搜狗五笔输入法”设置为默认的输入法为例，讲解相关的操作方法，其具体操作如下。

步骤01 单击“高级设置”超链接

打开“语言”窗口，在左侧的任务窗格中单击“高级设置”超链接，可以打开“高级设置”窗口。

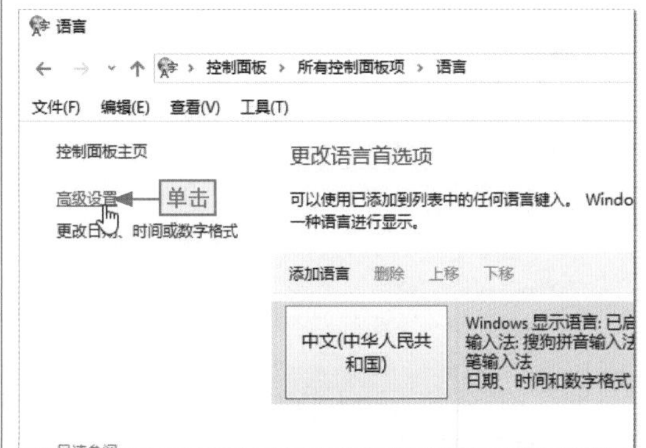

步骤02 选择需要设置的输入法选项

❶在“替代默认输入法”栏中单击下拉列表框，❷在弹出的下拉列表中选择搜狗五笔输入法对应的选项。

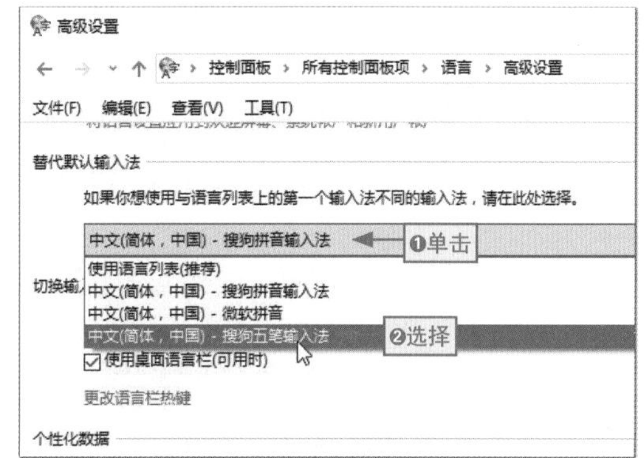

步骤03 保存设置的默认输入法

单击“保存”按钮保存设置的默认输入法并关闭“高级设置”窗口。

步骤04 查看设置并关闭窗口

❶在返回的“语言”窗口中即可查看到搜狗五笔输入法排列到最前面，❷单击“关闭”按钮，关闭窗口即可完成整个操作。

LESSON 4.3 学习拼音输入法

拼音输入法即通过拼音的方式拼写汉字，并通过输入法将拼写的汉字输入到指定位置。本节以搜狗拼音输入法为例，讲解有关拼音输入法的相关操作。

4.3.1 设置输入法的外观

搜狗输入法自带了很多皮肤，通过不同的皮肤可以改变输入法的外观效果，其具体操作是：❶在输入法状态条的空白处右击，❷在弹出的快捷菜单中选择“更换皮肤”命令，在其子菜单中即可查看推荐的一些皮肤，❸选择对应的皮肤选项即可预览该皮肤的输入法状态条效果，如图4-9所示。

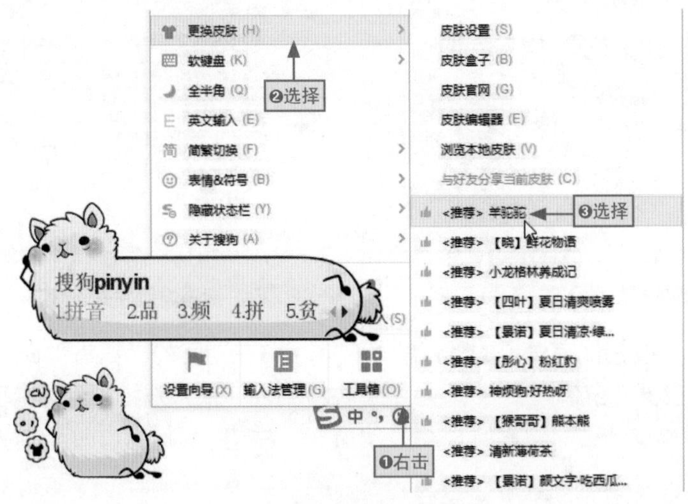

图4-9

如果默认推荐的皮肤效果不能满足用户需求，此时还可以从网上下载更多的皮肤进行使用，其具体操作方法如下。

步骤01 选择“皮肤官网”命令

❶在搜狗输入法状态条的右键快捷菜单中选择“更换皮肤”命令，❷在弹出的子菜单中选择“皮肤官网”命令。

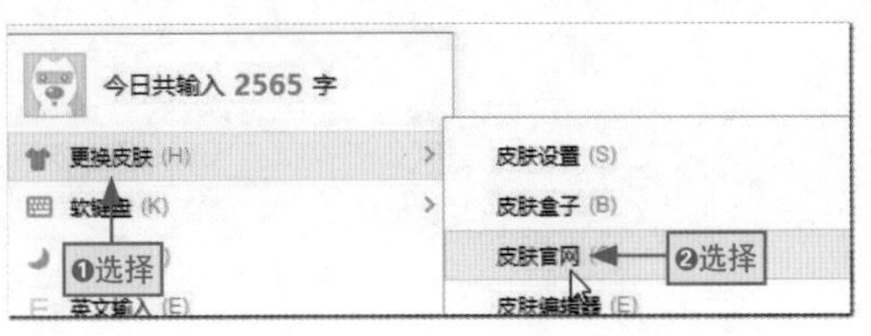

步骤02 选择皮肤的类型

程序自动启动IE浏览器并进入搜狗输入法的皮肤网页，在其中单击“静物风景”超链接，确认皮肤的类型。

步骤03 确认皮肤的子类型

程序自动筛选所有的静物风景皮肤，在“标签”栏中单击“浪漫”超链接，确认皮肤的子类型。

步骤04 单击“立即下载”按钮

程序自动筛选所有静物风景类型下标签为“浪漫”的皮肤，找到需要的皮肤选项，单击“立即下载”按钮。

步骤05 确认安装皮肤

程序自动下载该皮肤，下载完成后自动打开“确认皮肤安装”对话框，在其中保持默认设置，单击“确定”按钮。

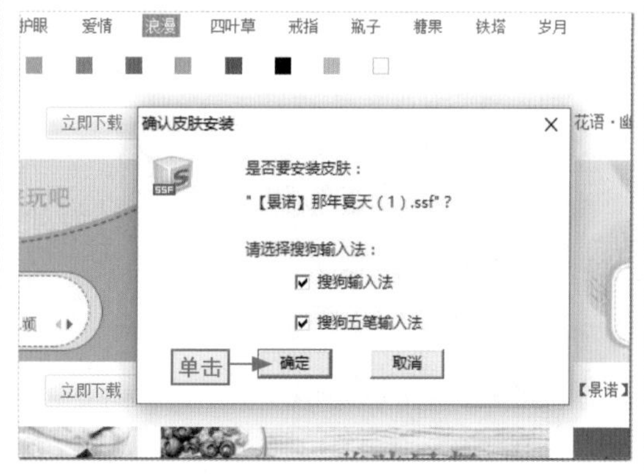

步骤06 查看使用的皮肤效果

待皮肤安装完成后，系统自动将默认的搜狗拼音输入法的状态条效果应用为新下载安装的皮肤。

长知识 | 通过皮肤盒子换肤

❶在默认的输入法状态条上单击“皮肤盒子”按钮，在打开的“皮肤盒子”对话框的“皮肤大全”选项卡中推荐了许多皮肤，找到需要使用的皮肤（在该选项卡中还有许多分类标签，用户可以通过分类标签按类别选择需要的皮肤），❷直接单击“立即换肤”按钮，程序即可自动应用该皮肤，如图4-10所示。

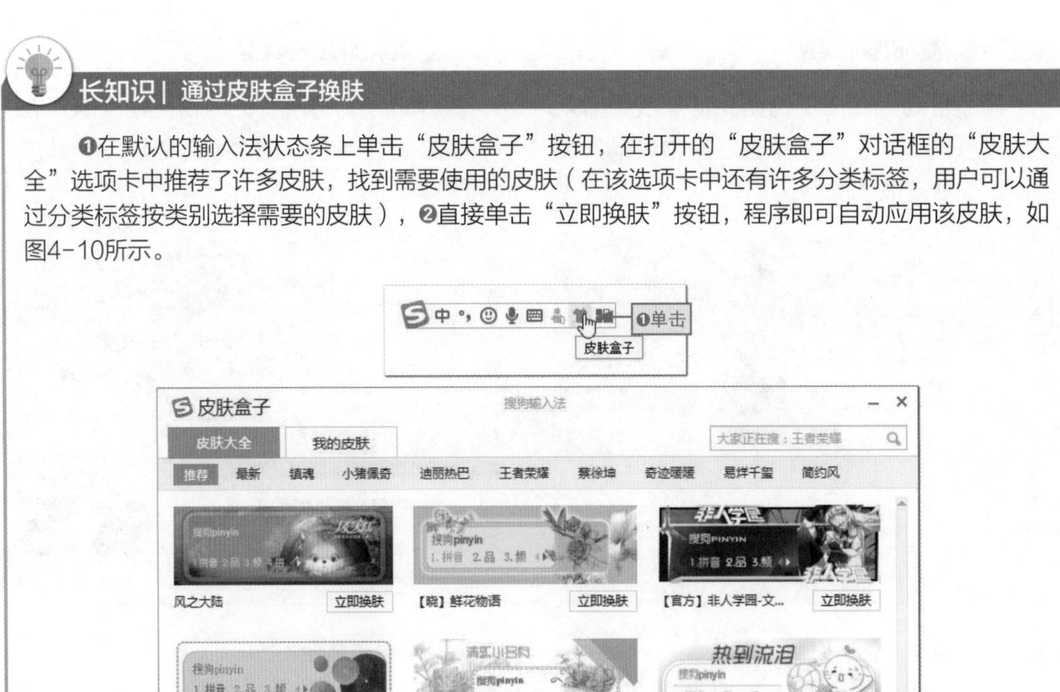

图4-10

4.3.2 使用拼音输入法输入字词

只要用户会拼音，在电脑中安装好拼音输入法后，即可在任意可以输入文字的地方使用拼音输入法输入汉字，下面来具体介绍利用搜狗输入法在记事本文件中输入字词的方法，其具体操作步骤如下。

步骤01 启动记事本应用程序

❶单击“开始”按钮，❷在弹出的“开始”菜单中选择“Windows附件”选项，展开该目录，❸选择“记事本”选项，启动记事本应用程序。

步骤02 切换输入法

❶将文本插入点定位到需要插入文本的地方（默认情况下文本插入点在行首），❷将输入法切换到搜狗拼音输入法。

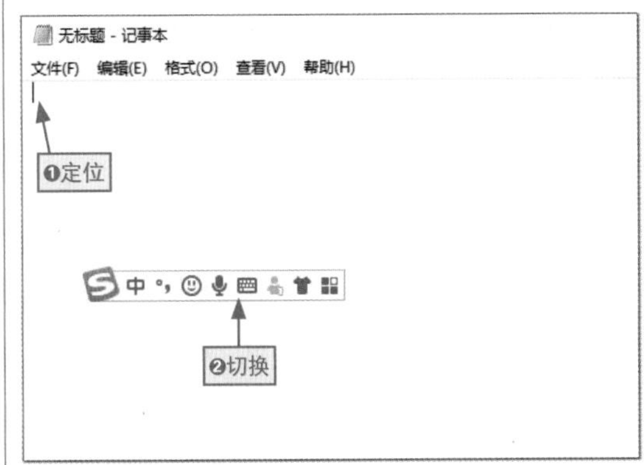

步骤03 输入单个汉字的拼音

输入拼音“xue”，程序自动显示该拼音对应的所有文字（有些汉字可以直接输入首字母，如输入“w”和“wo”都可以得到“我”字）。

步骤04 输入单个汉字

在候选框中选择“学”文字即可在文本插入点的位置输入该文字（也可以按候选字对应数字的按键输入该汉字，对于候选框中的第一个汉字，可以直接按空格键输入）。

步骤05 输入词组的拼音

搜狗输入法还可以自动识别词组，如输入拼音“diannao”，程序自动识别为“dian'nao”，并且在候选框中显示“电脑”词组。

步骤06 输入词组

按1键或空格键即可在文本插入点的位置输入“学电脑”词组。

长知识 | 文本输入的说明

文本插入点即形状为“|”的鼠标光标效果，只有在这种情况下用户才可以在该位置输入内容；且在当前插入点位置录入内容后，文本插入点会自动向右移动，直到一行末尾后，插入点会自动跳转到下一行行首。

长知识 | 搜狗输入法使用说明

输入法状态条上的每个文字对应一个数字键，输入数字键可录入对应的文字，当该页没有需要的文字时，还可以单击“▸”按钮进行翻页。对于经常使用的字或词，搜狗拼音输入法会自动将其顺序靠前排列。

4.3.3 使用手写功能输入生僻字

在使用拼音输入文字的过程中，难免会遇到不会拼读的文字，此时就可用到搜狗输入法的手写功能来解决该问题。下面具体介绍如何使用搜狗输入法的手写功能输入不会拼读的生僻字，其具体操作方法如下。

步骤01 启用手写输入工具

❶在搜狗拼音输入法状态条上单击“工具箱”按钮，❷在打开的“搜狗工具箱”对话框中单击“手写输入”按钮。

步骤02 输入写生僻字

程序自动安装手写输入工具（只有首次使用才安装），稍后打开手写输入面板，在其中拖动鼠标光标书写“石”和“一”。

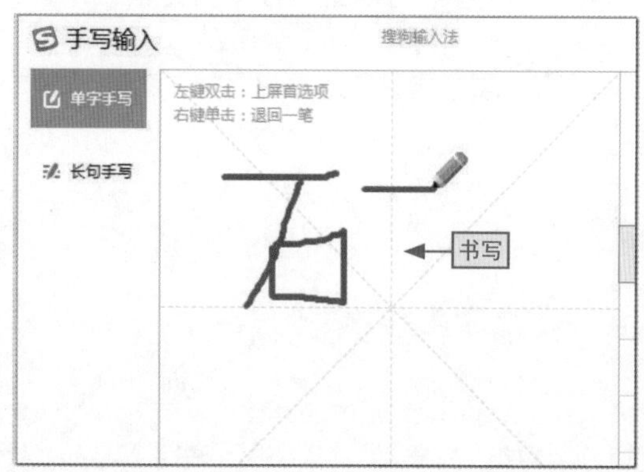

步骤03 退一笔书写

单击面板左下角的“退一笔”按钮擦除书写的“一”笔画（也可以直接右击执行退一笔操作；如果要清除书写的所有笔画，直接单击“重写”按钮即可）。

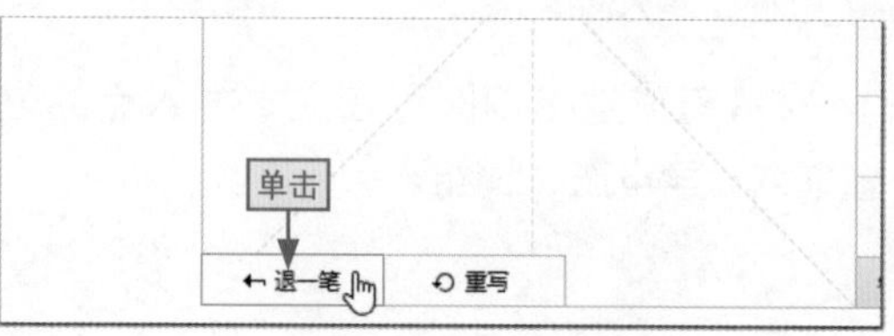

步骤04 选择需要输入的生僻字

❶继续拖动鼠标光标书写生僻字，完成书写后，程序自动在面板的右侧显示识别到的相似字，❷选择需要的汉字。

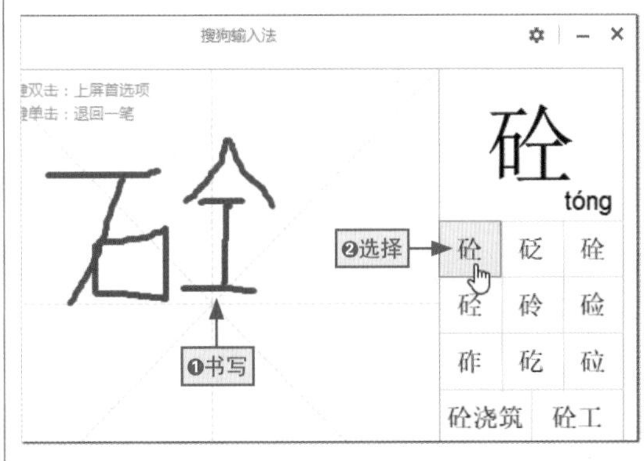

步骤05 查看输入的生僻字

程序自动将选择的汉字插入文本插入点的位置，并清空手写输入面板中书写区域的生僻字。

4.3.4 使用语音功能输入文字

有时用户需要在电脑上输入一段文字，或者和朋友聊天的时候，不想输入文字，或者需要某段音频文件转化为文字时，此时可以使用搜狗输入法提供的语音功能快速输入一段文字，或者将播放的音频文件转化为文字。

当然系统识别的过程中肯定会出现错误，但这个错误率比较低，相比于逐字输入来说，还是能够提升一定的输入效率的。下面以输入“新手学电脑”文本为例，讲解利用搜狗输入法的语音功能输入文字的相关操作，其具体操作方法如下。

步骤01 单击“语音”按钮

❶切换到搜狗输入法，❷在输入法状态条中单击“语音”按钮（如果输入法状态条上没有该按钮，可以通过工具箱添加）。

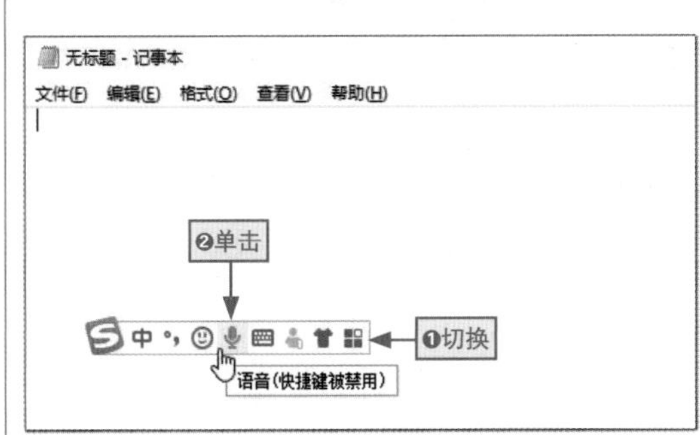

步骤02 语音输入文字

程序自动打开“语音输入”面板，确保麦克风在可用的状态下，用普通话说出要输入的文本，完成后单击“完成”按钮。

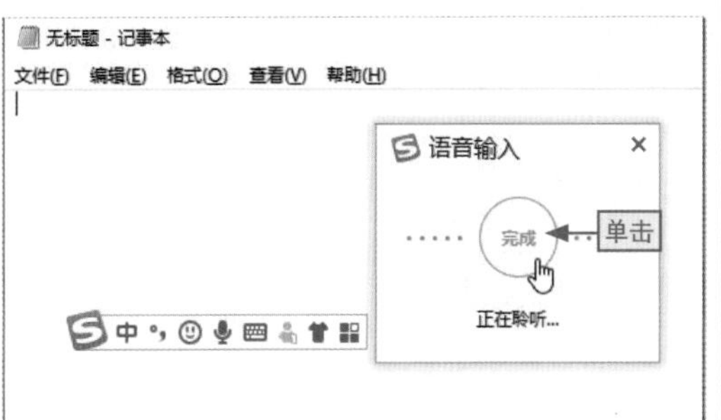

步骤03 识别并转换语音文本

程序结束聆听，开始自动进行识别语音输入的文本，并进行转换。

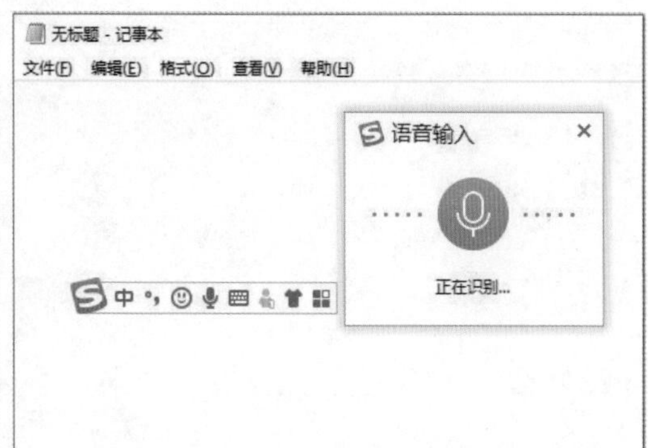

步骤04 查看语音输入的文本

稍后，程序自动将识别的文本插入文本插入点的位置（如果需要继续进行语音输入，单击面板中的麦克风按钮）。

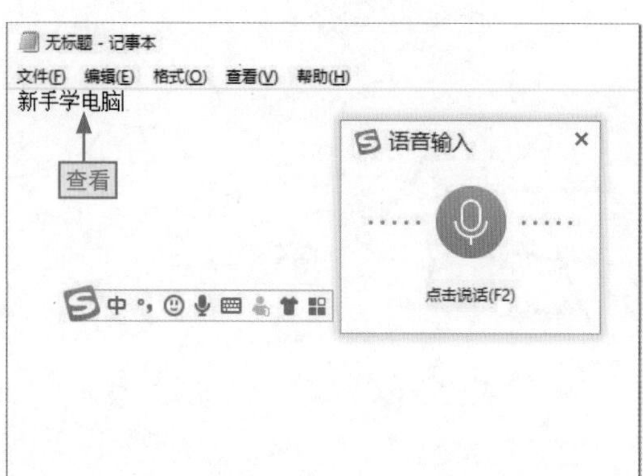

LESSON 4.4 学习五笔输入法

五笔输入法学起来比拼音输入法困难，但使用熟练后，不仅输入文字的速度比拼音输入法快，而且准确度还高。五笔输入法输入汉字很简单，直接输入五笔编码即可，其难点在于拆分，因此本节将对五笔输入法的相关知识和拆分原则等进行介绍。

4.4.1 汉字的五笔编码基础

五笔编码按照汉字的基本结构将其拆分为多个小的部分，并将这些小的部分关联到键盘上的按键中，通过不同按键的组合来达到汉字输入的目的。在学习五笔输入法之前，应该了解一些五笔编码的基础知识。

汉字是由一些基本笔画组成的，而不同的笔画相组合就可以形成汉字的字根，再由不同的字根进行组合，形成完整的汉字。笔画、字根和汉字即为汉字的3个层次，其示意图如图4-11所示。

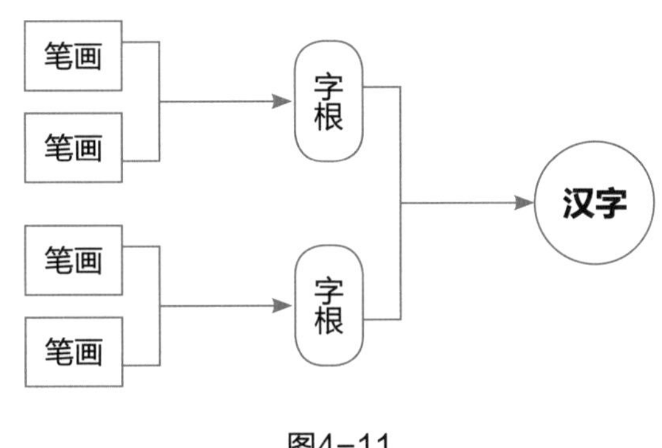

图4-11

各层次的具体介绍如下。

● 笔画

汉字中有一（横）、丨（竖）、丿（撇）、㇏（捺）、乚（折）这5种基本笔画，它们是组成汉字的最小单位，任何汉字（甚至是字根）都是由它们中的一种或几种组合而成，如图4-12所示为将汉字“大”拆分为笔画的示意图。

大 = 一 + 丿 + ㇏

图4-12

● 字根

字根是由一种或几种笔画组成的在五笔编码中相对不变的结构，它们是五笔编码中汉字组成的基本单位和编码依据，如图4-13所示为由笔画构成的字根示意图。

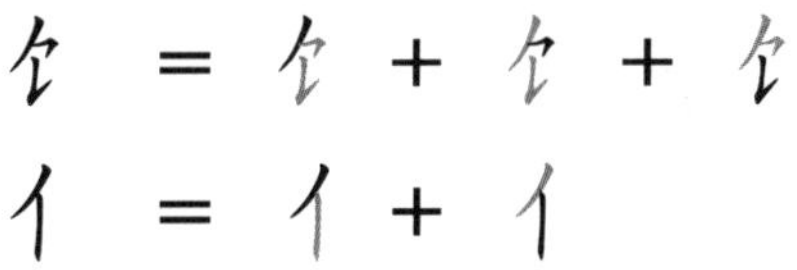

饣 = 饣 + 饣 + 饣

亻 = 亻 + 亻

图4-13

● 汉字

将不同的字根按照一定的规则组合起来，就形成了汉字，如图4-14所示为将“好”字拆分为字根的示意图。

好 = 好 + 好

图4-14

4.4.2 五笔字根的分布

字根是五笔编码的依据，是使用五笔输入法输入汉字的最重要的元素，那么如何来输入这些字根呢？

在键盘的主键盘区有26个字母键，每个字母键都有对应的五笔字根，在使用五笔输入法的过程中，对于五笔字根在键盘上的分布，是必须掌握的。掌握了字根在键盘上的分布会让五笔输入法更加容易，如图4-15所示。

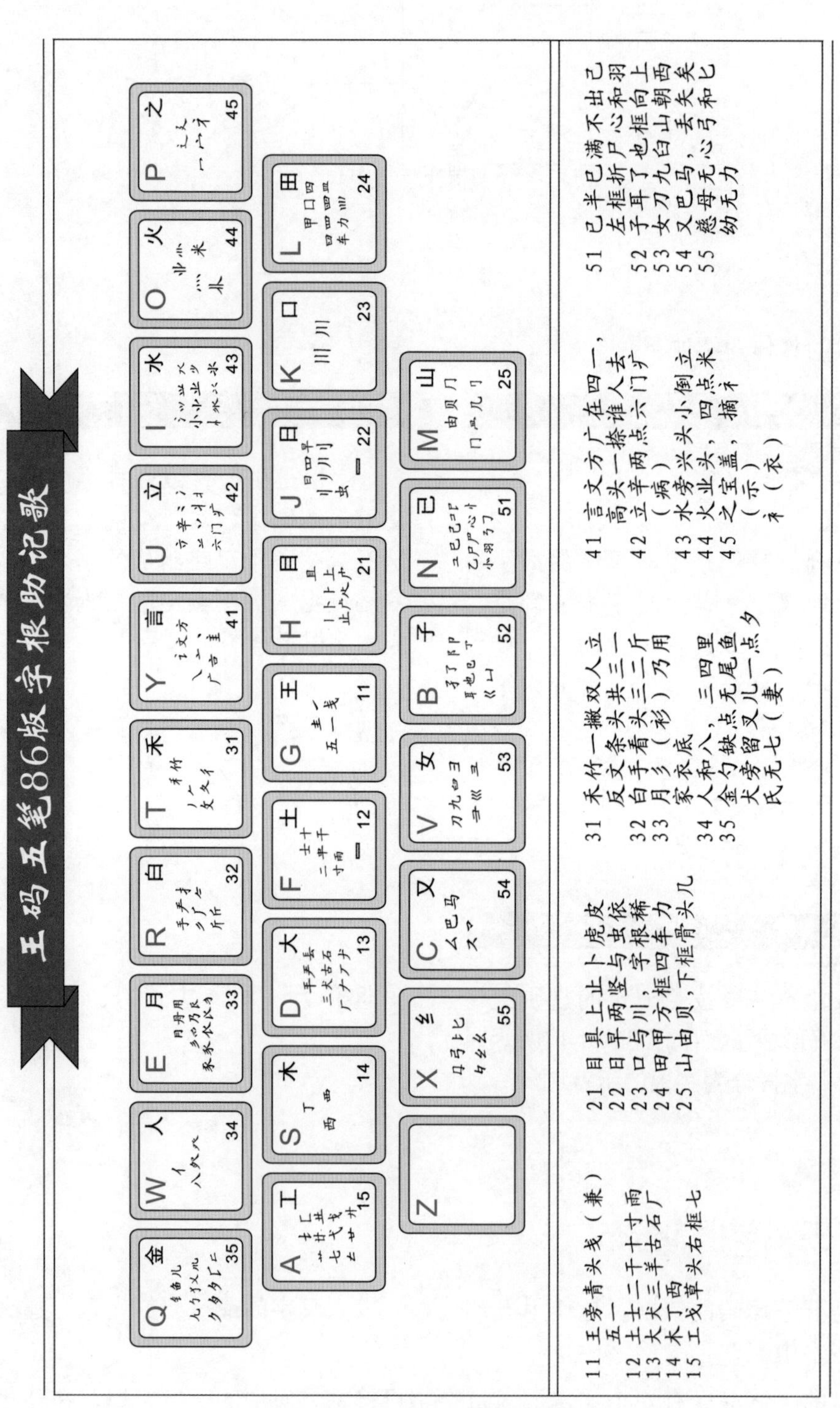

图4-15

为了方便读者记忆和对照查询五笔字根，将王码五笔86版字根口诀总结成一张总表，如图4-16所示。

分区	起笔画	区位	键位	识别码	标识字根	键名	字根	口诀	一级简码
一区	横起笔	11	G	㊀	一 ㇀	王	王𤣩戋五一	王旁青头（兼）五一	一
		12	F	㊁	二	土	土士干卑十寸雨二	土士二干十寸雨	地
		13	D	㊂	三	大	大犬𠂇ナ丆手𡗗镸古石厂三	大犬三𡗗（羊）古石厂	在
		14	S			木	木丁西	木丁西	要
		15	A			工	工戈弋廿艹廾匚七𠀎廿𠂉廾	工戈草头右框七	工
二区	竖起笔	21	H	①	丨 亅	目	目且丨⺊上止⺊虍⺊	目具上止卜虎皮	上
		22	J	⑪	刂 刂 刂川	日	日曰早㓁刂刂川刂虫	日早两竖与虫依	是
		23	K	⑾	川 川	口	口川川	口与川　字根稀	中
		24	L		罒	田	田甲口四罒罒皿车力罒	田甲方框四车力	国
		25	M			山	山由贝冂㓁几	山由贝　下框骨头几	同
三区	撇起笔	31	T	㊉	丿 𠂉	禾	禾𥝌竹丿𠂉攵夂彳	禾竹一撇双人立　反文条头共三一	和
		32	R	㋕	𠂊 厂 𠂉	白	白手𡗗扌𠂊厂𠂉斤斤	白手看头三二斤	的
		33	E	㋕	彡 爫	月	月⺼舟用彡爫乃豕𧰨𧘇⺀	月彡（衫）乃用家衣底	有
		34	W			人	人亻八癶𠆢	人和八　三四里	人
		35	Q			金	金钅鱼儿勹犭乂𠘨夕夕𠂊厂	金勺缺点无尾鱼　犬旁留乂儿一点夕　氏无七（妻）	我
四区	捺起笔	41	Y	㊅	丶 ㇏	言	言讠文方㇏亠广𠫓主	言文方广在四一　高头一捺谁人去	主
		42	U	㊇	冫 丷	立	立冫辛丷丬六门疒	立辛两点六门疒	产
		43	I	㊈	氵 ⺍	水	水氺⺌⺗氵⺍⺌小⺌⺍氺	水旁兴头小倒立	不
		44	O		灬	火	火⺌灬灬米⺌	火业头　四点米	为
		45	P			之	之辶廴冖宀礻	之宝盖　摘礻（示）衤（衣）	这
五区	折起笔	51	N	㊎	乙	已	已巳己コ乙尸尸心忄⺗羽	已半巳满不出己　左框折尸心和羽	民
		52	B	㊏	巜	子	子孑了已也耳巜阝卩凵	子耳了也框向上	了
		53	V	㊐	巛	女	女刀九彐巛臼彐	女刀九臼山朝西	发
		54	C			又	又ス马厶巴马	又巴马　丢矢矣	以
		55	X			纟	纟幺幺母弓匕匕母	慈母无心弓和匕　幼无力	经

图4-16

4.4.3 汉字的拆分原则

要进行五笔的输入，首先需了解汉字的拆分原则，主要有书写顺序、取大优先、能散不连、能连不交和兼顾直观五大原则，下面对这五大原则分别进行讲解。

1. 书写顺序

汉字的书写顺序是由汉字的笔画顺序而来，笔画顺序一般是从左到右、从上到下和从外到内。在五笔输入法中，汉字的拆分也遵循这一原则。组成字根的笔画在前面，取码顺序也应该在前面，如图 4-17 所示。

✓		一码		二码		三码		四码	✗		一码		二码		三码		四码
旭	=	旭	+	旭					旭	=	旭	+	旭				
国	=	国	+	国	+	国			国	=	国	+	国	+	国	+	国
造	=	造	+	造	+	造	+	造	造	=	造	+	造	+	造	+	造

图4-17

2. 取大优先

取大优先原则是指当一个汉字可以用不同的方法拆分为几种不同的字根时，笔画数最多的字根优先选取。在拆分某个汉字时，若遇字根中有简明汉字，则不可再对其进行拆分，如图 4-18 所示的“原”字；如果在拆分汉字的过程中，遇到字根中有成字字根，不需要拆分，如图 4-18 所示的“杆”字。

✓		一码		二码		三码		四码	✗		一码		二码		三码		四码
原	=	原	+	原	+	原			原	=	原	+	原	+	原	+	原
杆	=	杆	+	杆					杆	=	杆	+	杆	+	杆		

图4-18

3. 能散不连

能散不连原则是指组成汉字的字根与字根之间，如果能拆分为“散”结构，就不要用“连”的关系来拆分，如图 4-19 所示的“知”和“亥”字。

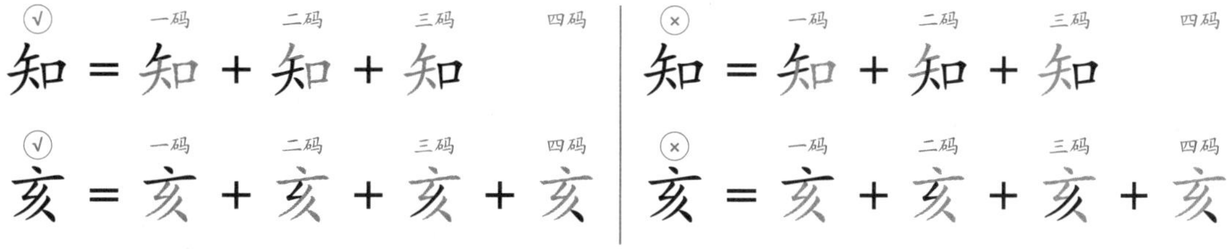

√ 一码 二码 三码 四码

知 = 知 + 知 + 知

× 一码 二码 三码 四码

知 = 知 + 知 + 知

√ 一码 二码 三码 四码

亥 = 亥 + 亥 + 亥 + 亥

× 一码 二码 三码 四码

亥 = 亥 + 亥 + 亥 + 亥

图4-19

4. 能连不交

能连不交原则是指当组成汉字的各字根之间既可以拆分为“连”结构，又可以拆分为“交”结构时，优先选取拆分为“连”结构的字根，如图 4-20 所示的“天”和“乖”字。

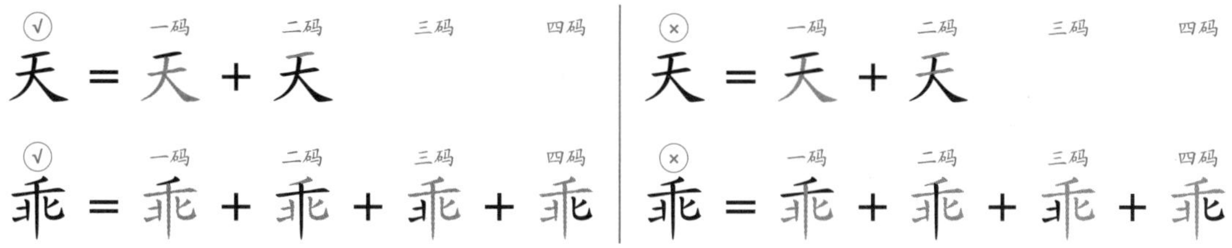

√ 一码 二码 三码 四码

天 = 天 + 天

× 一码 二码 三码 四码

天 = 天 + 天

√ 一码 二码 三码 四码

乖 = 乖 + 乖 + 乖 + 乖

× 一码 二码 三码 四码

乖 = 乖 + 乖 + 乖 + 乖

图4-20

5. 兼顾直观

兼顾直观原则是指在汉字拆分时，尽量保证汉字的完整性，能够形成整字字根的，就尽量不要将其拆散，必须拆散的，尽量选择成字字根，如图 4-21 所示的“巨”和“自”字。

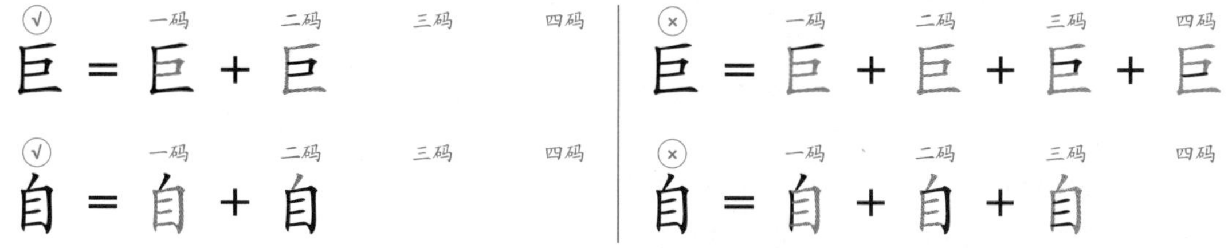

√ 一码 二码 三码 四码

巨 = 巨 + 巨

× 一码 二码 三码 四码

巨 = 巨 + 巨 + 巨 + 巨

√ 一码 二码 三码 四码

自 = 自 + 自

× 一码 二码 三码 四码

自 = 自 + 自 + 自

图4-21

在本节只针对五笔的基础知识与拆分原则进行简单的介绍，仅供读者了解，对于需要深入学习五笔输入法的用户，可以购买五笔输入法的专业书籍进行全面学习。

高手支招 | 语言栏不见了怎么办

有些用户在安装Windows 10操作系统后，语言栏就莫名不见了，或者以按钮图标的形式显示在通知区域中，如图4-22所示。这两种情况下，对于输入法的操作都很不方便，此时用户可以通过以下操作恢复语言栏的显示。

图4-22

步骤01 单击“语言”按钮

打开“控制面板”窗口，在其中单击“语言”按钮，打开“语言”窗口。

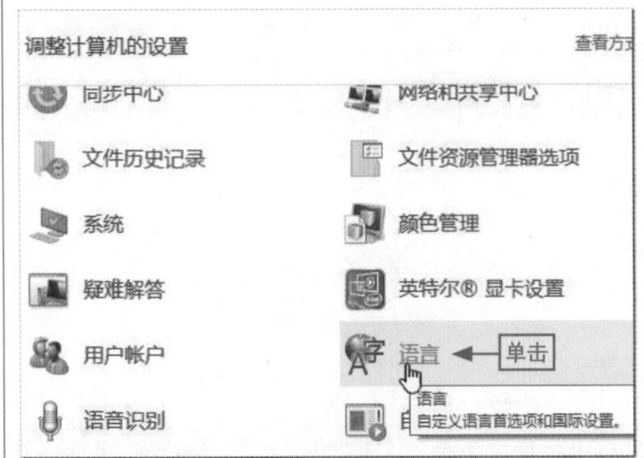

步骤02 单击超链接

在该窗口的左侧任务窗格中单击“高级设置”超链接。

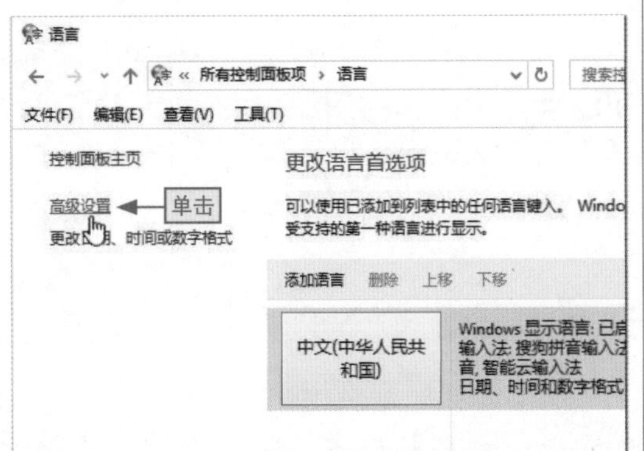

步骤03 单击“选项”按钮

❶在打开的“高级设置”窗口的“切换输入法”栏中选中“使用桌面语言栏（可用时）”复选框，❷单击其右侧的“选项”超链接。（在这里单击“更改语言栏热键”超链接，在打开的对话框中可以对输入法的切换快捷键进行自定义设置。）

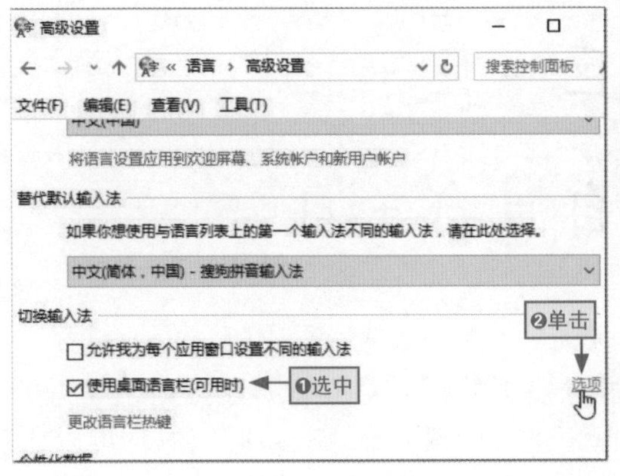

步骤04 设置语言栏的显示

❶在打开的“文本服务和输入语言”对话框的“语言栏”选项卡中选中“停靠于任务栏”单选按钮，❷选中“非活动时，以透明状态显示语言栏”复选框。

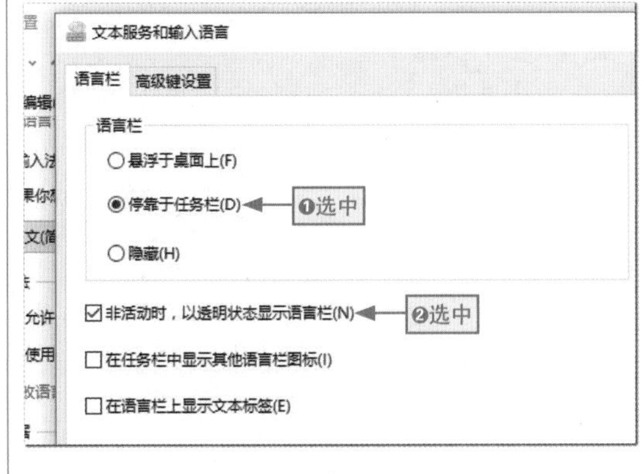

步骤05 保存设置

单击“确定”按钮，关闭“文本服务和输入语言”对话框，在返回的窗口中单击“保存”按钮保存设置，依次关闭所有窗口即可完成整个操作。

高手支招｜巧妙使用拼音进行五笔编码提示

用户在使用五笔输入法输入汉字时，有时会遇到一些不好拆分的汉字，例如“凹”字，致使花费很多时间也没能打出需要的汉字，此时可以暂时使用拼音来查看汉字的五笔编码，但是需要对五笔输入法进行设置，其具体的操作方法如下。

步骤01 单击“属性设置”按钮

❶在搜狗五笔输入法的输入法状态条上单击“工具箱”按钮，❷在打开的“搜狗工具箱”对话框中单击“属性设置”按钮。

步骤02 设置五笔拼音混输

❶在打开的“属性设置”对话框中选中“五笔拼音混输”单选按钮。❷单击“确定”按钮，关闭“属性设置”对话框。

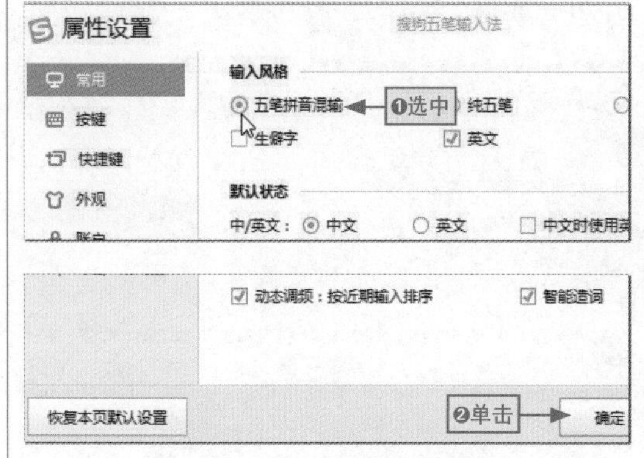

步骤03 测试五笔拼音混输

❶在五笔输入法状态下输入拼音“ao”，此时在候选框中即可显示“凹”字，❷在其后侧的括号中即可查看到该汉字的五笔编码。

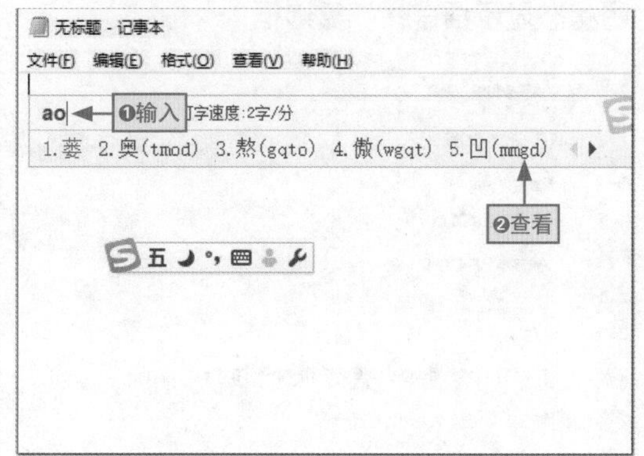

第5章

轻松管理文件资源

学习目标

电脑作为生活和工作中的一种辅助工具，可以帮助用户存储许多数据，如音乐、视频、图片、文档、表格、演示文稿等，当电脑中的数据越来越多时，为了方便查找和管理，一定要分门别类地对其进行存储。本章将具体介绍文件和文件夹的基本操作，教会新用户如何从一开始就规范地管理文件资源。

本章要点

- 文件的组成
- 常见的文件类型
- 文件管理的承载对象
- 新建与重命名文件夹

……

- 隐藏和显示文件/文件夹
- 浏览文件/文件夹
- 压缩文件和文件夹
- 对重要文件/文件夹加密

……

知识要点	学习时间	学习难度
文件与文件夹基础知识掌握	20 分钟	★★
文件与文件夹的基本操作	40 分钟	★★★
文件和文件夹的特殊处理	35 分钟	★★★

LESSON 5.1 文件与文件夹基础知识

电脑中的所有数据都是通过文件的形式而存在的，它们是电脑中最重要的东西，因此想要更好地管理文件，就要先了解清楚文件与文件夹的基础知识。

5.1.1 文件的组成

文件的组成结构一般包括文件图标、文件名称和扩展名，如图5-1所示为不同显示效果的文件。

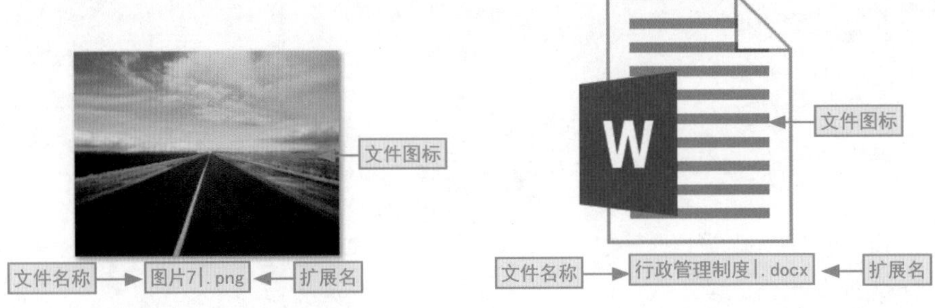

图5-1

文件各组成部分的具体介绍如表5-1所示。

表 5-1　文件各组成部分介绍

组　成	介　绍
文件图标	文件图标是文件中最显眼的部分，用户也可以将文件图标看成一张图片。它可以是表示某个软件的图标，也可以是文件的缩略图
文件名称	文件名称是用户自定义的此文件的称呼，在同样的存储路径和文件类型中，文件名称必须具有唯一性
扩展名	扩展名主要用于标识文件的类型，扩展名是由程序和文件类型决定的，除了一些特定用途，一般不能人为设定

5.1.2 常见的文件类型

文件类型主要是通过文件扩展名来判断的，在Windows中，扩展名是不区分大小写的。用户在工作中经常会遇到的文件类型如表5-2所示。

表 5-2 常见文件类型

后 缀 名	代表类型	打开软件
.docx	Word 2016 文档	Word 2016
.xlsx	Excel 2016 文档	Excel 2016
.pptx	PowerPoint 2016 文档	PowerPoint 2016
.txt	纯文本	记事本、写字板和 Word
.avi	视频文件	各类视频播放器
.mp3	音频文件	各类音乐或音频播放器
.exe	程序文件	直接运行
.rar	压缩文件	WinRAR
.html	网页文件	各种浏览器
.jpg	图形文件	照片查看器、画图……
.gif	图形文件	浏览器等相关软件

5.1.3 文件管理的承载对象

文件一般是存放在磁盘和文件夹中的，在将电脑主机箱中的硬盘划分之后并按C、D、E…依次排列的区域就叫磁盘。文件夹是系统创建或者人为创建的用于分门别类地存放各种文件的场所。

在Windows中，文件夹可以嵌套包含多重文件夹，磁盘和文件夹就是用户所有文件的承载对象，这三个元素在电脑中的关系如图5-2所示。

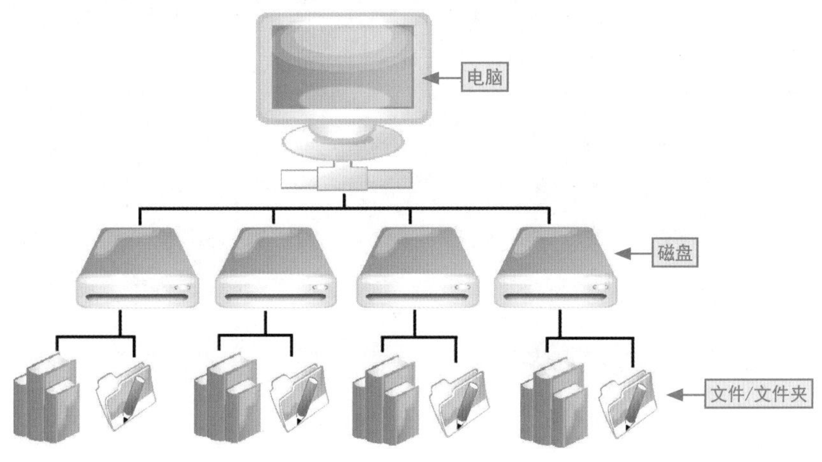

图5-2

5.1.4 科学管理文件的要求

科学管理办公文件，这不仅仅是为了方便用户查找文件，对文件进行整理的同时也是对自身思路的整理。一个杂乱无章、看着就眼花的电脑空间是让人反感的。管理文件是有章可循的，只要遵循几点要求，就能让诸多文件变得井然有序，具体如图5-3所示。

文件命名要规范

在打开文件之前，只有文件的名称才能真正准确地告知用户此文件到底是包括什么内容的文件。所以，文件的命名一定要科学、严谨、规范且容易为用户和使用者所理解，一般要能概括该文件的具体内容

存放路径要科学

假设电脑中有4个硬盘分区，可这样分配，C盘是存放系统文件和一些不得不安装在C盘的程序文件。D盘可以用来存放用户安装的一些应用程序和杀毒软件等。如果安装的软件较多，也可对软件进行分类。E盘主要用来存放工作文件，所以不要将软件放在E盘或者将娱乐文件和与工作无关的文件放在E盘。而F盘就可用来存放一些用户自己的其他文件，如喜欢的音乐和下载的桌面图片等

要定期清理文件

使用越久，电脑中存放的文件就越多，即使平时在文件的保存上已经养成了良好的习惯，也需要定期对文件来一次“大扫除”，如未归类的文件让它们“各回各家”，对于确定已经不再使用的文件可以“狠心抛弃”，对于走错了地方的文件应及时“遣送”回正确的地方

图5-3

LESSON 5.2 文件与文件夹的基本操作

熟练地掌握管理文件和文件夹的各种方法与技巧是管理好文件和文件夹的前提条件。由于二者的方法类似，本节以文件夹为例来介绍文件与文件夹的基本操作。

5.2.1 新建与重命名文件夹

当用户需要按类别存储文件时，首先应该新建一个文件夹，然后将其名称修改为需要的名称。下面对其分别进行介绍。

1. 新建文件夹

在 Windows 10 中，新建文件夹的方式有三种，分别是通过功能区新建、通过快捷菜单新建以及通过快捷键新建，各种新建方法的具体操作如下。

● 通过功能区新建

在需要新建文件夹的窗口中单击“主页”选项卡的“新建”组中的“新建文件夹”按钮，如图5-4所示。系统即可在当前窗口中新建一个空白文件夹。

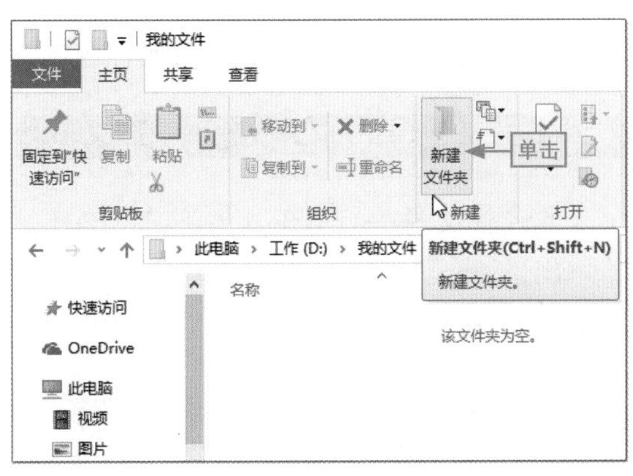

图5-4

● 通过快捷键新建

在桌面或者Windows窗口中，直接按Ctrl+Shift+N组合键即可快速新建文件夹。

● 通过快捷菜单新建

❶在桌面或者Windows窗口中的空白位置上右击，❷在弹出的快捷菜单中选择“新建”命令，❸在其子菜单中选择“文件夹”命令即可，如图5-5所示。

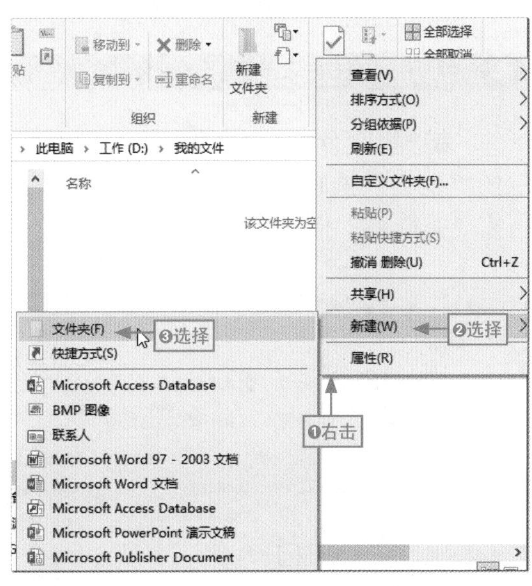

图5-5

2. 重命名文件夹

默认新建的文件夹，其名称为“新建文件夹”，为了更清楚地知道每个文件夹中保存的内容，需要为文件夹定义一个合适的名称。

当用户新建空白文件夹后，文件夹的名称为可编辑状态，如图5-6所示，此时用户只需要切换到熟悉的输入法，❶输入文件夹名称后，❷按Enter键或者单击其他空白位置退出文件夹名称的可编辑状态，即可完成重命名操作。

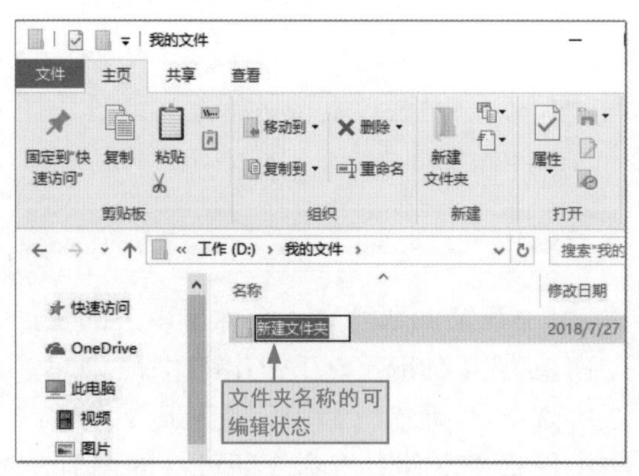

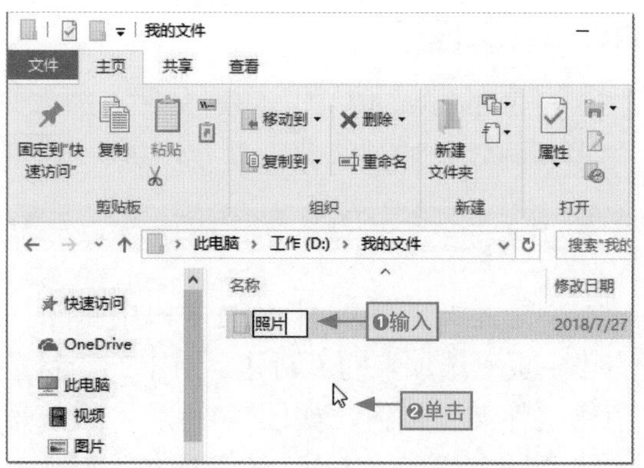

图5-6

此外，还可以通过以下方法进入文件夹名称的可编辑状态，执行重命名操作。

● 通过功能区重命名

❶选择文件夹，❷在Windows窗口的“主页”选项卡的“组织”组中单击“重命名”按钮，如图5-7所示。

● 通过快捷菜单重命名

选择文件夹，❶在其上右击，❷在弹出的快捷菜单中选择“重命名”命令，如图5-8所示。

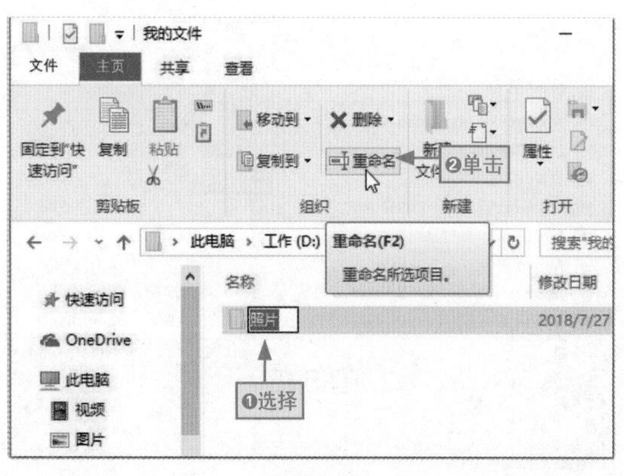

图5-7

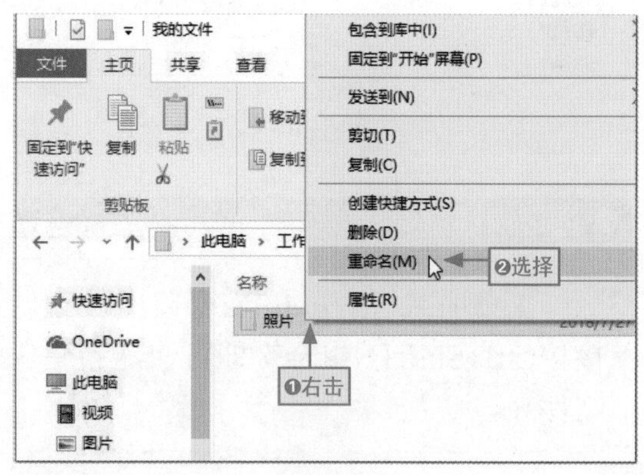

图5-8

● 通过单击鼠标进行重命名

选择文件夹，在其上两次单击，进入文件夹名称的可编辑状态（此处并非双击，而是两次单击）。

● 通过快捷键重命名

选择文件夹，在选中状态下按F2键即可进入文件夹名称的可编辑状态。

长知识 | 同时为多个文件重命名

❶用户先用选择多个文件的方法选中需要重命名的多个文件，❷利用快捷菜单或者快捷键（不能单击，否则系统会识别为选中单击的文件）使文件名称进入可编辑状态，此时只需为名称进入可编辑状态的文件输入新名称即可，❸使用鼠标单击窗口其他任意位置或按Enter键，被选中的所有文件的名称都将自动转变为用户输入的新名称加上数字序号的形式，如图5-9所示。从其自动命名的规律可以看出，这种方式适用于同一系列或拥有同一主题的文件。

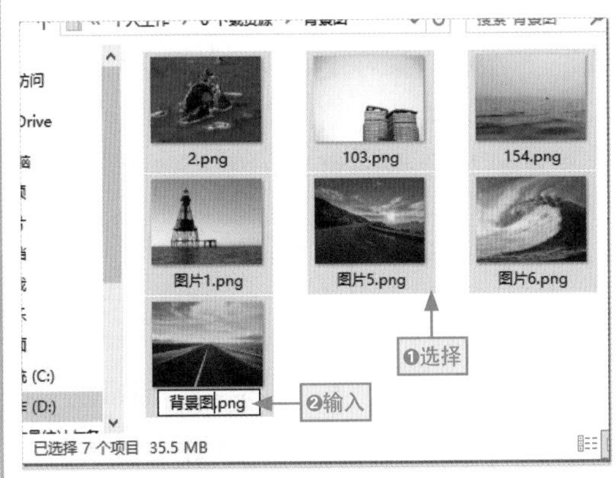

图5-9

对于多个文件或文件夹的选择方法可以通过图5-10所示的方法来完成。

选择多个连续的文件

选择多个连续的文件主要借助于键盘按键实现，用户先用鼠标选中需要选择的第一个文件，然后按住Shift键，再单击需要选择的最后一个文件，此时，两个文件以及它们之间的所有文件都会被全部选中。此时窗口状态栏上会显示出用户已经选择的文件个数，如图5-9左图所示；如果用户选择的连续文件在一个矩形区域内，也可以按住鼠标左键在窗口中拖出一块覆盖需要选择的文件的蓝色区域即可；如果用户选择的是窗口中的全部文件，还可以直接按Ctrl+A组合键

选择多个不连续的文件

选择多个不连续的文件与选择连续的文件类似，同样需要先用鼠标选择第一个文件，然后按住Ctrl键，再用鼠标依次选择其他文件

图5-10

5.2.2 移动与复制文件/文件夹

移动文件或文件夹就是将文件从一个地方移动到另一个地方，然后在原位置删除源文件的过程；而复制文件或文件夹就是在某个位置为源文件或文件夹创建一个副本，而源文件或文件夹依然存在于原位置的过程。

移动和复制文件或文件夹主要有三种方式，分别为通过功能区进行、使用快捷菜单进行与使用快捷键进行。由于移动和复制文件或文件夹的操作相似，这里以移动文件或文件夹的操作为例讲解相关的操作方法。

通过功能区移动

❶选择文件/文件夹，❷在Windows窗口的“主页”选项卡的“组织”组中单击“移动到”下拉按钮，在弹出的下拉列表中选择位置选项，将其移动到该位置，❸也可以选择“选择位置”命令，❹在打开的“移动项目”对话框中选择目标位置，❺单击“移动”按钮，完成移动操作，如图5-11所示。

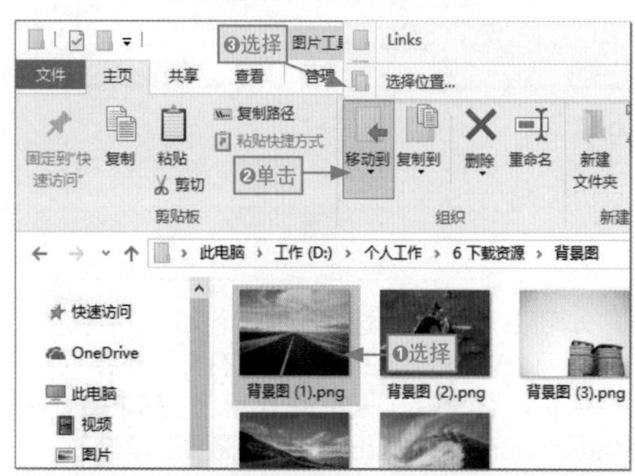

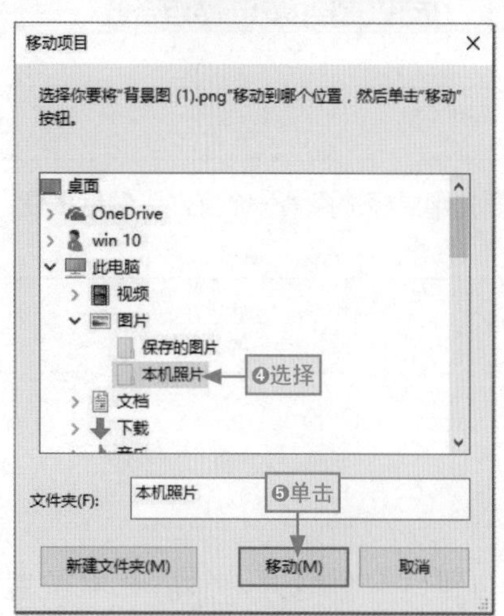

图5-11

通过快捷菜单移动

选择文件/文件夹，❶在其上右击，❷在弹出的快捷菜单中选择“剪切”命令，❸在目标位置的空白位置右击，❹在弹出的快捷菜单中选择“粘贴”命令即可，如图5-12所示。

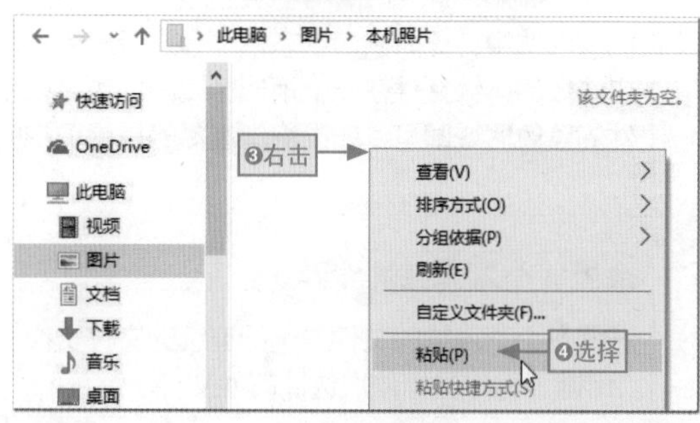

图5-12

通过快捷键移动

选择文件/文件夹，按Ctrl+X组合键执行剪切操作（Ctrl+C组合键执行复制操作），在目标位置按Ctrl+V组合键即可实现文件/文件夹的移动。

5.2.3 隐藏和显示文件/文件夹

在使用电脑的过程中，有时因为需要（不让别人看见文件/文件夹或者为了使窗口工作区整洁）会将一些文件或文件夹隐藏起来，而当自己需要查看隐藏的文件或文件夹时又需要将其再次显示。

下面以隐藏“资料”文件夹为例，讲解隐藏文件/文件夹的相关操作，其具体操作方法如下。

步骤01 单击“隐藏所选项目”按钮

❶选择要隐藏的文件夹，❷单击“查看”选项卡，❸在“显示/隐藏”组中单击“隐藏所选项目”按钮。

步骤02 确认属性更改

在打开的“确认属性更改”对话框中保持“将更改应用于此文件夹、子文件夹和文件”单选按钮的选中状态，单击“确定”按钮。

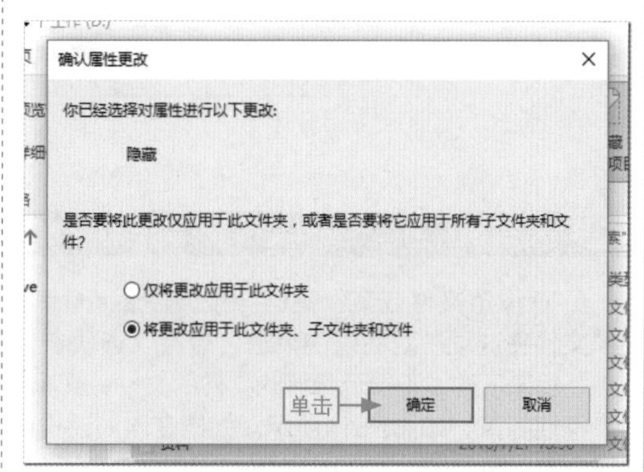

步骤03 查看隐藏的文件夹

在返回的窗口中即可查看到设置了隐藏属性的“资料”文件夹呈半透明状态。

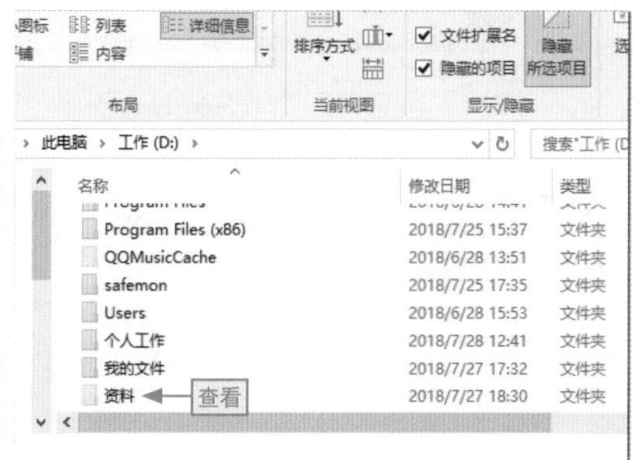

步骤04 彻底隐藏文件夹

在“显示/隐藏”组中取消选中“隐藏的项目”复选框，将“资料”文件夹彻底隐藏。

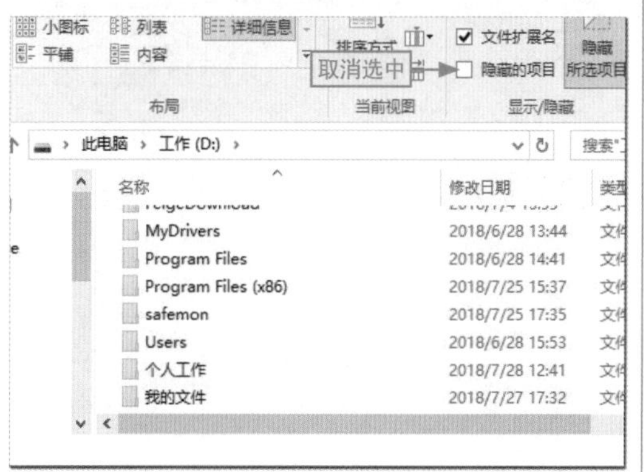

如果要显示隐藏的“资料”文件夹，❶此时只需要重新选中“隐藏的项目”复选框，将所有设置了隐藏属性的文件或文件夹显示出来，❷选择“资料”文件夹，❸单击“隐藏所选项目”按钮，取消更改的隐藏属性即可将该文件夹显示出来，如图5-13所示。

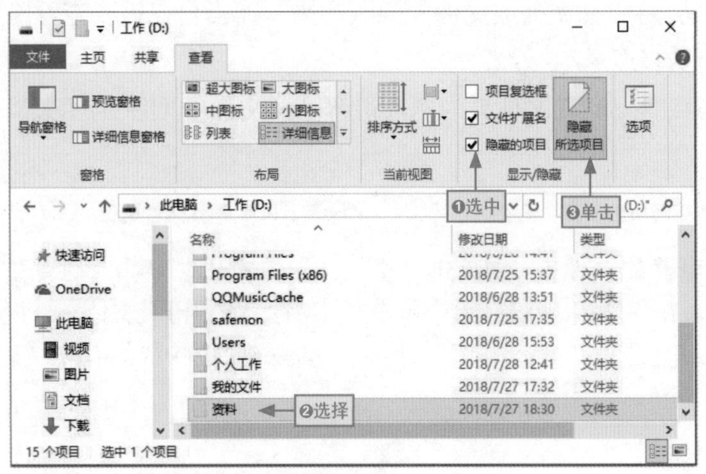

图5-13

长知识｜通过“文件夹选项”对话框设置文件或文件夹的彻底隐藏和彻底显示

在设置文件或文件夹的隐藏属性后，❶单击“显示/隐藏”组中的“选项”按钮，❷在打开的“文件夹选项”对话框中单击“查看”选项卡，❸在“高级设置”列表框中选中“隐藏文件和文件夹”目录下的“不显示隐藏的文件、文件夹或驱动器”单选按钮，可以将设置隐藏属性的文件或文件夹彻底隐藏，如图5-14所示。如果在该对话框中选中“显示隐藏的文件、文件夹和驱动器”单选按钮，可以将隐藏的文件或文件夹以半透明的状态显示出来。

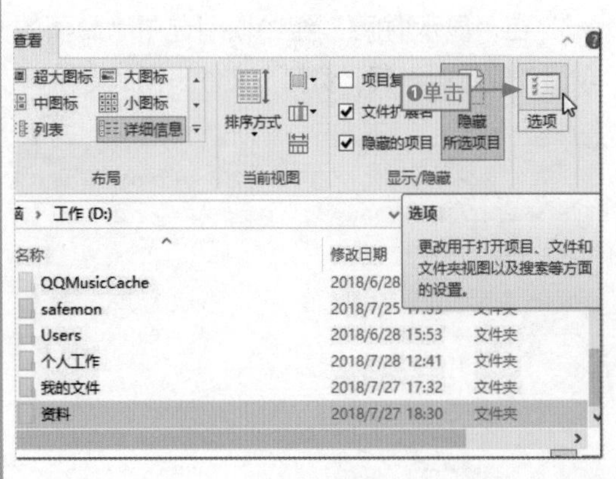

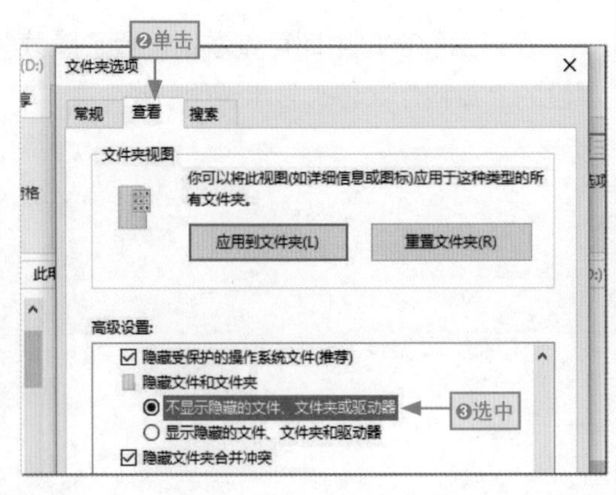

图5-14

5.2.4 删除与还原文件/文件夹

用户经常会将不需要的文件或文件夹删除，若发现删除有误，又需要将其还原。这是在使用电脑的过程中经常会用到的操作。下面具体介绍删除与还原文件或文件夹的操作。

1. 删除文件/文件夹

删除文件或文件夹就是将不需要的文件或文件夹移动到回收站，其删除方法有三种，分别是通过功能区、快捷菜单、快捷键删除，下面对其分别进行介绍。

● 通过功能区删除

❶选择文件或文件夹后，在“主页”选项卡的“组织”组中单击“删除”按钮，可以直接将文件或文件夹删除到回收站，❷如果单击右侧的下拉按钮，在弹出的下拉菜单中选择“回收”命令，可选择将文件或文件夹删除到回收站，❸如果选择“永久删除”命令，❹在打开的提示对话框中单击“是”按钮，会将选择的文件或文件夹彻底从电脑中删除，如图5-15所示。

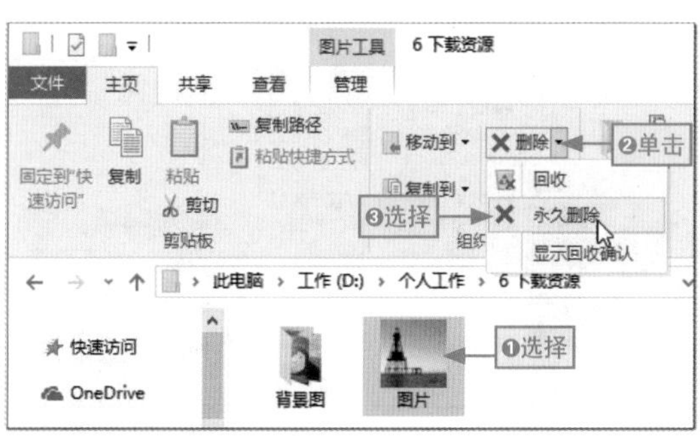

图5-15

● 通过快捷菜单删除

❶选择文件或文件夹后，在其上右击，❷在弹出的快捷菜单中选择“删除”命令，可以将文件删除到回收站中，如图5-16所示。

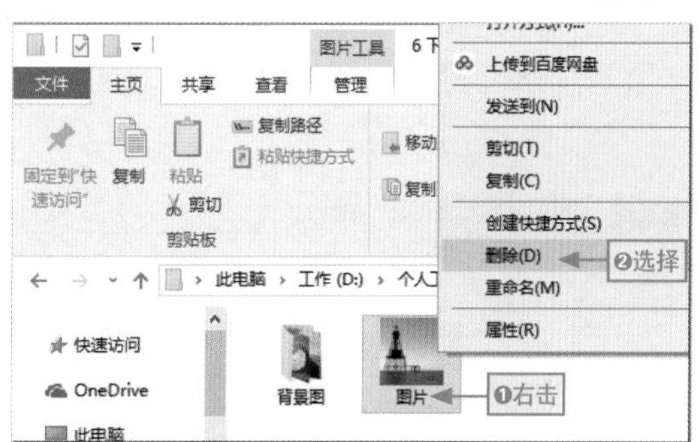

图5-16

● 通过快捷键删除

选择文件或文件夹，按Delete键可以将其删除到回收站，如果要彻底删除文件或文件夹，可以按Shift+Delete组合键。

长知识 | 启用删除到回收站时回收确认

如果在“删除”下拉菜单中选择“显示回收确认”命令，程序在删除文件或文件夹到回收站时也会打开确认删除对话框。

需要说明的是，用户有时可能为了增加硬盘可用空间而将一些不用的文件删除，但发现删除文件之后，磁盘空间并没有增加。这是因为在每个磁盘中都有一个名为“RECYCLE”的受保护的系统文件夹，用户删除文件实际上只是将其移动到对应磁盘的“RECYCLE”文件夹中，桌面上的回收站只是相当于一个影像。只有彻底删除文件才能增加磁盘可用空间。

2. 还原文件/文件夹

对于彻底从电脑中删除的文件是不可以还原的，只有删除到回收站的文件，才可以通过系统提供的还原功能将其还原到原来的位置。具体的还原操作有以下两种。

● 通过功能区还原

❶在“回收站”窗口中选择要还原的文件或文件夹，❷单击“回收站工具 管理”选项卡的“还原”组中的“还原选定的项目”按钮即可将其还原到原始位置，如图5-17所示。

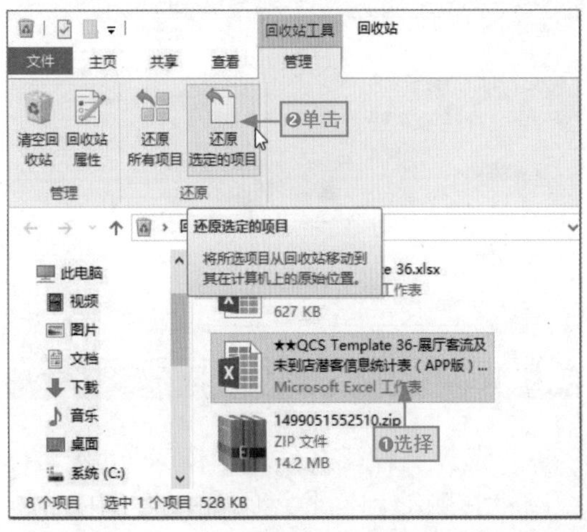

图5-17

● 通过快捷菜单还原

在“回收站”窗口中选择要还原的文件或文件夹，❶在其上右击，❷在弹出的快捷菜单中选择“还原”命令即可将其还原到原始位置，如图5-18所示。

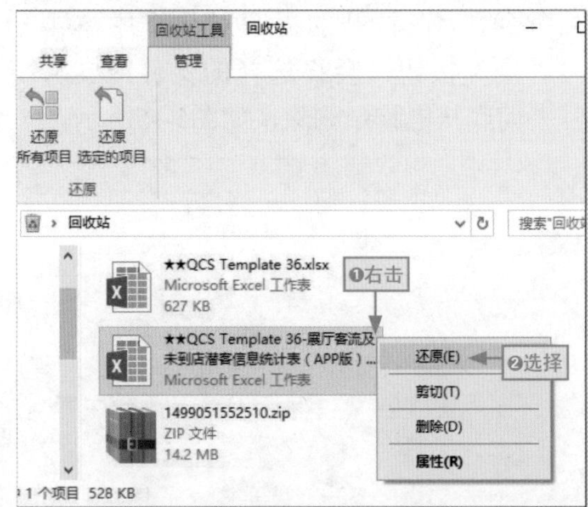

图5-18

长知识 | 从回收站彻底删除文件

如果要将回收站的某个文件或文件夹彻底从电脑中删除，直接将其选择后执行删除文件或文件夹的操作即可。如果要清空回收站的所有内容，直接在“回收站”窗口的“回收站工具 管理”选项卡中单击“清空回收站”按钮即可。或者在“回收站”桌面图标上右击，在弹出的快捷菜单中选择“清空回收站”命令即可。

5.2.5 浏览文件/文件夹

在Windows 10窗口中，系统提供了多种浏览文件或文件夹的方式，熟练掌握这些浏览方式，用户可以更好地查看文件或文件夹。

1. 文件或文件夹的浏览方式

文件或文件夹的浏览方式有超大图标、大图标、列表以及平铺等八种。各种显示方式都独具代表性，在讲解更改文件或文件夹的浏览方式之前，首先要对各种显示方式的具体特点进行了解，具体介绍如下。

● 图标显示方式

图标显示有4种，分别为小图标、中等图标、大图标和超大图标，其中小图标无法显示缩略图，如图5-19所示。

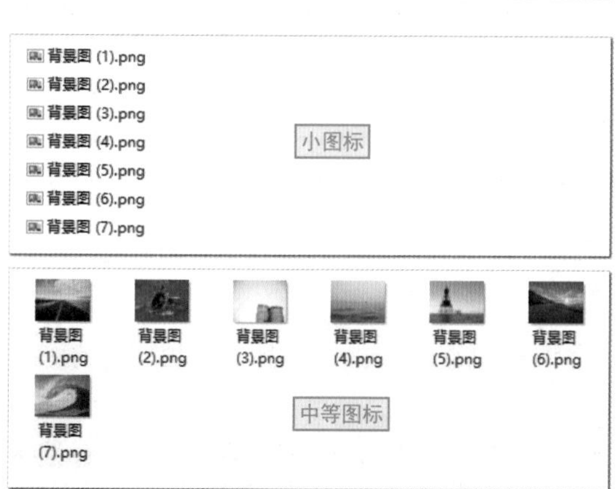

图5-19

● 内容显示方式

内容显示可以将文件或文件夹的名称、图标、类型、尺寸大小和文件大小都展示出来，如图5-20所示。

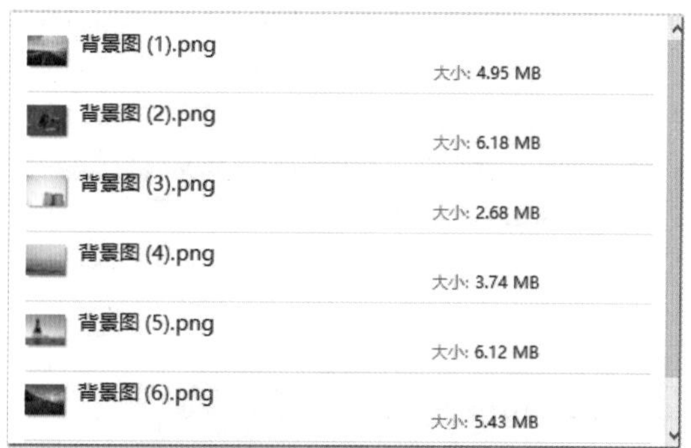

图5-20

● 详细信息显示方式

详细信息和内容显示类似，显示的内容比较实用，是大多数人都会选择的文件显示方式，如图5-21所示。

名称	日期	类型	大小
背景图 (1).png	2018/7/23 14:21	PNG 图像	5,076 K
背景图 (2).png	2018/7/23 14:19	PNG 图像	6,336 K
背景图 (3).png	2018/7/23 14:19	PNG 图像	2,754 K
背景图 (4).png	2018/7/23 14:20	PNG 图像	3,832 K
背景图 (5).png	2018/7/23 14:18	PNG 图像	6,272 K
背景图 (6).png	2018/7/23 14:20	PNG 图像	5,562 K
背景图 (7).png	2018/7/23 14:21	PNG 图像	6,540 K

图5-21

● 列表显示方式

列表显示的显示效果比较简单，只是将图片的小图标与名称显示出来，比较适合文件较多的时候使用，如图5-22所示。

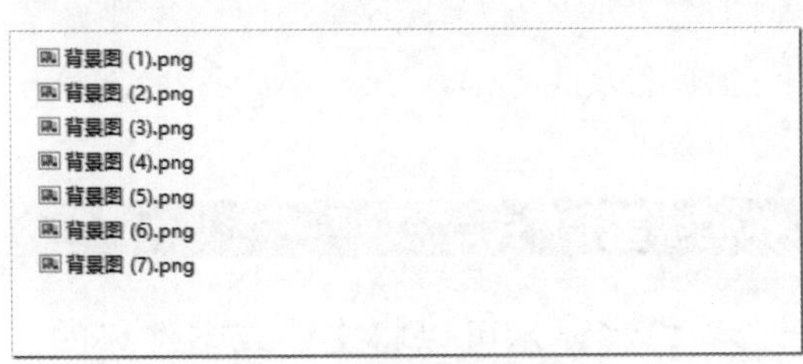

图5-22

● 平铺显示方式

平铺显示也可以显示图片的名称和大小等内容，它可以更直观地看到图片的缩略图，如图5-23所示。

图5-23

长知识 | 列表显示和小图标显示方式的区别

列表显示方式是先按从上到下，再按从左到右的顺序对文件或文件夹进行显示；小图标显示方式是先按从左到右，再按从上到下的顺序对文件或文件夹进行显示。虽然二者都显示图标和名称，但是列表显示方式状态下的文件或文件夹的图标小于小图标显示方式状态下的图标，即相同窗口大小下，列表显示方式可以显示更多的内容。

2. 更改文件的显示方式

在前面介绍Windows 10窗口时已经讲解到，通过状态栏右侧的按钮可以对文件或文件夹的显示方式进行更改，但该方法只能更改显示为详细信息显示方式和大图标显示方式。除此之外，还可以通过功能区和快捷菜单来进行详细更改。下面分别对这两种方式进行讲解。

● 通过功能区更改

❶在窗口中单击“查看”选项卡，在“布局”组的列表框中显示了系统提供的所有显示方式，❷选择指定的选项即可完成文件或文件夹显示方式的更改，如图5-24所示。

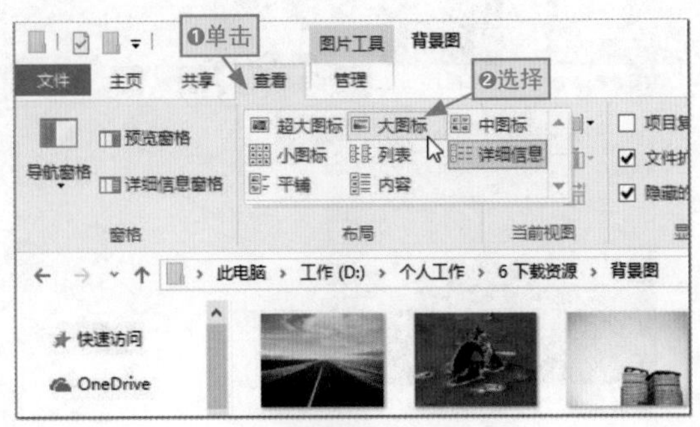

图5-24

● 列表显示方式

❶在窗口的空白位置右击，❷在弹出的快捷菜单中选择“查看”命令，在其子菜单中即可查看到系统提供的显示方式，❸选择对应的选项即可完成文件或文件夹显示方式的更改，如图5-25所示。

图5-25

5.2.6 查找指定的文件

电脑中存储的数据量非常大，如果需要查找长时间没有使用过且不确定准确的存放位置的一个文件，除了前面介绍的利用Cortana功能来搜索外，还可以通过Windows窗口的搜索框来搜索。

利用搜索框来查找指定的文件，通常用户会知道要查找的文件位于某个特定的大文件夹中，其具体的搜索方法是：在要搜索的文件所在的文件夹窗口的搜索框中输入文件的关键字，窗口中会立即出现与所输入关键字相符合的文件或文件夹选项，并将文件中与关键字吻合的字段用黄色底纹突出显示，如图5-26所示。

图5-26

如果要编辑某个文件，直接双击文件名称即可，如果要查看该文件具体存放的位置，❶则在该文件上右击，❷在弹出的快捷菜单中选择“打开文件夹位置”命令即可，如图5-27所示。

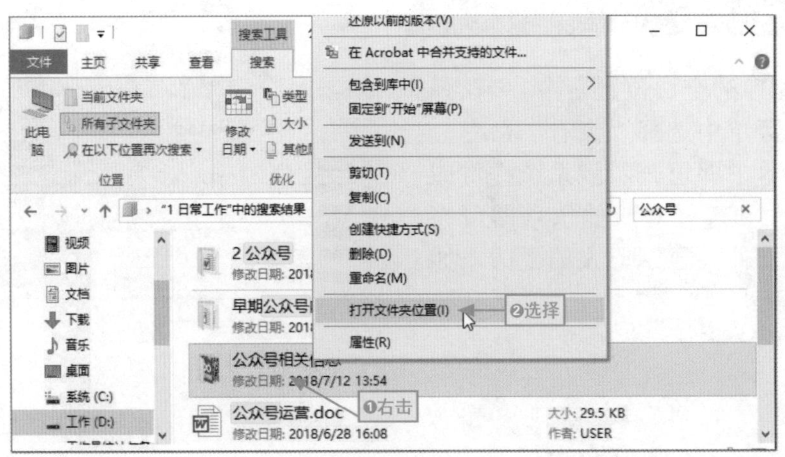

图5-27

在Windows 10中，系统对查找文件的条件进行了更多的优化，用户可以按修改日期、类型、大小等对搜索结果进行继续搜索。如图5-28所示，❶单击“修改日期”下拉按钮，❷在弹出的下拉菜单中选择“本月”命令，❸程序自动在搜索的结果中再搜索本月编辑过的包含“公众号”关键字的文件。

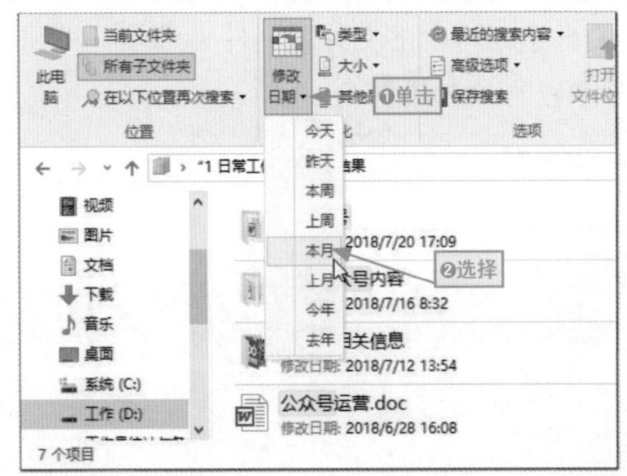

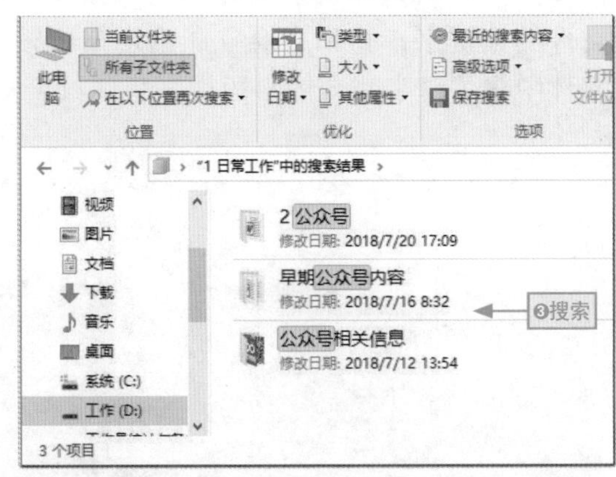

图5-28

LESSON

5.3 文件和文件夹的特殊处理

对文件和文件夹进行特殊处理，包括压缩、解压和加密等，这些处理都是为了方便用户能够更好地使用文件和文件夹，下面介绍2345好压压缩软件对文件和文件夹进行特殊处理的相关操作。

5.3.1 认识2345好压压缩软件

2345好压压缩软件是强大的压缩文件管理器，是完全免费的新一代压缩软件，也是中国3.5亿用户信赖的免费压缩解压软件，与传统压缩软件相比，该软件具有界面时尚简洁、压缩率更高、解压速度快等特点。除此之外，2345好压压缩软件还具有以下的显著特点。

● 完美兼容Windows 10

不仅在早期的Windows 8、Windows 7、Windows Vista、Windows XP和Windows 2003这些Windows系统方便使用，对于如今的Windows 10操作系统更是完美兼容。

● 完美支持53种压缩格式

2345好压压缩软件比传统压缩软件支持更多的压缩格式，具体包括ZIP、7Z、RAR、ISO等在内的53种常见压缩格式，只需安装一款软件，即可轻松解压。

● 十余种实用小工具，方便快捷

2345好压压缩软件包含十余种工具，如压缩包密码修改、注释修改、安全查杀、文件查找（支持包内文件查找）、修复压缩包、批量文件改名、批量格式转换等，满足用户需求。

5.3.2 压缩文件和文件夹

为了节省磁盘空间，方便文件的管理和传输，可将不经常使用的资料压缩后存放，将重要的文件压缩后备份，还可将需要通过网络传送给他人的文件压缩后再传输，从而加快传输速度。使用2345好压压缩软件创建压缩文件的方法如下。

步骤01 选择“添加到压缩文件”命令

选择要压缩的文件夹，这里选择“炒股软件”文件夹，❶在其上右击，❷在弹出的快捷菜单中直接选择“添加到压缩文件”命令。

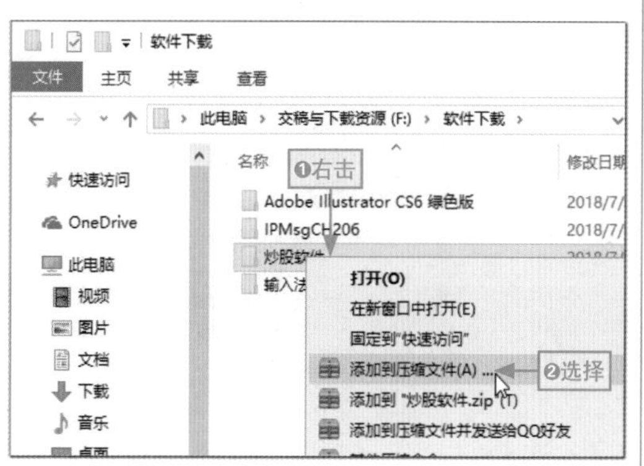

步骤02 单击“立即压缩”按钮

在打开的对话框中可以设置文件的压缩名称和路径，这里保持默认的名称和路径，单击“立即压缩”按钮。

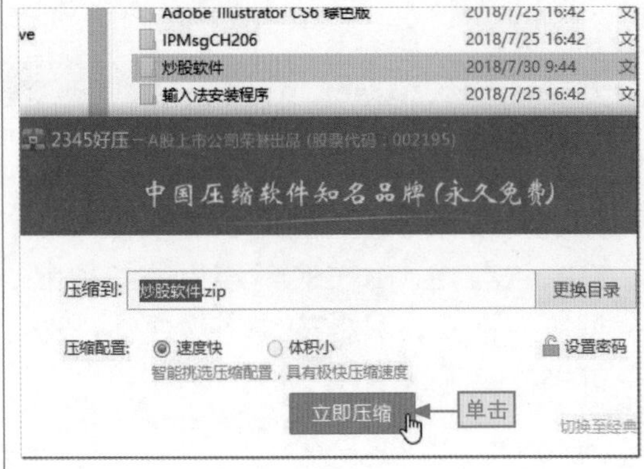

步骤03 自动压缩

稍后程序自动开始进行压缩，并在打开的对话框中可以查看到压缩的进度，完成压缩后即可在当前位置查看到压缩包文件。

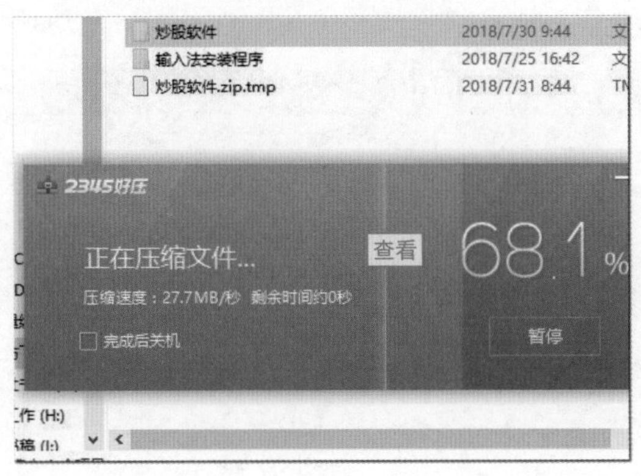

5.3.3 解压文件夹

要使用压缩过的文件，必须先将其解压，即将其释放为原来文件的大小。下面具体讲解用2345好压压缩软件解压文件的方法，其具体操作步骤如下。

步骤01 选择“解压到”命令

❶在需要解压的压缩包文件上右击，❷在弹出的快捷菜单中选择“解压到”命令。

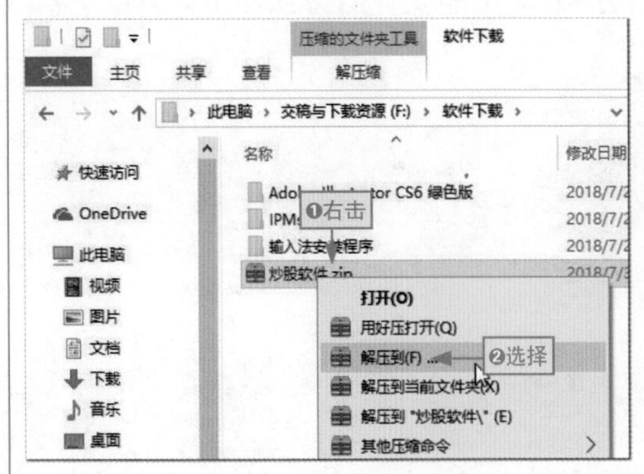

步骤02 单击“立即解压”按钮

在打开的提示对话框中设置压缩包解压到的位置，这里保持默认不变，单击“立即解压”按钮，将压缩文件解压到相同的位置。

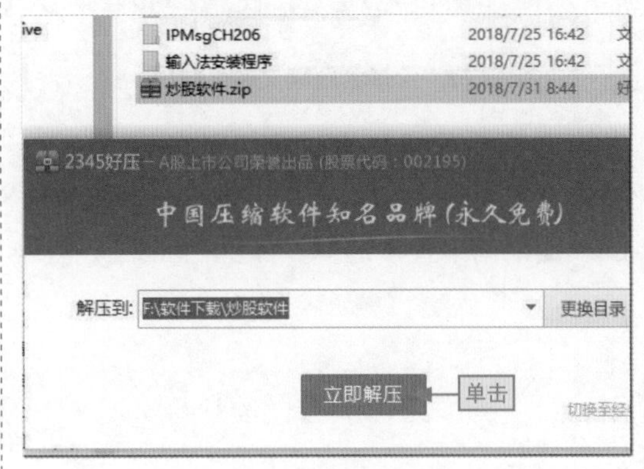

步骤03 自动解压

稍后程序自动开始解压，并在打开的对话框中可以查看到解压的进度。

步骤04 自动打开解压的文件夹

待程序解压完成后，程序会自动打开解压的文件夹，在其中即可方便地查看压缩包文件的具体内容。

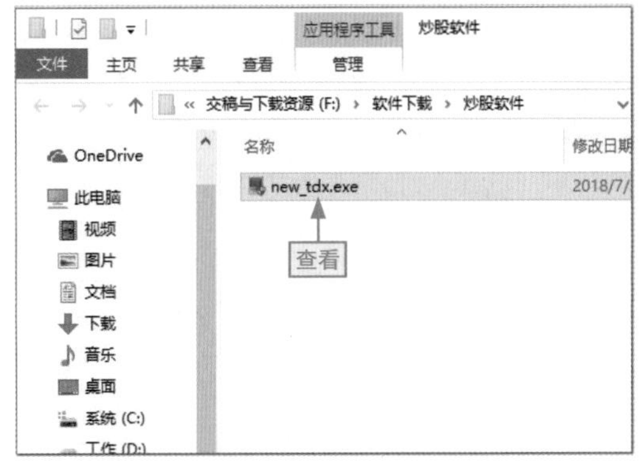

5.3.4 对重要文件/文件夹加密

2345好压压缩软件提供了在压缩文件的同时为文件设置密码保护的功能。对于加密的压缩包，必须在输入正确的密码后才能解压文件。这就在一定程度上对压缩的文件进行了更好的保护。下面具体讲解利用2345好压压缩软件对文件进行保护的操作，其具体操作方法如下。

步骤01 选择“添加到压缩文件”命令

❶在需要压缩的文件上右击，❷在弹出的快捷菜单中选择“添加到压缩文件”命令。

步骤02 单击“设置密码”按钮

在打开的提示对话框中单击“设置密码”按钮，打开“密码设置-2345好压”对话框。

步骤03 设置密码

❶在该对话框的“输入密码”文本框和“确认密码”文本框中输入对应的密码，❷单击“确定”按钮。

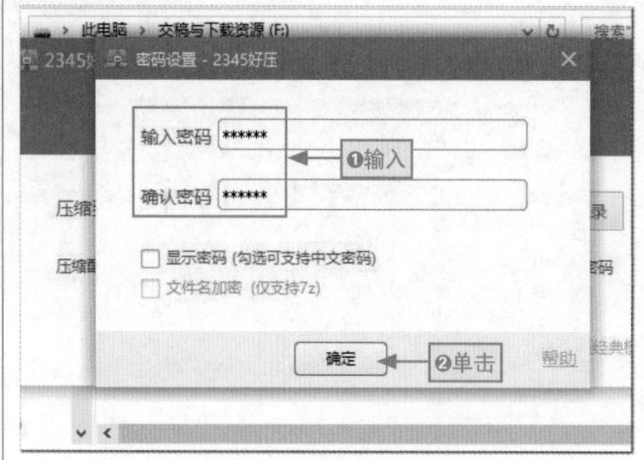

步骤04 自动加密压缩

❶在返回的对话框中即可查看到已经设置了密码，❷单击“立即压缩”按钮，程序自动加密并压缩文件。

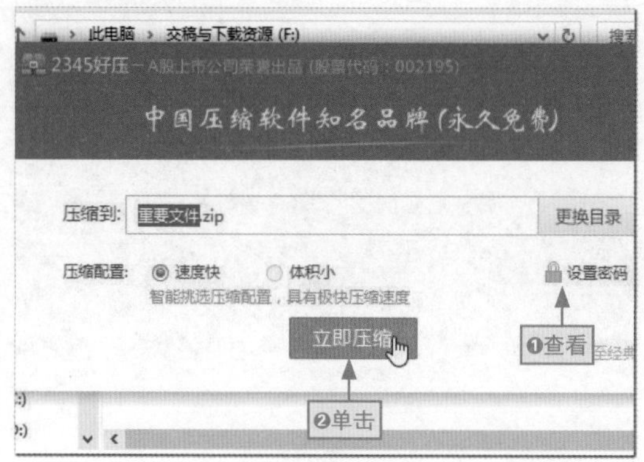

长知识 | 解压加密的压缩包

加密压缩包的解压方式与普通压缩包的解压方式相同，都是在压缩包的右键快捷菜单中选择对应的解压命令即可，不同的是，如果为压缩包设置了密码加密，在解压时会自动打开一个“输入密码-2345好压”对话框，在其中要求输入正确的解压密码，如图5-29所示。❶当输入正确的密码后，❷单击“确定”按钮即可执行解压操作。

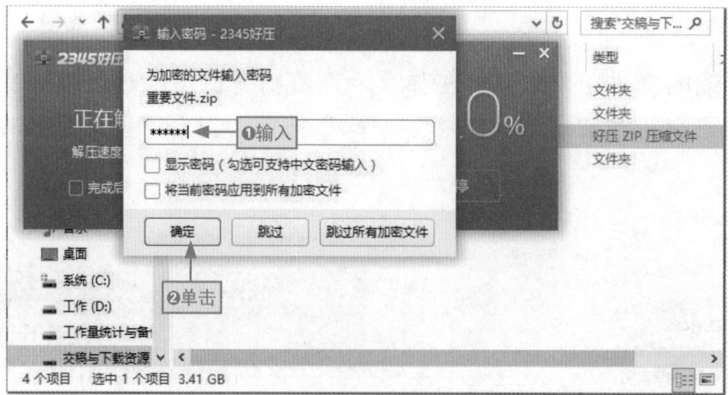

图5-29

高手支招 | 更改文件夹的显示图标

默认情况下显示的文件夹图标都是一样的，为了突出显示某些文件夹，可以单独为其设置一个不一样的文件夹图标，其具体的操作方法如下。

步骤01 选择“属性”命令

❶在目标文件夹上右击，❷在弹出的快捷菜单中选择“属性”命令。

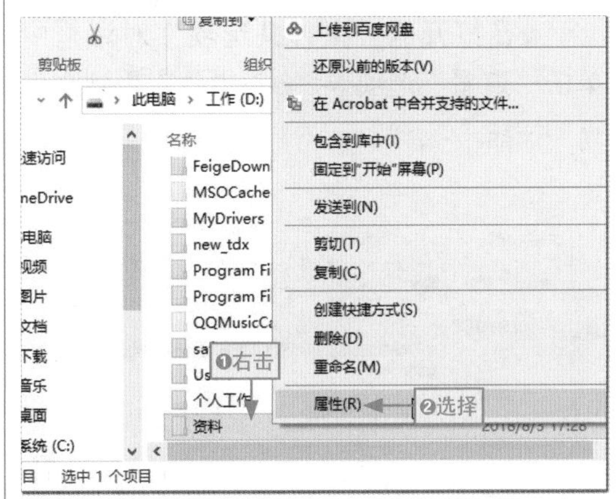

步骤02 单击“更改图标”按钮

在打开的“资料 属性”对话框中单击“更改图标”按钮。

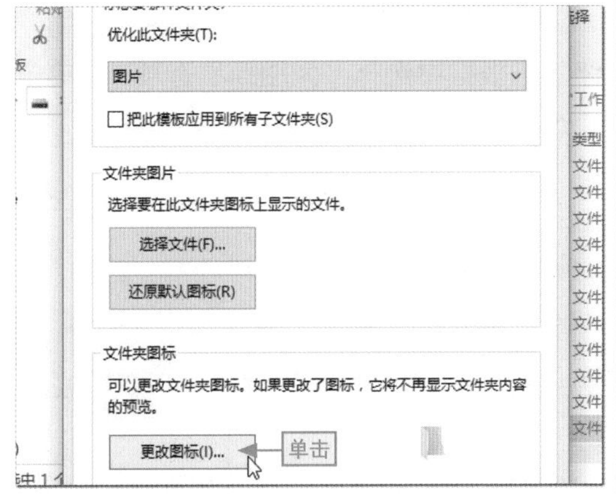

步骤03 选择需要的图标样式

❶在打开的“为文件夹 资料 更改图标”对话框的列表框中选择一种图标样式，❷单击“确定”按钮。

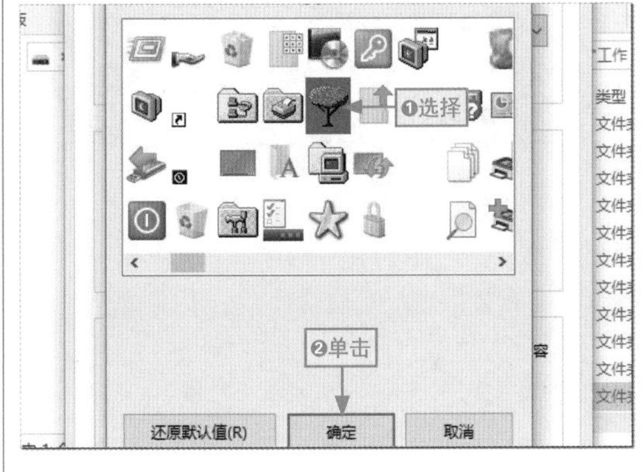

步骤04 查看效果

依次关闭所有的对话框，在返回的窗口中即可查看到“资料”文件夹的图标被更改了。

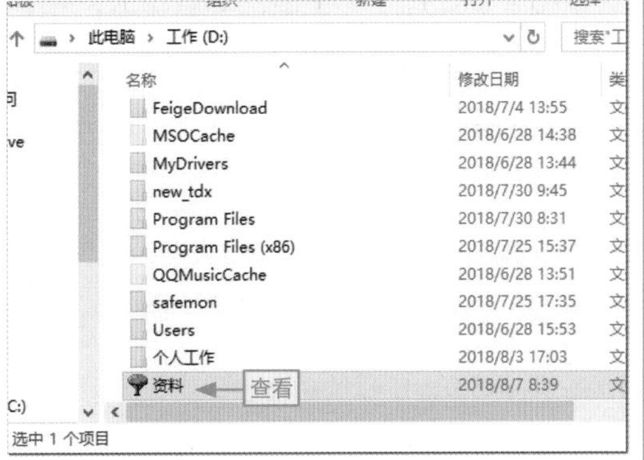

高手支招 | 将默认文件/文件夹的查看方式应用到所有文件夹

Windows 10操作系统的默认文件夹视图是详细信息查看方式，而每个人的需求是不一样的，并不需要默认的这种视图，如有些人喜欢中等图标、有些人喜欢平铺等。用户可以通过设置将默认的文件夹查看方式全部更改到电脑的所有文件夹中，从而避免每次都设置查看方式。下面以将“大图标”查看方式应用到电脑中的所有文件夹为例，讲解相关的操作，其具体操作方法如下。

步骤01 修改查看方式

❶单击“查看”选项卡，❷在“布局”组的列表框中选择“大图标”选项，❸单击“选项”按钮。

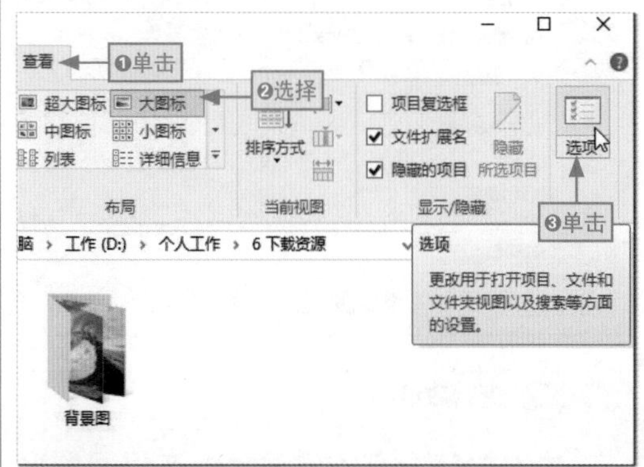

步骤02 单击“应用到文件夹”按钮

❶在打开的“文件夹选项”对话框中单击“查看”选项卡，❷单击“应用到文件夹”按钮。

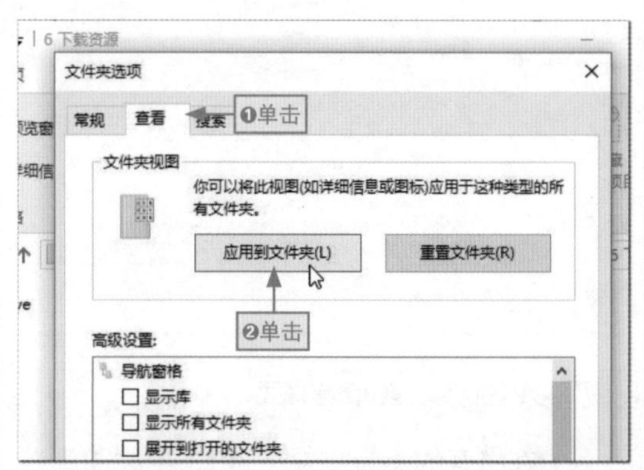

步骤03 确认设置

在打开的“文件夹视图”提示对话框中单击“是”按钮，将大图标查看方式应用到所有的文件夹中。依次关闭所有对话框即可完成整个操作。

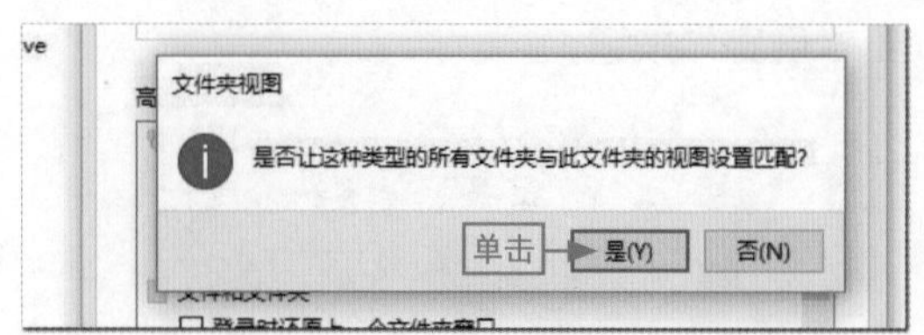

第6章 文档编辑大师——Word 2016

学习目标

Word是Office办公软件的一个常用组件，它是一款强大的文字处理软件。使用它可以编排纯文字、图文并茂、结构丰富及样式美观的文档，是进行文档处理的不二选择。本章主要介绍Word 2016的基础知识以及制作文档的必要操作。

本章要点

- ◆ Office组件的启动与退出
- ◆ 认识Office 2016的工作界面
- ◆ 文档的创建方法
- ◆ 利用改写功能修改文本
- ……
- ◆ 设置字体格式
- ◆ 插入图片
- ◆ 设置页面格式
- ◆ 打印文档
- ……

知识要点	学习时间	学习难度
Office软件共性知识	30分钟	★
文本的录入、编辑与格式化操作	50分钟	★★
编制图文混排的文档	30分钟	★★
页面的设置与打印操作	20分钟	★

LESSON 6.1 Office软件共性知识

Office 2016软件包含了许多组件，如Word 2016、Excel 2016、PowerPoint 2016等。由于各个组件的一些基本操作方法大同小异，所以本节通过Word 2016组件来讲解Office软件的共性知识。

6.1.1 Office组件的启动与退出

使用Office 2016中的各个组件之前应先熟悉其启动和退出操作。虽然Office 2016中包括了多个组件，但是它们的操作方法大同小异，下面以Word 2016的启动和退出操作为例进行详细介绍。

1. 启动Office组件

Office 2016 的启动方式有四种，即通过“开始”菜单启动、通过“开始”屏幕启动、通过任务栏启动和通过已有文档启动。用户可在掌握了这四种方法之后根据自身情况和使用习惯进行操作。

● 通过“开始”菜单启动

安装完Office 2016软件后，在“开始”菜单中即可找到所有的Office 2016组件，直接选择该程序选项即可启动该组件，如图6-1所示。

● 通过“开始”屏幕启动

在Windows 10中，可以将常用的软件固定到“开始”屏幕中，通过单击该屏幕中的对应磁贴来启动程序，如图6-2所示。

图6-1

图6-2

● 通过任务栏启动

与其他软件不同，安装完Office 2016软件后，程序会自动在任务栏中添加对应的快捷按钮，直接单击该按钮即可启动该组件，如图6-3所示。

图6-3

● 通过已有文档启动

如果用户电脑中已经存在Office 2016文件，双击此文件即可启动程序并打开该文件，如图6-4所示（注意，此方法对于Outlook 2016是无效的）。

图6-4

2. 退出Office组件

当不需要使用 Office 组件时，就需要将其退出，Office 2016 的退出情况分为两种，一种是打开多个文档时的程序退出，另一种是打开单个文档时的程序退出。

（1）如果当前打开了多个Word文件，❶在任务栏的任务按钮上右击，❷在弹出的快捷菜单中选择“关闭所有窗口”命令即可将所有窗口关闭并退出程序，如图6-5所示。

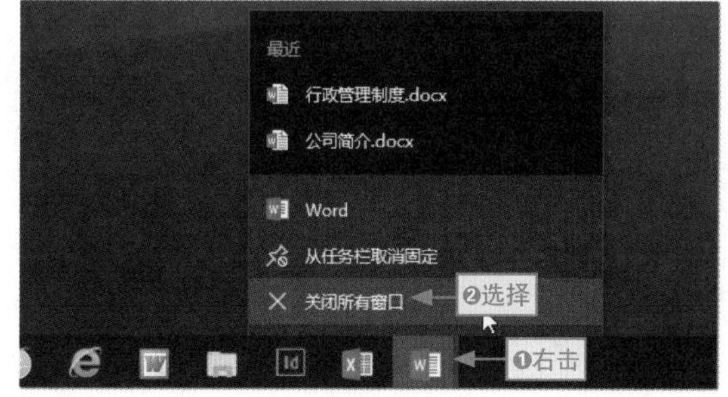

图6-5

（2）如果当前只打开了一个文档，可以通过以下方法退出程序。

① 直接单击当前Word窗口右上角的“关闭”按钮；

② 在标题栏任意位置的快捷菜单中选择“关闭”命令；

③ 在“文件”选项卡中选择“关闭”命令；

④ 在任务栏按钮的快捷菜单中选择“关闭窗口”命令；

⑤ 在选中任务栏的文档图标的情况下按Alt+F4组合键退出整个程序。

以上各种方法对应见图6-6。

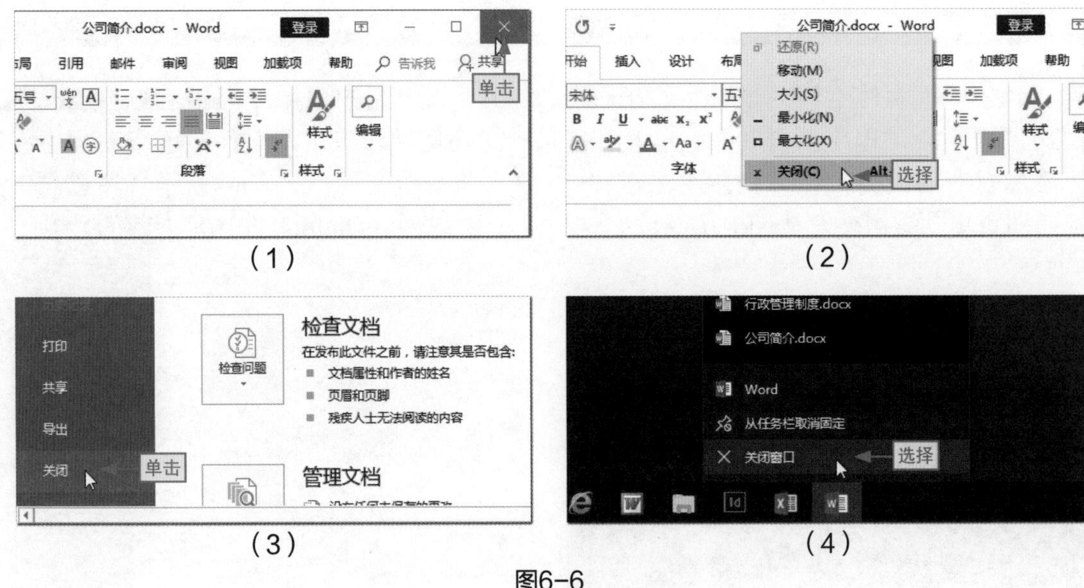

图6-6

6.1.2 认识Office 2016的工作界面

Office 2016工作界面与Windows 10窗口的界面相似，都是用功能区替代了早期窗口的菜单栏，也有快速访问工具栏。但是Office 2016作为办公软件，也有其特有的组成部分。下面以Word 2016操作界面为例，讲解各组成部分，其工作界面效果如图6-7所示。

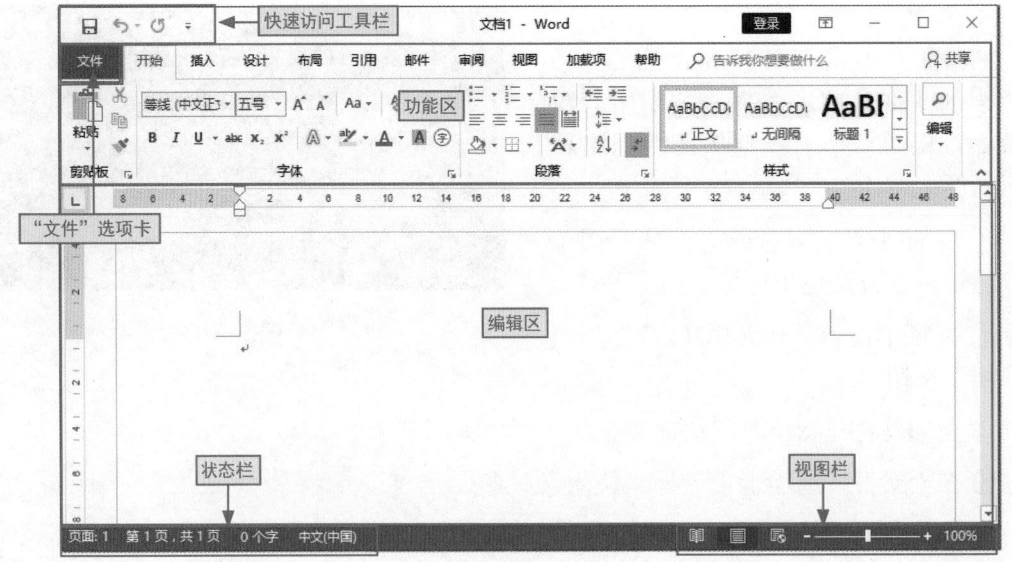

图6-7

1. 快速访问工具栏

快速访问工具栏位于工作界面的左上角，主要放置了常用的命令按钮，默认情况下只包含三个按钮，分别为“保存”按钮、“撤销”按钮 和“恢复”按钮。

用户可以在快速访问工具栏的下拉菜单中选择对应的命令，将其工具按钮添加到快速访问工具栏中。如果当前下拉列表中没有需要的工具选项，❶可以选择“其他命令”，❷在打开的“Word选项”对话框中选择“所有命令”选项，❸在中间的列表框中选择需要的工具选项，❹单击“添加”按钮，将其添加到右侧的列表框，❺单击“确定”按钮即可完成操作，如图6-8所示。

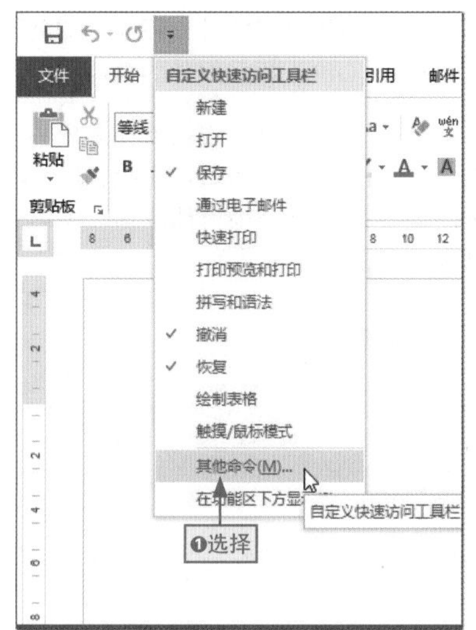

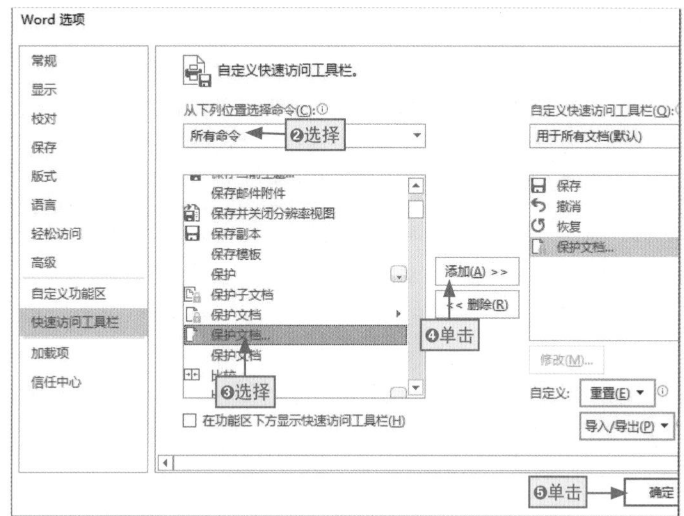

图6-8

2. 功能区

在 Word 2016 工作界面中，默认情况下，功能区中显示十个选项卡和一个“告诉我您想要做什么”文本框，各选项卡和该文本框的具体说明如表 6-1 所示。

表 6-1　功能区中各选项卡和文本框的介绍

选项卡 / 文本框	介　绍
“开始”选项卡	在该选项卡中提供了剪切板、字体、段落、样式和编辑组，在各个组中可对文档进行常规的编辑操作
“插入”选项卡	在该选项卡中提供了插入表格、图片、媒体、批注以及文本等工具组，通过它们可在文档中插入所需的内容
“设计”选项卡	通过该选项卡下的文档格式组以及页面背景组，可对当前文档进行格式、效果以及页面等相应设置

续表

选项卡 / 文本框	介　绍
“引用”选项卡	在该选项卡中可对目录、引文与书目等进行相应的操作
“邮件”选项卡	通过该选项卡可创建信封、进行邮件合并等操作
“审阅”选项卡	在该选项卡中提供了校对、批注、修订、更改以及比较等工具组，通过这些工具组，可进行文档拼音和语法检查及保护文档等操作
“视图”选项卡	在该选项卡中提供了视图、显示、显示比例、窗口以及宏工具组，在其中可对文档进行显示方式和窗口排列等设置
“加载项”选项卡	加载项是 Microsoft Office 系统程序添加的自定义命令和专用功能的补充程序，安装补充程序可添加自定义命令和功能，从而拓展 Microsoft Office 相关组件的功能
“告诉我您想要做什么”文本框	该文本框是 Word 2016 中特有的部分，通过该文本框，用户可以快速搜索相关内容的帮助信息，直接在该文本框中输入相应的执行操作相关字词和短语，系统自动进行搜索并提供相应选项，供用户选择使用，从而节省手动寻找功能按钮或命令的时间和精力。如图 6-9 所示为搜索“插入图片”帮助信息的操作示意图

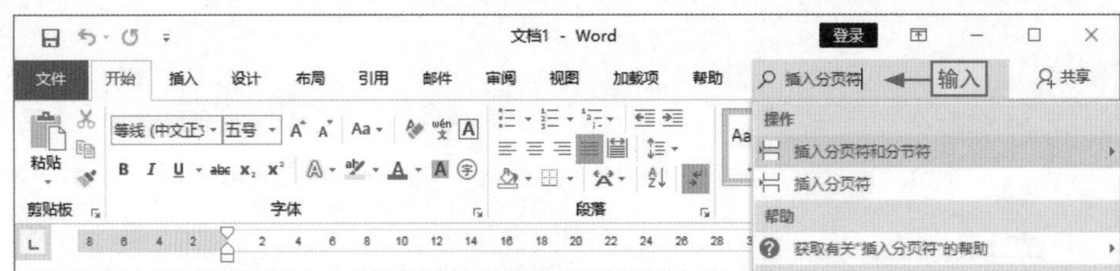

图6-9

3. “文件”选项卡

“文件”选项卡位于工作界面中快速访问工具栏的下方，其相当于早期 Office 工作界面中的“文件”菜单项，单击该选项卡，在弹出的界面的左侧可看到包含新建、打开、保存、关闭等常用功能，如图 6-10 所示。

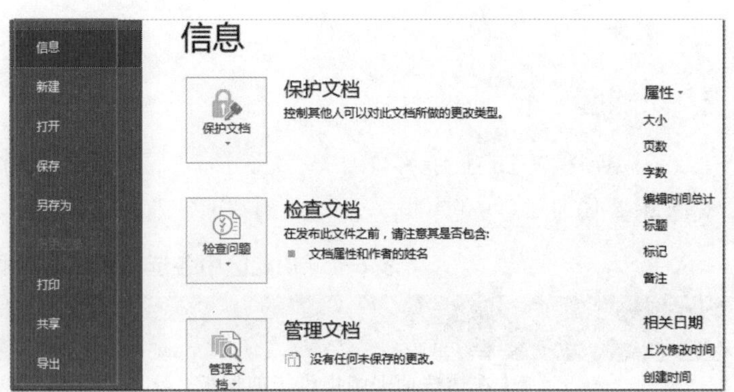

图6-10

4. 编辑区

编辑区是 Word 的主要工作区，在编辑区的右侧和下方包括垂直滚动条和水平滚动

条，左侧和上方有标尺，如图 6-11 所示。通过拖动滚动条，可在当前窗口的大小中显示其他位置的文档内容；而水平标尺和垂直标尺可用来设置和查看段落缩进、制表位、页面边界以及栏宽等信息。

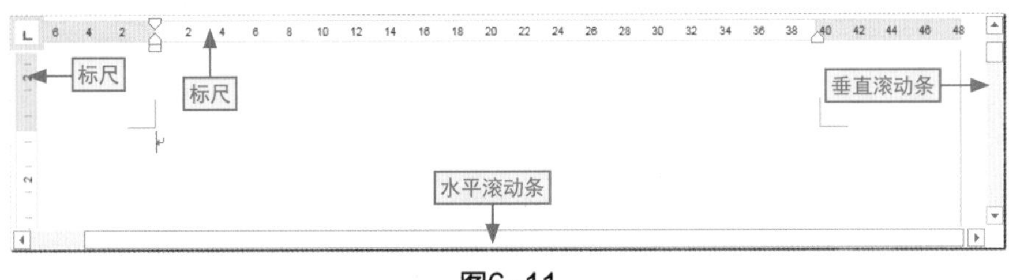

图6-11

5. 状态栏和视图栏

状态栏和视图栏位于界面的最底端，在底端左侧的是状态栏，该组成部分主要用于显示当前文档的页面、字数和输入状态等信息。在底端右侧的是视图栏，该组成部分主要用于显示当前文档的视图模式和页面缩放比例等信息。

6.1.3 文档的创建方法

对于大部分的Office组件，其创建都可以分为创建空白文档和创建模板文档两种情况，下面分别对这两种情况进行具体讲解。

1. 创建空白文档

Office 2016创建空白文档的方法有三种，分别是通过欢迎屏幕创建、通过快捷键创建和通过“新建”选项卡创建，下面具体对这三种创建方法进行介绍。

● 通过欢迎屏幕创建

与Office 2003/2007/2010不同，Office 2016不会在启动时就创建空白文档。当启动Office 2016软件后，程序先进入一个欢迎界面，在其中选择“空白文档”选项即可新建空白文档，如图6-12所示。

● 通过快捷键创建

在启动软件后，或者在文档的工作界面中，按Ctrl+N组合键，即可新建一个空白文档。

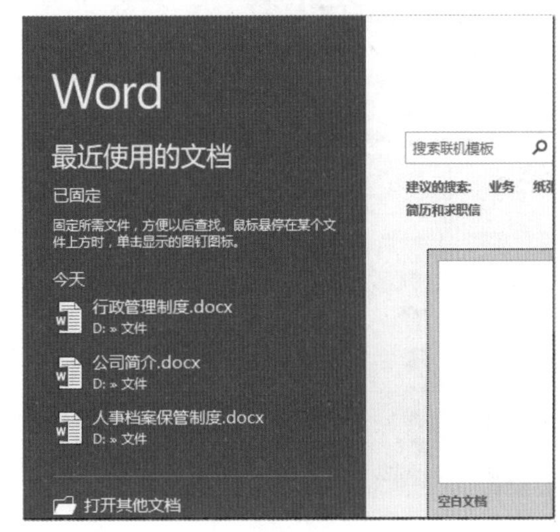

图6-12

● 通过“新建”选项卡创建

❶在工作界面中单击“文件”选项卡，❷在弹出的界面中单击“新建”选项，❸在右侧窗格中选择“空白文档”选项即可，如图6-13所示。

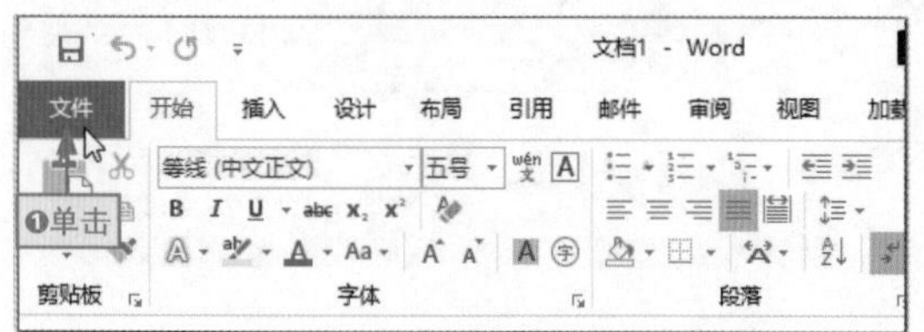

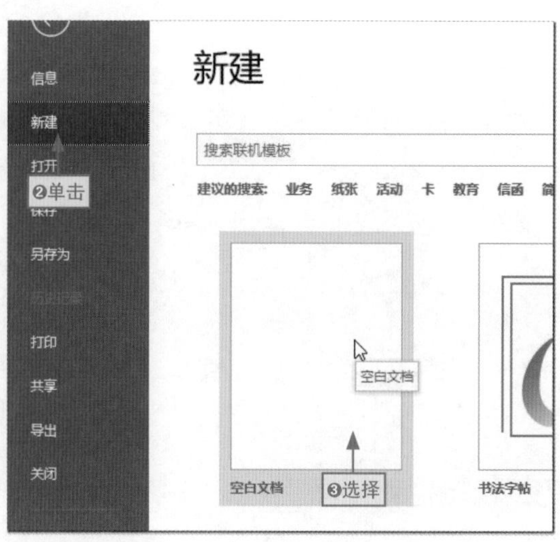

图6-13

2. 创建模板文档

模板是一种特殊的文件，它预定义了文件的结构和样式，通过该文件可以快速新建具有内容的办公文档。

在Office 2016中，程序为用户提供了各类模板文件，如传真、信函、报告等，部分模板或者最近使用过的模板都可以在欢迎屏幕或者“新建”选项卡中查看到，如图6-14所示。直接选择需要的模板选项即可开始创建模板文件。

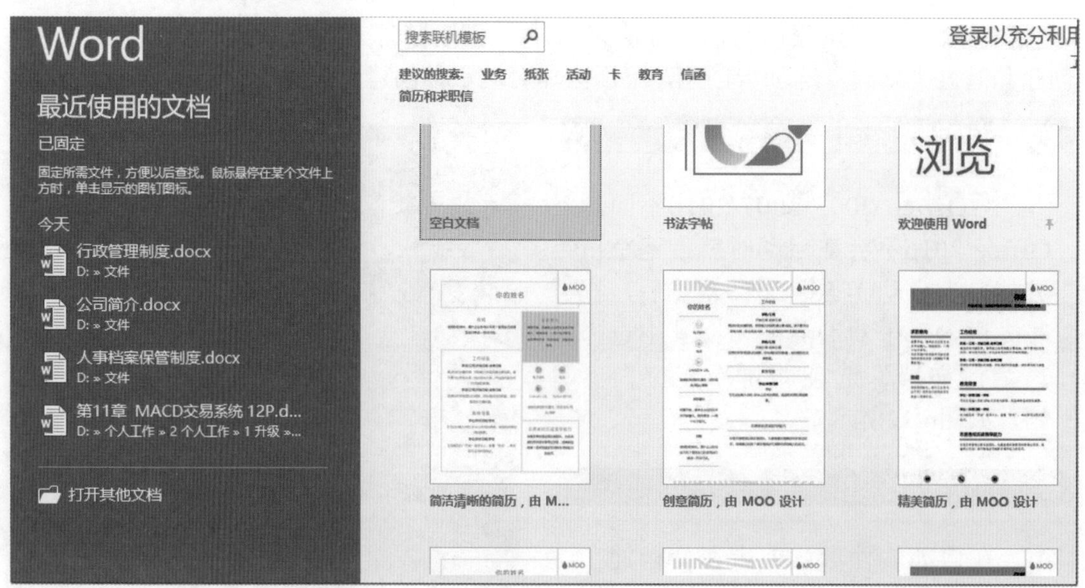

图6-14

如果这些模板文件不能满足需求，用户还可以通过设置搜索关键字来搜索更多的模板。下面以新建Word传真模板文件为例，讲解相关的操作方法。

步骤01 设置搜索关键字

切换到“新建”选项卡，在搜索框中输入搜索关键字，这里输入“传真”文本，按Enter键开始搜索。

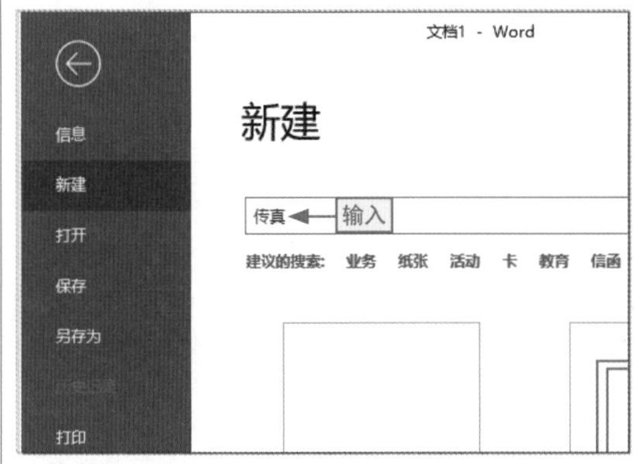

步骤02 选择需要的模板文件

❶在搜索结构列表中拖动滚动条，查找需要的模板文件，❷选择“传真封面页（专业型主题）”模板文件选项。

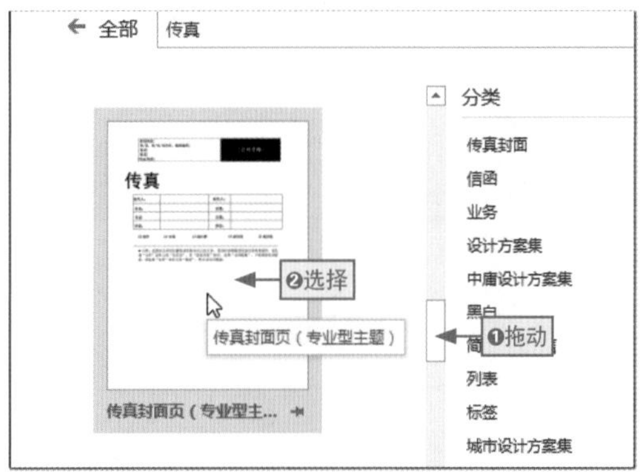

步骤03 单击“创建”按钮

在打开的对话框中显示了该模板的缩略图效果、提供者以及大小等相关信息，单击“创建”按钮。

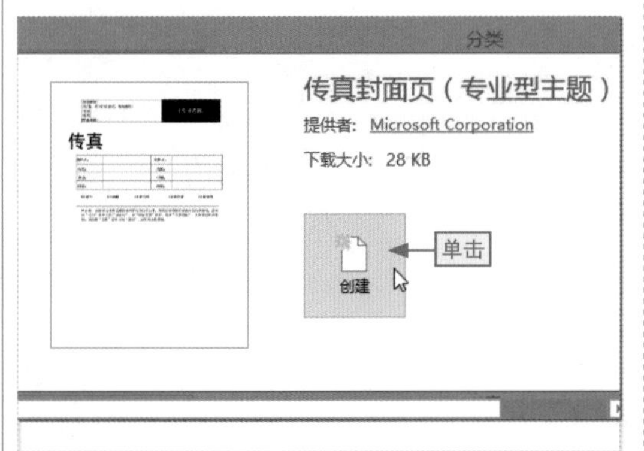

步骤04 查看创建的模板文档

稍后，系统会自动根据该模板新建一个模板文档，在其中，用户只需要在对应的占位符位置输入实际的内容即可创建内容文档。

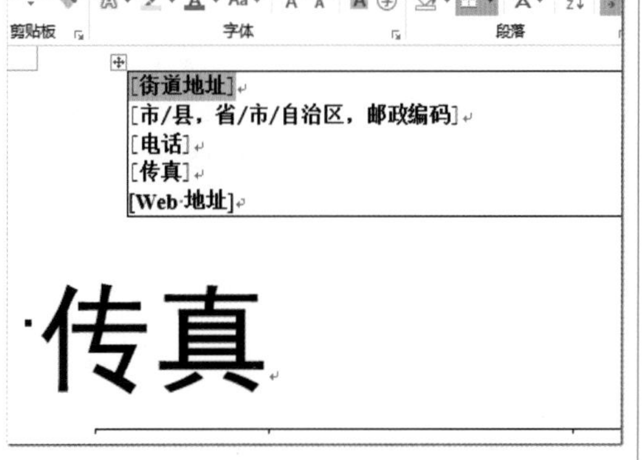

6.1.4 文档的保存与另存

文档的保存不仅仅是在文档编辑完成后再执行，在编辑过程中也要随时进行保存，这样可避免因死机或停电等意外情况造成的损失。

1. 直接保存文档

在第一次对文档进行保存时，单击快速访问工具栏上的“保存”按钮，或按Ctrl+S组合键，程序都会切换到“文件”选项卡的“另存为”选项卡，❶在其中单击“浏览”按钮，❷在打开的“另存为”对话框中选择保存路径，❸然后设置保存名称，❹单击“保存”按钮即可，如图6-15所示。

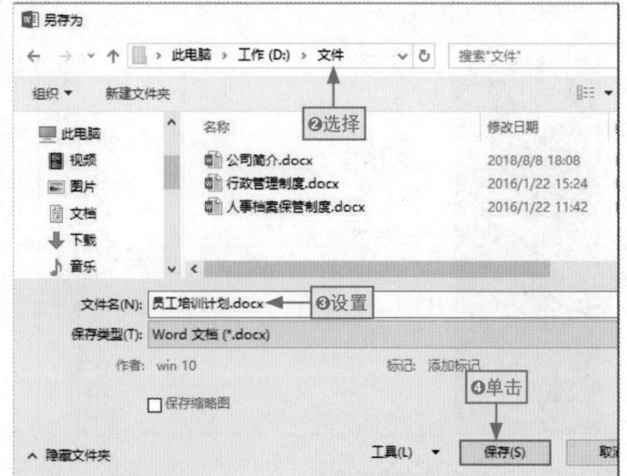

图6-15

如果文件已经保存过，后来又对其进行了修改操作，此时单击快速访问工具栏上的“保存”按钮，或按Ctrl+S组合键，程序会自动在当前位置保存文件，即直接覆盖以前的文件版本。

2. 另存文档

如果需要将已经保存过的文档重新保存到其他位置或其他格式，需要在“文件”选项卡中单击“另存为”选项卡，然后打开“另存为”对话框，在其中重新选择位置或者在“保存类型”下拉列表框中选择文件的格式类型，最后单击“保存”按钮即可。

如图6-16所示为当前的“员工培训计划.docx”文档另存为低版本的Word文档格式。

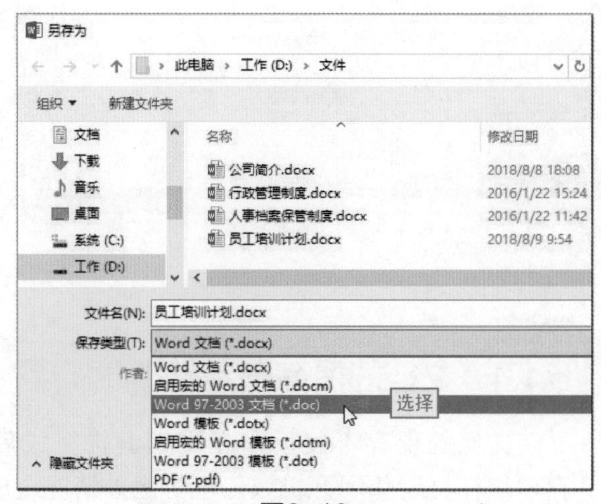

图6-16

6.1.5 通过帮助系统查找帮助

Office 2016拥有一个功能强大的帮助系统，该系统几乎囊括了与Office操作有关的所有内容。其对于新手学习Office软件的帮助非常大。用户可以根据主题和关键字快速搜索到需要的学习资料。

1. 根据主题查找帮助

主题就是 Office 帮助系统的目录索引，用户可以直接选择主题查看与此相关的帮助信息，Office 提供的主题较多，不仅包括一些知识性的讲解，也含有一些案例介绍。根据主题查找帮助的操作方法如下。

步骤01 单击“帮助”按钮

❶在Word的工作界面中单击“帮助”选项卡，❷在“帮助和支持”组中单击“帮助”按钮。

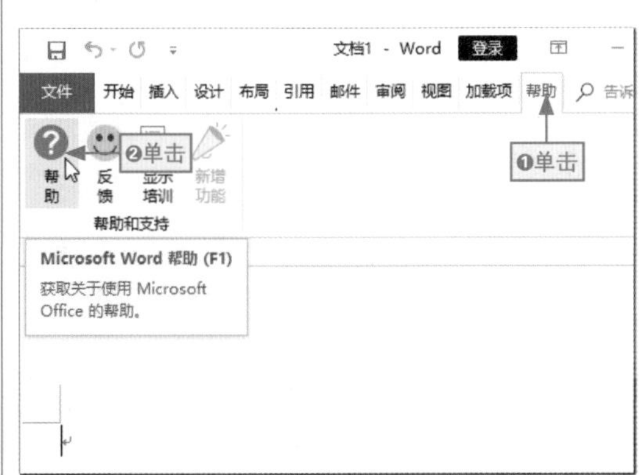

步骤02 单击“图片”超链接

在打开的“帮助”对话框中列出了各个帮助的目录，选择某个目录即可进入此目录相关的主题页面中，这里单击“图片”超链接。

帮助
搜索帮助
开始使用
协作
插入文本
页面和布局
图片
单击
模板和窗体

步骤03 单击相应超链接

在展开的目录中单击需要查看帮助的主题信息的超链接，如单击“插入或更改水印”超链接，在打开的页面中即可查看具体的帮助信息了。

长知识 | 利用快捷键启动帮助系统

在Office组件的工作界面中，直接按F1键即可快速启动帮助系统。

帮助
搜索帮助
水印和图片
水印　图片和图表　旋转和对齐　边框
在 Word 2016 for Windows 中更改背景或颜色
插入或更改水印
单击
在 Word 中向文档添加“草稿”水印
删除水印
此信息是否有帮助?
是　否

长知识 | 查找帮助信息中的退回操作

如果觉得不是自己所需要的信息，可单击对话框左上角的“←”按钮返回到上一页，如图6-17左图所示。如果要快速退回到主页，❶直接单击“…”按钮，❷在弹出的下拉列表中选择“主页”选项即可，如图6-17右图所示。

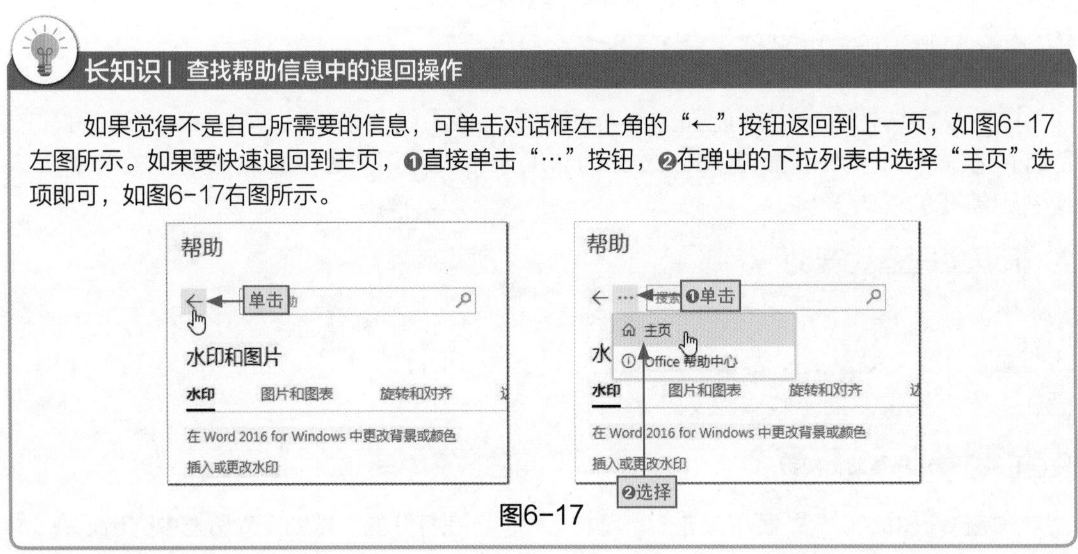

图6-17

2. 根据关键字查找帮助

如果用户不知道要查找的信息在哪条目录下，❶可在搜索框中输入与查找信息相关的关键字，❷单击“搜索”按钮后帮助系统会自动搜索出与关键字相符合的主题，❸单击对应的超链接可查看具体帮助信息，如图 6-18 所示。

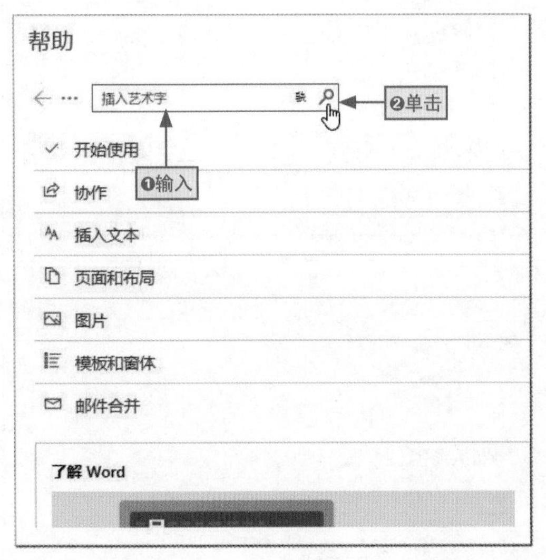

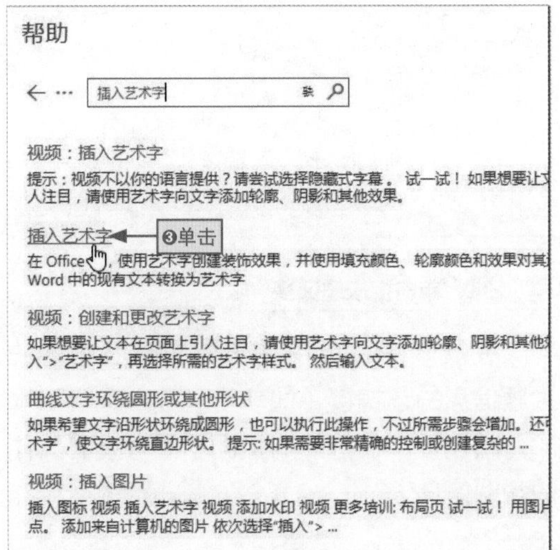

图6-18

需要注意的是，无论通过哪种方式查找帮助，实际上都是在Office.com上搜索信息，因此必须确保电脑能够正常联网，否则将不能正常显示帮助系统的主页信息。

LESSON 6.2 文本的录入与编辑操作

编排文档是Word最基本的应用。要想熟练地编排文档，必须学会有关的文本输入与编辑操作，这就是本节要重点介绍的内容。

6.2.1 文本的录入

在前面介绍了如何在记事本中输入文本，其输入方法同样适用于Word文档。除了常规的输入内容之外，在Word中还有更多的输入内容，如输入特殊符号、插入数学公式等。

1. 输入特殊符号

如果在编排文档时要输入特殊字符，此时可单击“插入”选项卡，在“符号”组中单击“符号”按钮，在弹出的下拉菜单中列出了最近使用过的20个符号，选择任意符号即可将其插入文档中。

此外，❶还可以选择“其他符号”命令，❷在打开的“符号”对话框中选择需要的符号，❸单击“插入”按钮即可将其插入文档中（也可以双击需要的符号快速插入），❹单击“关闭”按钮关闭对话框，如图6-19所示。在返回的工作界面中即可查看到插入的特殊符号。

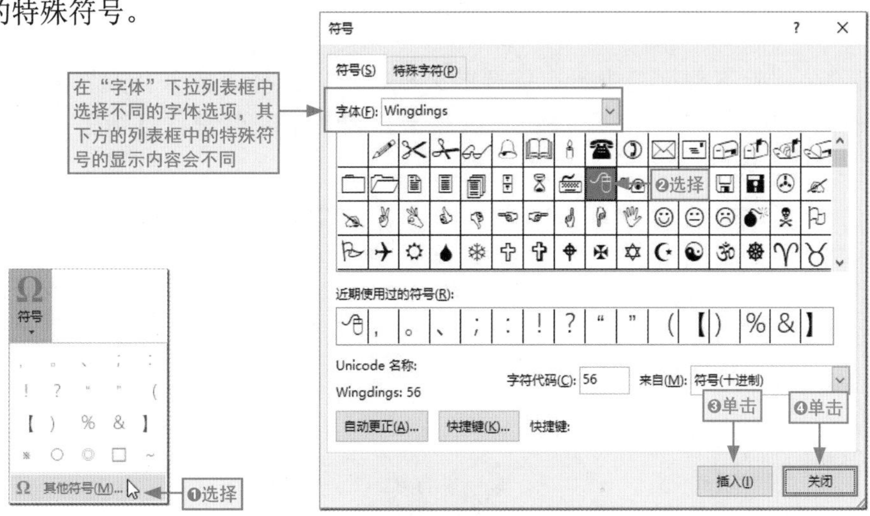

图6-19

2. 插入数学公式

对于从事数学教学的教师而言，在文档中插入数学公式是常见的，对于简单的公式，可以通过输入文本的方式来操作。对于一些复杂的公式，则可以通过“插入”选项卡来完成，其操作方法如下。

❶直接单击“插入”选项卡的“符号”组中的“公式”下拉按钮，在弹出的下拉列表中内置了一些常见公式，❷直接选择即可将其插入文档中，系统自动将公式插入文档中，❸并可查看到公式占位符框，此时可以对公式进行编辑和修改，如果确认无误，❹则直接单击空白位置即可，如图6-20所示。

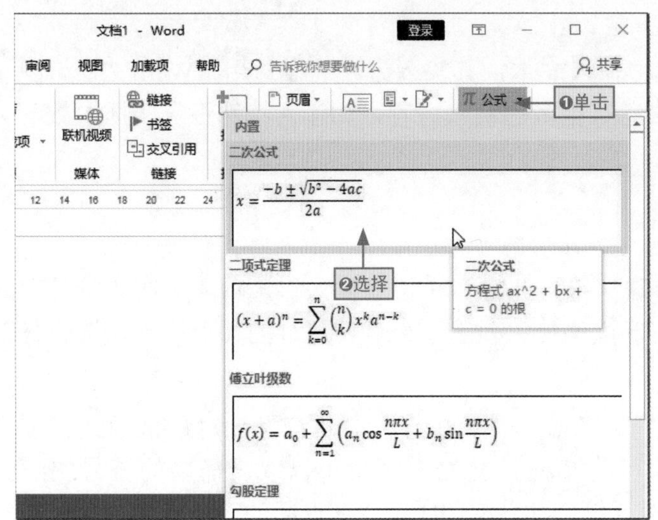

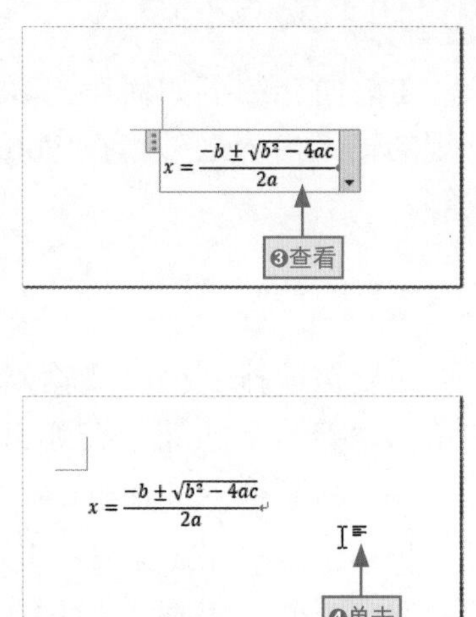

图6-20

如果“公式”下拉列表中没有需要的公式，可以选择“插入公式”命令，插入公式占位符，并激活“公式工具 设计”选项卡，在其中即可进行复杂公式的自定义设置，如图6-21所示。

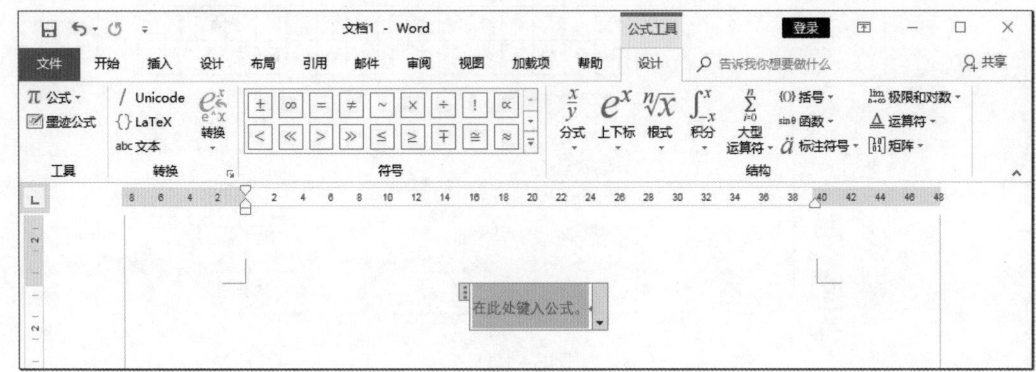

图6-21

❶也可以在“公式”下拉列表选择“墨迹公式”命令，❷在打开的“数学输入控件”面板的黄色书写区域中拖动鼠标光标书写公式，❸在上方的预览区域中自动识别输入的公式，❹确认无误后单击“插入”按钮即可插入该公式，如图6-22所示。

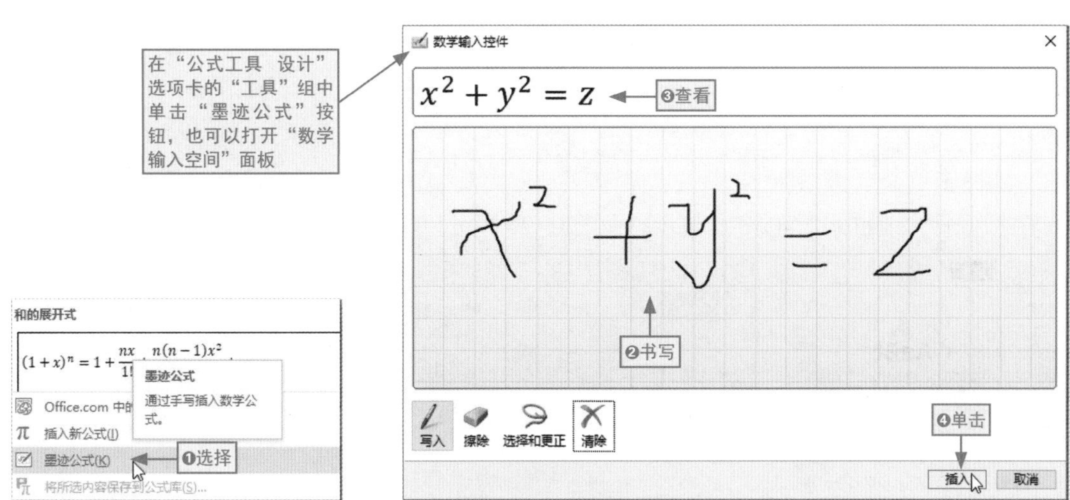

图6-22

6.2.2 利用改写功能修改文本

对于已经编辑好的文档，如果发现其中某个文本有误，要对其进行修改，首先要选择该文本，按Delete键或Backspace键删除文本后，重新输入新文本。或者选择文本后直接输入新文本，程序自动用新文本替换旧文本。

也可以利用改写功能来修改文本，其具体操作是：❶将文本插入点定位到目标位置，❷在状态栏单击“插入”按钮（或者按Insert键），切换到“改写”状态，❸此时输入文本会依次替换文本右侧相等占位符的文本，如图6-23所示。

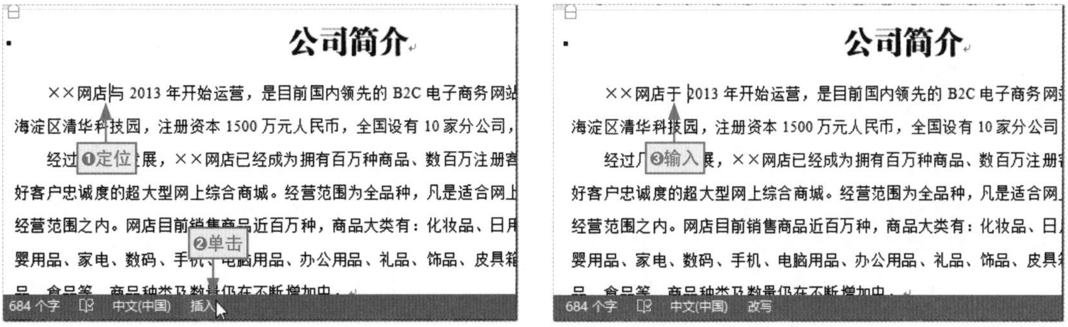

图6-23

6.2.3 查找与替换文本

在一篇长文档中，要想快速完成查看和修改指定的文本，就需要使用系统提供的查找与替换功能来完成。下面对其分别进行介绍。

1. 查找文本

在 Word 2016 中，查找文本是通过导航窗格完成的，直接在文档中按 Ctrl+F 组合键，❶或单击“开始”选项卡的“编辑”组中的“查找”按钮，调出相应窗格，❷在导航窗格的“搜索文档”文本框中输入需要查找的内容，程序会自动根据输入的内容将文档中与之匹配的项目用黄色突出显示，如图 6-24 所示。

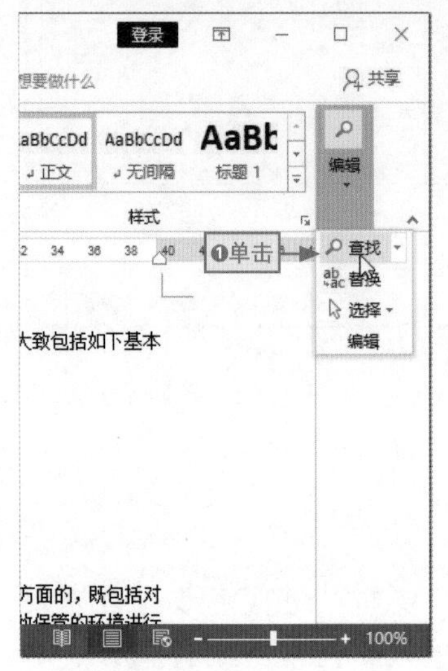

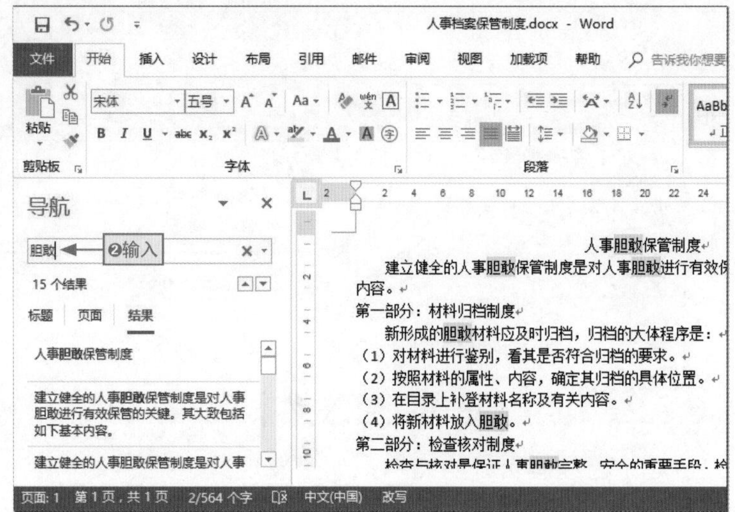

图6-24

需要说明的是，在导航窗格中也会显示出每个匹配项目的段落内容，单击任意窗格中的任意段落可快速切换到目标段落位置，并选中段落中对应的匹配项目，此时用户就可对其进行修改、删除等操作。

2. 替换文本

用查找文本功能可以快速查找指定的文本，并定位到该位置对其进行修改操作，如果文档中相同错误的文本比较多，通过查找功能逐个查找，然后手动进行修改，难免效率低下，此时可以用程序提供的替换文本功能，批量对相同错误的文本进行一次性全部修改。

下面以在“人事档案保管制度”文档中修改“胆敢”文本为“档案”文本为例，讲解利用替换功能批量修改文本的相关操作，其具体操作步骤如下。

步骤01 单击“替换”按钮

打开素材文件，在“编辑”组中单击“替换”按钮（或按Ctrl+H组合键），打开“查找和替换”对话框的“替换”选项卡。

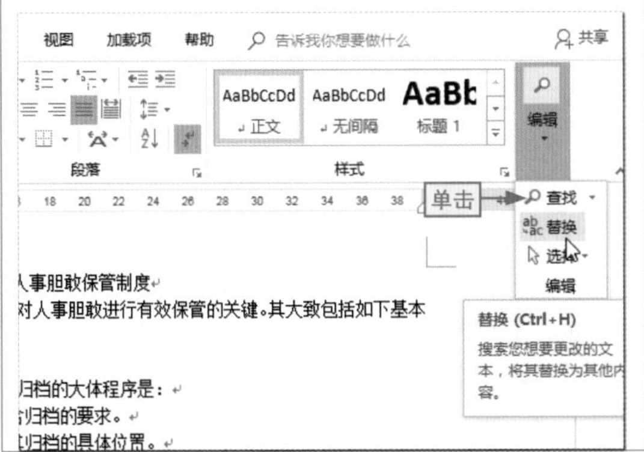

步骤02 设置查找内容和替换为内容

❶在“查找内容”下拉列表框输入“胆敢”文本，❷在“替换为”下拉列表框输入“档案”文本，❸单击“全部替换”按钮。

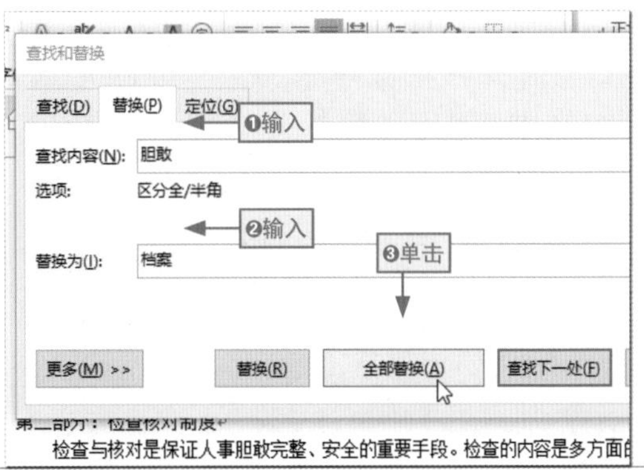

步骤03 单击“确定”按钮

程序会自动将当前文档中的所有查找的内容全部替换，并打开提示对话框提示替换的数量，单击“确定”按钮。

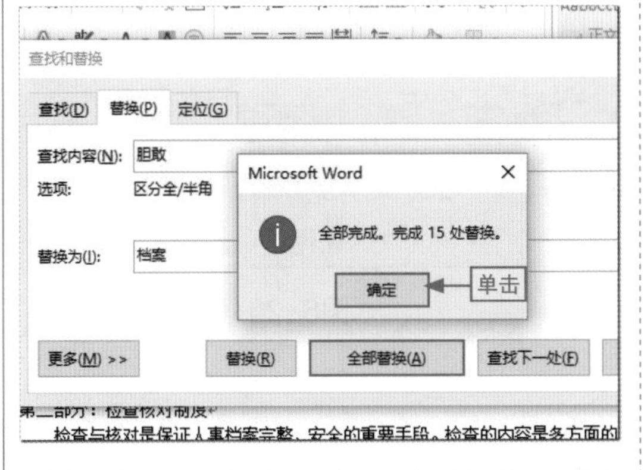

步骤04 查看批量修改的效果

在返回的“查找和替换”对话框中单击“关闭”按钮，关闭该对话框，在返回的文档中即可查看到批量修改的效果。

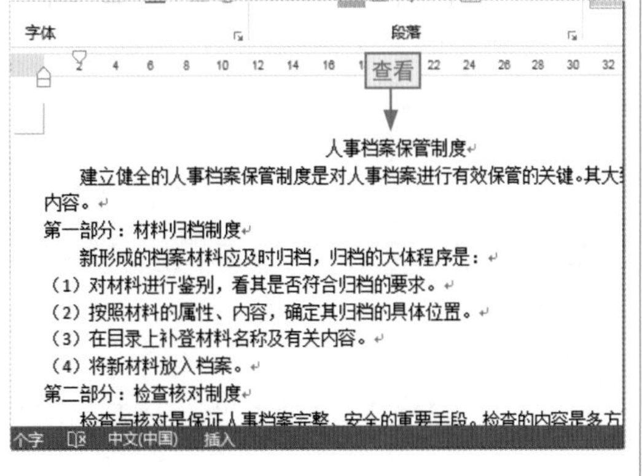

在以上案例中，只有确认文档中的所有“胆敢”文本都替换为“档案”文本时，才能使用全部替换功能一次性替换所有指定的文本。如果“胆敢”文本在某些特殊情况下需要被保留，则此时只能通过单击“查找下一处”按钮进行逐个检查，确认要替换后再单击“替换”按钮，完成对当前查找的文本的修改。

6.2.4 文本的移动与复制

移动和复制文本是文档编辑过程中的常用操作。利用快捷键和右键快捷菜单移动和复制文件夹的方法同样适用于移动与复制文本，除此之外，在Word中还有以下两种移动与复制文本的特殊操作。

● 拖动鼠标移动或复制

想要移动文本位置，❶可以先选中文本，❷拖动鼠标光标将其放置在目标位置即可，并且在状态栏中还可以查看到当前正在进行移动操作，如图6-25所示。如果在拖动鼠标的过程中按住Ctrl键，则完成复制文本的操作。

● 通过功能区移动或复制文本

❶选择文本，❷在“开始”选项卡的“剪贴板”组中单击“剪切”按钮，❸在目标位置定位文本插入点，❹单击“粘贴”下拉按钮，❺选择粘贴方式即可，如图6-26所示。若复制文本，需将单击“剪切”按钮改为单击“复制”按钮。

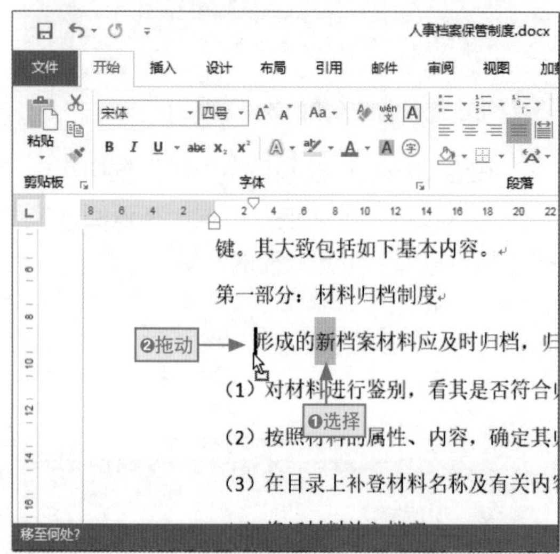

图6-25

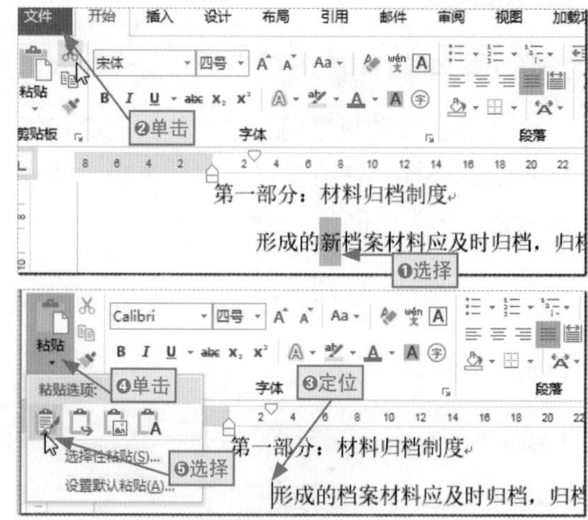

图6-26

长知识｜粘贴选项的作用

在Word 2016中文档的粘贴方式有四种：“保留源格式”就是让粘贴的文本保留复制或剪切前的格式；“合并格式”是将粘贴的文本套用鼠标光标所在位置的格式；“图片”就是指将复制的文本粘贴成图片；“只保留文本”是指粘贴的文本只保留文本内容而不保留原有的文本格式。

6.2.5 撤销与恢复操作

在文档编辑过程中，难免会出现输入错误的信息、误删了重要内容等情况。当出现这些情况后，应撤销之前的错误操作，无须重新进行编辑。如果在撤销操作后，发现之前的操作没有错，则可以对撤销的操作进行恢复。下面分别介绍撤销操作和恢复操作的具体操作方法。

● 撤销操作

撤销操作有撤销一步和撤销多步两种情况，直接单击一次快速访问工具栏中的“撤销”按钮，或者按Ctrl+Z组合键后可撤销上一步操作。如果要撤销多步操作，可以连续执行撤销一步的操作来撤销最近执行过的多次操作，或者单击“撤销”按钮右侧的下拉按钮，在弹出的下拉列表中选择要撤销的多步操作，如图6-27所示。

● 恢复操作

恢复操作也有恢复一步和恢复多步两种情况，直接单击快速访问工具栏中的“恢复”按钮，或者按Ctrl+Y组合键后可恢复最近一步撤销操作。如果要恢复多步撤销操作，可以连续执行恢复一步撤销操作来恢复最近执行的多次撤销操作。要注意，在进行恢复操作前必须有过撤销操作，否则就不能进行恢复操作，如图6-28所示“恢复”按钮不可用。

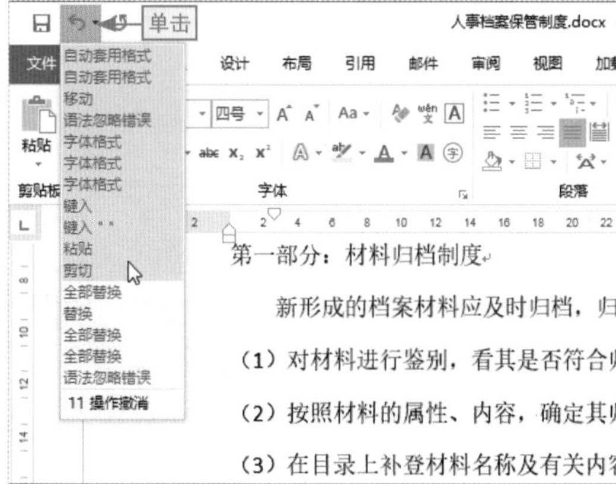

图6-27

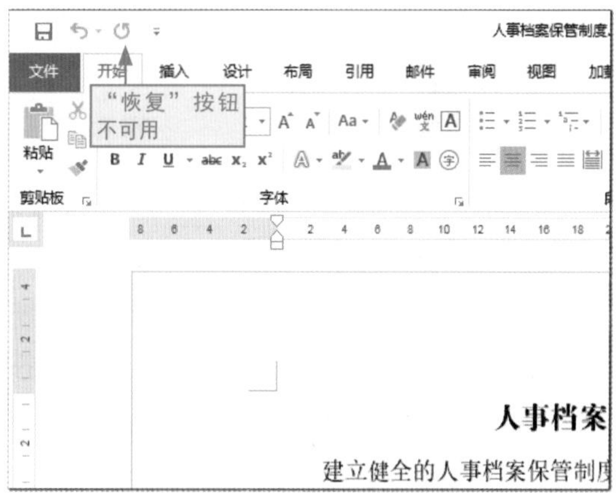

图6-28

LESSON 6.3 格式化文档的字体与段落

一份符合规范的文档一定是层次分明、结构清晰的文档。要达到这种要求，就必须对默认的文档字体格式和段落格式进行格式化设置。

6.3.1 设置字体格式

字体格式主要是指文本的字体、字号、颜色、加粗、倾斜、下划线等样式，这些格式都可以通过“字体”组来完成，下面以格式化“公司简介”文档中标题文本的字体格式为例，讲解设置字体格式的相关操作，其具体操作方法如下。

步骤01 设置文本的字体

打开素材文件，❶选择“公司简介”标题文本，❷单击“字体”下拉列表框右侧的下拉按钮，❸选择“方正大标宋简体”选项。

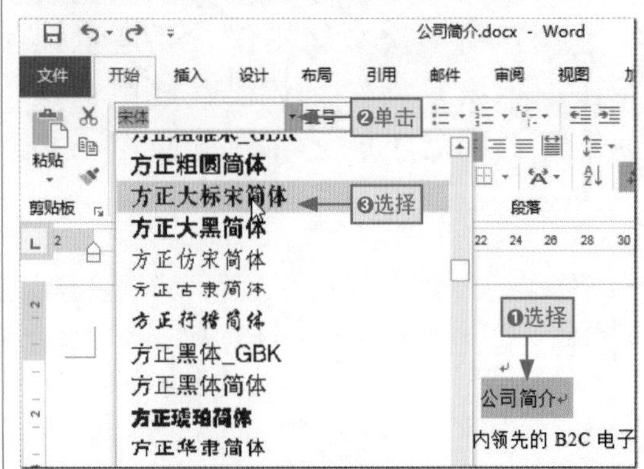

步骤02 更改字号大小

保持文本的选择状态，❶单击“字号”下拉列表框右侧的下拉按钮，❷选择“二号”选项，更改标题文本的字号大小。

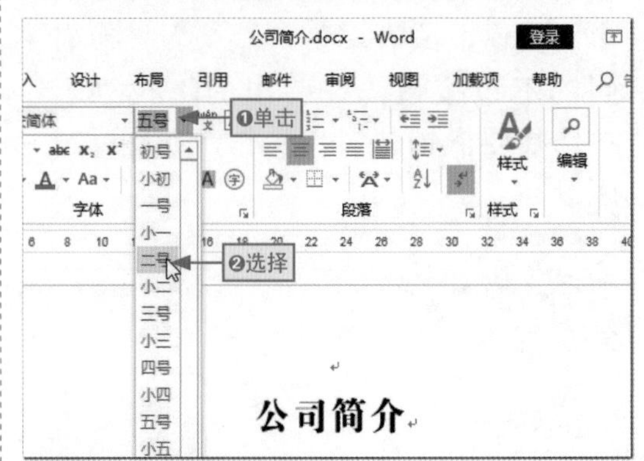

步骤03 添加加粗和下划线格式

❶单击“加粗”按钮，为标题添加加粗格式，❷单击“下划线”按钮右侧的下拉按钮，❸选择“双下划线”选项。

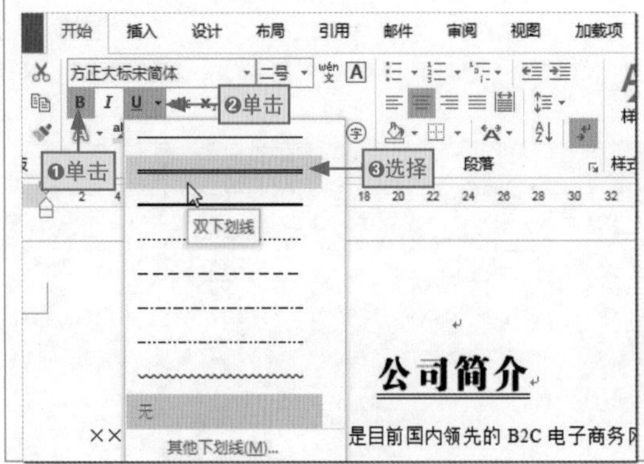

步骤04 设置文本的颜色

❶单击“字体颜色”按钮右侧的下拉按钮，❷在弹出的下拉菜单中选择“深红”选项，为标题文本设置相应的字体颜色，即可完成操作。

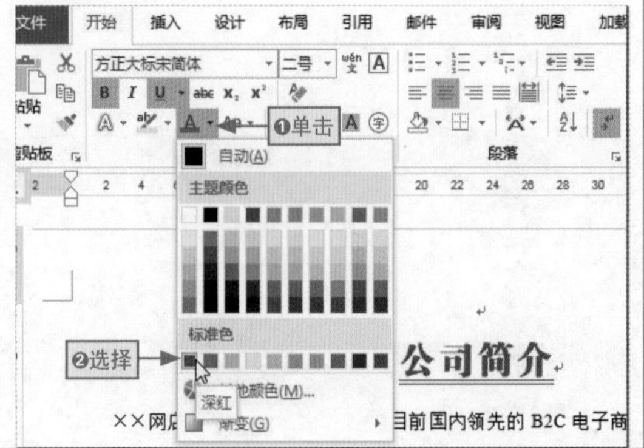

长知识 | 设置字体格式的其他方法

在Word文档中，选择文本后会弹出浮动工具栏，在该工具栏中可以对字体的一些简单格式进行快速设置，如图6-29左图所示。也可以选择文本后，按Ctrl+D组合键或者单击“字体”组的“对话框启动器”按钮，在打开的“字体”对话框的“字体”选项卡中可以一次性设置多种字体格式，并且在该对话框中可以进行更多、更高级的字体格式设置，如图6-29右图所示。

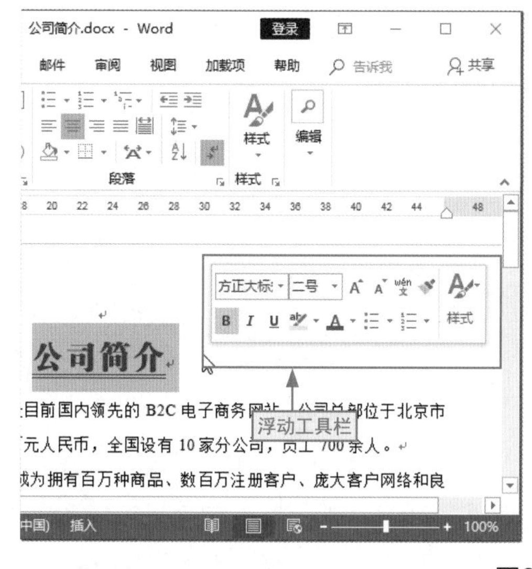

图6-29

6.3.2 设置段落格式

段落格式主要是指文本段落的对齐方式、段落间距、行间距、缩进格式等，这些格式都可以通过“段落”组来完成，如果要设置更详细的段落格式，就需要使用“段落”对话框来完成。下面以格式化“加班通知”文档中文本的段落格式为例，讲解设置段落格式的相关操作，其具体操作方法如下。

步骤01 设置标题居中对齐

打开素材文件，❶将文本插入点定位到“通知”标题文本所在的段落，❷在“段落”组中单击“居中”按钮，将其对齐方式设置为居中对齐。

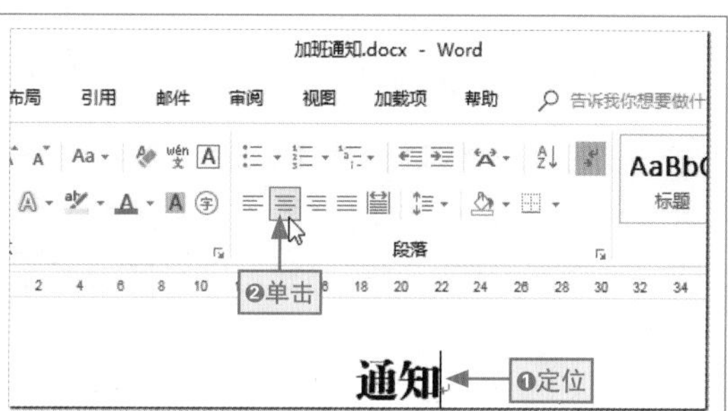

步骤02 打开“段落”对话框

❶选择除了标题以外的其他所有文本，❷在“段落”组中单击“对话框启动器”按钮，打开“段落”对话框。

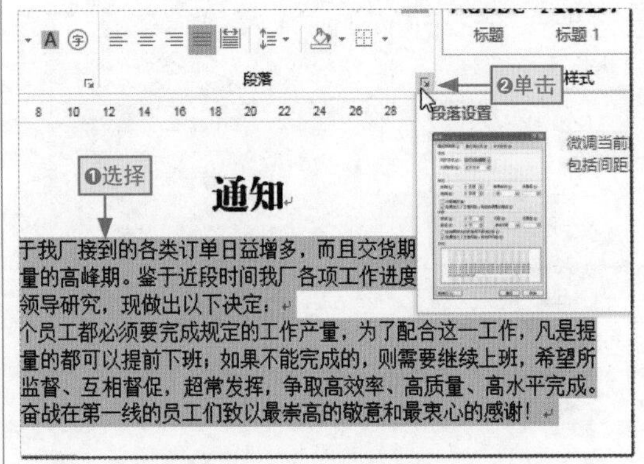

步骤03 为段落设置首行缩进

❶在该对话框的“缩进”栏中单击“特殊格式”下拉列表框右侧的下拉按钮，❷在弹出的下拉列表中选择“首行缩进”选项。

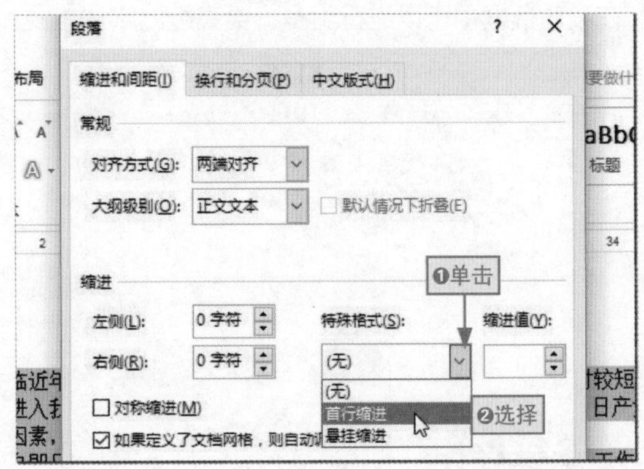

步骤04 设置段落的段前段后格式

❶在“间距”栏的“段前”数值框中输入“0.3行”，❷在“段后”数值框中输入“0.2行”。

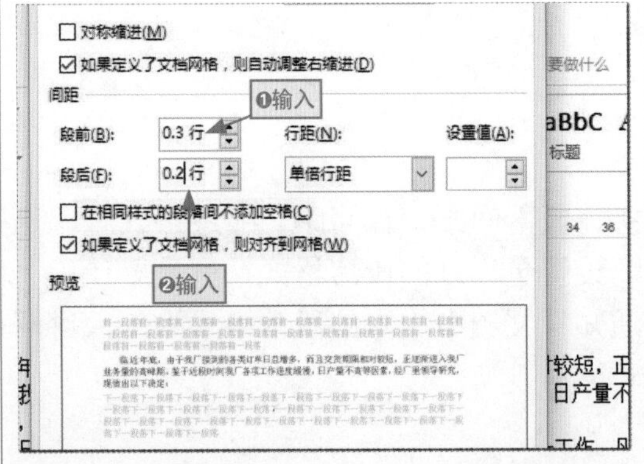

步骤05 设置行距格式

❶单击“行距”下拉列表框右侧的下拉按钮，❷在弹出的下拉列表中选择“最小值”选项，单击“确定”按钮，关闭对话框。

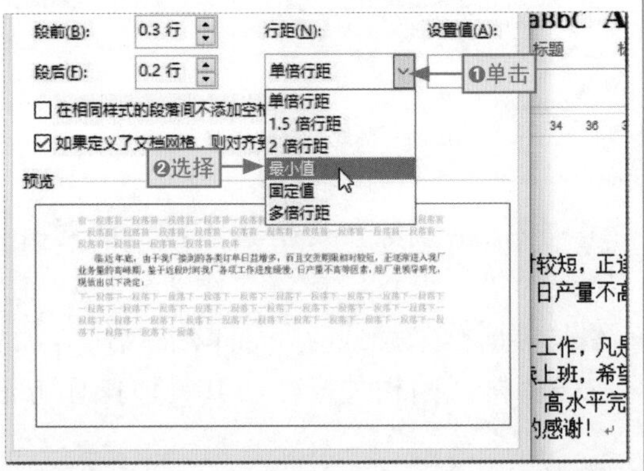

步骤06 设置段落右对齐

❶在返回的文档中选择最后两行落款文本，❷在“段落”组中单击“右对齐”按钮，为文本设置右对齐格式，即可完成整个操作。

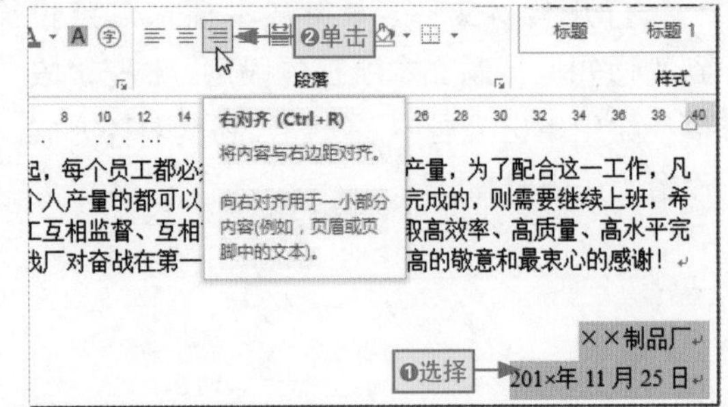

LESSON 6.4 编制图文混排的文档

除了正规的办公文档和公文是纯文本表达以外，对于一些宣传文档、海报、景点介绍或者促销等，为了达到更好的视觉效果，通常会在其中插入一些图片，制作成图文混排的文档，从而使文档的展示效果更美观。

6.4.1 插入图片

在Word中，插入图片有三种情况，分别是插入本地图片、插入联机图片和插入屏幕截图，下面分别对这三种情况进行详细介绍。

1. 插入本地图片

插入本地图片是指在Word文档中插入本地电脑中保存的图片，其具体的操作是：❶在“插入”选项卡的“插图”组中单击“图片”按钮，❷在打开的“插入图片”对话框中找到需要图片的保存位置，❸选择该图片后，❹单击“插入”按钮即可在Word文档的文本插入点处插入该图片，如图6-30所示。

图6-30

如果要一次性批量插入多张图片到文档中，可以在“插入图片”对话框中选择多张图片后单击“插入”按钮即可。

2. 插入联机图片

插入联机图片是指将网络上的图片插入文档中，它分为两种情况，一种是插入必应搜索的图片，另一种是插入OneDrive上的图片，两种插入方法的操作步骤如下。

● 插入必应搜索的图片

❶在“必应图像搜索”文本框中输入搜索关键字后按Enter键，进入搜索结果页面，❷在其中单击“显示所有结果”按钮，可以得到更多的搜索结果，❸在其中选择需要的图片选项，❹单击“插入”按钮即可，如图6-31所示。

● 插入OneDrive上的图片

在OneDrive上的图片是用户上传保存到其中的，只有登录了Office账户才可以使用这里面的图片，❶在“插入图片”对话框中单击“OneDrive-个人”按钮，❷在打开的对话框中单击图片的保存位置，❸选择图片，❹单击“插入”按钮即可，如图6-32所示。

图6-31

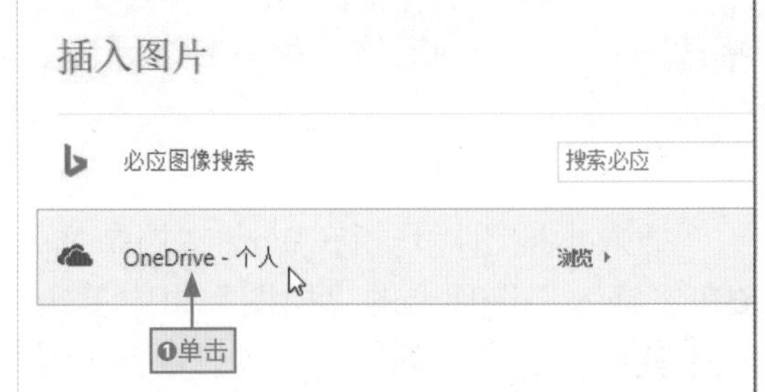

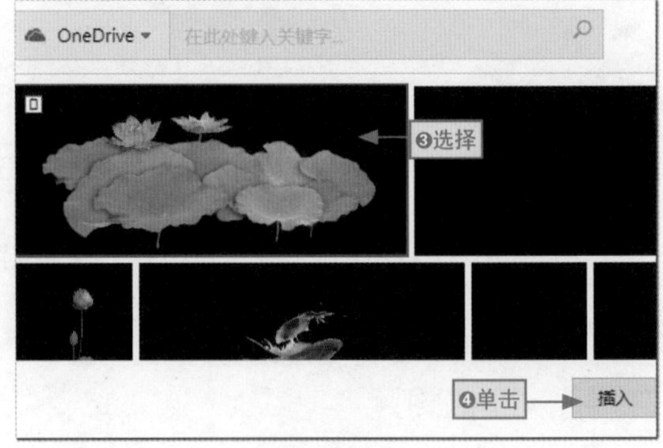

图6-32

3. 插入屏幕截图

插入屏幕截图是指将屏幕上显示的整个窗口或者部分内容以图片的形式插入Word中，其具体操作方法为：❶在“插入”选项卡的“插图”组中单击“屏幕截图”按钮，在弹出的下拉列表中的“可用的视图”栏中选择需要的选项，即可将其作为图片插入Word文档中。❷若选择“屏幕剪辑”选项，程序将自动切换到最近一次打开的程序中，当鼠标光标变为十字形状时，❸按住鼠标左键并拖动鼠标可以框选截图的区域，释放鼠标即可将所选区域作为图片插入Word文档中，如图6-33所示。

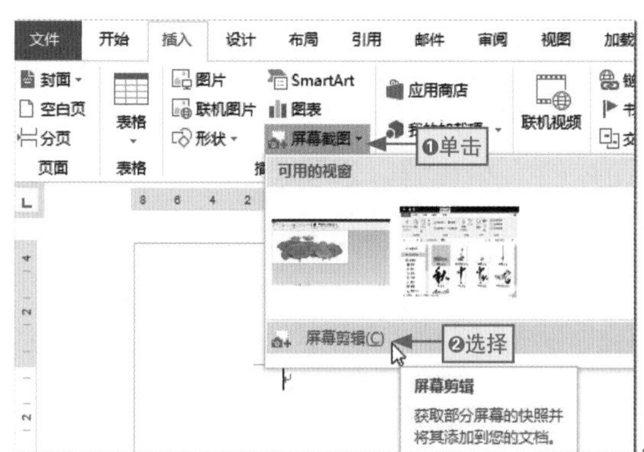

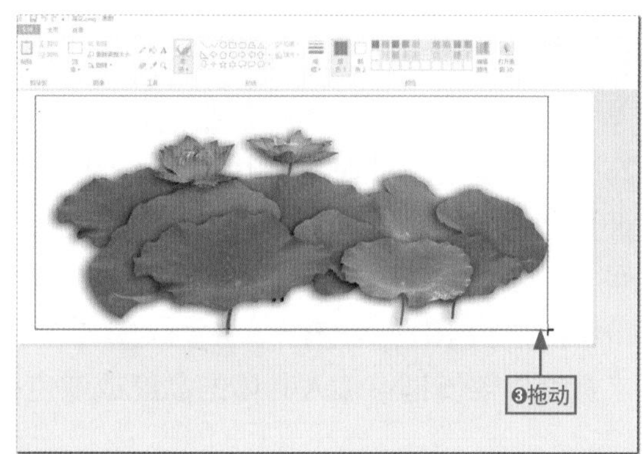

图6-33

6.4.2 调整图片大小

在Word中插入的图片，其大小通常不符合需求，此时用户可根据需要对其大小进行调整，具体的调整有两种情况，一种是快速调整，另一种是精确调整。下面对这两种情况分别进行详细介绍。

1. 快速调整图片大小

一般情况下，制作图文混排的文档，插入的图片都是起到一个装饰的作用，因此其大小没有特殊要求，只要整个页面搭配起来协调、美观即可。这种情况下，可以通过拖动控制点的方法快速调整图片大小。其具体操作方法如下。

在文档中选中图片，图片的四周会出现八个控制点，❶将鼠标光标移动到控制点上，鼠标光标会变为双向箭头形状，此时按住鼠标左键进行拖动即可调整图片的大小，❷也可以按住Shift键的同时将鼠标光标定位在图片四角处的控制点上进行拖动，如此可保证将图片按照既定长宽比例更改大小，如图6-34所示。

图6-34

2. 精确调整

如果在文档中插入了多张图片，有时为了排版整齐，通常要求插入的图片有相同的高度和宽度，此时为了快速、准确地完成图片的大小设置，通常会通过“大小”组进行精确调整图片的大小，从而达到快速统一多张图片大小的目的，其具体操作方法如下。

❶在文档中选中图片，❷在“图片工具 格式”选项卡的“大小”组的“高度”或“宽度”数值框中输入具体的高度或宽度值后按Enter键即可，如图6-35所示。

图6-35

也可以单击“图片工具 格式”选项卡的“大小”组右下角的“对话框启动器”按钮，在打开的“布局”对话框的“大小”选项卡中按图片的长宽比例来实现调整，由于系统默认选中“锁定纵横比”和“相对原始图片大小”两个复选框，如图6-36所示。因此可以确保图片始终按等比例进行缩放，从而不会变形。

图6-36

长知识 | 重置图片大小

在Word中调整图片大小，使得图片发生扭曲变形后，可在“布局”对话框的“大小”选项卡中单击“重置”按钮，使图片还原到原始大小。

如果重置图片后，图片依然保持扭曲变形的状态，可取消选中“锁定纵横比”和“相对原始图片大小”两个复选框，再次单击“重置”按钮，还原后再将两个复选框选中。

6.4.3 裁剪图片

有时在网上搜索的图片或者自己拍摄的照片中有一些不需要的部分，当将这些图片插入文档中后，可以使用系统提供的裁剪图片功能将不需要的部分裁剪掉。

在Word 2016中，裁剪图片通常有两种情况，一种是按矩形直接裁剪，另一种是按指定形状来裁剪图片。下面对这两种情况分别进行详细介绍。

1. 按矩形直接裁剪

选择图片，在“图片工具 格式”选项卡的“大小”组中单击“裁剪”按钮，图片四周将出现八个可拖动的控制点，将鼠标光标移动到左、右、上、下两边的控制点上，当鼠标光标变为├形状或┴形状时，按下鼠标左键并进行拖动，可在水平或垂直方向上裁剪图片，如图6-37所示。

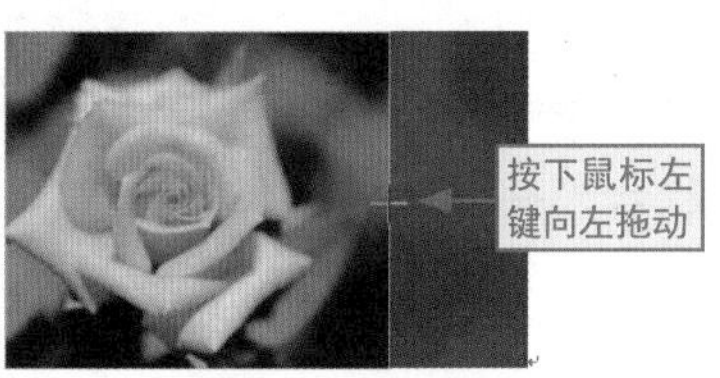

图6-37

如果将鼠标光标移动到图片四个角上的控制点上，当鼠标光标变为┏、┓、┗或┛形状时，按下鼠标左键并向任意方向拖动，可同时在水平和垂直方向上裁剪图片。

2. 按指定形状裁剪图片

在Word 2016中，“裁剪”按钮分为上下两部分，❶如果单击下半部分的下拉按钮，将弹出下拉菜单，❷在其中选择“裁剪为形状”命令，在弹出的子菜单中列举了很多的形状样式，❸选择一种样式选项即可以图片中点为基点，将图片按选择的形状进行裁剪，其效果如图6-38所示。

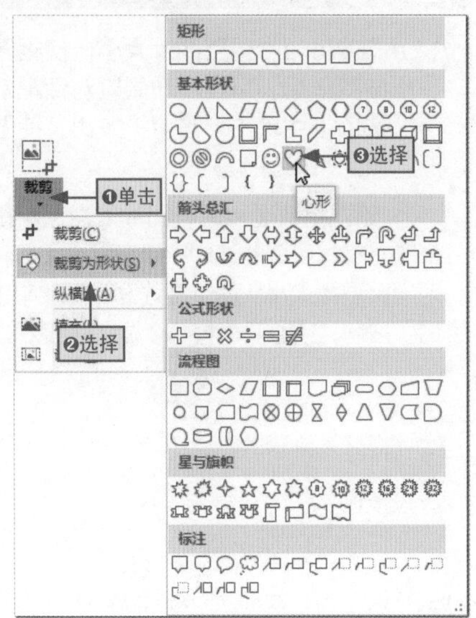

图6-38

6.4.4 设置图片的外观

除了前面介绍的图片的基本编辑操作之外，在Word中，用户还可以根据需要对图片的外观进行更多的设置，如设置图片的位置、环绕方式、颜色模式、图片样式、图片效果、艺术效果等，这些操作都可以通过“图片工具 格式”选项卡来完成。下面通过具体的实例讲解部分设置的相关操作方法。

步骤01 切换选项卡

打开素材文件，❶在文档中选择要编辑的图片，❷单击“图片工具 格式”选项卡。

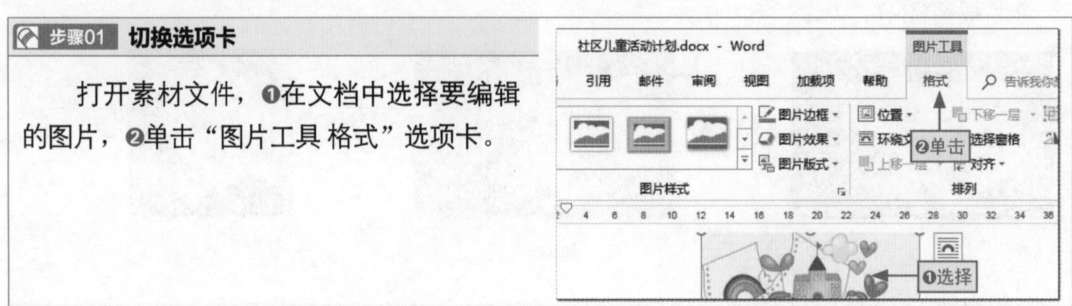

步骤02 更改图片的环绕方式

❶在“排列”组中单击“环绕文字”下拉按钮，❷在弹出的下拉列表中选择“四周型”选项，将文字环绕在图片的四周。

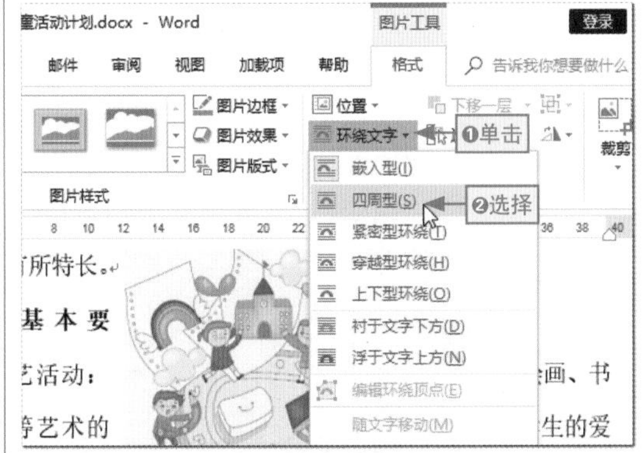

步骤03 更改图片的位置

选择图片，按住鼠标左键不放，将其移动到页面的合适位置后释放左键完成图片位置的移动。

步骤04 为图片应用图片样式

保持图片的选中状态，在“图片样式”组的列表框中选择“映像圆角矩形”选项，为图片应用内置的图片样式。

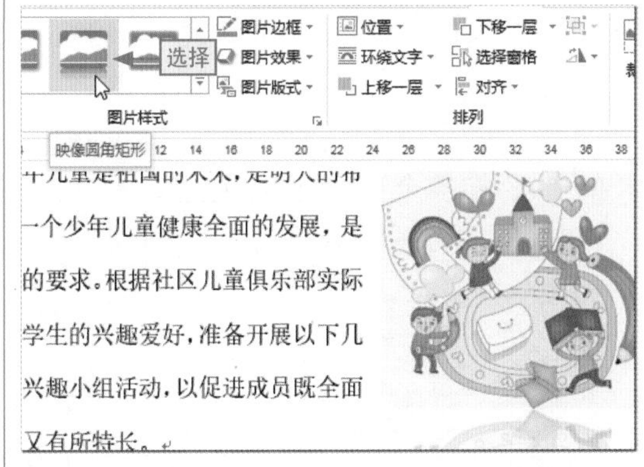

步骤05 为图片添加艺术效果

❶在“调整”组中单击“艺术效果”下拉按钮，❷在弹出的下拉列表中选择“蜡笔平滑”选项，为图片添加艺术效果，即可完成操作。

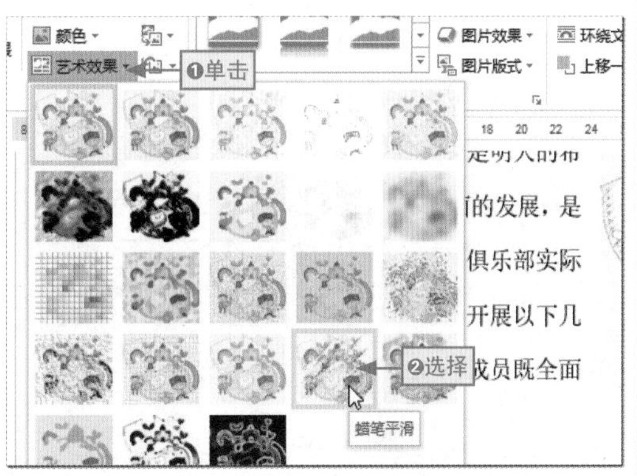

LESSON 6.5 页面的设置与打印操作

对于排版好的文档，如果要打印到纸张上，需要事先对页面进行设置，预览确认无误后再打印。下面将具体介绍有关页面设置与打印的相关知识和操作。

6.5.1 设置页面格式

对文档进行页面设置可以使整个页面更加美观和协调。文档的页面设置包括页面大小、页边距、页面版式和文档网格四个方面。其中页面大小、页边距等常见设置可以直接在“布局”选项卡的“页面设置”组中完成，如图6-39所示。

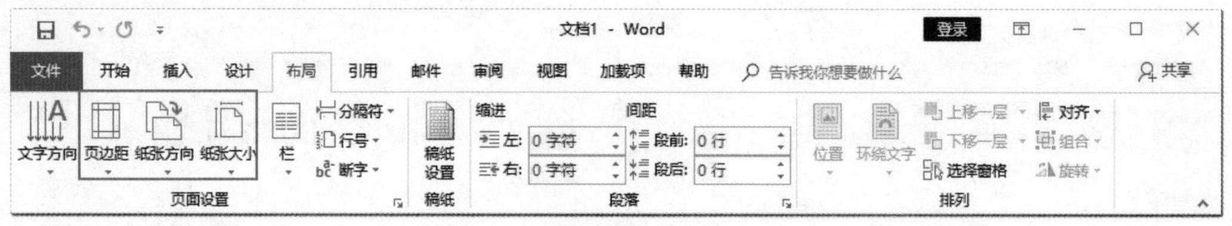

图6-39

如果要进行更多、更详细的设置，可以单击“页面设置”组中的“对话框启动器”按钮，在打开的“页面设置”对话框中进行设置。下面对其进行详细介绍。

● 设置页面大小

设置页面大小实际上就是选择要使用的纸型。默认的纸型是21厘米×29.7厘米的A4幅面。选择了纸型，也就确定了页面的大小。一般制作文档时首先就应选择好纸型大小。在Word中不但可以选择系统提供的纸型，还可以自定义页面尺寸。在“页面设置”对话框的“纸张”选项卡的“纸张大小”下拉列表框中便可选择纸型或自定义页面，如图6-40所示。

● 设置页边距

页边距是指页面中的文字与页面上、下、左、右边缘的距离，在文档页面的四角上都会显示页边距符号，它们表示容纳文字的边界，从它们到页面边缘的距离就是页边距。设置页边距是在“页面设置”对话框的“页边距”选项卡中进行，该选项卡除了能够设置各个方向上的页边距外，还可以设置页面的方向为横向或纵向，如图6-41所示。

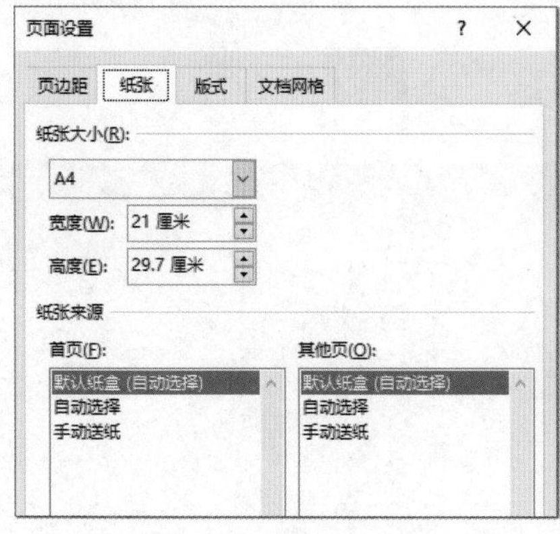

图6-40

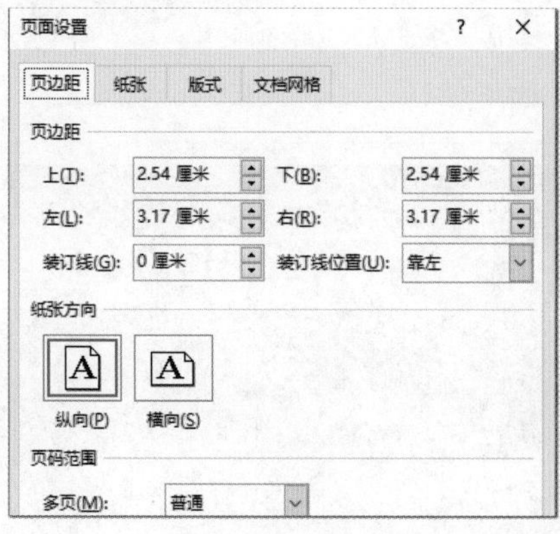

图6-41

● 设置页面版式

页面版式主要包括设置页眉、页脚区的大小、整篇文档的页眉页脚是否设置为奇偶页不同或首页不同、节的起始位置，以及文本内容在垂直方向上的对齐方式等，如图6-42所示（对于页眉和页脚的设置，系统还专门提供了“页眉和页脚工具”选项卡，在其中可以进行更详细的设置，相关内容将在本章后面小节介绍）。

图6-42

● 设置文档网格

文档网格的设置包括文字排列方向、栏数、网格、字符宽度、每页的行数等，如图6-43所示，一般情况下，这些设置使用得比较少，对于新手而言，了解一下即可。

图6-43

6.5.2 设置页眉和页脚

在实际生活中，用户会看到很多书的页面上方都有书名或者章名，两侧或底端有页码或者其他内容（比如你正在看的这本书），这些都属于文档的页眉和页脚。

添加页眉和页脚可以方便阅读、传递信息，也可使文档看起来更加美观和正规。在同一个文档中，页眉、页脚只需设置一次即可应用到整个文档。

用户可直接在文档版心上方或下方靠近边缘的地方双击鼠标即可切换到页眉、页脚的设计模式，程序会随之激活“页眉和页脚工具 设计”选项卡，如图6-44所示。

图6-44

进入设计模式之后，用户就可以直接在出现的横线上输入文字，或者使用系统内置的页眉和页脚样式，甚至还可以使用图片作为页眉和页脚。

● 使用内置页眉和页脚的方法

在“页眉和页脚工具 设计”选项卡的“页眉和页脚”组中单击“页眉”或者“页脚”按钮，即可在下拉菜单中选择系统内置的页眉和页脚，如图6-45所示。

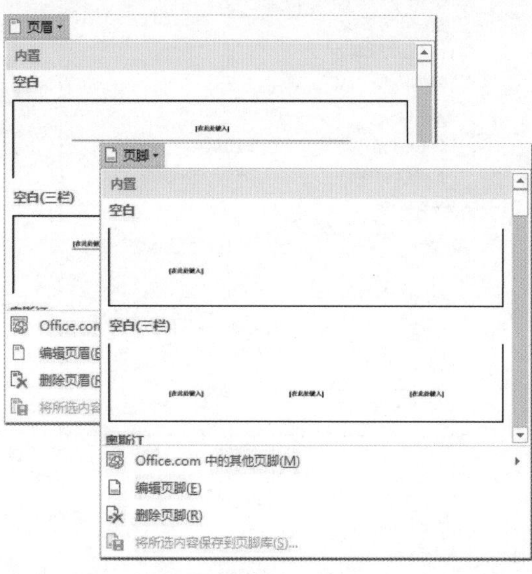

图6-45

● 自定义页眉和页脚的方法

在“页眉和页脚工具 设计”选项卡的“插入”组中单击对应的按钮即可根据提示插入对应的对象作为页眉或者页脚，从而实现自定义页眉、页脚，其具体的操作与在文档编辑区中的操作相似，这里就不再赘述。如图6-46所示为通过插入图片和输入自定义文字来自定义页眉的效果。

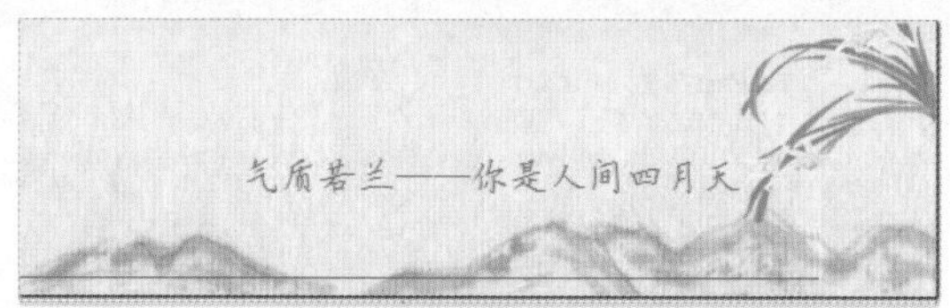

图6-46

长知识 | 进入页眉和页脚设计模式的其他方法

用户也可在文档版心上方或者下方空白位置右击，使用右键菜单进入页眉和页脚设计模式，或者在“插入”选项卡的“页眉和页脚”组中进行。

6.5.3 打印文档

创建的文档很多时候都需要打印出来以供传阅，只要用户的电脑正确连接了打印机并装入了足够的纸张，都可以快速地将文档打印出来。

为了保证最佳的打印效果，在打印文档之前需对文档进行打印预览，以查看版面中还有什么地方需要进行调整。在Word 2016中，文档的打印预览以及输出都是在“文件”选项卡中进行的。

在需要打印的文档窗口中单击“文件”选项卡，然后在选项卡的左侧选择“打印”选项，即可进入打印设置和打印预览界面，在界面右侧即可看到当前文档的打印效果，如图6-47所示。

图6-47

确认效果无误后，即可在“打印”选项卡中间的窗格中设置打印参数，如打印份数、选择打印机、选择打印的范围（如只需打印文档中的某几页）。还可以进行打印方式的设置，如双面打印、逆序打印等。设置完后单击“打印”按钮即可开始打印。

高手支招 | Windows 10如何清除任务栏最近打开的文件

在Windows 10的默认设置下，在任务栏上的应用程序按钮上右击，在弹出的快捷菜单中会显示该应用程序最近打开的文件。当显示的列表项很多时，操作起来非常不方便，如果逐个删除，操作起来会非常烦琐，此时可以通过以下操作一次性关闭任务栏最近打开的文件。

步骤01 选择“任务栏设置”命令

❶在任务栏的空白位置右击，❷在弹出的快捷菜单中选择“任务栏设置”命令。

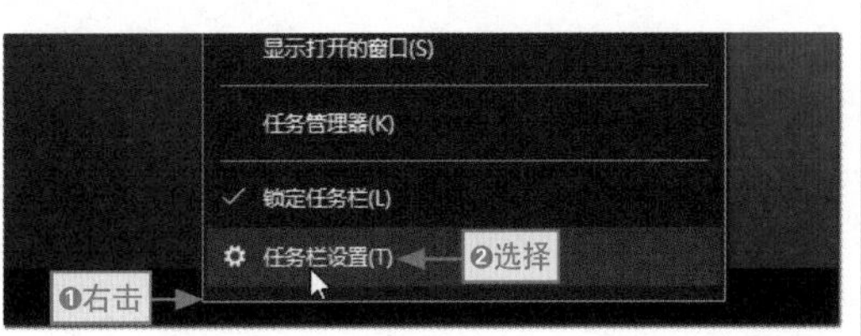

步骤02 关闭显示最近打开的项

❶在打开的窗口中单击“开始”选项卡，❷在右侧的窗格中单击“在‘开始’菜单或任务栏的跳转列表中显示最近打开的项”开关按钮，将其关闭即可完成设置。

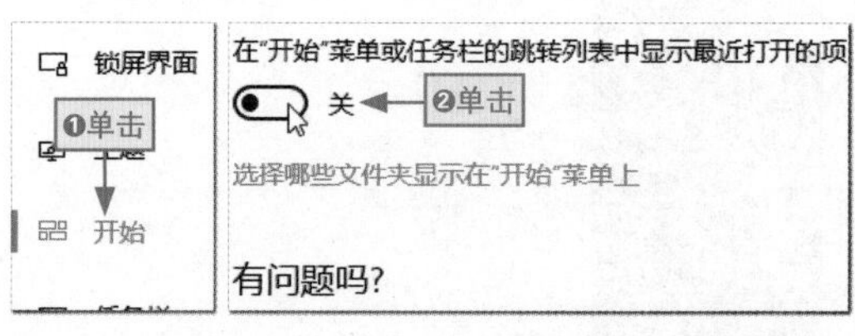

高手支招 | 使用格式刷快速复制格式

文档中的某些文本或段落需要使用相同的格式，而手动设置既烦琐又易出错，此时，利用格式刷可轻松解决问题，其具体操作方法如下。

步骤01 单击“格式刷”按钮

❶选择设置好格式的文本或者段落，❷在“剪贴板”组中单击“格式刷”按钮，启用格式刷功能。

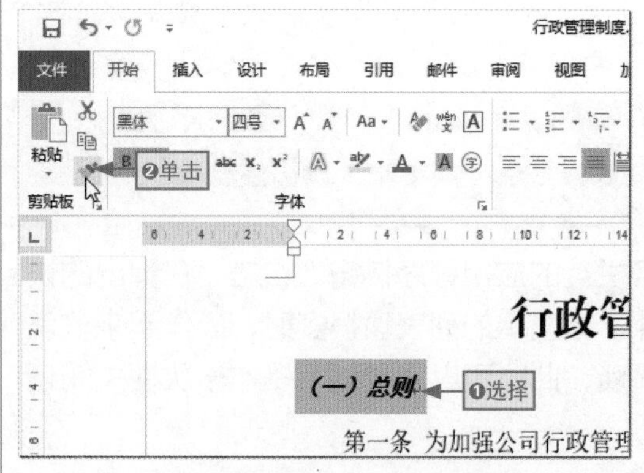

步骤02 利用格式刷复制格式

此时鼠标光标变为一把刷子的样式，且包含了原始位置文本的字体和段落格式，拖动选择其他需要修改格式的文本段落即可。

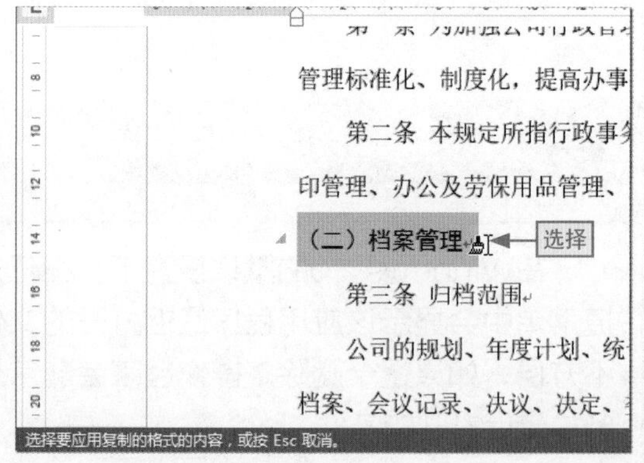

长知识 | 格式刷功能的使用说明

单击“格式刷”按钮则只能使用一次后自动退出格式刷状态。用户也可以双击“格式刷”按钮，这样就可以重复多次使用格式刷功能，当修改完所有的格式后再次单击“格式刷”按钮或者按Esc键退出格式刷状态。此外，用户可以使用Ctrl+Shift+C组合键进行格式复制，然后在目标位置按Ctrl+Shift+V组合键进行格式的粘贴。

第7章

数据处理专家——Excel 2016

学习目标

Excel 2016是一款强大的数据存储、处理和分析功能工具，它是每个现代职场人士必须会使用的一款软件。本章将具体介绍有关Excel数据处理必须掌握的相关理论知识和基础操作，让读者轻松学会该工具的一些基本应用。

本章要点

- Excel 2016有哪些特有组成
- Excel三大构成是什么
- 重命名工作表
- 设置单元格的行高和列宽

……

- 利用对话框填充规律数据
- 数据的排序
- 数据的筛选
- 公式和函数概述

……

知识要点	学习时间	学习难度
Excel基础知识与基本操作	45分钟	★★
数据的快速填充方式	20分钟	★★
数据的管理操作	30分钟	★★★
数据的计算操作	30分钟	★★★

LESSON 7.1 Excel基础知识快速掌握

Excel是最为方便实用的电子表格，不仅可以有序存储各种数据，还可以对这些数据进行分析计算，对于新手来说，首先要掌握一些必要的基础知识，才能更好地学习并使用它。

7.1.1 Excel 2016有哪些特有组成

Excel 2016工作界面与Word 2016工作界面外观和组成很相似，但是也有一些特殊的组成部分，如名称框、编辑栏、工作表标签组以及工作表切换按钮等，如图7-1所示，下面分别对其进行详细介绍。

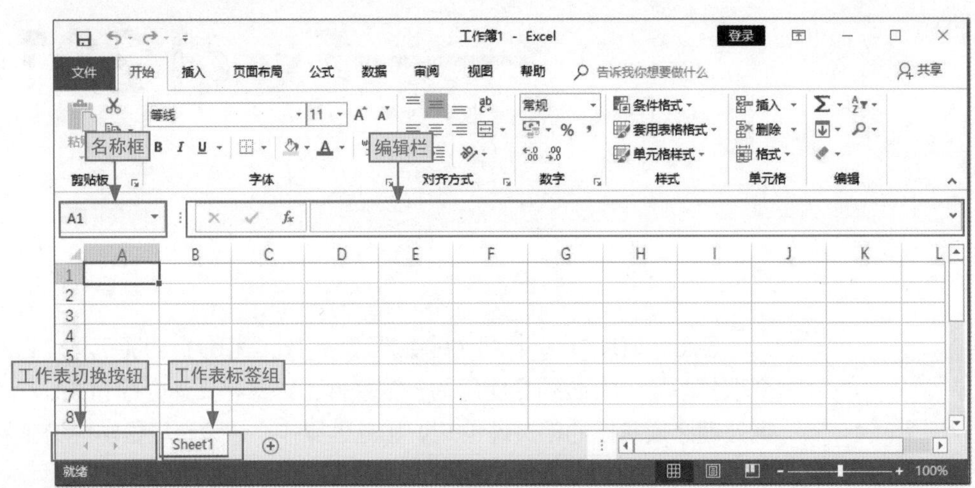

图7-1

名称框

名称框也称地址栏，主要用于显示当前用户选择的单元格的地址，或者单元格中使用的函数的名称。

编辑栏

编辑栏主要用于在当前活动的单元格中输入数据，或者编辑活动单元格中的数据、公式和函数。

工作表标签组

工作表标签组中的每一个工作表标签都唯一标识一张工作表，默认情况下，系统自动新建一张工作表，即“Sheet1”工作表。

● 工作表切换按钮组

在工作表切换按钮组中分别单击◂按钮和▸按钮，可以在相邻的工作表之间进行切换；按住Ctrl键后分别单击◂按钮和▸按钮，可以快速切换到第一张工作表和最后一张工作表。如果在工作表切换按钮上单击鼠标右键，将打开“激活”对话框，在其中显示了当前工作簿中的所有工作表，❶选择需要切换的工作表，❷单击“确定”按钮即可快速切换到该工作表，如图7-2所示。

图7-2

7.1.2 Excel三大构成是什么

在Excel 2016中，Excel的基本元素主要有三个，分别是工作簿、工作表和单元格，如图7-3所示。它们构成了Excel文件的主要骨架。各构成元素的具体介绍如表7-1所示。

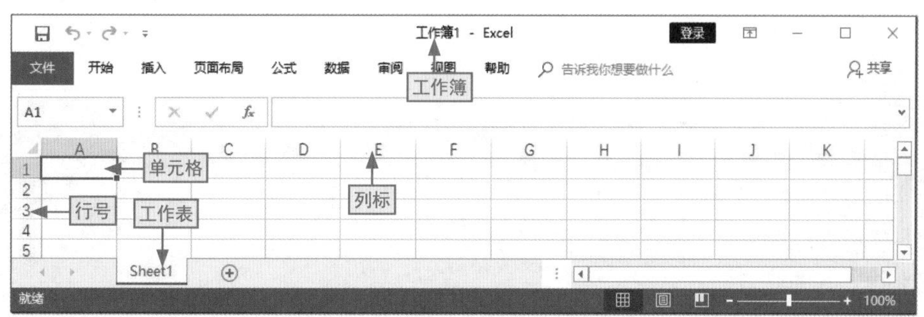

图7-3

表 7-1　Excel 三大构成介绍

构成元素	介　绍
工作簿	在 Excel 中，工作簿就是一个 Excel 文件，它是工作表的集合体，用于储存和处理工作数据。每个工作簿中至少要包含一张工作表，最多可以包含 255 张工作表

续表

构成元素	介　绍
工作表	工作表是显示在工作簿窗口中的表格，是工作簿的基本组成元素。它由 1048576 行和 16384 列构成，行的编号在编辑区的左边，从 1 到 1048576；列的编号在编辑区的上方，依次用字母 A、B…XFD 表示
单元格	单元格是工作表中最小的元素，用行号和列标来标识它的地址，如第 5 行第 B 列的单元格地址为 B5。如果需要表示连续的单元格区域，此时需要使用冒号来表示，如第 8 行第 A 列单元格和第 10 行第 B 列单元格之间的单元格表示为 A8:B10

从工作簿、工作表和单元格的概念可得出三者的关系是包含与被包含关系，即单元格是工作表的组成元素，工作表是工作簿的组成元素，其关系示意图如图7-4所示。

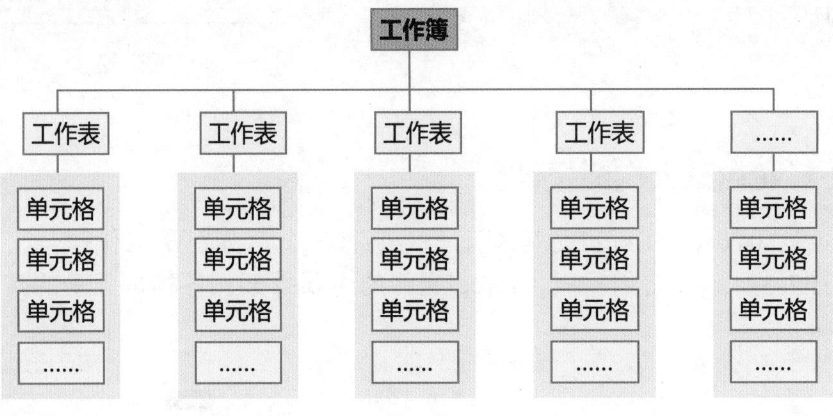

图7-4

LESSON 7.2 掌握电子表格的基本操作

要在Excel中对数据进行处理和分析，首先需要对工作表和单元格的一些基本操作进行熟练掌握，本节将具体针对Excel的基本操作进行详细讲解。

7.2.1 插入工作表

在Excel的使用过程中，如果默认的一张工作表不能满足工作的需要，用户可以再插入一张或者多张工作表。插入工作表的方法有四种，其具体操作方法如下。

● 通过快捷菜单新建空白工作表

❶在工作表标签处右击，❷在弹出的快捷菜单中选择“插入”命令，❸在“插入”对话框中选择“工作表”选项，❹单击“确定”按钮，即可在标签左侧插入空白工作表，如图7-5所示。

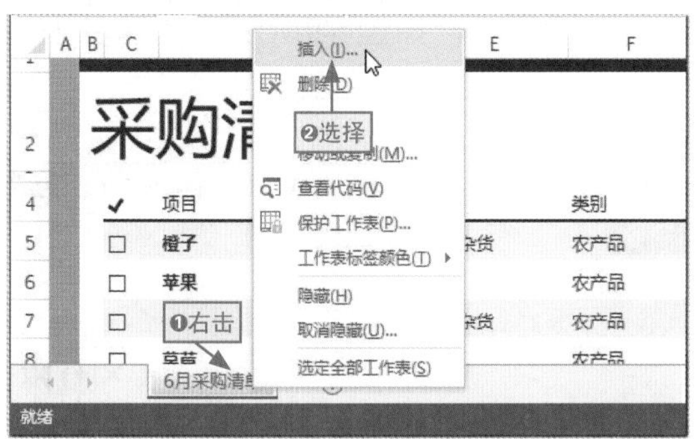

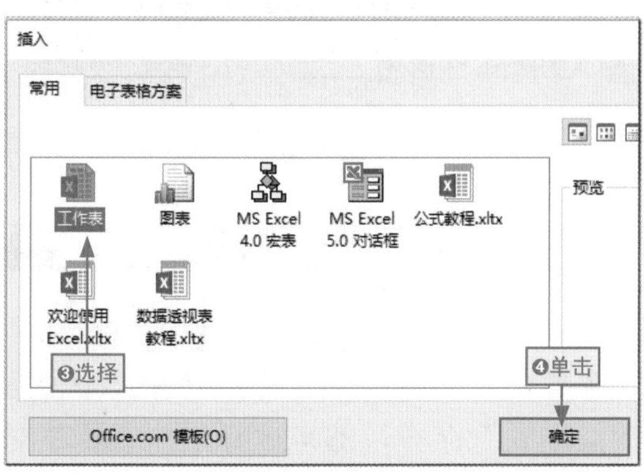

图7-5

● 通过快捷键插入工作表

在工作表的标签处，直接按Shift+F11组合键可以在当前工作表的左侧快速插入一张新的空白工作表。

● 通过菜单命令新建空白工作表

❶在“开始”选项卡的“单元格”组中单击“插入”按钮右侧的下拉按钮，❷在弹出的下拉菜单中选择“插入工作表”命令，即可在当前选择的工作表左侧插入空白工作表，如图7-6所示。

图7-6

● 通过单击按钮快速插入工作表

在工作表的标签处，直接单击“新工作表”按钮，即可在当前工作表的右侧快速插入一张新的空白工作表，如图7-7所示。

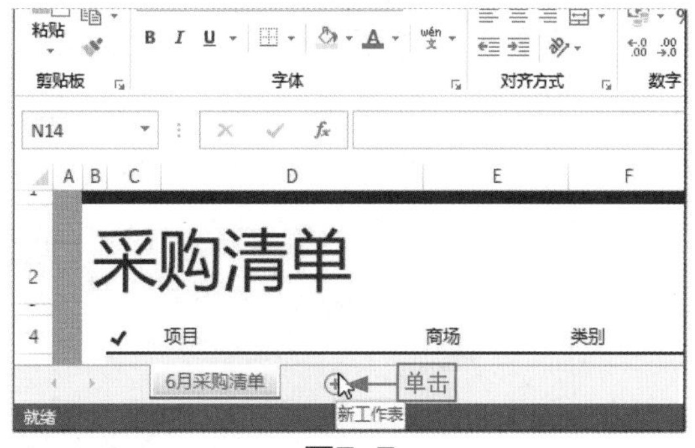

图7-7

7.2.2 选择工作表

在操作工作表时，如果有多张工作表，就需要先对工作表进行选择。在Excel 2016

中，可以选择一张工作表、选择连续多张工作表、选择不连续的多张工作表和选择全部工作表，这四种情况的具体操作方法如下。

● 通过菜单命令新建空白工作表

在需要选择的工作表标签上单击即可选择该工作表，被选择的工作表标签将以白底状态显示，如图7-8所示（单击工作表标签左侧的按钮可在相邻的工作表之间切换）。

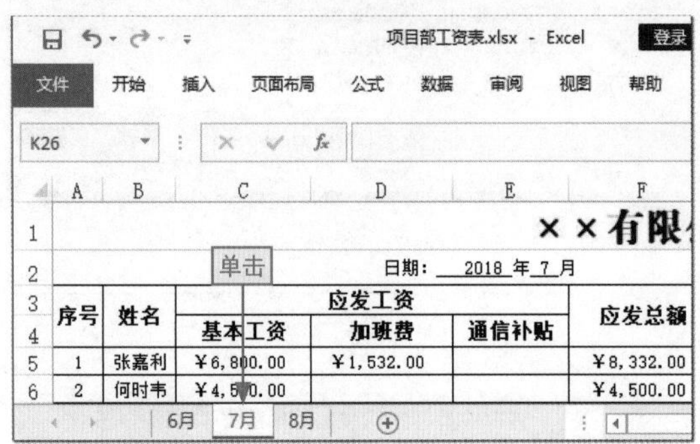

图7-8

● 选择连续多张工作表

选择第一张工作表后按Shift键不放，再选择连续多张工作表的最后一张工作表，即可选择这两张工作表之间的所有工作表，如图7-9所示。选择多张工作表后标题栏会显示“组”字样。

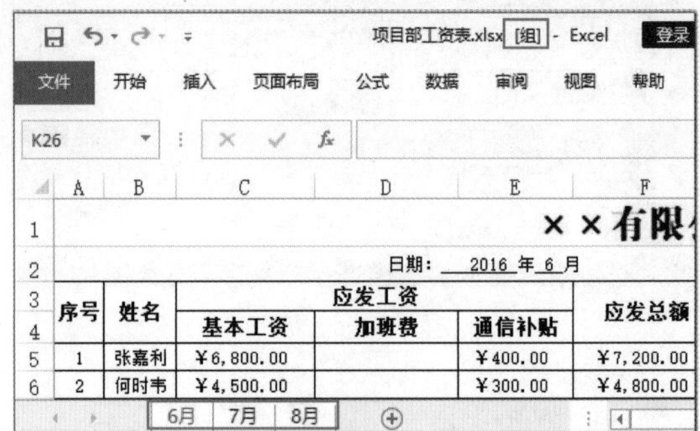

图7-9

● 选择不连续的多张工作表

选择第一张工作表后按住Ctrl键不放，再选择其他工作表即可选择不连续的多张工作表并组成一个组，如图7-10所示（单击没有选择的工作表标签可退出工作组状态）。

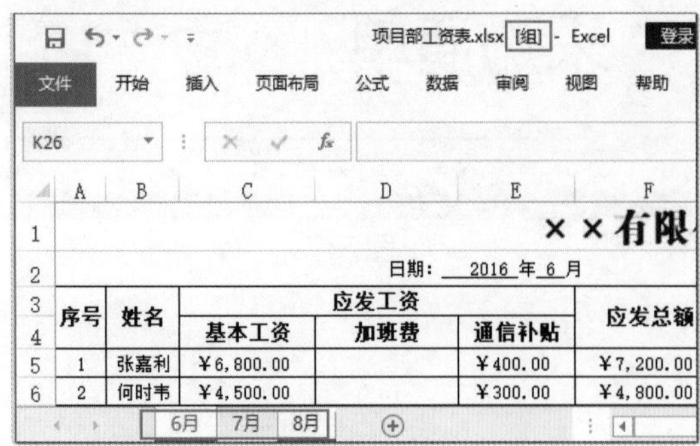

图7-10

● 选择全部工作表

❶在任意工作表标签上右击，❷在弹出的快捷菜单中选择“选定全部工作表”命令，即可选择工作表标签组中的所有工作表，并将其组成一个组，如图7-11所示。

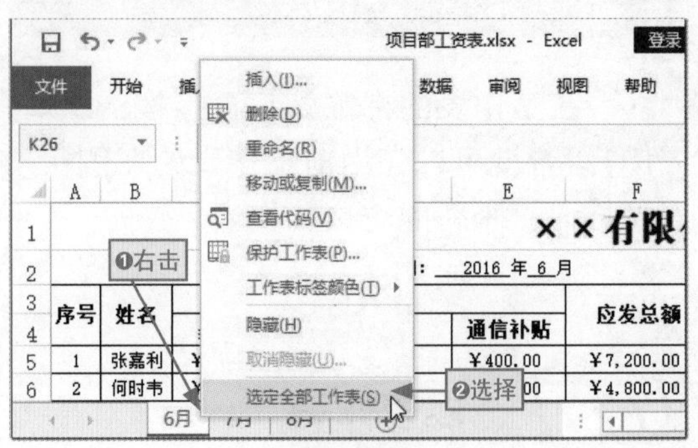

图7-11

长知识 | 工作表全选后如何取消选择

当工作表全部选择后，❶在任意工作表标签上右击，❷在弹出的快捷菜单中选择“取消组合工作表”命令，即可取消选中的所有工作表，如图7-12所示。

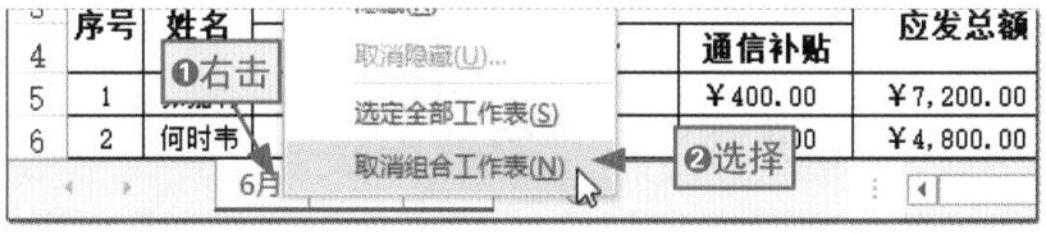

图7-12

7.2.3 重命名工作表

在同一工作簿中存在多张工作表时，为了区分各工作表，就需要为每张工作表设置一个名称。如果要重命名工作表，需要在工作表的可编辑状态下输入新名称，然后单击其他位置确认设置。进入工作表重命名状态的方法有以下三种。

● 通过快捷菜单重命名

❶选中需要重命名的工作表标签并在其上右击，❷在弹出的快捷菜单中选择“重命名”命令，如图7-13所示。

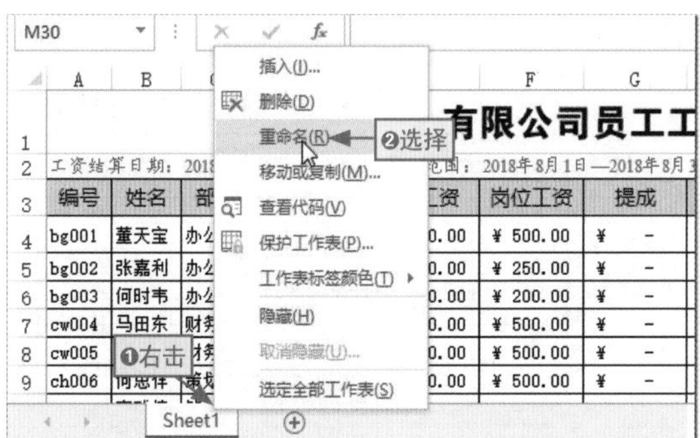

图7-13

● 通过“格式”下拉菜单重命名

❶在“单元格”组中单击“格式”下拉按钮，❷在弹出的下拉菜单中选择“重命名工作表”命令，如图7-14所示。

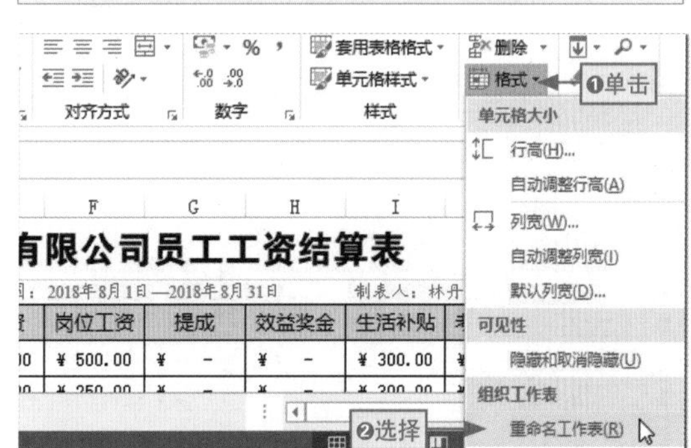

图7-14

● 双击工作表标签重命名

在需要重命名的工作表标签上直接双击，如图7-15所示。

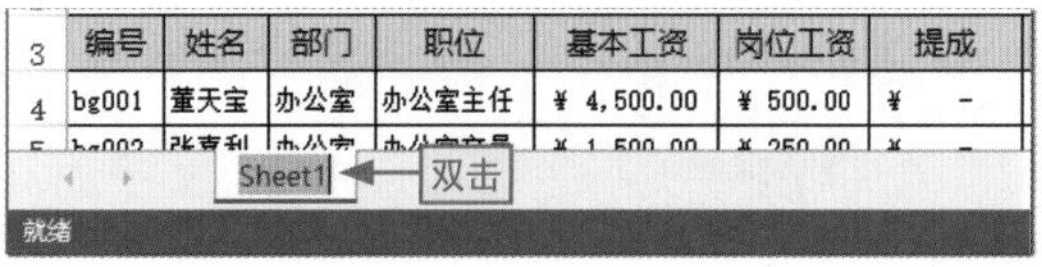

图7-15

7.2.4 移动和复制工作表

在工作簿中，如果工作表的位置不符合要求，用户可以将其移动到任意指定的位置。如果要制作的工作表的结构和已有的工作表结构相似，此时可以通过复制工作表的方法快速制作一个副本文件，再编辑，这样可提高制作效率。移动和复制工作表的操作非常相似，下面具体介绍可以通过哪些方法来完成移动和复制操作。

● 通过对话框移动或复制工作表

❶选择需要移动或复制的工作表，在工作表标签上右击，❷在弹出的快捷菜单中选择“移动或复制”命令（或者在“开始”选项卡的“单元格”组中单击“格式”按钮，选择“移动或复制工作表”命令），❸在打开的“移动或复制工作表”对话框中选择该工作表要移动到哪张工作表之前，❹单击“确定”按钮完成移动操作，如图7-16所示。如果选中“建立副本”复选框，再确定即可在目标工作簿的某个位置建立该工作表的副本。

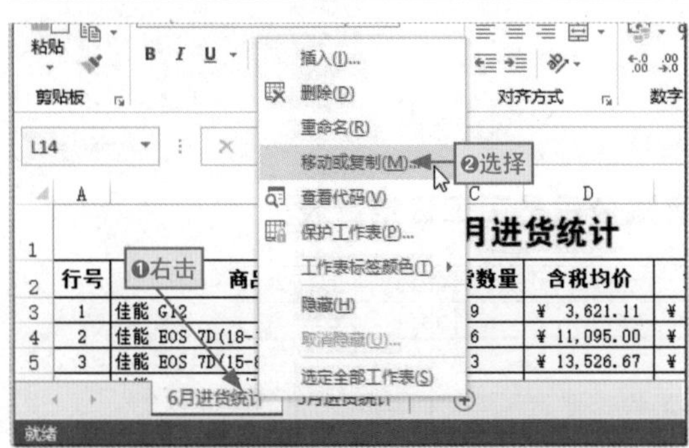

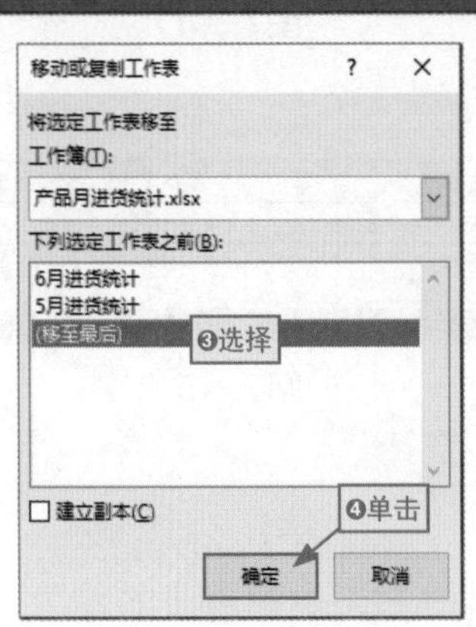

图7-16

● 通过拖动鼠标移动或复制工作表

选择需要移动的工作表标签，按住鼠标左键不放，当鼠标光标变为形状时进行拖动，此时，工作表标签组上会出现一个▾标记，拖到目标位置释放鼠标即可完成位置的移动，如图7-17所示。如果在拖动过程中按住Ctrl键，此时鼠标光标会变为形状（在移动工作表的鼠标形状上多了一个“+”符号），如图7-18所示。拖动到目标位置释放鼠标，然后松开按键即可完成复制工作表的操作。

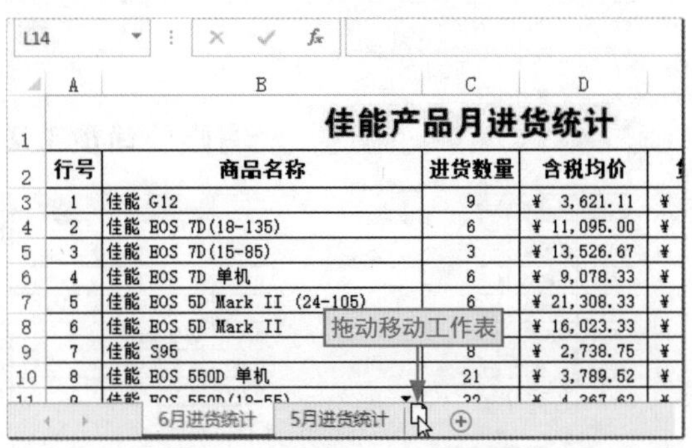

图7-17

图7-18

7.2.5 为工作表设置密码保护

对于有些表格内容，需要传阅多人查看，为了防止他人在传阅过程中因为误操作而修改了表格数据或者结构，此时可以为工作表设置密码保护，从而限制他人对工作表的编辑权限。下面以为“公招成绩表”工作簿的工作表设置密码保护为例，讲解相关的操作方法，其具体操作如下。

步骤01 单击“保护工作表”按钮

打开素材文件，❶单击“审阅”选项卡，❷在“保护”组中单击“保护工作表”按钮，打开“保护工作表”对话框。

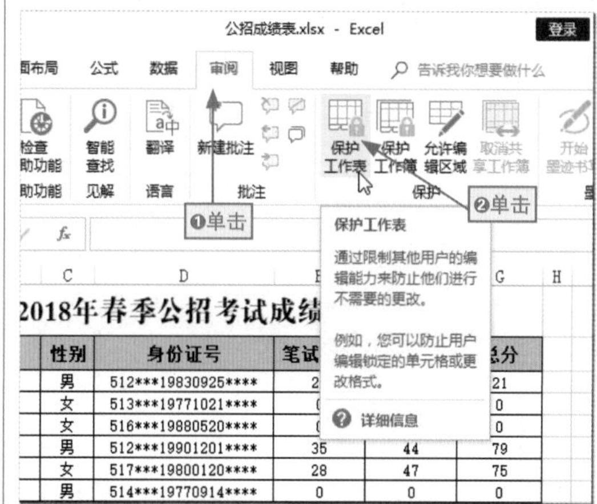

步骤02 设置保护密码

❶在该对话框的“取消工作表保护时使用的密码”文本框中输入工作表的保护密码“123456”，其他参数保持不变，❷单击“确定”按钮。

步骤03 确认密码

❶在打开的“确认密码”对话框的“重新输入密码”文本框中输入确认密码，这里输入“123456”，❷单击“确定”按钮，完成工作表的保护操作。

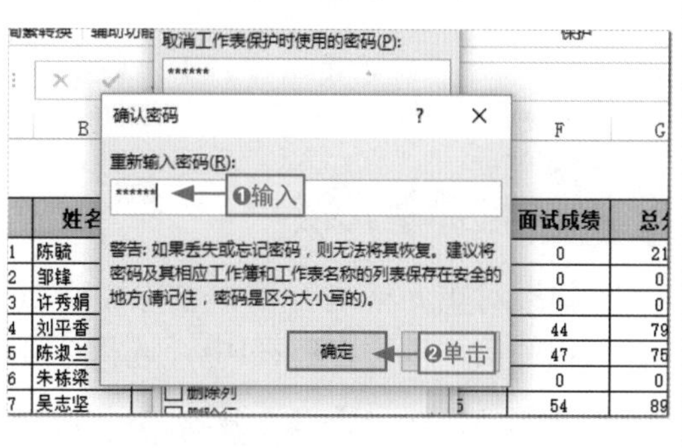

对工作表设置密码保护后，可以查看到功能区中的很多功能按钮都呈不可用状态，此时如果试图修改工作表中的任何数据，程序将会打开提示对话框，提示工作表已被保护的信息，如图7-19所示。

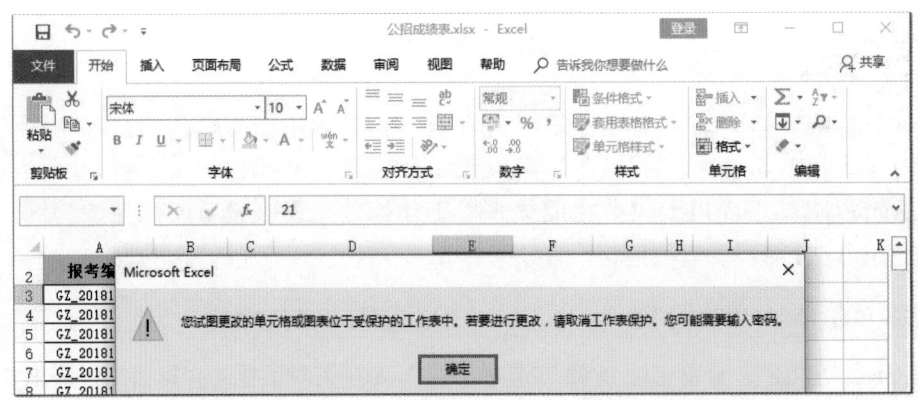

图7-19

长知识 | 撤销工作表保护的方法

工作表设置了保护后，“审阅”选项卡的“保护”组中的“保护工作表”按钮变为“撤销工作表保护”按钮。❶单击该按钮（也可以通过选择“开始”选项卡的“单元格”组中的“格式”下拉菜单中的“撤销工作表保护”命令），❷在打开的“撤销工作表保护”对话框的“密码”文本框中输入要设置的密码，❸单击“确定”按钮即可撤销工作表的保护设置，如图7-20所示。

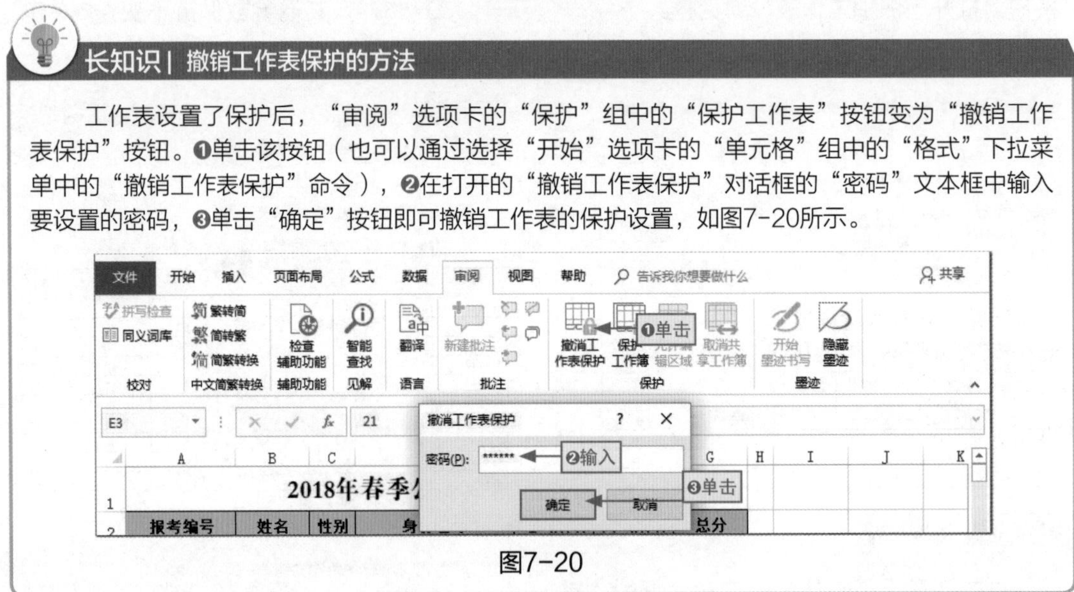

图7-20

7.2.6 选择单元格

如果对单元格进行诸如删除、复制等操作，首先需要将其选择，它是对单元格进行操作的第一步，在Excel中，选择单元格可分为以下几种情况。

● 选择单个单元格

在工作表中移动鼠标光标时，其都呈✚形状显示，在某个单元格上单击即可选中对应的单元格。被选中的单元格将以绿色粗线边跨显示，并且单元格的行号和列标都以灰色凸出显示，如图7-21所示。

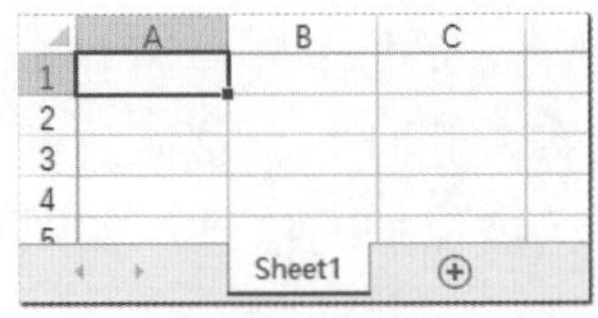

图7-21

● 选择多个连续的单元格

先选择连续单元格的第一个单元格，然后按住鼠标左键不放进行拖动即可选择矩形区域，如图7-22所示；也可以先选择第一个单元格，然后按住Shift键，再选择连续单元格区域的最后一个单元格。

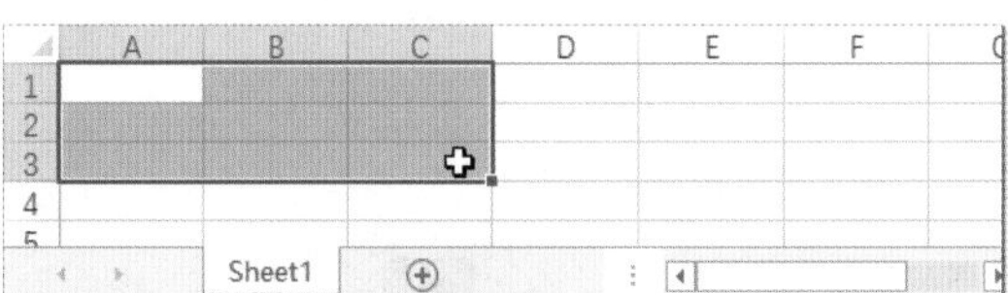

图7-22

● 选择不连续的单元格或区域

先选择一个单元格或者单元格区域，然后按住Ctrl键不放，再选择其他单元格或者单元格区域即可选择不连续的单元格或者单元格区域。如图7-23所示为选择的不连续的单元格的显示效果。

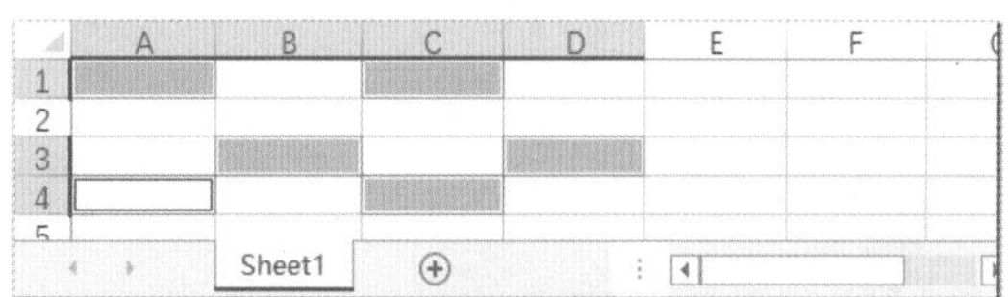

图7-23

● 选择整行单元格

将鼠标光标移动到所要选择的单元格的行号上面，当其变为➡形状时，单击即可选择整行，如图7-24所示。（选择连续多行或者不连续多行的操作方法与单元格的操作相似，只是操作对象是行号。）

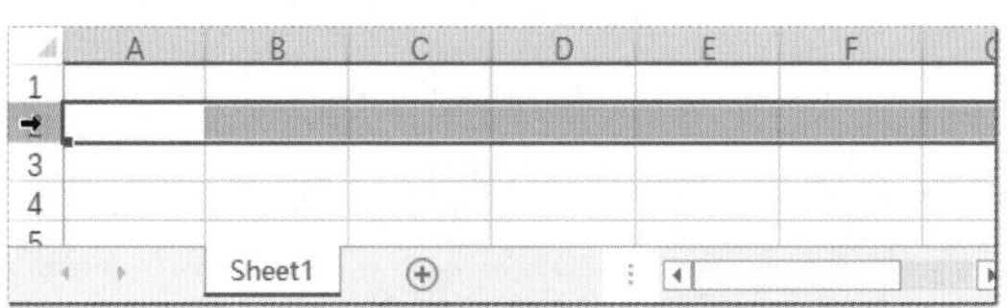

图7-24

● 选择整列单元格

将鼠标光标移动到需要选择的整列单元格的列标上，当其变为⬇形状时，单击即可选择该列，如图7-25所示。（选择连续多列或者不连续多列的操作方法与单元格的操作相似，只是操作对象是列标。）

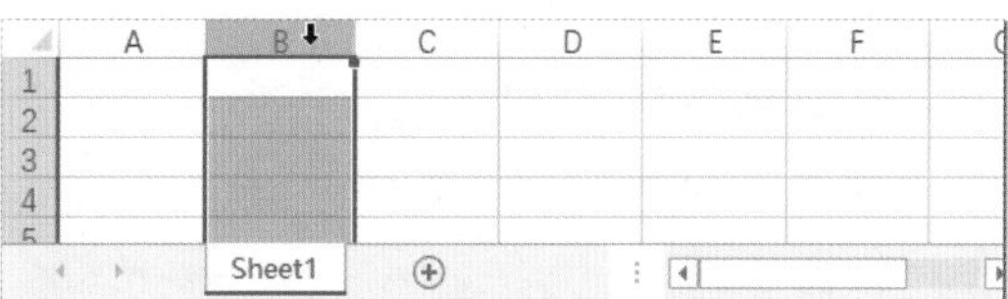

图7-25

● 选择全部单元格

单击行号和列标交叉位置的 ，或直接按Ctrl+A组合键即可选择工作表中的全部单元格，如图7-26所示。

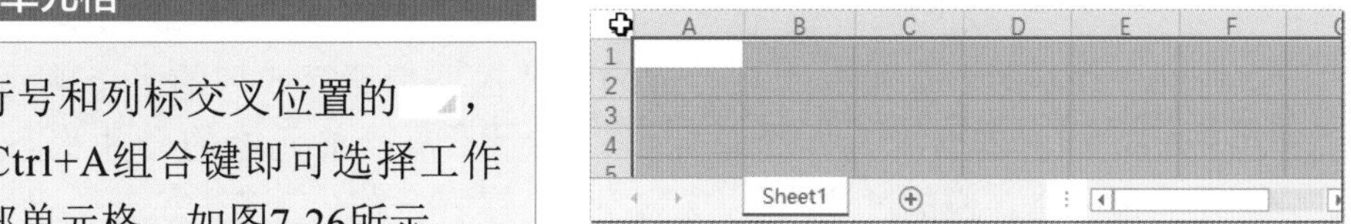

图7-26

7.2.7 插入与删除行/列

在使用Excel制作工作表的过程中，有时需要在已有数据的工作表的中间某处添加记录和字段，或者将某条记录或字段删除，此时就会涉及行列数据的插入与删除操作，二者相似。下面以插入行/列为例讲解具体的操作方法。

● 通过快捷菜单插入行

选择某行，❶在其上右击，❷在弹出的快捷菜单中选择“插入”命令，如图7-27所示。程序自动在当前行上方插入一行空行。如果选择列标，执行“插入”命令，将在当前列左侧插入空白列。

● 通过下拉菜单插入行

选择某行，❶在“单元格”组中单击“插入”按钮右侧的下拉按钮，❷选择“插入工作表行”命令可在当前行上方插入一行空行，如图7-28示。如果选择列标，在该下拉菜单中应选择“插入工作表列”命令插入空白列。

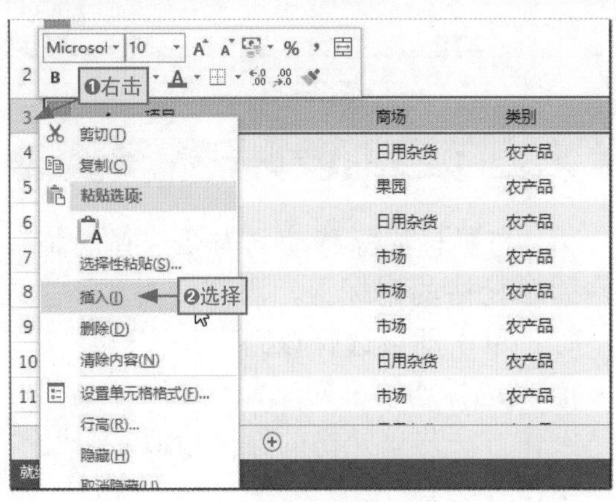

图7-27

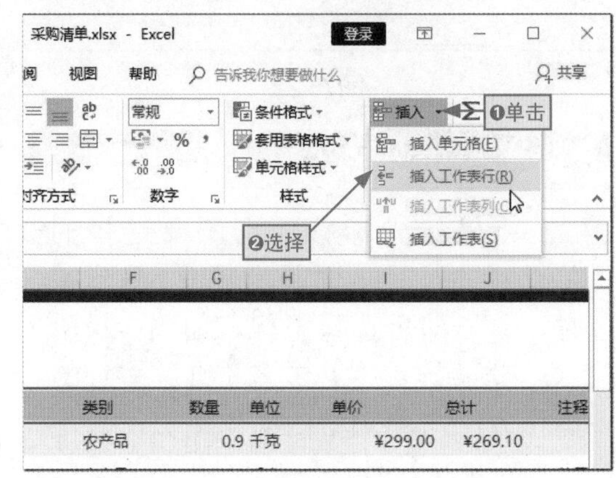

图7-28

如果要删除行/列数据，可以在选择行号/列标后，在其快捷菜单中选择“删除”命令，或者在“单元格”组的“删除”下拉菜单中选择“删除工作表行”或“删除工作表列”命令即可。

7.2.8 合并和拆分单元格

在制作表格时，如果某个项目或内容要占据相邻行或列的多个单元格，此时可以使用合并功能将其合并为一个单元格。如果不需要单元格的合并状态，还可将其拆分，它们是一个互逆的过程。

下面以在“采购清单”工作表中合并标题、拆分类别单元格为例，讲解合并与拆分单元格的相关操作，其具体操作方法如下。

步骤01 合并单元格

打开素材文件，❶选择C2:K2单元格区域，❷在“对齐方式”组中单击“合并后居中”按钮右侧的下拉按钮，❸选择“合并后居中”选项，合并单元格。

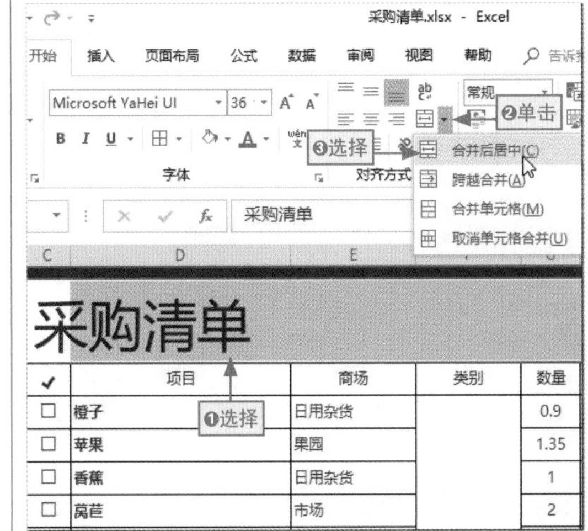

步骤02 拆分合并的单元格

❶选择要拆分的单元格，这里选择F4:F15单元格区域，❷直接单击“合并后居中”按钮即可拆分单元格。

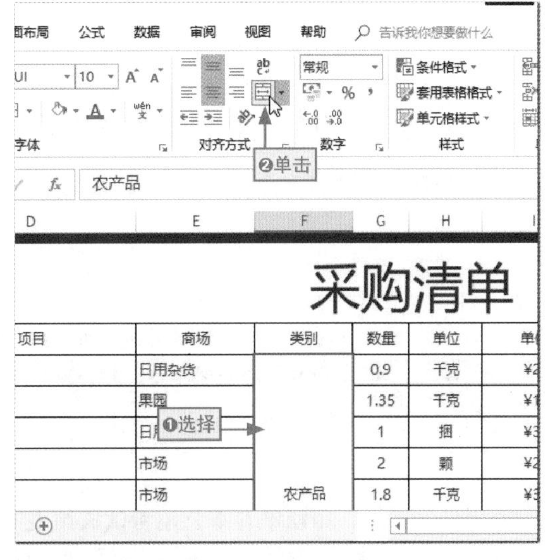

长知识 | 各种合并方式详解

在“合并后居中”下拉列表中，各种选项对应的作用如下。

①合并后居中：用于将单元格合并后并将其对齐方式设置为居中对齐，与直接单击“合并后居中”按钮效果相同。

②合并单元格：用于按原对齐方式合并单元格。

③跨越合并：用于按行将同行中相邻的多列单元格合并。

④取消单元格合并：用于将合并的单元格还原到未合并前的状态，与选中合并后的单元格后单击“合并后居中”按钮相同。

7.2.9 设置单元格的行高和列宽

很多时候，用户会因为所要输入的数据较多或者字号较大而使之在默认的有限的单元格中不能完全显示出来。此时就需要为单元格调整合适的行高和列宽。在Excel中，设置行高或列宽有两种情况，一种是快速调整，另一种是精确调整。

1. 快速调整行高和列宽

如果对单元格的行高和列宽的具体高度值和宽度值没有特别要求，可以通过拖动鼠标或自动调整功能快速调整行高和列宽，其具体操作方法如下。

● 通过鼠标拖动调整行高和列宽

将鼠标光标移动到需要调整行高的行号（或者列宽的列标）的分界线上，待其变为 ✥（或 ✥）形状时，按住鼠标左键进行拖动即可快速调整行高（或者列宽），如图7-29所示（选择多行/列后，拖动任意分界线可批量调整行高或列宽）。

● 通过自动调整功能调整行高和列宽

自动调整功能可以根据单元格中输入的文本自动调整比较合适的行高或者列宽，❶选择单元格区域，❷在“开始”选项卡的“单元格”组中单击“格式”按钮，❸选择“自动调整行高”或者“自动调整列宽”选项，如图7-30所示为自动调整列宽的效果。

	A	B	C	D	E
1	2018年春季公招考试成绩表				
2	报考编号	姓名	性别	身份证号	笔试成绩
3	GZ_201810001	陈骁	男	512***19830925****	21
4	GZ_201810002	邹锋	女	513***19771021****	0
5	GZ_201810003	许秀娟	女	516***19880520****	0
6	GZ_201810004	刘平香	男	512***19901201****	35
7	GZ_201810005	陈淑兰	女	517***19800120****	28

拖动

拖动

图7-29

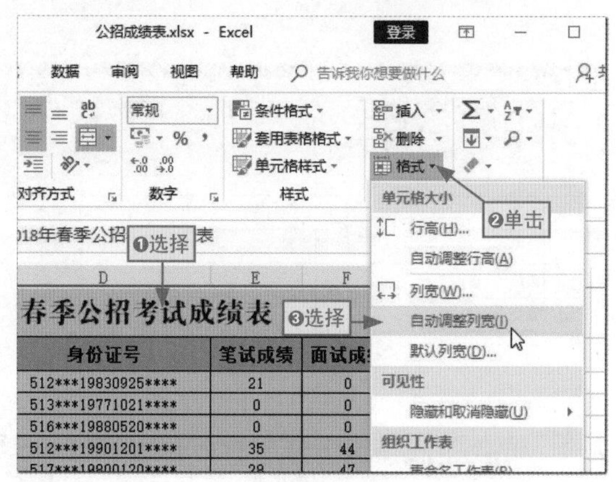

图7-30

2. 精确调整行高和列宽

如果用户需要快速精确调整单元格的行高和列宽，就需要使用“行高”和“列宽”对话框来完成。下面以设置“应收款记录”工作表的行高和列宽为例，讲解精确调整行高和列宽的相关操作，其具体操作方法如下。

步骤01 选择“行高”命令

打开素材文件，❶选择第3~23行单元格，在其上右击，❷在弹出的快捷菜单中选择“行高”命令。

清除内容(N)
设置单元格格式(F)...
行高(R)...
隐藏(H)
取消隐藏(U)
❷选择
❶右击

步骤02 精确设置行高

❶在打开的“行高”对话框的“行高”文本框中输入“15”，❷单击“确定”按钮，关闭对话框，并应用设置的行高。

步骤03 选择“列宽”命令

❶拖动鼠标选择C~E列单元格，❷单击“单元格”组中的“格式”下拉按钮，❸选择“列宽”命令。

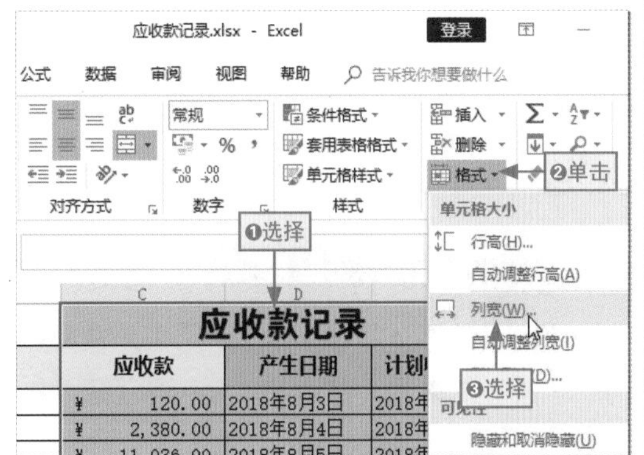

步骤04 精确设置列宽

❶在打开的“列宽”对话框的“列宽”文本框中输入“18”，❷单击“确定”按钮，关闭对话框并应用设置的列宽。

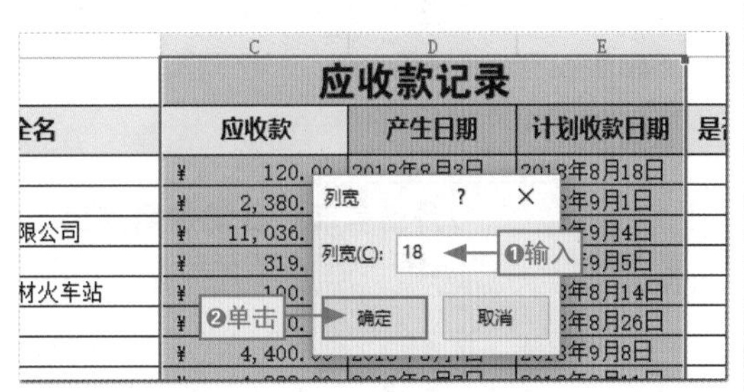

LESSON 7.3 数据的快速填充

在工作表中输入数据的方法与在文档中输入文本的方法相似，只是需要先选择单元格，再输入数据。除了常规的数据输入方法之外，在Excel中，程序还提供了快速填充数据的方法，用户通过这些方法可以快速提高数据录入的效率。

7.3.1 拖动控制柄填充数据

在Excel中，拖动控制柄（选择单元格或单元格区域后，右下角顶角的小方块标记就是控制柄）可以填充字符数据、文本数据和数值数据，不同的类型，填充效果不同，如图7-31所示。

填充数值数据	填充字符数据	填充文本数据
若数据为纯数字的数值数据，拖动控制柄填充的数据可以是相同数据，也可以是序列数据	若数据为字母开头数字结尾的字符数据，拖动控制柄填充的数据类似于数值数据中的序列数据	若数据为文本数据，拖动控制柄填充相同数据，即将数据复制到拖动过的单元格中

图7-31

下面以在“各部门费用支出汇总”工作表中填充数据为例，讲解利用控制柄填充数据的相关操作，其具体操作方法如下。

步骤01 直接在单元格中输入数据

打开素材文件，选择A3单元格，在其中输入“1”文本后，按Ctrl+Enter组合键，结束输入并选择当前数据单元格。

步骤02 拖动控制柄填充

将鼠标光标移动到A3单元格右下角的控制柄上（绿色小方块），向下拖动鼠标到A16单元格，释放鼠标填充相同数据。

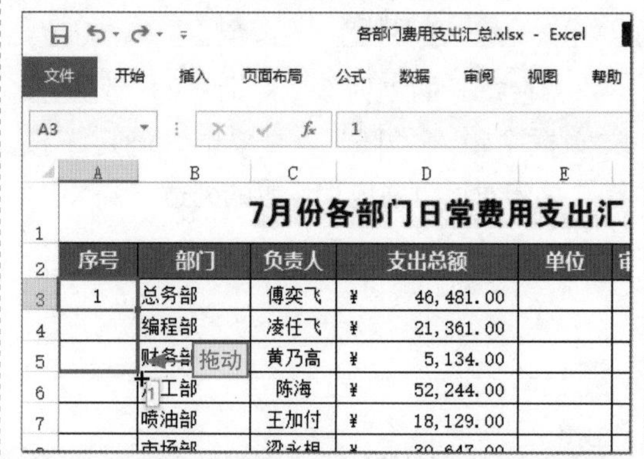

步骤03 填充等差序列数据

❶单击“自动填充选项”标记右侧的下拉按钮，❷选中“填充序列”单选按钮，完成序列数据的填充。

长知识 | 结束数据输入的其他方法

在单元格中输入数据后，按Enter键结束数据的输入并选择其下方的单元格；按Shift+Enter组合键结束数据的输入并选择其上方的单元格；按Tab键结束数据的输入并选择其右侧的单元格。

步骤04 通过编辑栏输入数据

❶选择E3单元格，在编辑栏中输入“元”文本，❷按Ctrl+Enter组合键结束输入并选择该单元格。

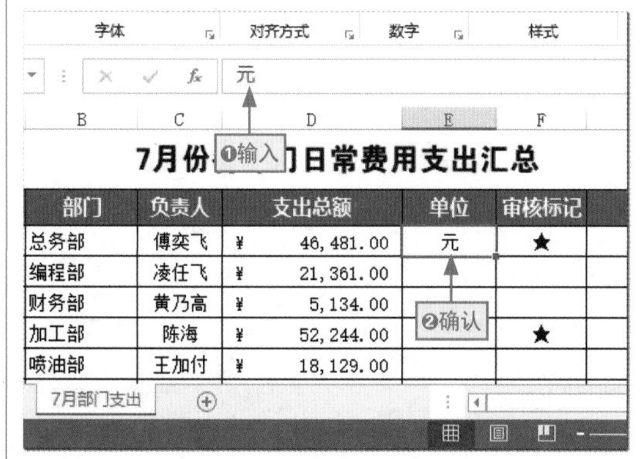

步骤05 填充相同数据

拖动E3单元格的控制柄到E16单元格后，释放鼠标左键完成相同数据的填充。

B	C	D	E	F
加工部	陈海	¥ 52,244.00	元	★
喷油部	王加付	¥ 18,129.00	元	
市场部	梁永根	¥ 30,647.00	元	
手工部	王和肖	¥ 26,060.00	元	★
丝印部	余泳晓	¥ 49,804.00	元	
研发编程部	符景通	¥ 47,230.00	元	
研发部	卢凤菊	¥ 3,568.00	元	★
研发加工部	朱星霖	¥ 4,861.00	元	
研发喷油部	吴敏贤	¥ 15,912.00	元	
研发品质部	杨晓露	¥ 7,409.00	元	
注型部	吴清玲	¥ 8,658.00	元	★

拖动

长知识 | 使用快捷键输入相同数据

选择要输入相同数据的多个单元格，将文本插入点定位到编辑栏中（也可直接输入数据），输入相同数据后，直接Ctrl+Enter组合键可以快速在选择的单元格区域中全部录入相同数据。

7.3.2 利用对话框填充规律数据

在Excel中，程序还提供了通过“序列”对话框填充规律数据的方法，利用该方法设置的规律数据类型更多。下面以在“店面毛利分析”工作表中填充工作日数据为例，讲解利用对话框填充规律数据的相关操作，其具体操作方法如下。

步骤01 输入日期数据并选择

打开素材文件，❶在A4单元格中输入“2018/8/1”日期数据，❷选择A4:A25单元格区域。

店面毛利分析.xlsx - Excel

	A	B	C	D
3	日期	何佳佳	程雨欣	吴家华
4	2018/8/1	¥ 2,151.32	¥ 1,527.78	轮休
5		¥ -65.70	¥ -85.43	¥ 1,404.60
6		¥ 26.98	¥ 461.51	¥ 36.07

❶输入 ❷选择

步骤02 选择“序列”命令

❶在“开始”选项卡的“编辑”组中单击“填充”下拉按钮，❷选择“序列”命令，打开“序列”对话框。

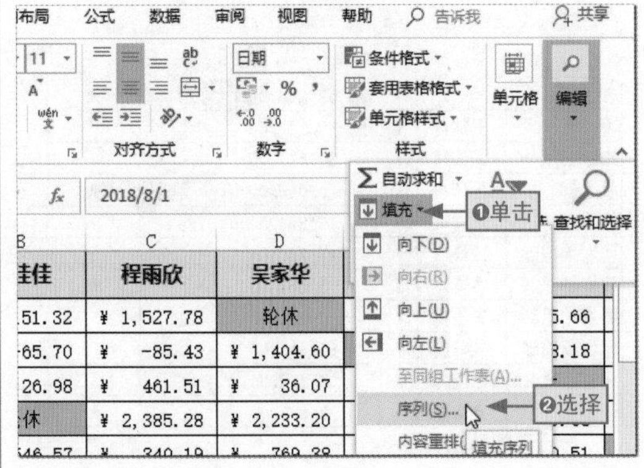

步骤03 设置填充方式

在该对话框中保持“序列产生在”和“类型”参数的默认值，❶选中“工作日”单选按钮，❷单击“确定”按钮。

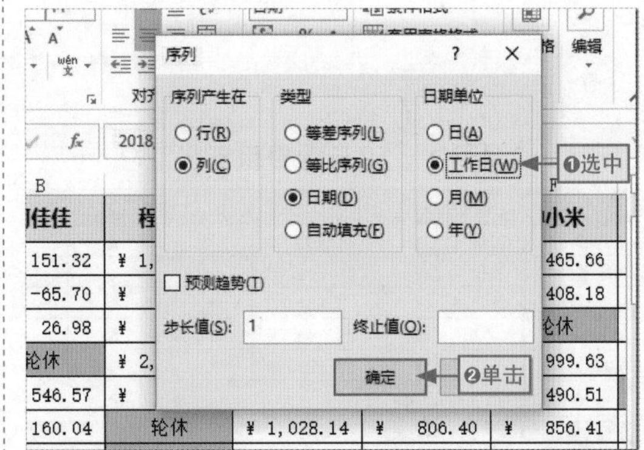

步骤04 查看效果

在返回的工作表中可查看到程序自动在选择的单元格区域中填充了这段时间的工作日的日期（按工作日填充日期是指在整个连续的日期中，只填充除星期六和星期日以外的时间，国家规定的其他法定假日此时也被包括在工作日填充的范围内）。

3	日期	何佳佳	程雨欣	吴家华	
4	2018/8/1	¥ 2,151.32	¥ 1,527.78	轮休	¥
5	2018/8/2	¥ -65.70	¥ -85.43	¥ 1,404.60	
6	2018/8/3	¥ 26.98	¥ 461.51	¥ 36.07	¥
7	2018/8/6	轮休	¥ 2,385.28	¥ 2,233.20	¥
8	2018/8/7	¥ 查看 .57	¥ 340.19	¥ 769.38	¥
9	2018/8/8	¥ 160.04	轮休	¥ 1,028.14	¥
10	2018/8/9	¥ 428.87	事假	¥ 203.19	¥
11	2018/8/10	¥ 726.89	¥ 231.63	¥ 2,018.11	¥

长知识 | 认识“序列”对话框中各参数的作用

通过“序列”对话框可以对文本和数据进行更多的填充，深入理解该对话框的各个参数，可以帮助用户更快速地设置填充依据，下面分别讲解“序列产生在”“类型”“日期单位”栏以及“步长值”和“终止值”参数的作用。

①序列产生在：该参数用于指定序列填充的位置，其中，选中“行”单选按钮表示数据的填充方向为行；选中“列”单选按钮表示数据的填充方向为列。

②类型：选中“等差序列”单选按钮表示按等差规律填充数据；选中“等比序列”单选按钮表示按等比规律填充数据；选中“日期”单选按钮表示将日期数据按指定方式进行填充；选中“自动填充”单选按钮表示填充相同数据。

③日期单位：当类型为日期时，该栏中的所有项目才为可用状态，其中，选中“日”单选按钮表示逐日填充数据；选中“月”单选按钮表示年份和日期不变，月份逐月填充；选中“年”单选按钮表示月份和日期不变，年份逐年填充。

④步长值和终止值：“步长值”文本框用于设置等差规律数据的差值以及等比规律数据的等比，“终止值”文本框用于设置数据填充的结束值。

LESSON 7.4 掌握常见的数据管理操作

在日常工作中，Excel的常见数据管理操作主要包括对表格中的数据进行各种排序、筛选和分类汇总操作，在本节将对这些操作的相关知识和具体操作进行详细讲解。

7.4.1 数据的排序

数据的排序是指系统按数值、文本、日期和时间等数据的升序和降序顺序重排表格中的数据顺序，从而快速找到最值数据记录。在Excel中，数据排序操作分为根据一个字段排序、根据多个字段排序及自定义排序三种，下面对这三种排序分别进行讲解。

1. 根据一个字段排序

根据一个字段排序是指将指定数据区域中的某一列的列标题作为排序关键字，让Excel根据此列数值执行升序或降序排列，其具体的操作方法有以下几种。

● 通过单击按钮排序

❶选择需要排序的列中的任意数据单元格，❷单击“数据”选项卡，❸在“排序和筛选”组中单击“升序”按钮或者“降序”按钮即可，如图7-32所示为按合计数据的降序顺序排列表格的效果。

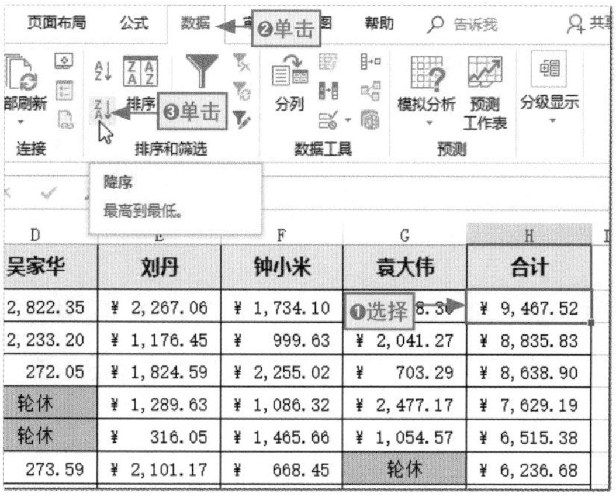

图7-32

● 通过选择菜单命令排序

❶选择需要排序的列中的任意数据单元格，❷在“开始”选项卡的“编辑”组中单击“排序和筛选”按钮，❸在弹出的下拉菜单中“升序”或“降序”命令，如图7-33所示。

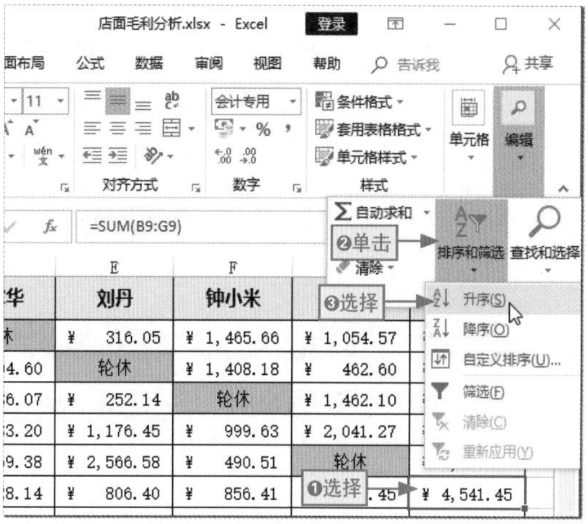

图7-33

● 通过快捷菜单排序

❶选择需要排序的列中的任意数据单元格，在其上右击，❷在弹出的快捷菜单中选择“排序”命令，❸在其子菜单中选择“升序”或“降序”命令即可，如图7-34所示。

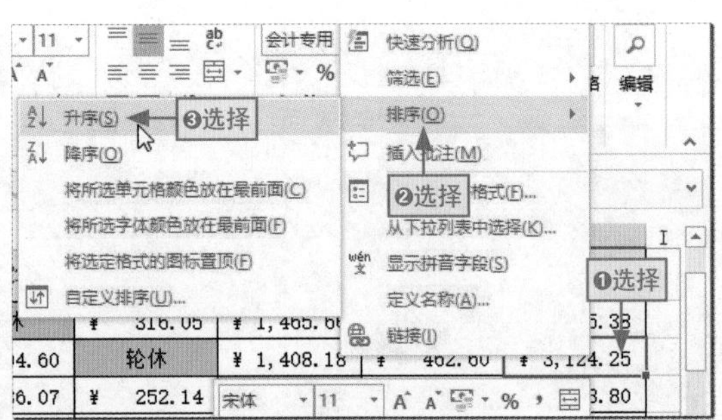

图7-34

2. 根据多个字段排序

根据多个字段排序是指根据多列字段的数据对表格数据进行排序，这种排序方法也可以处理通过一个字段排序后排序结果有重复的情况。下面以在“销售月报表”工作表中按毛利的降序、毛利率的升序顺序排列表格为例，讲解根据多个字段排序的操作，其具体操作方法如下。

步骤01 单击“排序”按钮

打开素材文件，选择任意单元格，❶这里选择C5单元格，❷单击“数据”选项卡，❸在“排序和筛选”组中单击“排序”按钮。

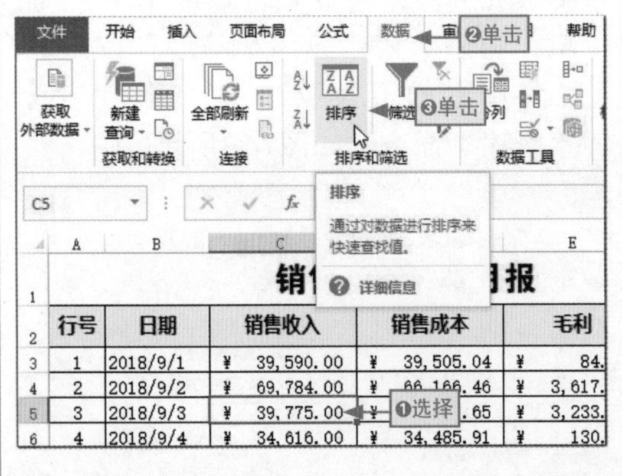

步骤02 设置主要关键字的列

❶在打开的“排序”对话框的主要关键字栏中单击“列”下拉列表框右侧的下拉按钮，❷选择“毛利”选项。

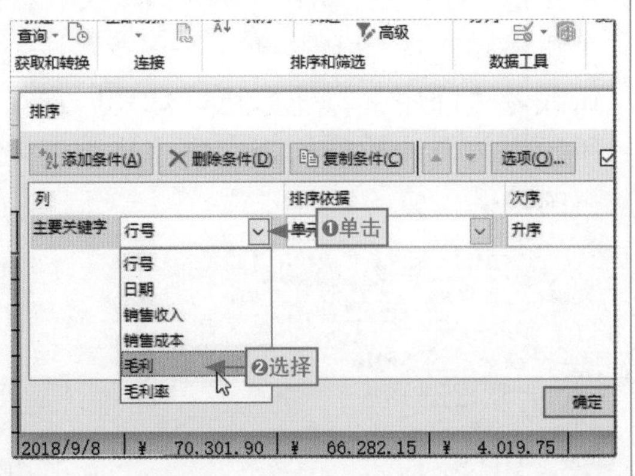

长知识 | 通过下拉菜单打开“排序”对话框

选择任意数据单元格后，在“开始”选项卡的“编辑”组中单击“排序和筛选”下拉按钮，选择“自定义排序”命令，也可以打开“排序”对话框。

步骤03 设置主要关键字的次序

❶在主要关键字栏中单击“次序”下拉列表框右侧的下拉按钮，❷在弹出的下拉列表中选择“降序”选项。

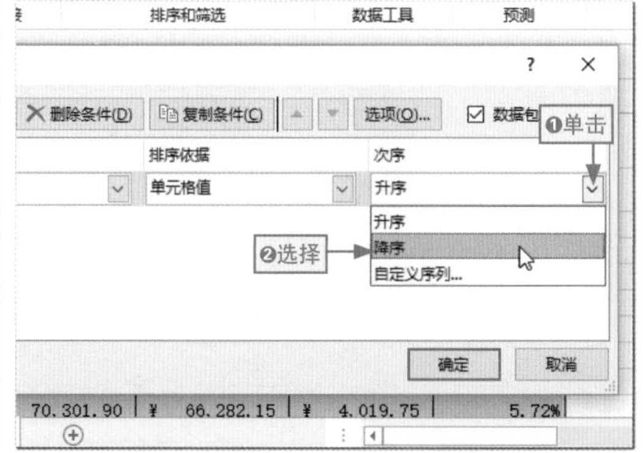

步骤04 添加次要条件

单击对话框左上角的“添加条件”按钮，添加次要关键字栏。

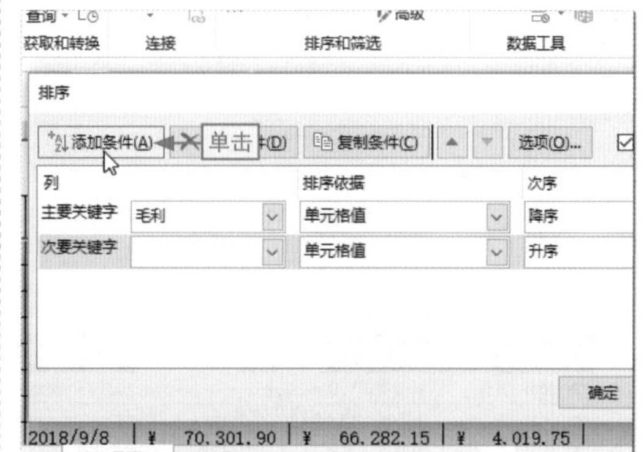

步骤05 设置次要关键字

❶在次要关键字栏中单击“列”下拉列表框右侧的下拉按钮，❷选择“毛利率”选项，❸单击“确定”按钮。

步骤06 查看效果

在返回的工作表中可查看到当毛利相同时，程序自动按毛利率的升序顺序继续排序表格数据。

销售商品统计月报

销售收入	销售成本	毛利	毛利率
¥ 171,362.00	¥ 139,167.46	¥ 32,194.54	18.79%
¥ 347,946.00	¥ 331,914.35	¥ 16,031.65	4.61%
¥ 47,020.00	¥ 42,466.88	¥ 4,553.12	9.68%
¥ 96,400.00	¥ 92,380.25	¥ 4,019.75	4.17%
¥ 70,301.90	¥ 66,282.15	¥ 4,019.75	5.72%
¥ 69,784.00	¥ 66,166.46	¥ 3,617.54	5.18%
¥ 39,775.00	¥ 36,541.65	¥ 3,233.35	8.13%
¥ 60,570.00	¥ 57,513.96	¥ 3,056.04	5.05%
¥ 34,398.00	¥ 31,627.34	¥ 2,770.66	8.05%
¥ 29,056.00	¥ 26,378.23	¥ 2,677.77	9.22%
¥ 12,190.00	¥ 9,985.88	¥ 2,204.12	18.08%
¥ 22,860.00	¥ 20,766.83	¥ 2,093.17	9.16%

查看

3. 自定义排序

在处理数据的过程中，如果需要按某种特定的序列进行排序，可以利用系统内置的序列或用户自己定义序列来进行排序。下面以在“员工档案管理”工作表中按学历“研究生→本科→大专”的顺序排序表格数据为例，讲解自定义排序的相关操作，其具体操作方法如下。

步骤01 单击“排序”按钮

打开素材文件，❶选择任意单元格，❷单击“数据”选项卡，❸在“排序和筛选”组中单击“排序”按钮，打开“排序”对话框。

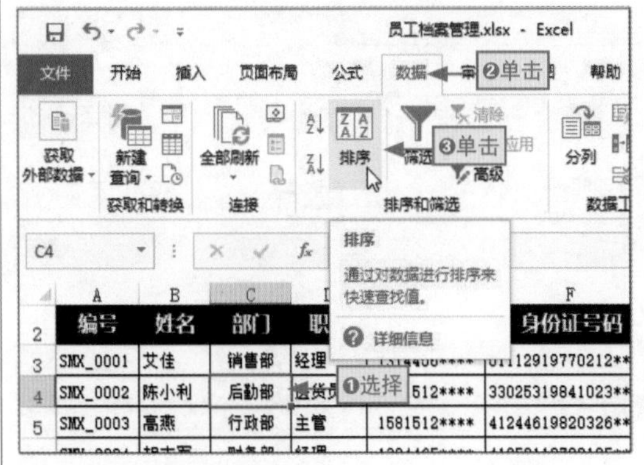

步骤02 选择“自定义序列”命令

❶在该对话框的主要关键字栏的“列”下拉列表框中选择“学历”选项，❷在“次序”下拉列表框中选择“自定义序列”选项。

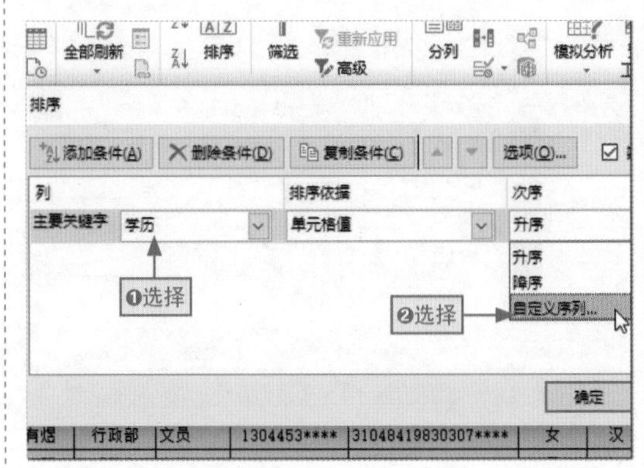

步骤03 输入新序列

❶在打开的“自定义序列”对话框中选择“新序列”选项，❷在“输入序列”列表框中输入自定义的序列。

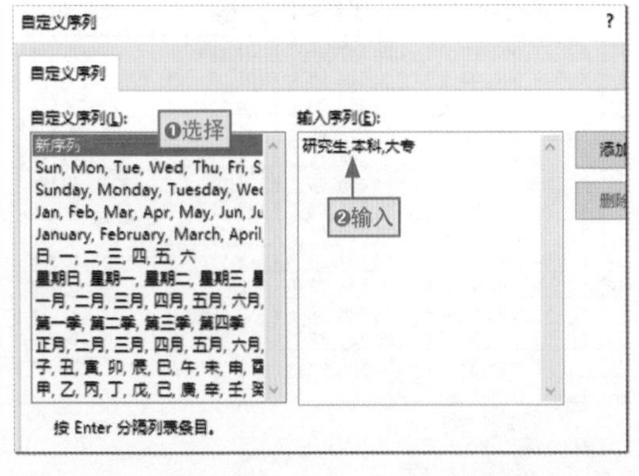

步骤04 确定设置的自定义序列

❶单击“添加”按钮，将输入的序列数据添加到左侧的“自定义序列”列表框中，❷单击“确定”按钮。

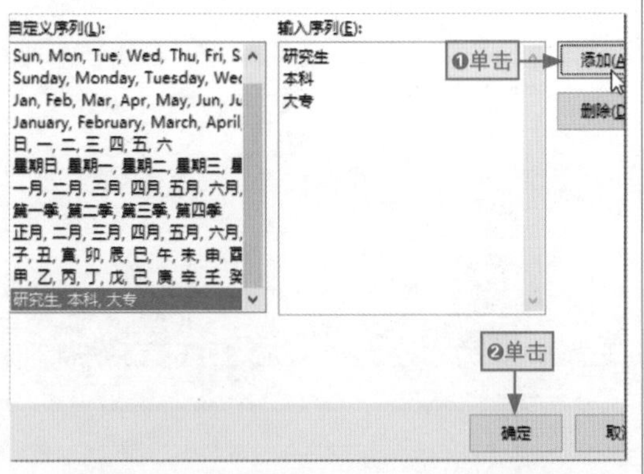

长知识 | 使用内置序列

在Excel中，月份、星期、季度等序列都是内置的序列，在对包含这些数据的列进行排序时，只需要在“自定义序列”对话框中选择序列后单击“确定”按钮即可。

长知识 | 输入新序列的注意事项

在自定义输入新的序列时，各个序列之间用英文状态下的逗号分隔，或者输入一个序列后按Enter键换行输入下一个序列数据。否则输入的新序列无效。

步骤05 设置次序参数

❶在返回的“排序”对话框的“次序”下拉列表框中选择需要的自定义序列的顺序，❷单击“确定”按钮确认设置的排序依据。

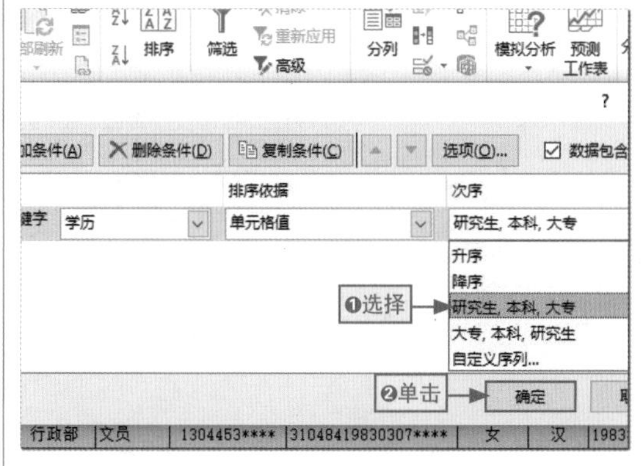

步骤06 查看效果

在返回的工作表中可查看到程序自动按照“研究生→本科→大专”的顺序重排员工档案表。

	G	H	I	J	K	L
号码	性别	民族	出生年月	学历	实际年龄	退休日期
0915****	男	汉	1985年9月15日	研究生	32	2045年09月1
0722****	女	汉	1981年7月22日	研究生	37	2036年07月2
0212****	男	汉	1977年2月12日	本科	41	2037年02月1
0326****	女	汉	1982年3月26日	本科	36	2037年03月2
0125****	女	汉	1979年1月25日	本科	39	2034年01月2
0317****	男	汉	1981年3月17日	本科	37	041年03月1
0307****	女	汉	1983年3月7日	本科	35	2038年03月0
1120****	男	汉	1982年11月20日	本科	35	2042年11月2
0915****	男	汉	1982年9月15日	本科	35	2042年09月1
1023****	男	汉	1984年10月23日	大专	33	2044年10月2
0521****	男	汉	1981年5月21日	大专	37	2041年05月2
1222****	男	汉	1978年12月22日	大专	39	2038年12月2

查看

7.4.2 数据的筛选

筛选数据是指根据设置的筛选条件找出符合条件的数据记录，而将不符合条件的数据记录暂时隐藏起来，以方便查询。在Excel中，筛选数据也有三种方式，分别是自动筛选、自定义筛选和高级筛选，下面对这三种方式分别进行介绍。

1. 自动筛选

自动筛选是最快捷的一种筛选数据的方法，它主要是通过在筛选器中选中或取消选中复选框来完成的，具体操作方法如下。

❶选择任意数据单元格，❷在“排序和筛选”组中单击“筛选”按钮，此时工作表即可进入筛选状态，表头标签上会出现下拉按钮，如图7-35左图所示。单击需要筛选的某个标签右侧的下拉按钮，❸如这里单击“部门”单元格右侧的下拉按钮，❹在弹出的筛选器中取消选中“全选”复选框，❺选中“销售部”复选框，如图7-35右图所示，❻单击“确定”按钮即可完成操作。

长知识 | 进入和退出筛选状态

选择任意数据后，直接按Ctrl+Shift+L组合键，或者在“开始”选项卡的“编辑”组中单击“排序和筛选”按钮，在弹出的下拉菜单中选择“筛选”命令，都可以进入工作表的筛选状态。如果要退出筛选窗体，选择任意数据单元格后，再次执行进入筛选状态的操作即可。

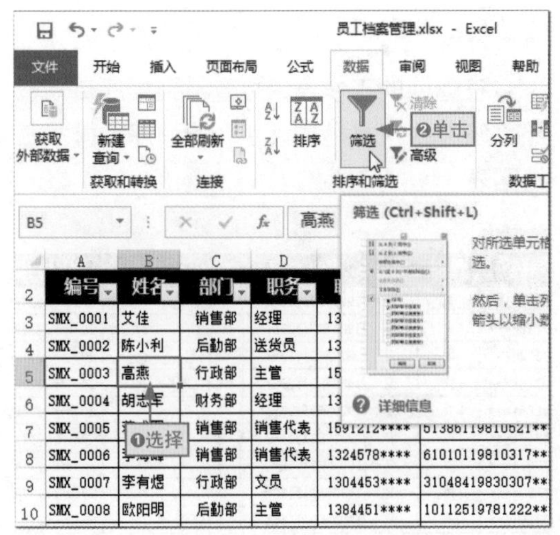

图7-35

2. 自定义筛选

当工作表切换到筛选状态后，用户还可以通过筛选器对文本、数字、颜色、日期和时间数据进行自定义的筛选，目标条件的数据类型不同，筛选器中的筛选菜单命令也就不同，如图7-36所示。

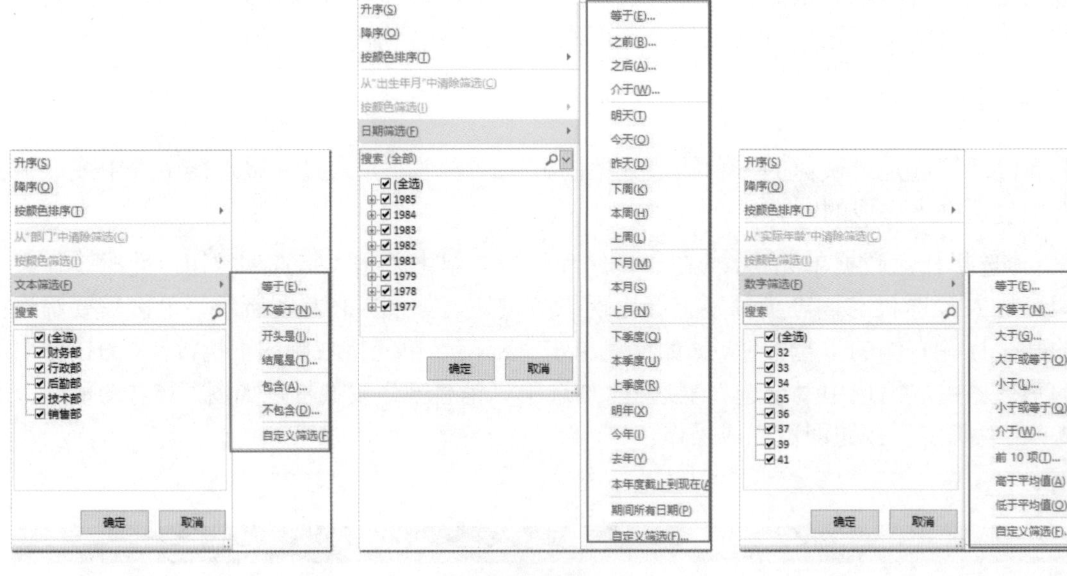

图7-36

在该菜单的子菜单中选择任意菜单命令都可以打开“自定义自动筛选方式”对话

框，通过该对话框即可自定义设置筛选条件。下面以在“员工档案管理1”工作表中筛选年龄为35～40岁的员工的档案信息为例，讲解自定义筛选的相关操作方法，其具体操作如下。

步骤01 选择“自定义筛选”命令

打开素材文件，进入表格的筛选状态，❶单击“实际年龄”单元格右侧的下拉按钮，❷在弹出的筛选器中选择“数字筛选”命令，❸在其子菜单中选择“自定义筛选”命令。

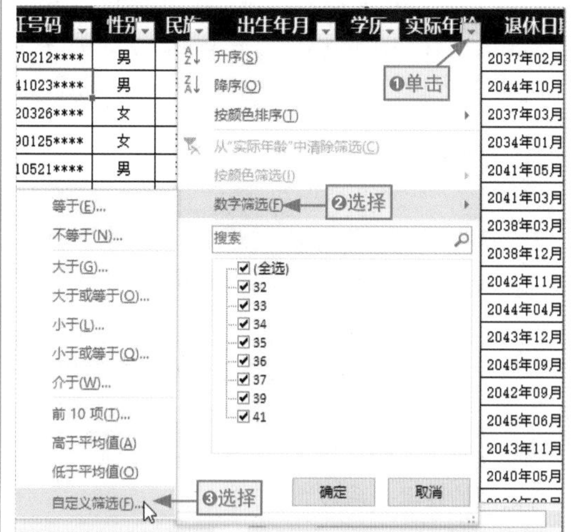

步骤02 选择“大于或等于”选项

❶在打开的“自定义自动筛选方式”对话框中单击左上角的下拉列表框右侧的下拉按钮，❷在弹出的下拉列表中选择“大于或等于”选项。

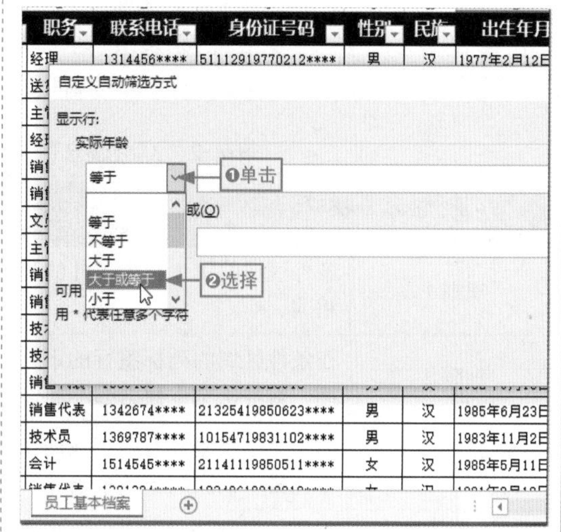

步骤03 设置筛选条件

❶设置大于或等于的值为“35”，❷设置上限范围小于或等于40，❸单击“确定”按钮确认设置的筛选条件。

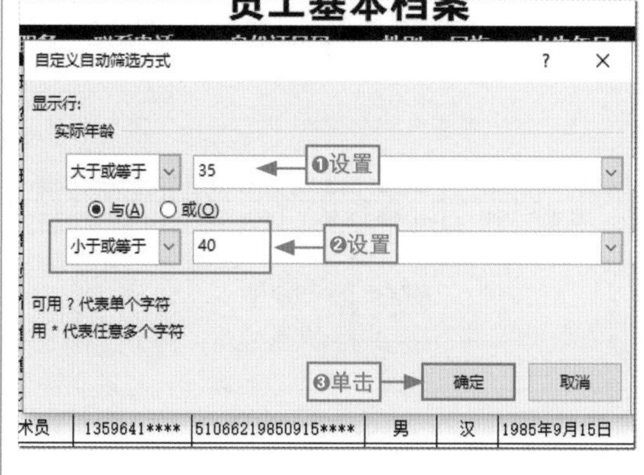

步骤04 查看筛选结果

在返回的工作表中即可查看到，程序自动仅将年龄为35~40岁的所有员工的档案信息显示出来了。

身份证号码	性别	民族	出生年月	学历	实际年龄	退
4619820326****	女	汉	1982年3月26日	本科	36	2037
2119790125****	女	汉	1979年1月25日	本科	39	2034
6119810521****	男	汉	1981年5月21日	大专	37	2041
0119810317****	男	汉	1981年3月17日	本科	37	2041
8419830307****	女	汉	1983年3月7日	本科	35	2038
2519781222****	男	汉	1978年12月22日	大专	39	2038
5619821120****	男	汉	1982年11月20日	本科	35	2042
5819820915****	男	汉	1982年9月15日	本科	35	2042
8619810918****	女	汉	1981年9月18日	大专	36	2036
1319810722****	女	汉	1981年7月22日	研究生	37	2036

查看

需要说明的是，利用“自定义自动筛选方式”对话框设置单边范围的筛选时，直接在对话框的上方的两个下拉列表框中设置即可。

如果设置一个区间范围或者同时满足两个单边区间范围，则需要四个下拉列表框并配合“与”或“或”单选按钮来完成，其中，“与”单选按钮表示上下两个条件同时满足，如本例中筛选年龄为35～40岁的档案信息；“或”单选按钮表示上下两个条件中任意一个条件满足即可，如筛选年龄在30岁以下或者40岁以上的员工的档案信息。

3. 高级筛选

在“自定义自动筛选方式”对话框中，只能针对一个字段最多设置两个条件，如果要设置更多字段的多条件筛选条件，此时就需要使用系统提供的高级筛选功能来完成。但在使用该功能进行筛选时，设置的条件区域必须满足如表7-2所示的几个规则。

表 7-2　高级筛选的条件区域需要满足的规则

规　则	介　绍
规则 1	条件区域的第 1 行为条件的列标签行，需要与筛选的数据源区域的筛选条件列标签相同
规则 2	在条件区域的列标签行的下方，至少应包含一行具体的筛选条件（筛选条件中的日期、数值、文本数据都不加引号）
规则 3	如果某个字段具有两个或两个以上筛选条件，可在条件区域中对应的列标签下方的单元格中依次列出各个条件，各条件之间的逻辑关系为“或”
规则 4	要筛选同时满足两个以上列标签条件的记录，可在条件区域的同一行中对应的列标签下输入各个条件，各条件之间的逻辑关系为“与”
规则 5	要筛选满足多组条件（每一组条件都包含针对多个字段的条件）之一的记录，可将各组条件输入在条件区域中的不同行上

下面以在“员工档案管理2”工作表中筛选年龄在35岁以上的男性员工的档案信息为例，讲解自定义筛选的相关操作，其具体操作方法如下。

步骤01　按毛利的降序顺序排序

打开素材文件，在数据表下方添加“筛选条件区域”表格。

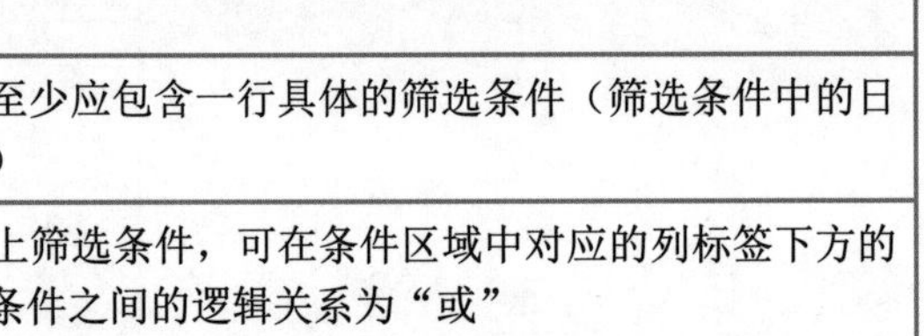

步骤02 单击"高级"按钮

❶选择任意数据单元格，❷单击"数据"选项卡，❸在"排序和筛选"组中单击"高级"按钮。

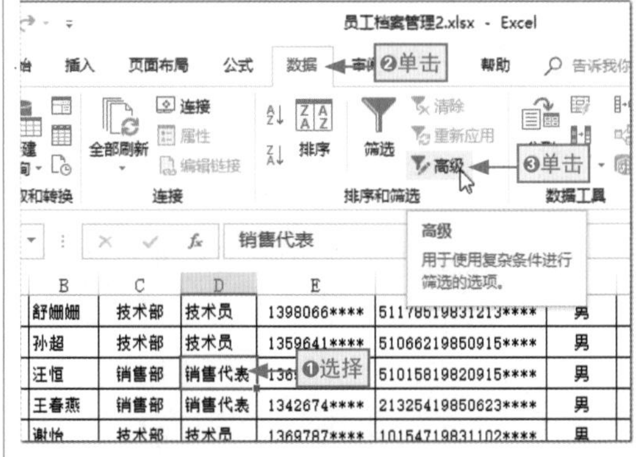

步骤03 设置条件区域

在打开的"高级筛选"对话框中将文本插入点定位到"条件区域"文本框中，选择筛选条件区域。

步骤04 设置筛选结果的保存位置

❶选中"将筛选结果复制到其他位置"单选按钮，❷将文本插入点定位到"复制到"文本框，选择A25单元格，❸单击"确定"按钮。

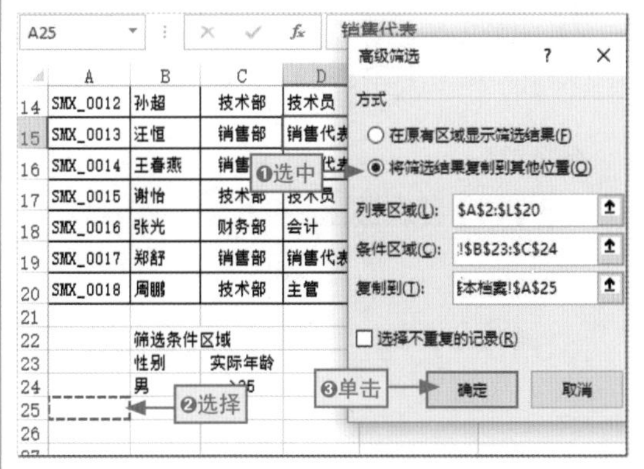

步骤05 查看筛选结果

在返回的工作表中即可查看到，程序自动在数据表中将35岁以上的男性员工的记录筛选出来并保存在相应的位置。

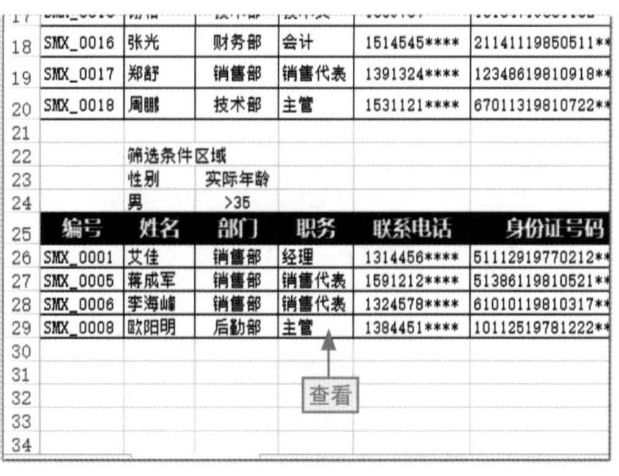

长知识 | 使用通配符筛选数据

在筛选文本时，如果筛选条件为模糊条件，如查找姓王，名字为两个字的档案信息，此时就可以在打开的"自定义自动筛选方式"对话框中使用系统提供的通配符来完成。在Excel中，通配符只有两个，即"?"和"*"，其中，"?"通配符主要用于替代一个字符，例如在姓名字段中设置筛选条件为"王?"，表示查找姓王，名字为两个字的员工的档案记录；"*"通配符主要用于替代0个或多个字符，例如在姓名字段中设置筛选条件为"王*"，表示查找姓王的所有员工的档案记录。

LESSON 7.5 掌握表格中的数据计算操作

数据计算功能是Excel的特色功能，利用它可以快速完成各种简单和复杂的数学运算，大大提高了数据的运算速度，下面介绍有关数据计算需要掌握的各种知识和操作。

7.5.1 了解单元格的引用方式

在Excel中，数据计算主要是通过引用单元格地址，从而获取到指定单元格中的数据，以此完成数据计算。因此了解单元格的引用是学习数据计算的前提。

单元格的引用方式有三种，即相对引用、绝对引用和混合引用，不同引用类型，在外观显示上只是是否有“$”符号，但在公式和函数中的应用却有着很大的差别。

● 相对引用

相对引用是指在公式中被引用的单元格地址随着公式位置的改变而改变。它是Excel在同一工作表中引用单元格时使用的默认类型，如图7-37所示为相对引用中单元格的变化示意图。

原始位置		目标位置
B8	复制公式到上一行 行号减1，列标不变	B7
B8	复制公式到右一列 行号不变，列标加1	C8

图7-37

● 绝对引用

绝对引用是指将公式复制到任意位置，该引用地址保持不变。从引用地址的形态看，它在单元格列标和行号前都加了“$”符号，如图7-38所示为绝对引用中单元格的变化示意图。

原始位置		目标位置
B8	复制公式到上一行 行号不变，列标不变	B8
B8	复制公式到右一列 行号不变，列标不变	B8

图7-38

● 混合引用

混合引用是指在单元格的行号或列标的任意一个部分前添加“$”符号，当引用位置改变时，添加了“$”符号的绝对引用部分不会改变，只有相对引用部分的地址才改变，如图7-39所示为混合引用中单元格的变化示意图。

原始位置		目标位置
$B8	复制公式到上一行 行号减1，列标不变	$B7
$B8	复制公式到右一列 行号不变，列标不变	$B8

图7-39

7.5.2 公式和函数概述

对于初学者来说，要想更好地使用公式或者函数在Excel中计算数据，就必须对公式和函数的一些基础知识有所了解，如公式的结构、函数的结构、各种运算符及其优先级别等。

1. 公式和函数的结构认识

在Excel中，公式是以等号“=”开始，用不同的运算符将操作数按照一定的规则连接起来的表达式，如图7-40所示为一个简单的公式示意图。

= A2 + A3 - A4 * 2

等号　　操作数　　运算符

图7-40

各组成部分的具体说明如表7-3所示。

表 7-3　公式组成结构说明

构　成	说　明
等号	公式总是以等号开头，其实际意义是将等号右侧的表达式的计算结果赋值给当前单元格
操作数	公式的必要组成部分，每个公式至少有一个操作数，它可以是文本、数字等 Excel 支持类型的数据，也可以是单元格引用或函数
运算符	连接各操作数的符号，也是告诉公式如何计算最终结果的符号。如果公式仅有一个操作数，可以不包含运算符

而函数是将特定的计算方法和计算顺序打包起来，通过参数接收要计算数据并返回特定结果的表达式，如图7-41所示为一个简单的函数示意图。

图7-41

各组成部分的具体说明如表7-4所示。

表 7-4　函数组成结构说明

构　成	说　明
函数名	每个函数都有唯一的名称，此名称通常能反映函数的功能。如 SUM、MAX、COUNT、IF 等

续表

构　成	说　明
括号	一对半角小括号是函数的标识符，函数的所有参数都必须包含在这一对小括号内。即使没有参数，也必须有括号
参数	参数是决定函数运算结果的因素，由函数的功能而定，有些函数可以不带参数，有些函数可带多个参数

2. 了解各种运算符及其优先级别

运算符是决定公式计算方式的重要组成部分。Excel中的运算符有算术运算符、比较运算符、文本运算符和引用运算符四种，如表7-5所示。

表 7-5　各种运算符

运算符类型	说　明
算术运算符	用于对等式中的操作数进行算术运算，如 +、－、*、/ 或 \ 等
比较运算符	用于比较参数大小，返回真和假，如 =、>、<、>= 和 <= 等
文本运算符	使用英文状态下的与号（&）连接两个或以上的文本字符串
引用运算符	只有冒号“:”和逗号“，”，分别表示引用两个单元格及其之间的区域和将多个引用合并为一个引用

在Excel中，当公式中同时使用多个运算符时，系统将遵循从高到低的顺序进行计算，相同优先级的运算符，将遵循从左到右的原则进行计算，对于不同运算符的优先顺序如图7-42所示。

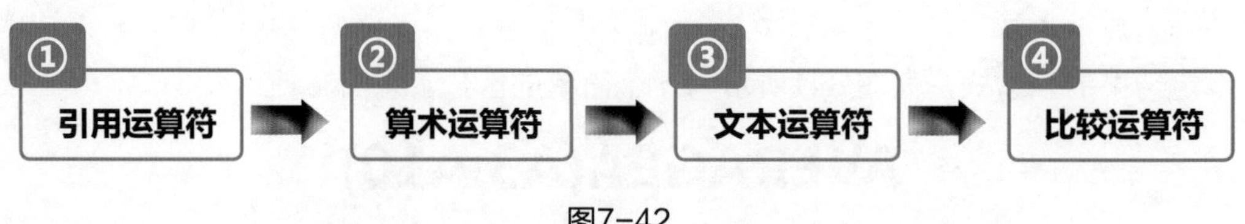

图7-42

7.5.3 利用公式计算数据

输入公式的方法与输入数据的方法相似，只是在每次输入公式前，首先要输入一个“=”，要计算公式的结果，直接结束公式的输入即可。

下面以在“工资结算表”工作表中计算员工当月的应发工资为例，讲解使用公式计算数据的相关操作，其具体操作方法如下。

步骤01 选择结果单元格并输入“=”

打开素材文件，❶选择K4:K26单元格区域，❷将文本插入点定位到编辑栏中，并输入“=”。

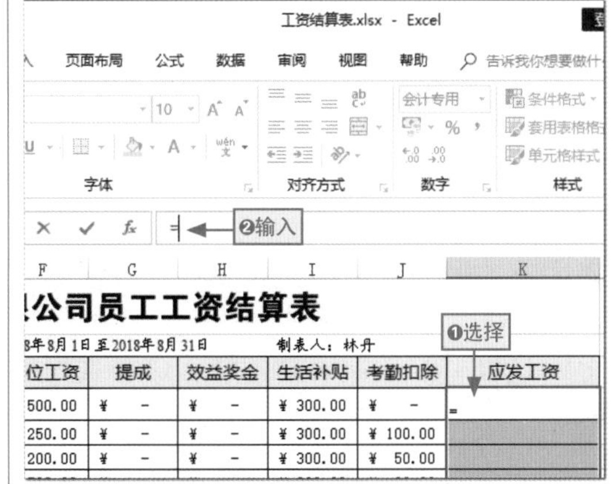

步骤02 输入第一个操作数和运算符

❶用鼠标选择E4单元格，输入公式的第一个操作数，❷在编辑栏中继续输入“+”运算符。

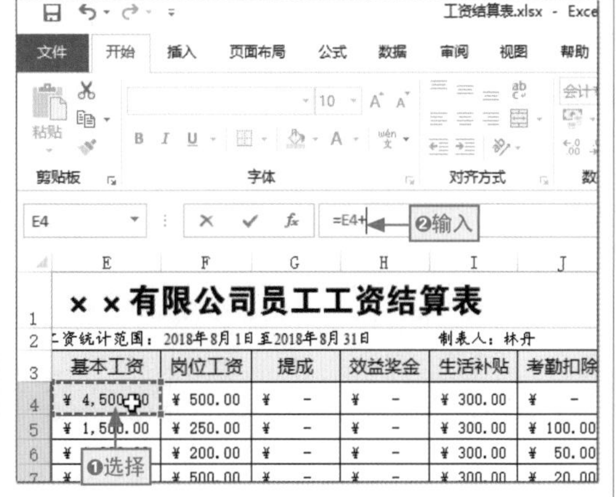

步骤03 完成公式的输入

用相同的方法完成“=E4+F4+G4+H4+I4-J4”公式的输入。

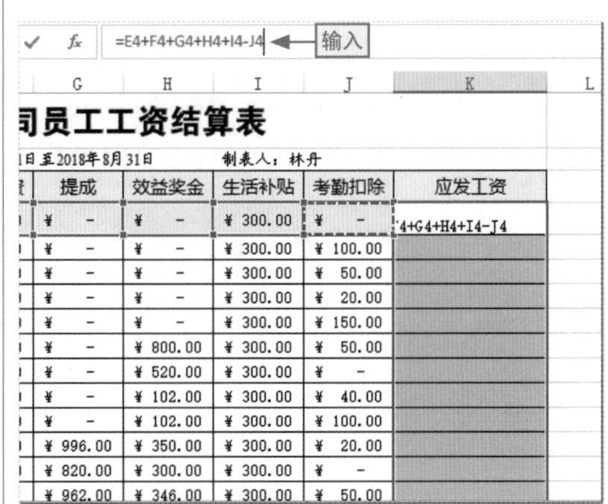

步骤04 计算公式结果

直接按Ctrl+Enter组合键确认输入的公式，并在结果单元格中计算所有员工的应发工资数据。

需要说明的是，如果用户对公式的引用位置比较熟悉，而且参数个数少，可以直接手动在单元格中输入整个公式，但是当输入的公式较长时，最好在编辑栏中进行输入，并且通过选择的方法来引用单元格位置，这样更能确保输入公式的正确性。

长知识 | 复制公式的方法

如果在某列或者某行中，要计算的数据所引用的位置相似，只是具体对应的行列不同而已，对于这种相似公式的数据计算，除了上例中的方法以外，还可以使用复制公式的方法进行简化操作。

对于复制公式的操作，与复制文本的操作相同，除此之外，对于公式还有特殊的复制方式，即利用控制柄进行填充，其具体操作是：选择包含公式的单元格，向下拖动其控制柄到目标位置，释放鼠标左键完成公式的复制操作，或者双击其控制柄，程序自动向下填充公式到整个数据表格的结束位置。

7.5.4 利用函数计算数据

对于熟悉函数用法的用户而言，可以直接在结果单元格中输入函数来计算数据。对于初学者而言，在不知道函数参数如何设置的情况下，可以通过向导对话框来插入函数。下面以在“员工年度考核表”工作表中计算员工的平均成绩为例，讲解使用函数计算数据的相关操作，其具体操作方法如下。

步骤01 单击“公式”选项卡

打开素材文件，❶选择保存平均成绩的单元格，这里选择I3单元格，❷单击“公式”选项卡。

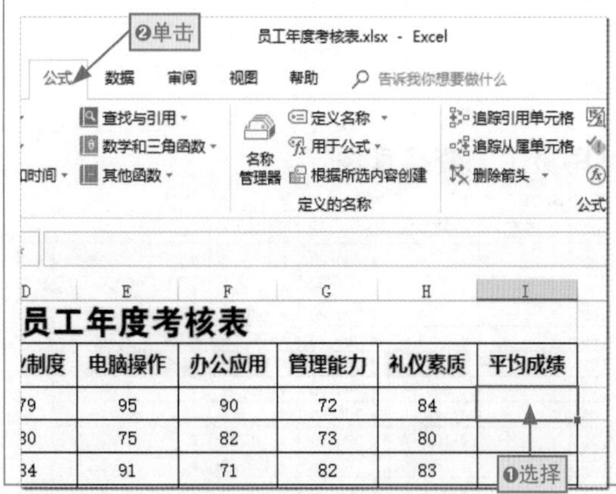

步骤02 选择“AVERAGE”函数

❶在“函数库”组中单击“其他函数”下拉按钮，❷在弹出的下拉菜单中选择“统计”命令，❸在其子菜单中选择“AVERAGE”函数选项。

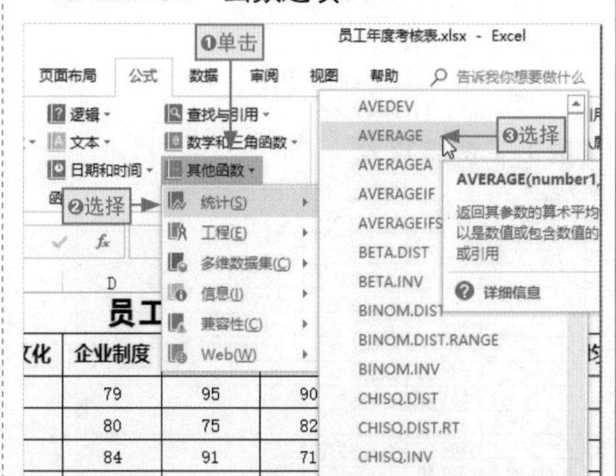

长知识 | 打开“插入函数”对话框的其他方法

在编辑栏中单击“插入函数”按钮，或者在“函数库”组中单击“插入函数”按钮，又或者在各个函数分类下拉菜单中选择“插入函数”命令，都可以打开“插入函数”对话框。

步骤03 确认参数

❶在打开的“函数参数”对话框中确认自动在“Number1”参数框中引入的数据源是否正确，❷确认后单击“确定”按钮。

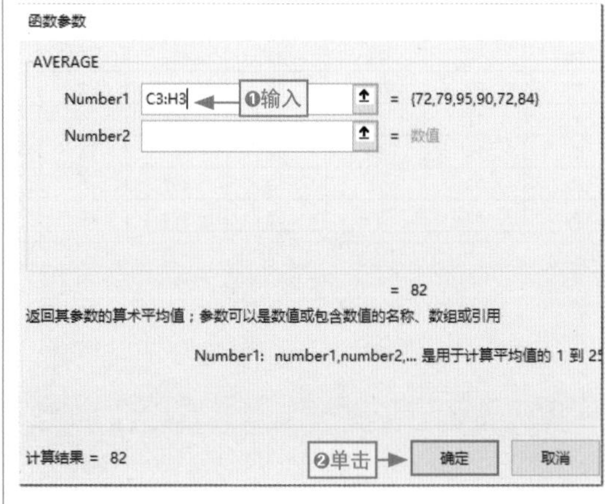

步骤04 复制公式

在返回的操作界面中即可查看到计算的数据结果，双击该单元格的控制柄填充公式，计算其他员工平均成绩。

工年度考核表

电脑操作	办公应用	管理能力	礼仪素质	平均成绩
95	90	72	84	82
75	82	73	80	
91	71	82	83	
87	94	85	84	

双击

工年度考核表

电脑操作	办公应用	管理能力	礼仪素质	平均成绩
95	90	72	84	82
75	82	73	80	78.833333
91	71	82	83	80.166667
87	94	85	84	84.5

高手支招 | 巧借辅助列快速恢复到排序前的顺序

如果在表格中做了多次排序操作后，或者在排序后又对表格数据进行了编辑，此时不能用撤销操作来恢复到排序前的顺序，因为撤销操作烦琐，且排序后的编辑操作在执行撤销操作时不能被保留下来。下面介绍用辅助列的方式来进行撤销操作，这些编辑操作就不能被保留了，其具体操作方法如下。

步骤01 添加辅助列

❶在J2单元格中输入“辅助列”，在J3:J4单元格区域分别输入“1”和“2”，❷选择这个单元格，双击控制柄填充一列差值为1的等差序列数据辅助列。

核表

办公应用	管理能力	礼仪素质	总成绩	辅助列
90	72	84	492	1
82	73	80	473	2
71	82	83	481	
94	85	84	507	
93	71	78	492	
83	80	83	494	
81	93	83	501	
77	94	82	486	

❶输入 ❷双击

步骤02 设置总成绩大于500的数据的字体格式

按总成绩的降序排列表格，将总成绩大于500的数据的字体格式设置为“红色，加粗”。

E	F	G	H	I	J
年度考核表					
电脑操作	办公应用	管理能力	礼仪素质	总成绩	辅助列
73	86	93	93	509	10
87	94	85	84	507	4
88	76	87	91	505	11
81	81	93	83	501	7
80	83	80	83	494	6
92	77	91	77	49[illegible]	12

设置

步骤03 恢复到表格的原始顺序

按辅助列数据的升序排列表格快速恢复到原始顺序，最后删除辅助列数据即可完成操作。

E	F	G	H	I	J
年度考核表					
电脑操作	办公应用	管理能力	礼仪素质	总成绩	辅助列
95	90	72	84	492	1
75	82	73	80	473	2
91	71	82	83	481	3
87	94	85	84	507	4
83	93	71	78	492	5
80	83	80	83	494	6

排序

高手支招｜巧妙查找所需的函数

Excel有那么多的函数，要将所有函数记住是不可能的，此时可使用系统提供的搜索函数功能快速查找到需要的函数，具体的方法有两种，下面对这两种方法分别进行介绍。

● 根据函数名查找

❶在“插入函数”对话框中将“或选择类别”设置为“全部”，❷在列表框中选择任意函数，在键盘上按函数前几个字母对应的键便可自动跳到以该字母开头的函数处，如图7-43所示。

● 根据功能查找函数

❶在“插入函数”对话框的“搜索函数”文本框中输入关键字，如输入“平均值”关键字，❷单击“转到”按钮，系统会自动查找与关键字相关的函数，如图7-44所示。

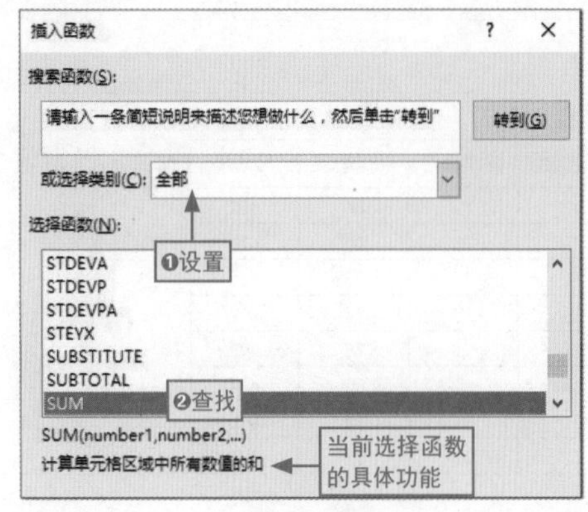

图7-43

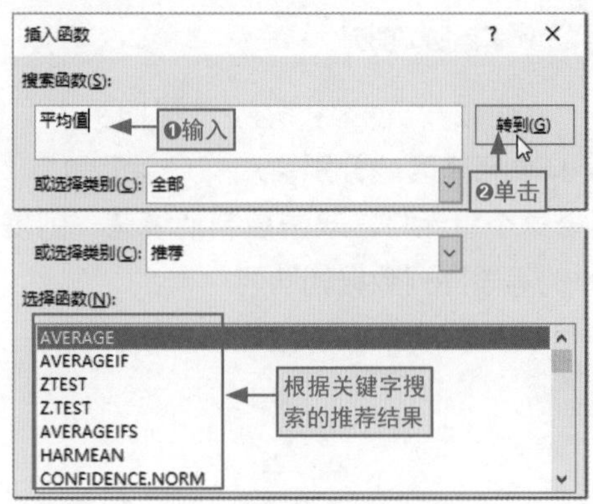

图7-44

第8章 网络设置与应用一点通

学习目标

在现代社会环境中，网络是交流、资源共享的通道，是人们生活、工作中必不可少的工具。因此，了解网络是每个新人走进互联网世界必学的第一课。本章将具体针对网络设置与基本应用进行介绍。

本章要点

- ADSL宽带连接方式
- 小区宽带连接方式
- 设置WiFi密码连接
- 关闭无线广播防蹭网

……

- 设置浏览器的主页
- 收藏夹的应用
- 资源的搜索与下载
- Microsoft Edge工作页面简介

……

知识要点	学习时间	学习难度
常见的几种网络连接方式	45分钟	★★
无线路由器的基本设置	20分钟	★★
使用IE 11上网	30分钟	★★★
Microsoft Edge深度体验	30分钟	★★★

LESSON 8.1 常见的几种网络连接方式

要了解网络，首先要了解网络的连接方式，目前大家可考虑的宽带接入方式有三种，分别是ADSL宽带、小区宽带和有线通，下面分别对其进行介绍。

8.1.1 ADSL宽带连接方式

ADSL宽带是中国电信为广大客户提供的一种很常见的互联网接入服务，它主要通过普通的电话线为家庭和办公室提供高速的网络环境。它可以与普通电话共存于一条电话线上，在接听、拨打电话的同时进行网上冲浪，且不需要缴付额外的电话费。下面从安装条件、传输速率、优点和缺点等方面来认识这种连接方式，具体如表8-1所示。

表 8-1　认识 ADSL 宽带连接方式

介绍方面	具体描述
安装条件	① ADSL 是直接利用现有的电话线路，通过 ADSL MODEM 后进行数字信息传输。因此，凡是安装了电信电话的用户，且当地电信局开通了 ADSL 宽带服务的用户，都具备安装 ADSL 的基本条件； ②在安装时，用户需拥有一台 ADSL MODEM（通常由电信提供，有的地区也可自行购买）和带网卡的电脑即可
传输速率	虽然 ADSL 的最大理论上行速率可达到 1MB/s，下行速率可达 8MB/s，但目前国内电信为普通家庭用户提供的实际速率多为下行 512KB/s，提供下行 1MB/s 甚至以上速率的地区很少
优点	①工作稳定，出故障的概率较小，一旦出现故障，可及时与电信（如拨打电话 1000）联系，通常能很快得到技术支持和故障排除； ②电信会推出不同价格的包月套餐，为用户提供更多的选择； ③带宽独享，并使用公网 IP，用户可建立网站、FTP 服务器或游戏服务器
缺点	① ADSL 速率偏慢，以 512Kbps 带宽为例，最大下载实际速率为 87KB/s 左右，即使升级到 1M 带宽，也只能达到 100 多 KB/s； ②对电话线路质量要求较高，如果电话线路质量不好，易造成 ADSL 工作不稳定或断线

8.1.2 小区宽带连接方式

小区宽带是大中城市目前较普及的一种宽带接入方式，网络服务商采用光纤接入到楼（FTTB）或小区（FTTZ），再通过网线接入用户家，为整幢楼或小区提供共享带宽。目前国内有多家公司提供此类宽带接入方式，如长城宽带、联通等。下面从安装条件、传输速率、优点和缺点等方面来认识这种连接方式，具体如表8-2所示。

表 8-2 认识小区宽带连接方式

介绍方面	具体描述
安装条件	①这种宽带接入通常由小区出面申请安装，网络服务商不受理个人服务。用户可询问所居住小区物管或直接询问当地网络服务商是否已开通本小区宽带； ②这种接入方式对用户设备要求最低，只需一台带 10/100MB/s 自适应网卡的电脑
传输速率	绝大多数小区宽带均为 10MB/s 共享带宽
优点	①初装费用较低（通常为 100 ～ 300 元，视地区不同而异）； ②从申请到安装所需等待的时间非常短； ③下载速度很快，通常能达到上百 KB/s，很适合需要经常下载文件的用户，而且没有上传速度的限制
缺点	①这种宽带接入主要针对小区，因此个人用户无法自行申请，必须待小区用户达到一定数量后才能向网络服务商提出安装申请； ②各小区采用哪家公司的宽带服务由网络运营商决定，用户无法选择； ③多数小区宽带采用内部 IP 地址，不便于需使用公网 IP 的应用； ④由于带宽共享，一旦小区上网人数较多，在上网高峰时期网速会变得很慢

8.1.3 有线通宽带连接方式

有线通宽带也称广电通宽带，这种连接方式是直接利用现有的有线电视网络，并稍加改造后，便可利用闭路线缆的一个频道进行数据传送，而不影响原有的有线电视信号传送。下面从安装条件、传输速率、优点和缺点等方面来认识这种连接方式，具体如表8-3所示。

表 8-3 认识有线通宽带连接方式

介绍方面	具体描述
安装条件	①安装前，用户可询问当地有线网络公司是否可开通有线通服务； ②设备方面需要一台 Cable MODEM 和一台带 10/100MB/s 自适应网卡的电脑
传输速率	理论传输速率可达到上行 10MB/s、下行 40MB/s，尽管理论传输速率很高，但一个小区或一幢楼通常只开通 10MB/s 带宽，同样属于共享带宽。上网人数较少的情况下，下载速率可达到 200KB/s ～ 300KB/s
优点	最大好处是无须拨号，开机便永远在线
缺点	①初装费用较高； ②由于带宽共享，上网人数增多后，速度会下降

LESSON
8.2 无线路由器的基本设置

现在的家庭中有多台电脑的情况是很普遍的，如果要让多台电脑同时上网，可以使用路由器来连接。或者通过无线路由器设置WiFi连接，但是这种情况必须对路由器进行一些设置，下面对其进行具体介绍。

8.2.1 设置WiFi密码连接

在路由器中开启无线网功能就可以让带无线网卡的电脑或者其他移动设备方便地搜索并使用无线网络。为了其他电脑方便查找与使用，在开启无线网功能时，需要为无线WiFi设置一个名称，并为其设置相应的密码，从而确保只有正确输入密码的用户才能使用该无线网络。有关设置的具体操作方法如下。

步骤01 登录路由器

❶在浏览器的地址栏中输入“http://192.168.0.1/”网址后按Enter键，程序自动打开一个登录对话框，❷在其中输入相应的用户名和密码，❸单击“确定”按钮，登录路由器。

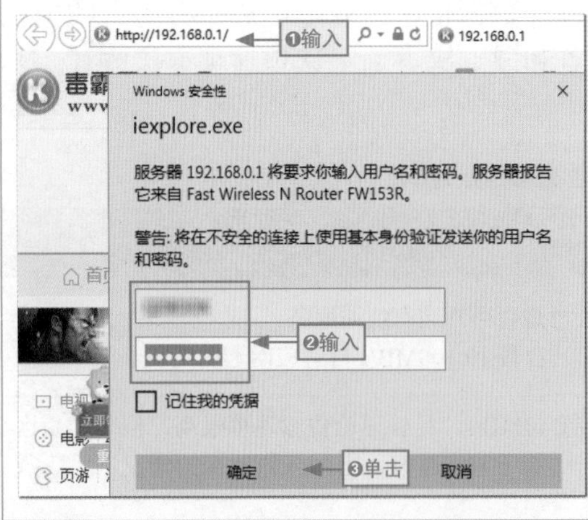

步骤02 设置无线网的名称并开启无线功能

程序自动进入路由器，❶展开“无线设置/基本设置”目录，❷在“SSID号”文本框中设置无线网的名称，保持信道、模式、频段带宽参数的默认设置不变，❸选中“开启无线功能”复选框。

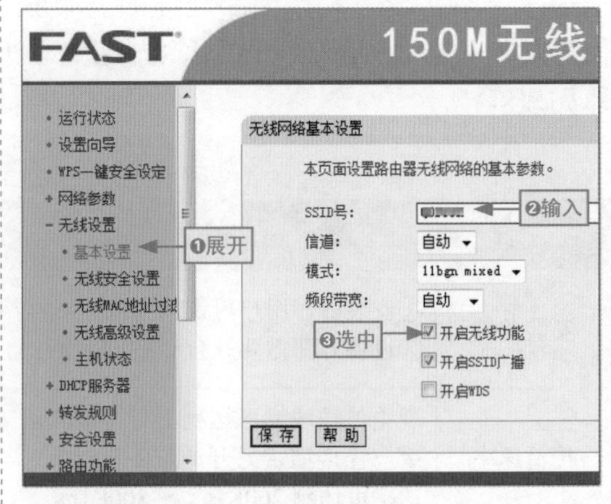

长知识 | 记住我的凭据

如果在对话框中选中“记住我的凭据”复选框，则下一次登录时就不需要再手动输入用户名和密码了。

步骤03 设置无线网络的密码

❶在左侧窗格单击“无线安全设置”目录，❷在“PSK密码”文本框中设置无线网络的密码。

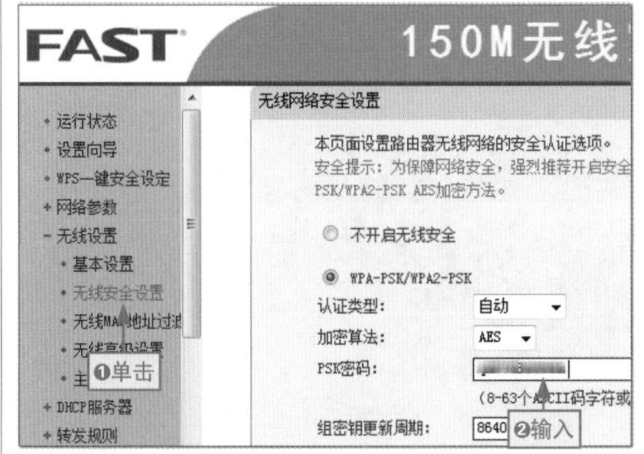

步骤04 提示需要重启路由器

❶在页面下方单击“保存”按钮，程序会打开一个提示对话框，❷在其中单击“确定”按钮。

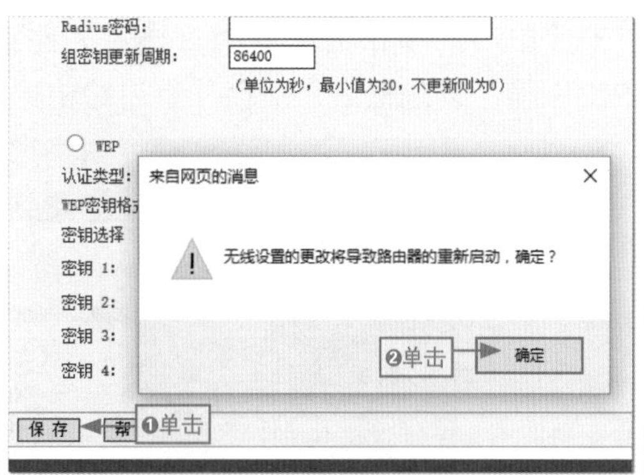

步骤05 单击“重启”超链接

在页面下方自动出现提示信息，直接单击其中的“重启”超链接。

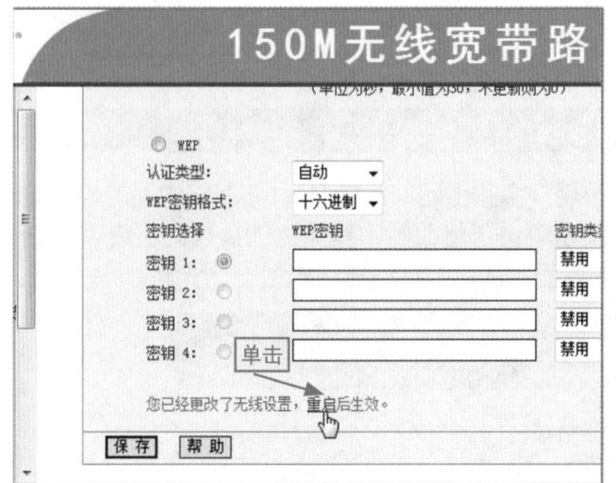

步骤06 确认重启路由器

❶在打开的界面中单击“重启路由器”按钮，❷在打开的提示对话框中单击“确定”按钮。

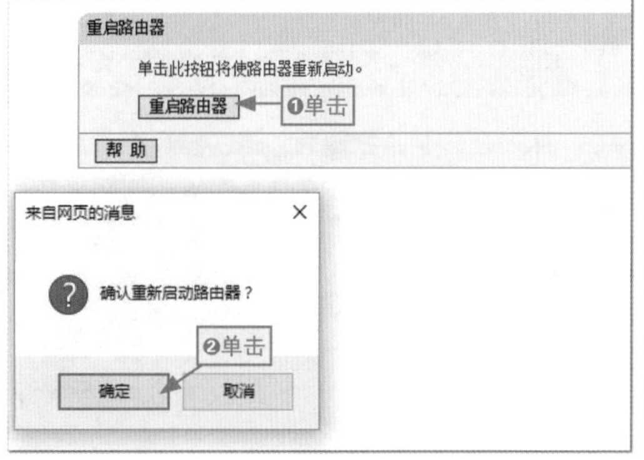

步骤07 自动重启路由器

程序自动开始重启路由器，稍后完成重启后会自动返回到路由器的登录首页。

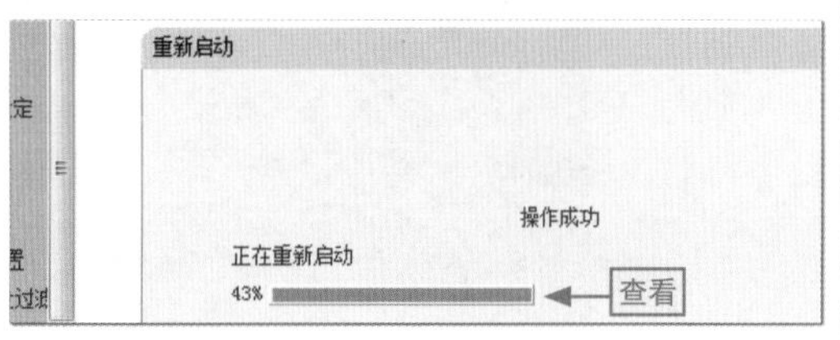

8.2.2 关闭无线广播防蹭网

现在有许多小工具可以查找到各种无线网络，即使无线网络设置了密码，也可能被破解。

为了防止他人蹭网，可以关闭无线广播功能，让其他设备搜索不到无线网络。关闭无线广播的操作很简单，直接进入路由器的“基本设置”界面，取消选中“开启SSID广播”复选框后，保存并重启路由器即可，如图8-1所示。

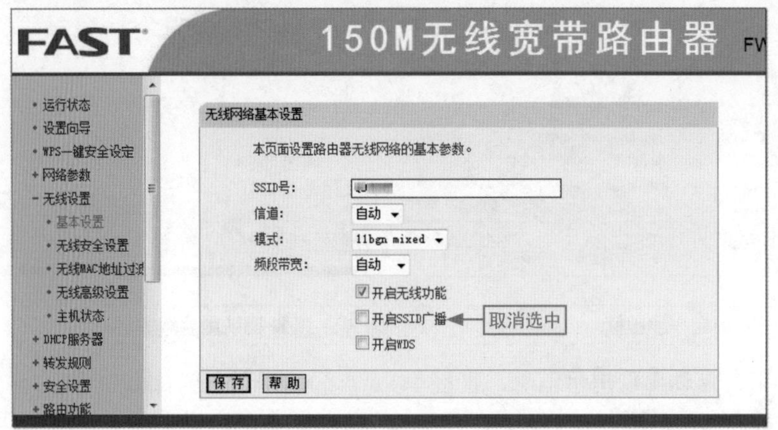

图8-1

长知识｜修改路由器的出厂登录用户名和密码

用户在购买路由器后，路由器厂家都有默认登录用户名和密码，比如TP-LINK路由器的出厂登录用户名和密码均为admin，那么如何对该用户名和密码进行修改呢？其具体的操作为：进入路由器，展开“系统工具/修改登录口令”目录，在右侧的界面中即可进行设置，如图8-2所示。

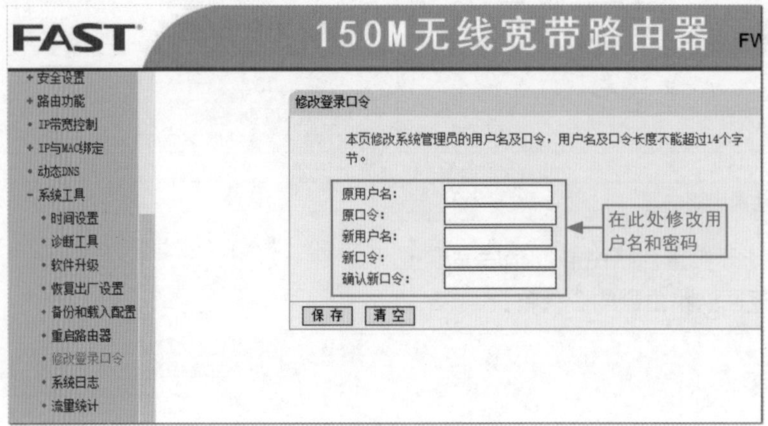

图8-2

LESSON 8.3 使用IE 11上网

浏览器是浏览网络资源的重要工具，虽然现在市面上的浏览器种类繁多，但是它们的功能和界面大致相同。本节将以IE 11浏览器为例，讲解如何使用浏览器上网的简单操作。

8.3.1 认识IE 11

IE 11是IE浏览器的最后一个版本，因此会被大量Windows 7和Windows 8用户采用。在Windows 10中，该浏览器也可以兼容，下面就来认识IE 11浏览器的重要组成，如图8-3所示。

图8-3

各组成的具体作用如表8-4所示。

表 8-4　IE 11 浏览器的组成介绍

序号	名　称	具体描述
❶	“后退”按钮	能够后退到前一个浏览的网页，方便用户查找前一个网页的信息
❷	“前进”按钮	能够前进到下一个浏览的网页，方便用户查找下一个网页的信息
❸	地址栏	在地址栏中输入网页地址，显示的是当前的网页地址。如果用户在近期内输入过多个网页地址，在下拉列表中选择即可

续表

序号	名　称	具体描述
❹	标签栏	在浏览器中，可以同时打开多个网页，每个网页在浏览器上就是一个标签栏
❺	功能按钮	“主页”按钮：位于左侧，可将当前页面转到用户设置的主页中，其快捷键为 Alt+Home 组合键
		“收藏夹”按钮：位于中间，可对经常使用的网址进行管理，在这其中还可以查看浏览网页的历史记录
		“工具”按钮：位于右侧，在其中是对浏览器进行比较全面的设置。其快捷键是 Alt+X 组合键

长知识 | 网页的切换与关闭

由于在浏览器中可以同时打开多个网页，用户可以单击相应的标签进行网页之间的切换。同时打开过多的网页，会影响电脑的运行速度。对于不用的网页要及时关闭，每个标签栏右侧都会有关闭按钮，单击即可。

8.3.2 设置浏览器的主页

浏览器的主页即是用户启动浏览器后程序默认显示的网页，如果用户经常访问某个网站，则可以将该网站设置为浏览器的主页。下面以将“东方财富网”官网设置为浏览器的主页为例，讲解相关的操作，其具体操作方法如下。

步骤01 选择“Internet选项”命令

❶启动浏览器，单击“工具”按钮，❷在弹出的下拉菜单中选择“Internet选项”命令，打开“Internet选项”对话框。

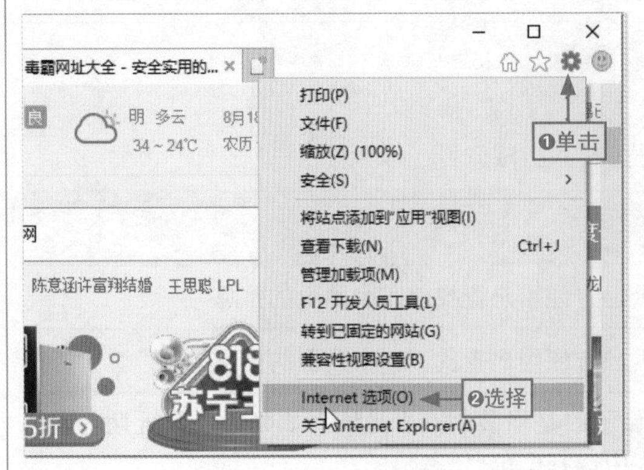

步骤02 设置主页

在该对话框的“常规”选项卡的列表框中输入主页网址，这里输入“http://www.eastmoney.com”网址。

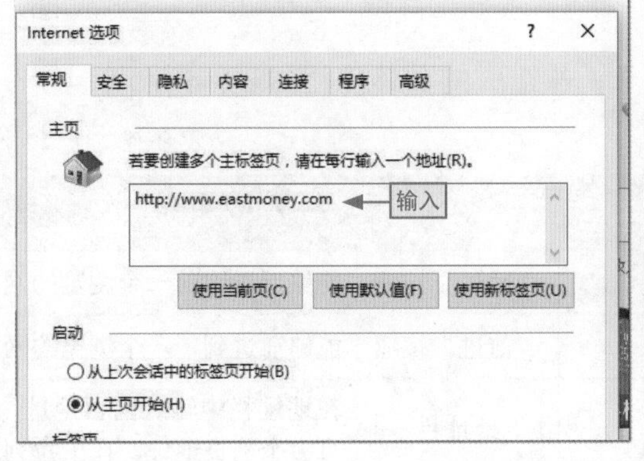

IE 11支持设置多个主页，其具体操作是：直接在“Internet选项”对话框的列表框中分行输入多个网址，如图8-4左图所示。重启浏览器后，单击“主页”按钮，程序会自动将所有的主页都启动，如图8-4右图所示。

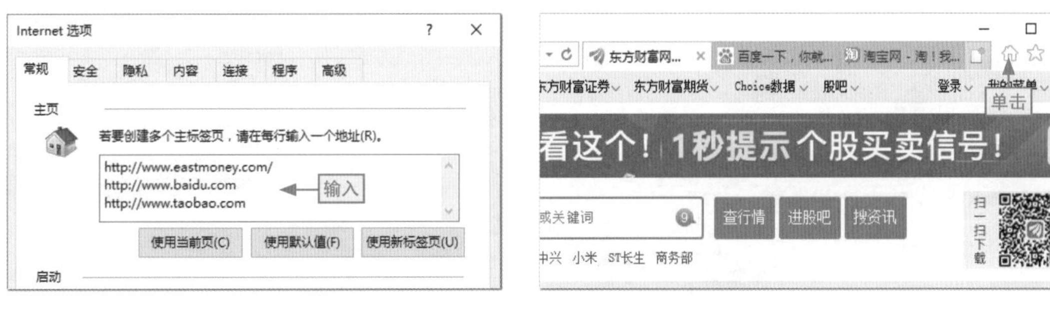

图8-4

8.3.3 收藏夹的应用

虽然IE 11支持设置多个主页，但并不是每次都要使用所有的主页，因此建议用户只设置一个主页，对于需要经常使用的其他网页、子网页，可以通过收藏夹进行保存，需要使用时再快速从收藏夹中访问即可。下面具体介绍收藏夹的相关使用与操作。

1. 将网址添加到收藏夹中

在IE中，对于正在访问的网页，可以通过“收藏夹”菜单项将其添加到收藏夹中，下面以将“千图网”网址添加到收藏夹中为例，讲解相关的操作方法。

步骤01 显示菜单栏

❶启动浏览器，访问千图网网页（http://www.58pic.com/），❷按Alt键显示IE浏览器的菜单栏。

步骤02 选择“添加到收藏夹”命令

❶单击“收藏夹”菜单项，❷选择“添加到收藏夹”命令（选择“添加到收藏夹栏”命令可以将网址添加到收藏夹栏）。

步骤03 更改收藏网址的名称

❶在打开的“添加收藏”对话框中修改收藏网址的名称为“千图网”，❷单击“新建文件夹”按钮。

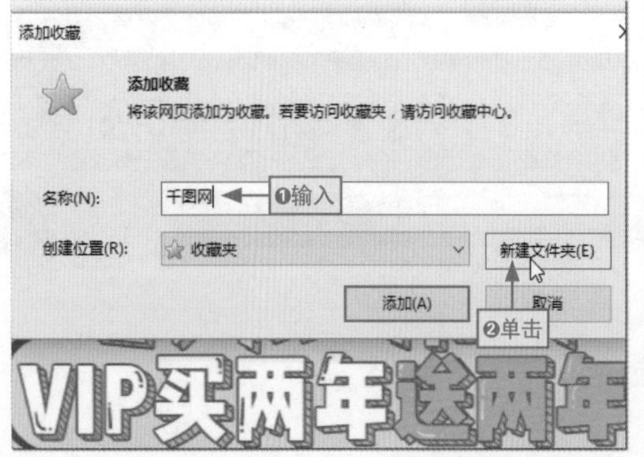

步骤04 创建指定名称的收藏夹

❶在打开的“创建文件夹”对话框中设置文件夹名称为“素材网站大全”，❷单击“创建”按钮。

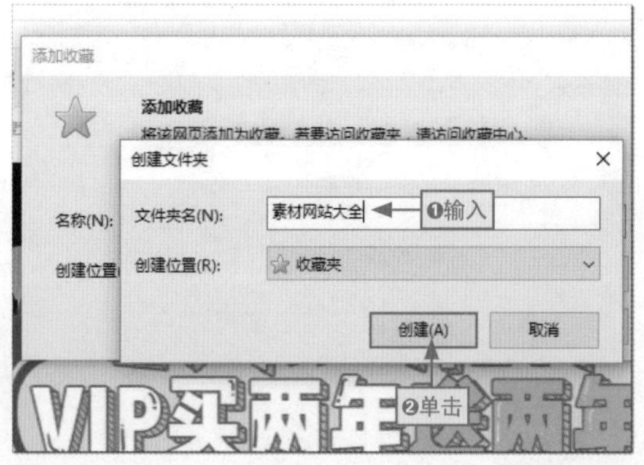

步骤05 确认添加网址

在返回的“添加收藏”对话框中单击“添加”按钮即可将千图网网站收藏到收藏夹的指定位置。

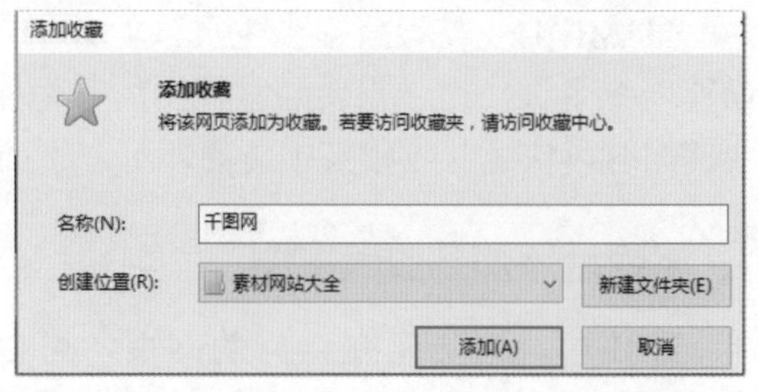

2. 访问收藏夹中的网址

将网址添加到收藏夹栏，直接单击收藏夹栏上的对应按钮即可访问收藏的网页，如果将网页收藏到收藏夹中，用户可以通过收藏夹窗格和收藏夹菜单来访问，下面以访问前面收藏的千图网为例，讲解这两种方法的具体操作。

● 通过收藏夹窗格访问

❶单击“收藏夹”按钮，打开收藏夹窗格，❷在其中选择“素材网站大全”文件夹，❸在该文件夹中选择“千图网”网址即可，如图8-5所示。

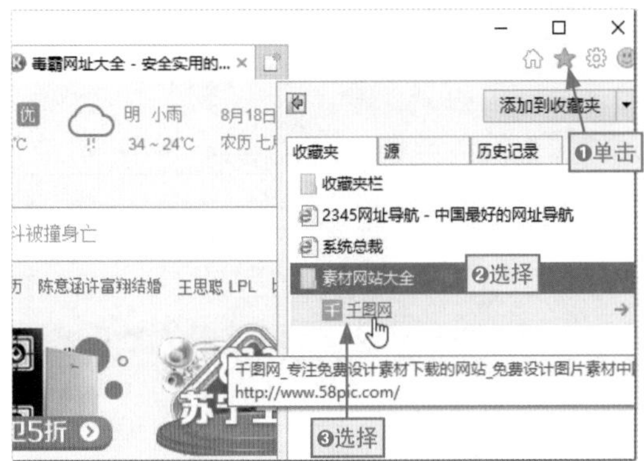

图8-5

● 通过收藏夹菜单访问

❶按Alt键显示菜单栏，单击“收藏夹”菜单项，❷在弹出的下拉菜单中选择“素材网站大全/千图网”命令即可访问千图网网页，如图8-6所示。

图8-6

长知识 | 始终显示菜单栏

在IE 11中，默认情况下菜单栏是隐藏的，如果用户要经常使用菜单栏，可以将其设置为始终显示，其具体操作是：在任意工具栏的空白位置右击，❶这里在收藏栏的空白位置右击，❷在弹出的快捷菜单中选择“菜单栏”命令即可，如图8-7所示（其他工具栏、收藏栏等都可以通过此方法将其始终显示在IE浏览器的窗口中）。

图8-7

3. 整理收藏夹

将网址添加到收藏夹后，还可以通过整理收藏夹将收藏的网址进行更好的管理，具体包括新建收藏夹文件夹、重命名收藏夹文件夹、将网址移动到收藏夹文件夹中、删除收藏的网页、更改收藏列表中的顺序等，其具体操作方法如下。

步骤01 选择“整理收藏夹”命令

❶在浏览器窗口中单击“收藏夹”菜单项，❷在弹出的下拉菜单中选择“整理收藏夹”命令，打开“整理收藏夹”对话框。

步骤02 新建文件夹

在该对话框中直接单击“新建文件夹”按钮，程序自动创建一个文件夹，并且文件夹的名称呈可编辑状态。

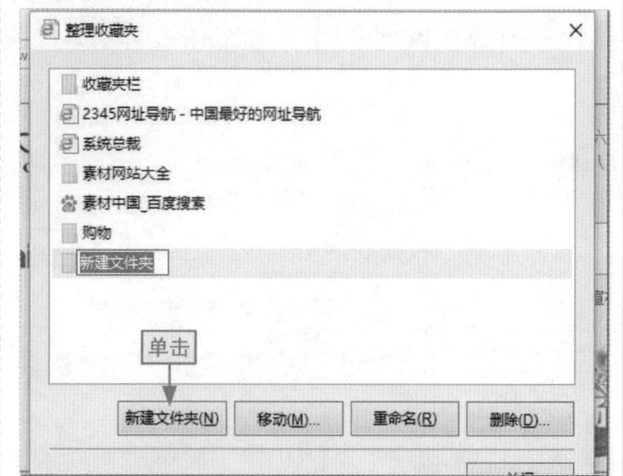

步骤03 为文件夹设置名称

❶直接输入“导航网址”文本，❷单击对话框中的任意空白位置，退出文件夹名称的可编辑状态。

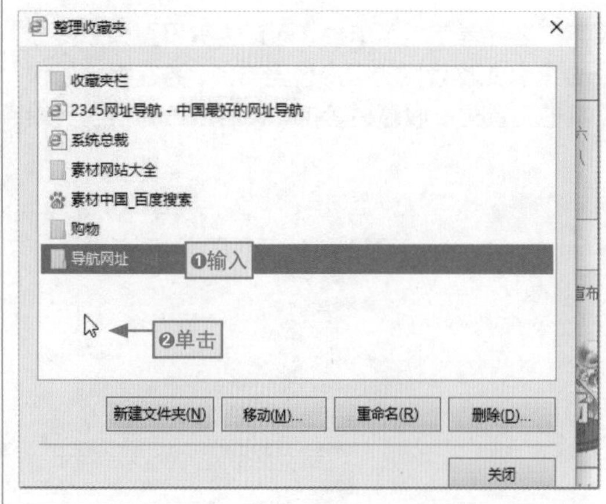

步骤04 移动网址到文件夹中

❶选择收藏的2345网址导航网页，❷按住鼠标左键不放，将其拖动到“导航网址”文件夹上后释放鼠标左键，完成网址的移动。

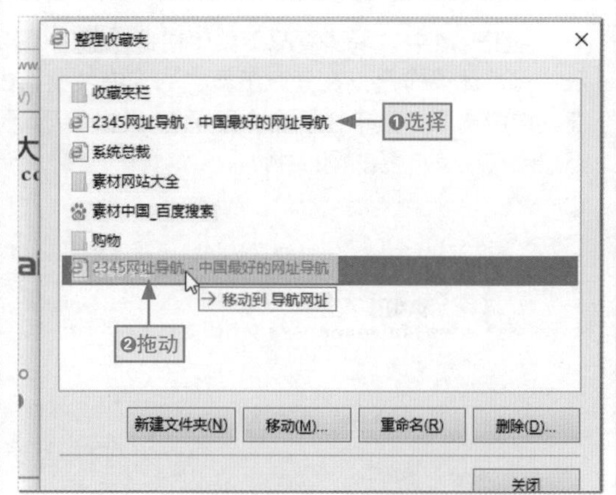

步骤05 更改收藏夹的顺序

❶选择“导航网址”收藏夹，❷将其拖动到“系统总裁”网址与“素材网站大全”文件夹之间，释放鼠标左键完成顺序的更改。

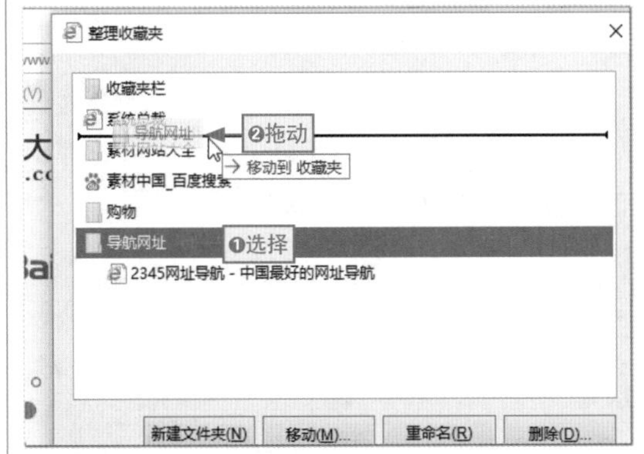

步骤06 单击“重命名”按钮

❶选择“购物”文件夹，❷单击对话框下方的“重命名”按钮，将文件夹的名称变为可编辑状态。

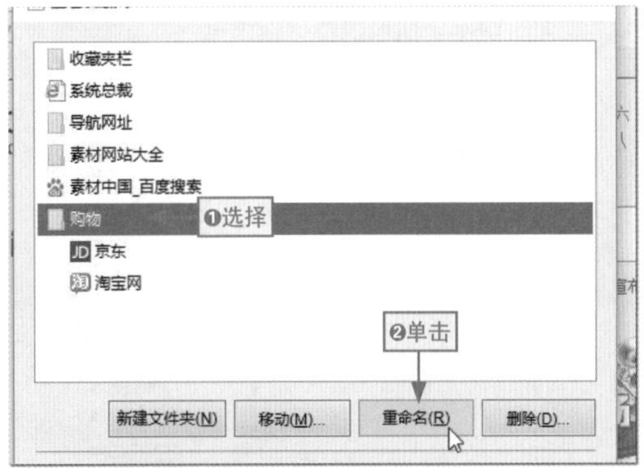

步骤07 重命名文件夹名称

❶直接在“购物”文本后面添加“网站大全”文本，❷单击对话框中的任意空白位置，退出文件夹名称的可编辑状态。

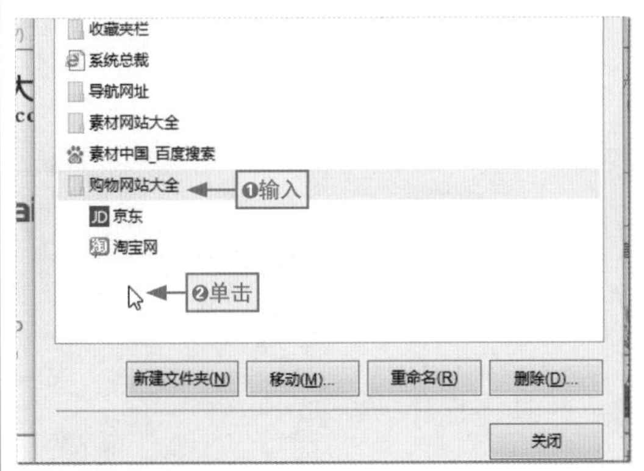

步骤08 删除收藏的网址

❶选择收藏的“素材中国_百度搜索”网址，❷单击“删除”按钮即可将该网址从收藏夹中删除。

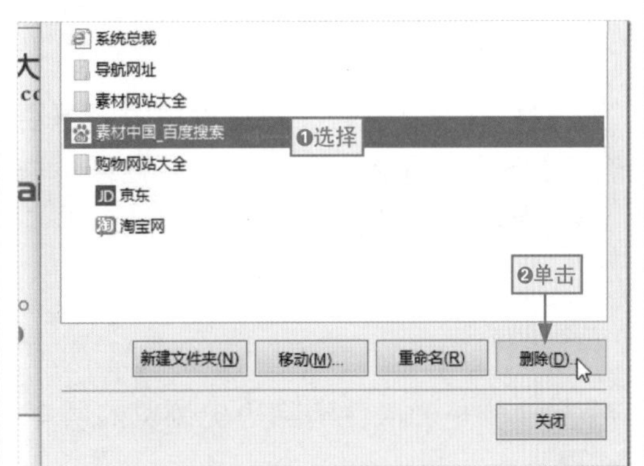

步骤09 关闭对话框

完成收藏夹的所有整理操作后，直接单击对话框右下角的“关闭”按钮关闭对话框，完成整个操作。

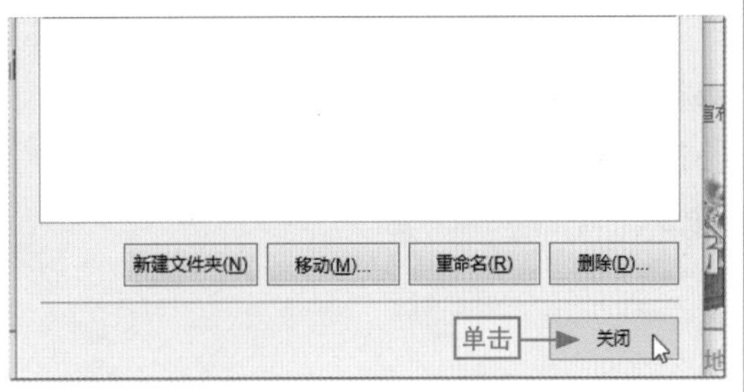

8.3.4 清除历史记录

在长时间使用电脑的过程中，如果不及时清理历史浏览痕迹，会出现电脑反应速度缓慢，网页打开速度变慢的情况。清除历史浏览记录有两种情况，一种是清除指定时间的历史记录，其具体操作方法如下。

步骤01 单击“历史记录”选项卡

❶启动浏览器，单击“收藏夹”按钮，❷在打开的收藏夹窗格中单击“历史记录”选项卡，可查看到历史记录按日期划分。

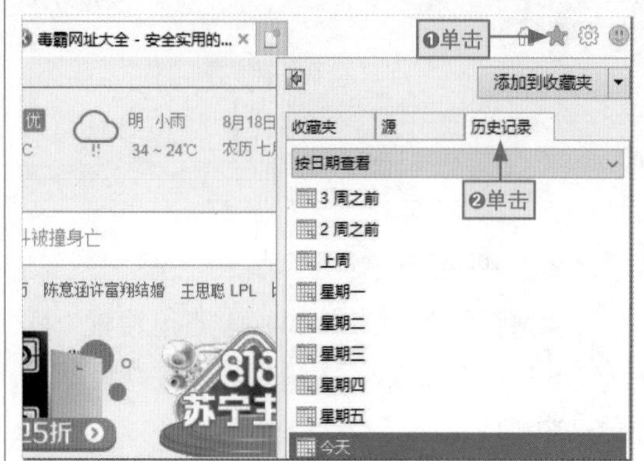

步骤02 删除指定的历史记录

选择指定时间的历史记录，这里选择“3周之前”选项，❶在其上右击，❷在弹出的快捷菜单中选择“删除”命令。

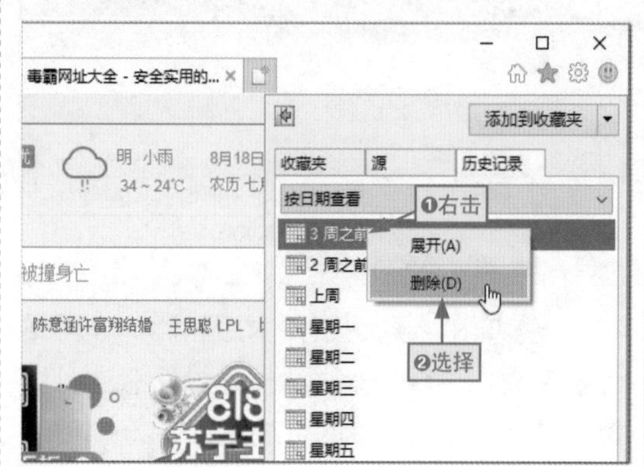

步骤03 确定删除历史记录

在打开的“警告”对话框中提示是否确实要删除3周前的历史记录，直接单击“是”按钮确认删除即可。

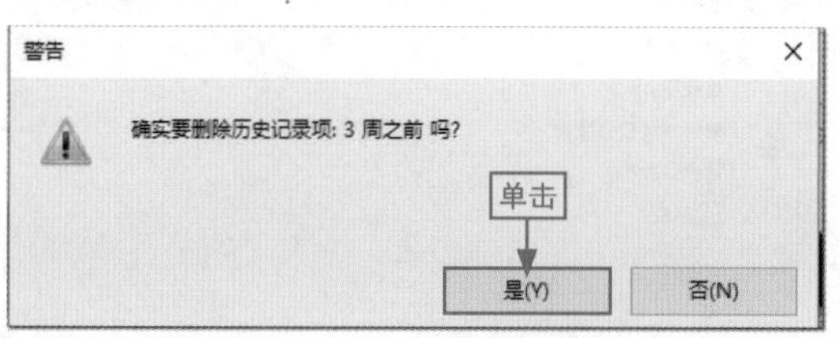

另一种是一次性清除历史浏览的所有记录，其具体操作方法如下。

步骤01 选择“删除浏览历史记录”命令

❶在浏览器窗口中单击“工具”按钮，❷在弹出的下拉菜单中选择“安全”命令，❸在其子菜单中选择“删除浏览历史记录”命令。

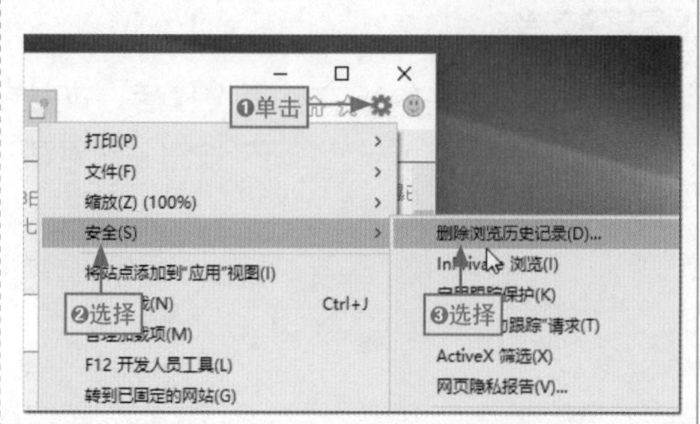

步骤02 设置删除内容

❶在打开的“删除浏览历史记录”对话框中选中所有的复选框，❷单击“删除”按钮，程序会自动将历史的所有记录删除。

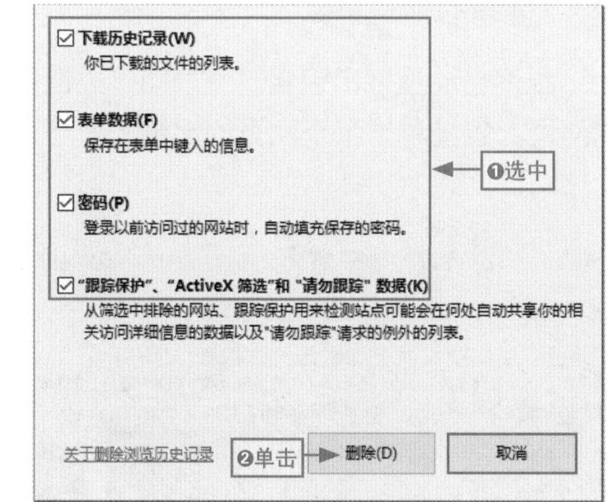

步骤03 查看删除后的效果

❶单击“收藏夹”按钮，打开收藏夹窗格，❷在其中单击“历史记录”选项卡，可以查看到该选项卡中没有任何内容。

长知识 | 设置退出浏览器时自动清除浏览的历史记录

在IE中，程序提供了退出浏览器时自动删除浏览的历史记录功能，启用该功能后，无论用户当日浏览了多少网页，只要退出浏览器，这些浏览痕迹将全部被删除。

启用退出浏览器时自动删除浏览的历史记录功能的操作为：打开“Internet选项”对话框，❶在“浏览历史记录”栏中选中“退出时删除浏览历史记录”复选框，❷单击“应用”按钮进行设置，❸单击“确定”按钮，确认设置并关闭对话框，如图8-8所示。

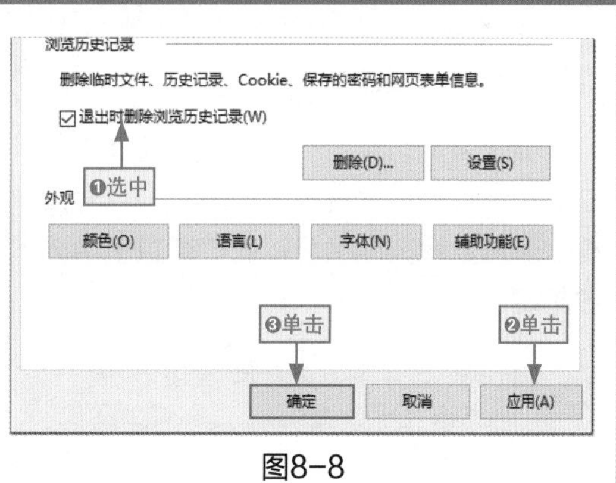

图8-8

8.3.5 资源的搜索与下载

网络是一个庞大的资源库，不管是文件、新闻、图片、音乐还是视频，都可以从中找到。用户可在其中搜索自己需要的资源并将其下载到自己的电脑中，方便随时使用。下面分别介绍资源的搜索与下载方法。

1. 搜索资源

百度搜索引擎是全球最大的中文搜索引擎，它能够帮助用户更便捷地获取信息，找到所求。在百度网站中，有一个搜索框，它是搜索资源的接口，在其中输入相应的关键字即可搜索对应的资源。下面通过具体的实例来讲解相关的操作方法。

步骤01 单击“百度一下”按钮

❶在百度网址的搜索框中直接输入要搜索的信息关键字，如输入“背景图”，❷单击“百度一下”按钮。

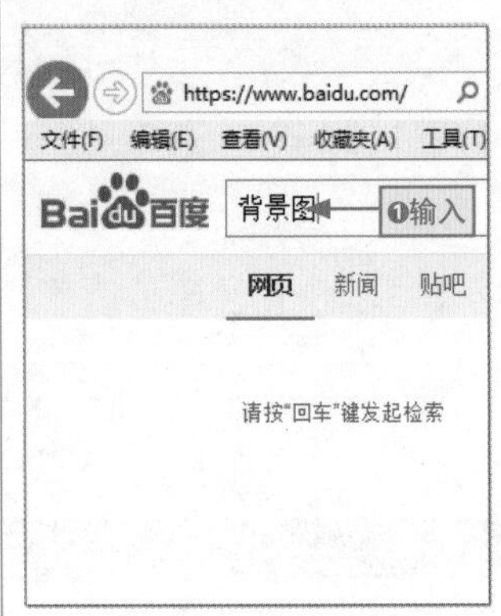

步骤02 单击相应超链接

程序自动搜索出包含“背景图”关键字的网页，直接单击某个网页的超链接即可访问该网页。

步骤03 打开的超链接网页

程序自动打开对应的网页，在其中即可查看到相关的图片资源（该网页中也有搜索框，通过设置关键字可以在该网页中精确搜索指定的图片）。

步骤04 按类别搜索资源

在百度首页还提供了许多导航按钮，如新闻、网页、贴吧、视频等，在设置关键字后，单击导航按钮可以根据关键字搜索对应的资源。

步骤05　在结果中进行相关搜索

在打开的搜索图片的页面中列举了与当前搜索关键字相匹配的所有图片，但是在页面上方还自动显示了相关搜索推荐，这里单击“古风背景图片”超链接。

步骤06　查看搜索结果

程序自动在“背景图”搜索结果中筛选出“古风背景图片”关键字相匹配的所有图片结果。

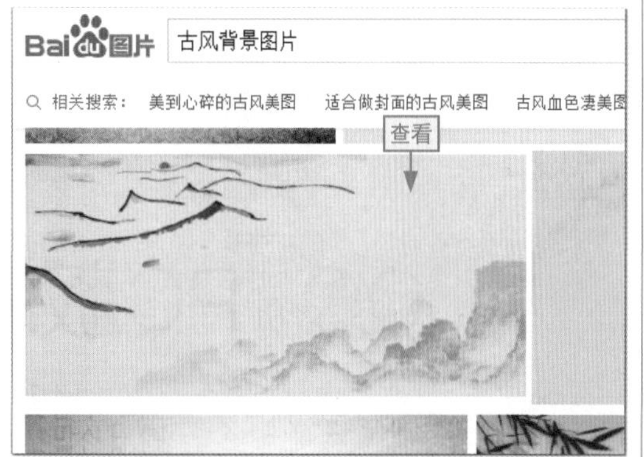

2. 下载资源

对于网络中提供的资源，用户可以通过复制和另存的方法保存到电脑中，如图8-9所示，左图为通过复制的方式从网页中保存文字内容，右图是通过另存的方法将搜索的图片保存到电脑中。

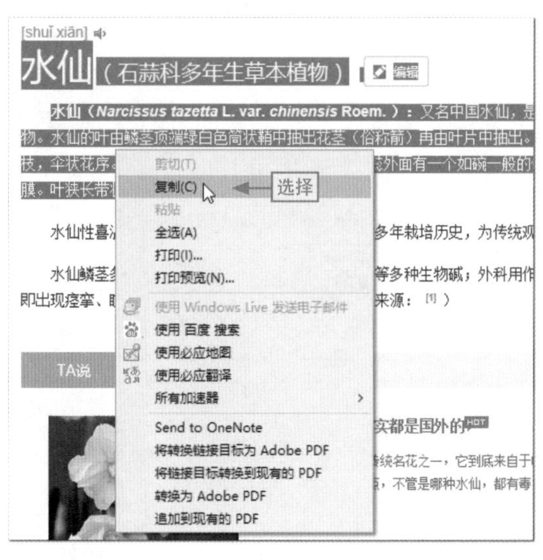

图8-9

对于文件、程序、音乐、电影和动画等资源，则只能通过下载的方法将其保存到电脑中。下面以下载QQ安装程序为例，讲解相关的下载操作方法。

步骤01 单击“下载”超链接

❶在浏览器的地址栏中输入“https://im.qq.com/”网址，按Enter键访问该页面，❷单击“下载”超链接。

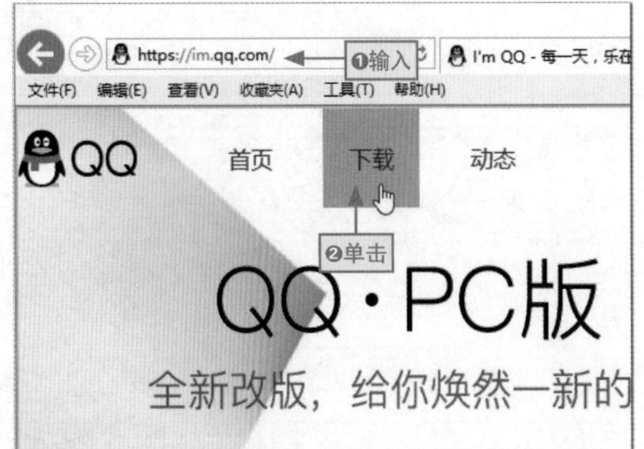

步骤02 单击“下载”按钮

在下载界面中列举了各种平台使用的QQ版本，这里单击“QQ PC版”软件版本对应的“下载”按钮。

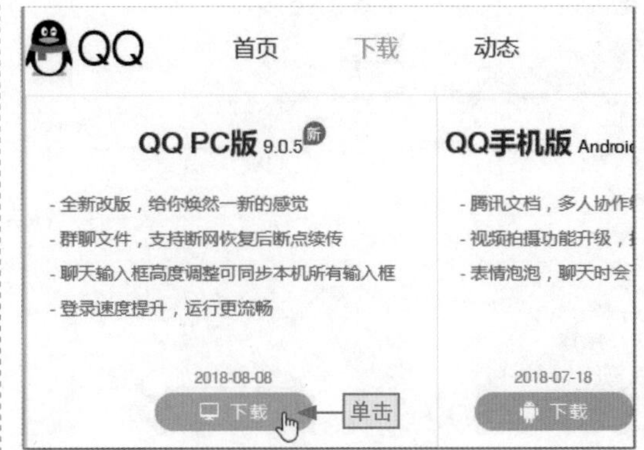

步骤03 选择“另存为”命令

❶在浏览器窗口下方弹出一个提示面板，在其中单击“保存”按钮右侧的下拉按钮，❷在弹出的下拉菜单中选择“另存为”命令。

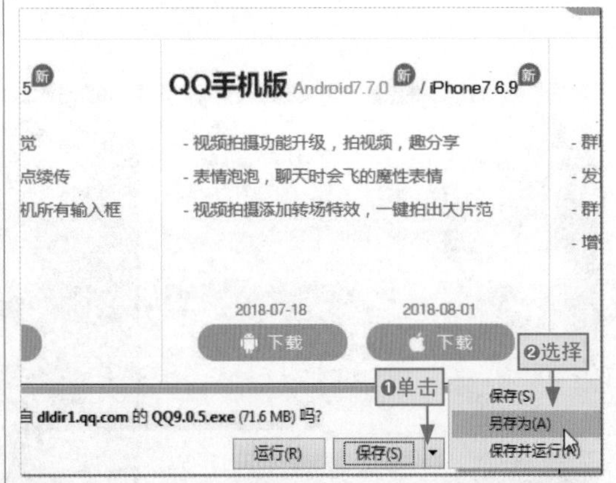

步骤04 设置程序下载的保存位置

❶在打开的“另存为”对话框中找到文件的保存位置，保持默认的文件名称，❷单击“保存”按钮。

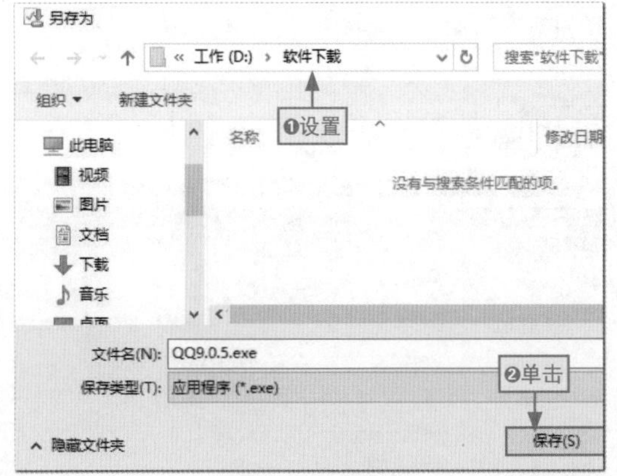

步骤05 关闭下载完成提示

程序开始自动下载QQ应用程序，完成后单击提示面板中的“关闭”按钮即可完成整个操作（单击“运行”按钮，可进行安装操作；单击“打开文件夹”按钮，可以查看下载文件的保存位置；单击“查看下载”按钮，可以在打开的对话框中查看下载状态）。

现在，大部分的文件、音乐、电影、动画等资源，都要求用户下载客户端，而且得注册并登录后才能进行免费下载，如图8-10所示。

图8-10

还有一些资源，需要付费下载，如在百度文库中下载一篇文章，需要对应的下载券才能下载，如图8-11所示（有些网站需要经验值或者下载豆，用户可以通过现金充值获得，也可以在该网站做任务或者分享文章获得）。

图8-11

LESSON 8.4 Microsoft Edge深度体验

Microsoft Edge浏览器是Windows 10操作系统特有的浏览器，该浏览器除了具有一般IE浏览器的功能外，还具有编辑功能，下面对其进行具体介绍。

8.4.1 Microsoft Edge工作页面简介

与IE浏览器相比，Microsoft Edge浏览器有五个方面的优势，分别是没有历史负担、更快的速度和更丰富的浏览体验、支持扩展程序、更富有个性化、更有沉浸感。其工作界面如图8-12所示。

图8-12

从图中可看到，Microsoft Edge浏览器的页面比IE界面更简洁，用户可以更专注于内容的浏览。下面对Microsoft Edge浏览器页面中的特有部分进行介绍。

1. 网页标签区域

不同于IE浏览器，Microsoft Edge浏览器的标签页可以具体显示预览网页效果，也可以将该区域隐藏起来仅显示网页标签，直接单击右侧的“展开”或“折叠”按钮即可。

此外，还可以单击右侧的“搁置这些标签”按钮将其暂时搁置，要使用时直接在左侧单击“搁置的标签”按钮，在展开的面板中选择要显示的标签选项即可快速访问该网页，如图8-13所示。

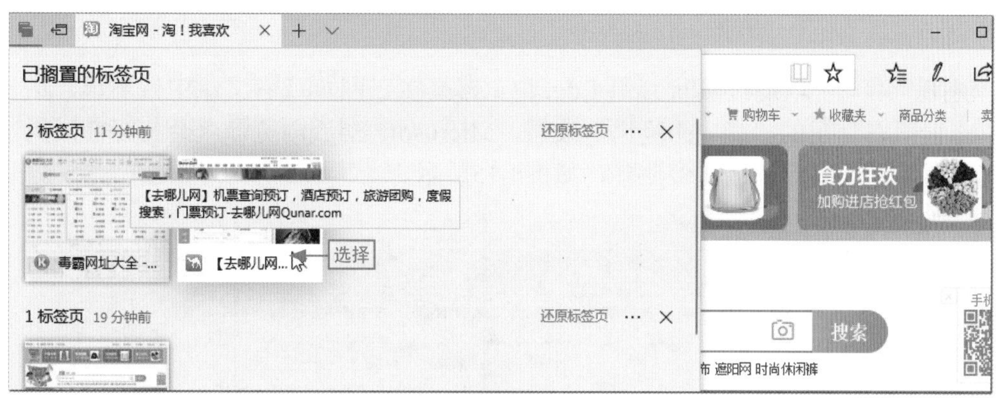

图8-13

2.“阅读视图”按钮

阅读视图是现阶段的 Edge 浏览器最为突出的特点之一，用户可以在浏览网页的时候单击地址栏右侧的阅读视图按钮，使网页进行重新加载，将除了网页正文和图片之外的所有不相关的内容都隐藏起来，如图8-14所示。

图8-14

3. “做Web笔记”按钮

现在，用户可以通过Microsoft Edge浏览器直接在网页或者文章中做笔记。用户只要单击窗口右上角的“做Web笔记”按钮，Microsoft Edge浏览器就会将当前网页上的内容截图，以便用户在上面做注释，如图8-15所示。

图8-15

4. “分享”按钮

分享功能是 Edge 浏览器带来的一个非常实用的、IE浏览器所不具备的功能，❶用户只要单击“分享”按钮，❷在打开的对话框中单击“邮件”按钮启用电子邮件，❸在其中输入收件人邮件地址（有关电子邮箱的相关操作将在第9章介绍），即可轻松将网页分享给自己的好友或者同事，如图8-16所示。

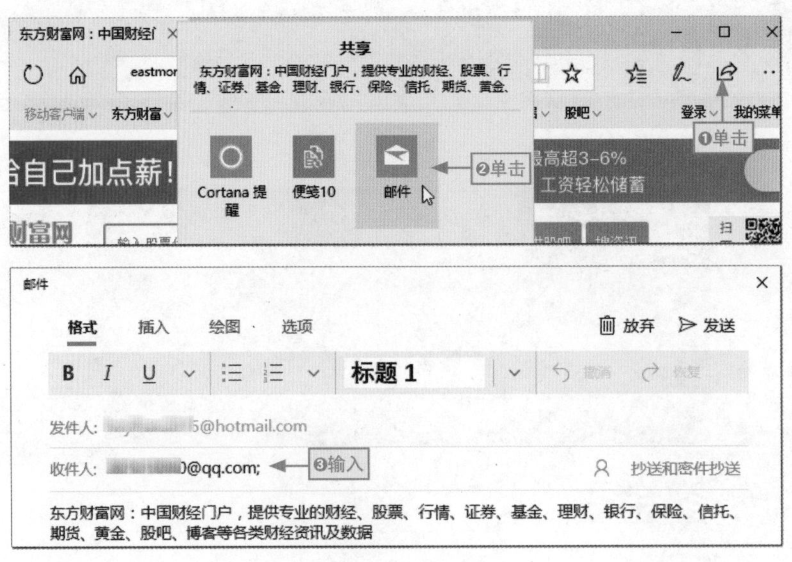

图8-16

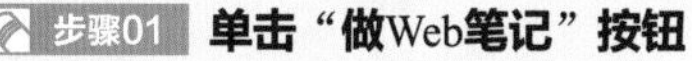

8.4.2 在Microsoft Edge浏览器中如何做笔记

做Web笔记功能是Microsoft Edge浏览器的一个显著功能，下面通过具体的实例讲解做笔记并保存笔记的相关操作，其具体操作方法如下。

步骤01 单击“做Web笔记”按钮

切换到要做笔记的网页，单击页面右上角的“做Web笔记”按钮。

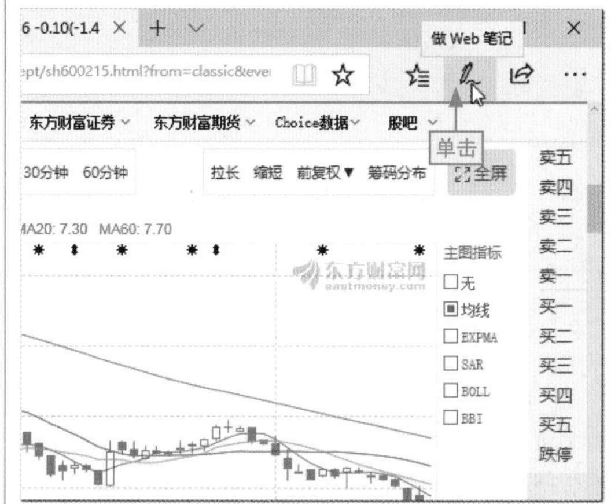

步骤02 单击“添加笔记”按钮

程序自动截取当前网页，并打开笔记工具栏，在其中单击“添加笔记”按钮。

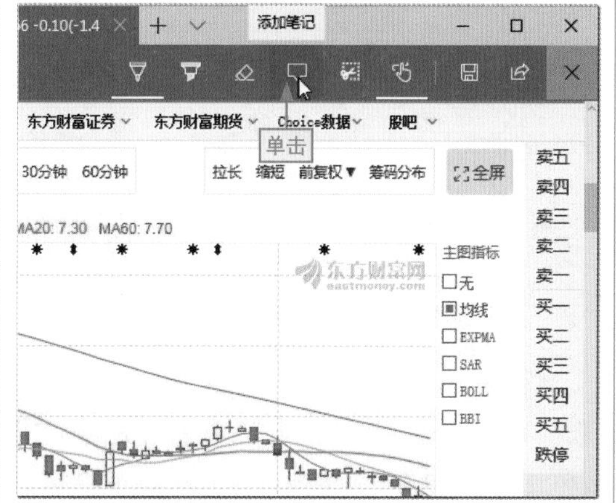

步骤03 插入批注文字

❶在页面的合适位置单击，插入一个批注框，❷在其中直接输入“60日均线对股价产生压力作用”的批注文字。

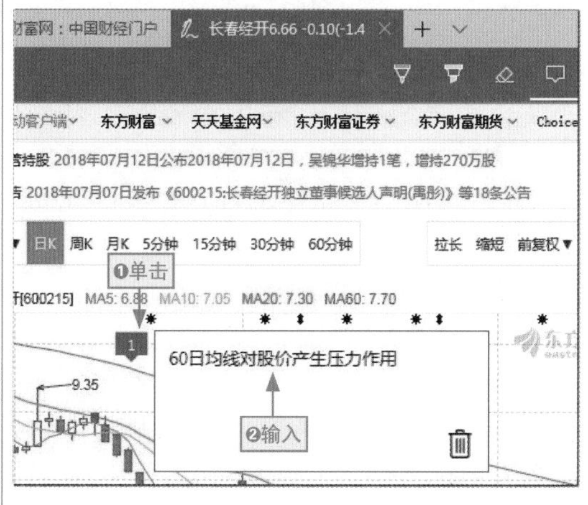

步骤04 做标记

❶单击工具栏中的“荧光笔”工具按钮，❷在需要标记的位置拖动鼠标添加标记，如这里在两个反弹受阻位置添加标记。

步骤05 单击“保存Web笔记”按钮

完成标记后，单击笔记工具栏中的“保存Web笔记”按钮。

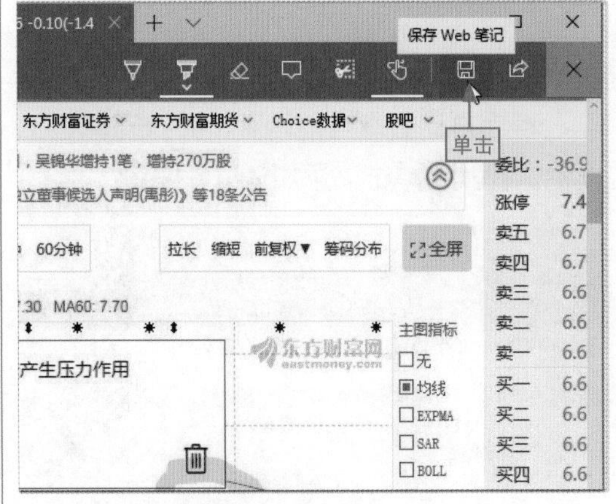

步骤06 保存笔记

❶在打开的对话框中输入笔记的名称，❷单击“保存”按钮。

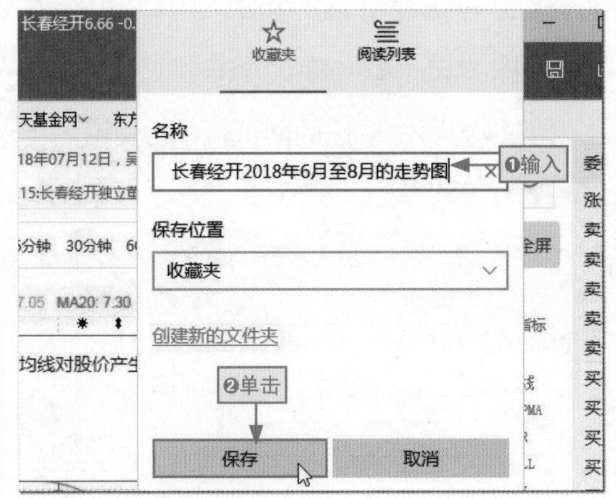

步骤07 单击“退出”按钮

程序自动将该页面中的所有笔记保存下来，单击“退出”按钮，关闭笔记页面，并返回到浏览页面状态。

步骤08 查看收藏的笔记

❶在浏览器中单击“收藏夹”按钮，❷在打开的任务窗格中可查看到收藏的笔记，选择该选项即可查看笔记内容。

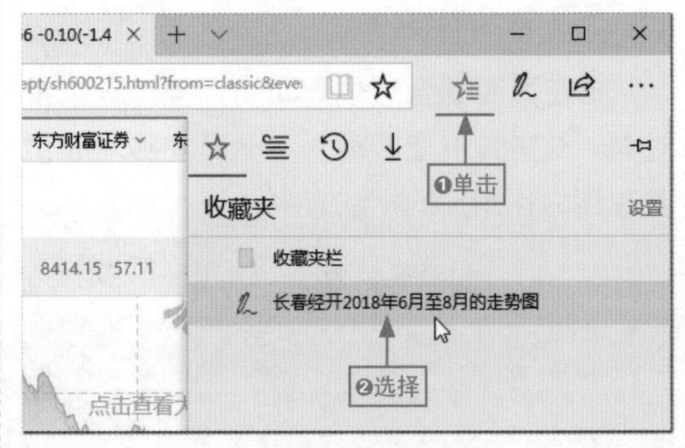

高手支招 | IE浏览器设置主页不成功怎么办

有时在网上下载资料时会附带一些插件，修改浏览器默认设置的主页。用户通过Internet选项重新设置主页后也不生效，这时就可以通过修改注册表把篡改的主页换掉，其具体操作方法如下。

步骤01 运行“regedit”命令

❶按Windows+R组合键打开“运行”对话框，在其中输入“regedit”命令，❷单击“确定”按钮。

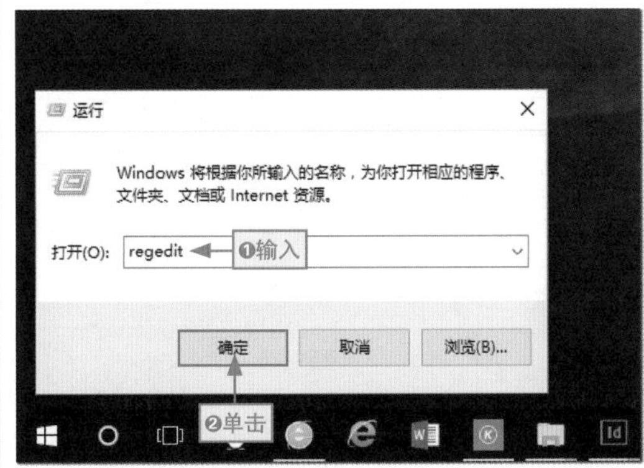

步骤02 选择“查找”命令

❶在打开的“注册表编辑器”窗口中单击“编辑”菜单项，❷在弹出的下拉菜单中选择“查找”命令。

步骤03 设置查找关键字

❶在“查找目标”文本框中输入需要修改的网址的关键词，这里输入“duba.com”，❷单击“查找下一个”按钮。

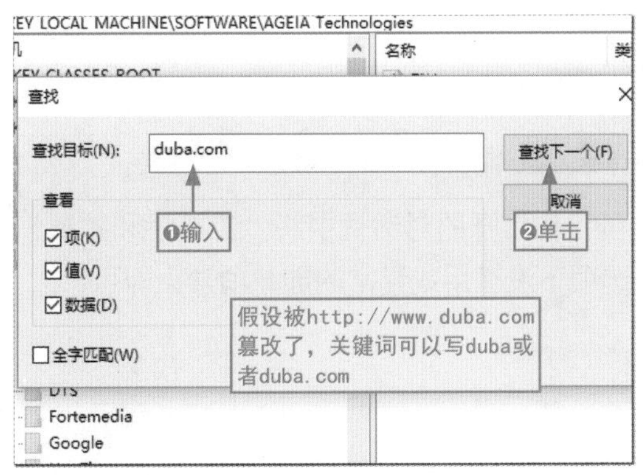

步骤04 选择“修改”命令

❶在“Start Page”键值上右击，❷在弹出的快捷菜单中选择“修改”命令。

步骤05 重设主页

❶在打开的对话框中输入要设置的主页，❷单击“确定”按钮。完成设置后，重启电脑并在“Internet选项”对话框中重新设置主页网址为右图一样的网址即可。

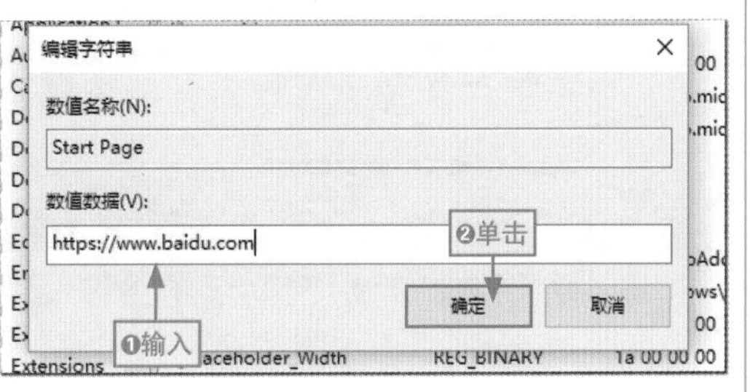

高手支招 | IE无法启动怎么办

IE浏览器是一款应用最普遍的浏览器，是用户上网、娱乐、工作的最重要的工具，如果IE浏览器无法启动时，可以考虑对电脑进行以下的设置操作。

步骤01 单击“网络和共享中心”按钮

打开“控制面板”窗口，在其中单击“网络和共享中心”按钮。

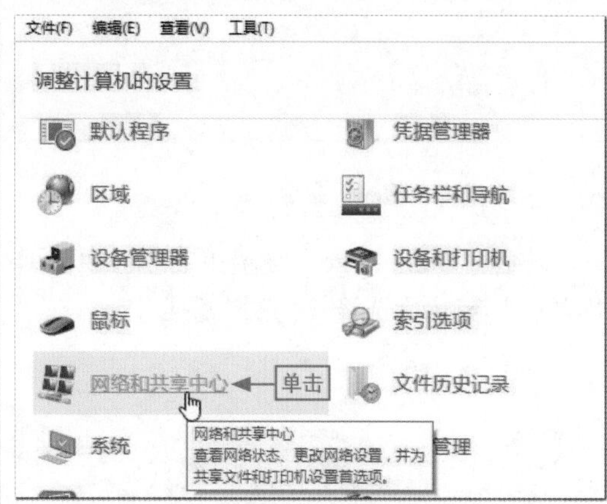

步骤02 单击超链接

在打开的窗口中单击左下角的“Internet选项”超链接。

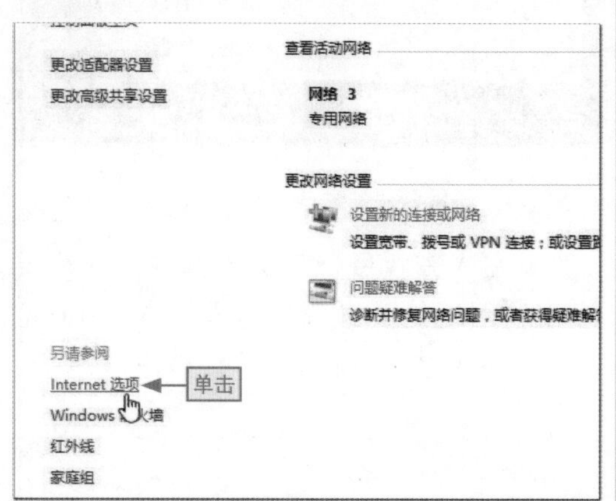

步骤03 单击“管理加载项”按钮

❶在打开的对话框中单击“程序”选项卡，❷单击“管理加载项”按钮。

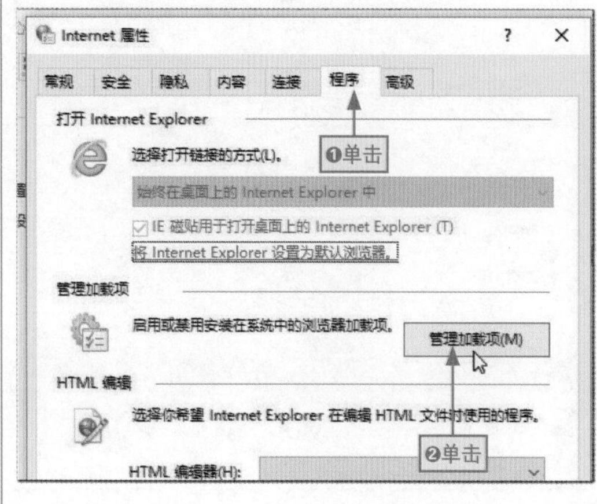

步骤04 禁用无用或异常的加载项

在打开的对话框中将“工具栏和扩展”选项下没有用或异常的加载项禁止即可。

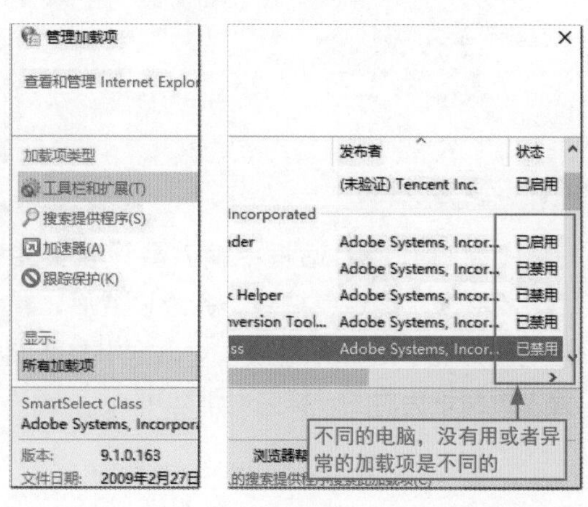

便捷的网络通信与社交

学习目标

无论是工作还是生活，通过互联网进行网络通信和社交都是十分便捷的。本章将具体介绍电子邮箱、QQ以及使用网页版微信的相关知识和操作，让用户快速掌握常见网络通信与社交工具的使用。

本章要点

◆ 注册电子邮箱
◆ 登录和设置邮箱
◆ 添加通讯录
◆ 与他人成为QQ好友
……

◆ 通过QQ发送和接收文件
◆ 在电脑上登录微信
◆ 将文件传送给他人
◆ 将电脑文件传送到自己的手机
……

知识要点	学习时间	学习难度
网上收发邮件	45分钟	★★★
使用QQ工具	40分钟	★★★
在电脑上使用微信	30分钟	★★

LESSON 9.1 网上收发邮件

电子邮箱是沿用至今，发展时间最长的通信工具。通过电子邮件，不仅可以进行即时沟通，还可以方便地收发重要的文件、资料等。本节具体介绍有关电子邮箱的使用。

9.1.1 注册电子邮箱

要使用电子邮箱收发电子邮件，首先要拥有一个电子邮箱账号，网络上申请电子邮箱的网站有很多，这里以网易163邮箱为例，讲解注册一个免费邮箱的操作。

步骤01 单击“注册免费邮箱”超链接

进入网易163网页“http://www.163.com”，在页面右上角单击“注册免费邮箱”超链接。

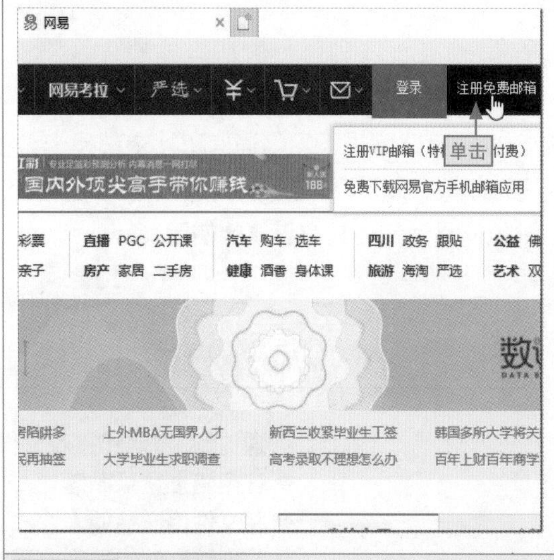

步骤02 设置邮箱的基本信息

❶在打开的界面中输入邮箱地址，输入密码和确认密码，❷在“手机号码”文本框中直接输入手机号码。

步骤03 输入验证码

❶在“验证码”文本框中输入其右侧给出的验证码字符串，❷单击“免费获取验证码”按钮。

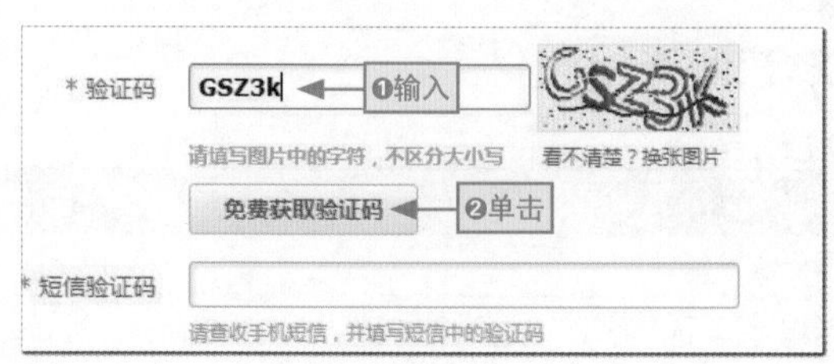

步骤04 单击“立即注册”按钮

❶平台会自动发送验证码到预留的手机号码上，将其输入“短信验证码”文本框中，❷单击“立即注册”按钮。

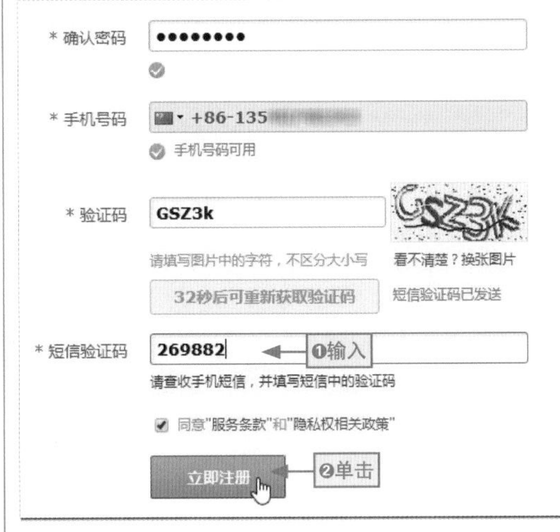

步骤05 邮箱注册成功

在打开的页面中提示邮箱注册成功的信息，关闭网页，完成整个操作，此后即可使用该邮箱登录与收发电子邮件了。

9.1.2 登录和设置邮箱

有了属于自己的电子邮箱后，登录邮箱就可与亲友发邮件了。对于新账户而言，可以先对电子邮箱进行一些简单设置，如收件箱列表的显示数目、界面的外观效果等，让其更好地为自己服务。下面具体来讲解相关的操作方法。

步骤01 登录邮箱

❶在浏览器的地址栏中输入“https://mail.163.com/”网址，按Enter键进入163网易免费邮箱登录界面，❷在“邮箱账号登录”界面中输入邮箱账号和密码，❸单击“登录”按钮。

长知识 | 登录邮箱的其他方式

在163网易官网中，单击页面右上角的“登录”按钮，在弹出的面板中输入邮箱地址和密码，单击“登录”按钮也可以登录邮箱。

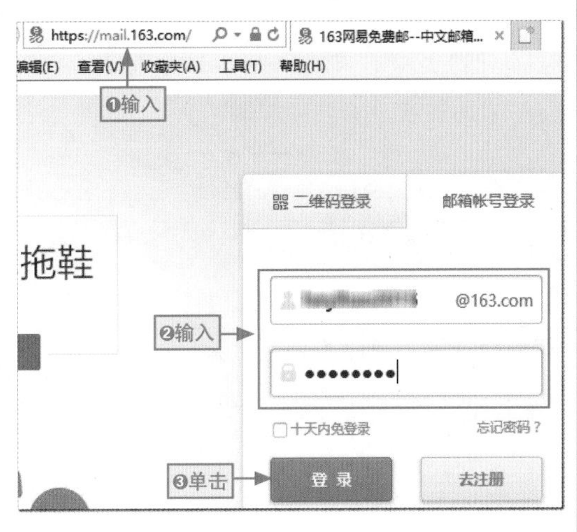

步骤02 选择“常规设置”命令

程序自动登录到电子邮箱首页，❶单击“设置”按钮，❷在弹出的下拉菜单中选择“常规设置”命令。

步骤03 更改邮件列表的显示数目

❶在打开的“常规设置”页面的“基本设置”栏中单击邮件列表下拉按钮，❷选择“每页显示邮件10封”选项。

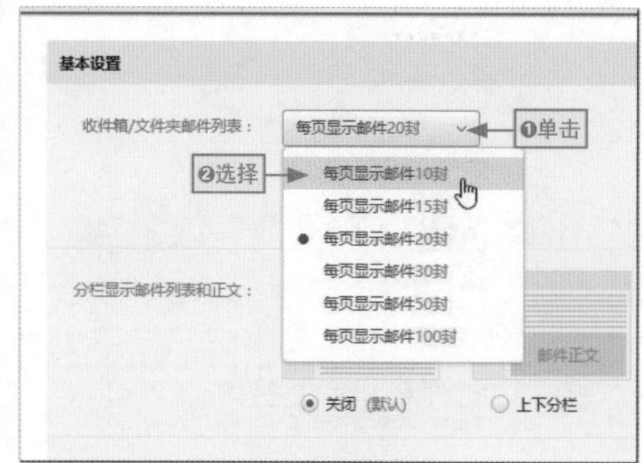

步骤04 设置自动回复文本

❶在“自动回复/转发”栏中选中“在以下时间段内启用”复选框，❷在下方的列表框中输入自动回复文本。

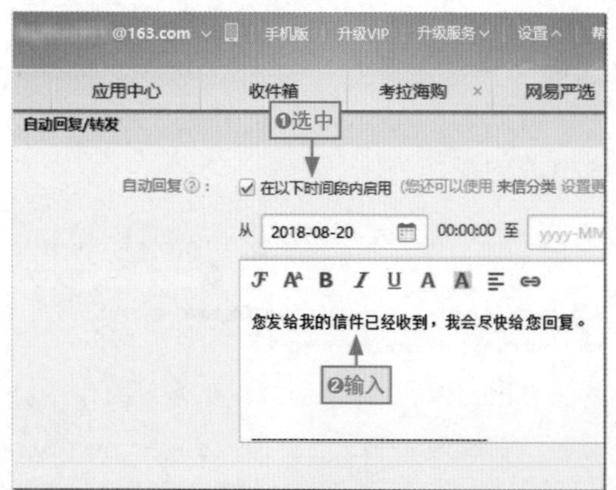

步骤05 保存所做的常规修改设置

❶完成常规设置后单击“保存”按钮保存所做的修改，❷单击“设置”选项卡的“关闭”按钮，关闭该选项卡。

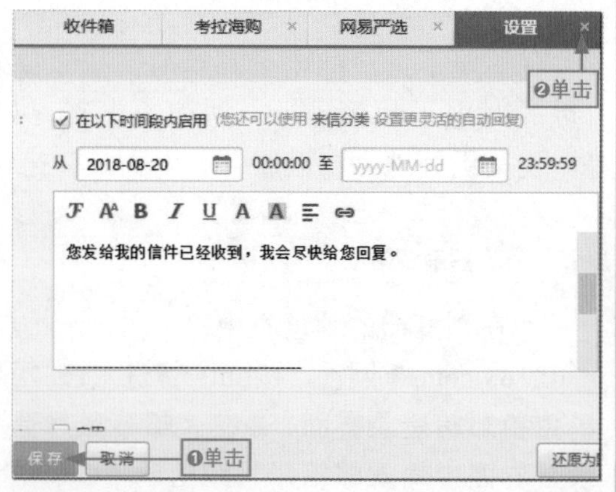

步骤06 选择“换肤”命令

❶单击“设置”按钮，❷在弹出的下拉菜单中选择“换肤”命令。

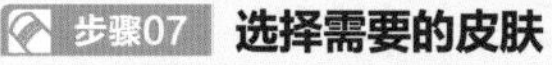

步骤07 选择需要的皮肤

❶在打开的界面中选择需要的皮肤选项，这里选择“月夜传说”选项，❷单击“设置”选项卡的“关闭”按钮，关闭该选项卡。

步骤08 查看设置的换肤效果

在返回的首页界面中即可查看到更换皮肤后的邮箱效果。

9.1.3 添加通讯录

电子邮件是一长串字符组合起来的邮箱地址，要记住所有联系人的邮箱地址是一件不容易的事。为了方便邮件的发送，可以将联系人的电子邮件添加到通讯录中，下面讲解添加通讯录的具体操作方法。

步骤01 单击“通讯录”导航按钮

登录电子邮箱后，在首页中单击“通讯录”导航按钮。

步骤02 单击“新建联系人”按钮

在打开的所有联系人界面中单击“新建联系人”按钮。

步骤03 输入联系人信息

❶在打开的新建联系人对话框中分别输入联系人的姓名、电子邮箱、手机号码，❷完成后单击“确定”按钮。

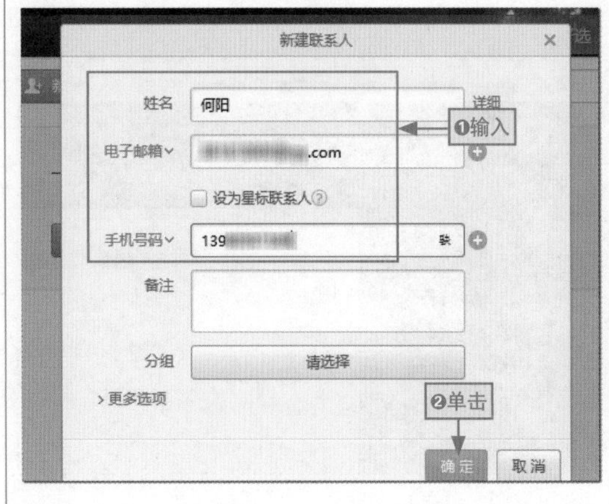

步骤04 查看添加的联系人

在返回的联系人界面中即可查看到添加了一条联系人记录。如果要删除联系人，选择联系人后单击“删除”按钮即可。

9.1.4 邮件的发送

邮箱的主要作用就是收发邮件，只要知道对方的邮箱账号，就能很方便地将邮件发送给一个或者多个人，下面讲解发送一封电子邮件的具体操作方法。

步骤01 单击“写信”按钮

登录电子邮箱后，在首页的左侧窗格中单击“写信”按钮。

步骤02 选择联系人

在打开的写信界面的右侧窗格中选择要发送的联系人。

步骤03 撰写邮件并发送邮件

❶在“主题”文本框中输入主题内容，❷在下方的列表框中输入具体的邮件内容，❸单击“发送”按钮。

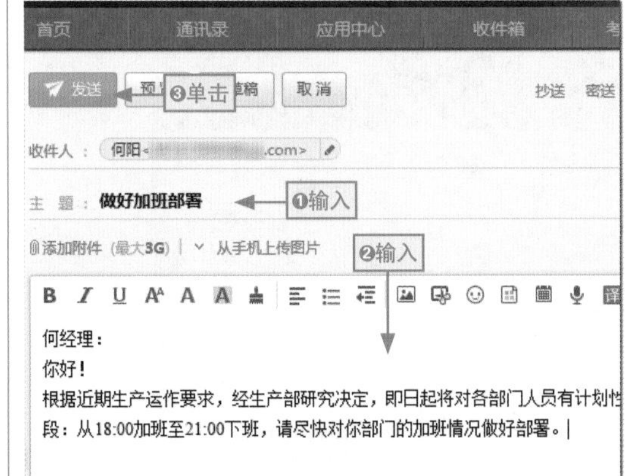

步骤04 邮件发送成功

程序自动将该邮件发送到指定的电子邮箱中，并在打开的界面中可以查看到发送成功的信息。

长知识 | 将邮件发送给多个人

如果要将邮件发送给多个对象，在“收件人”文本框中直接输入对方的邮箱账号即可，在输入第二个邮箱账号时，系统会自动用“；”隔开，用户只需要发送一次，即可将邮件全部发送完毕。

9.1.5 邮件的接收和回复

当对方给自己发送邮件后，在邮箱首页的收件箱中即可显示当前有几封邮件，在首页的未读邮件位置也可以标识未读邮件，❶单击“收件箱”按钮，在打开的收件箱页面中即可查看到所有未读的邮件，❷单击邮件名称即可阅读该邮件，如图9-1所示。

图9-1

在阅读邮件界面的顶部有“回复”按钮，如图9-2所示，直接单击该按钮即可进入写信界面，并在收件人文本框中自动填写回复的电子邮箱，输入对应的回复邮件内容后，单击“发送”按钮即可完成邮件的回复操作。

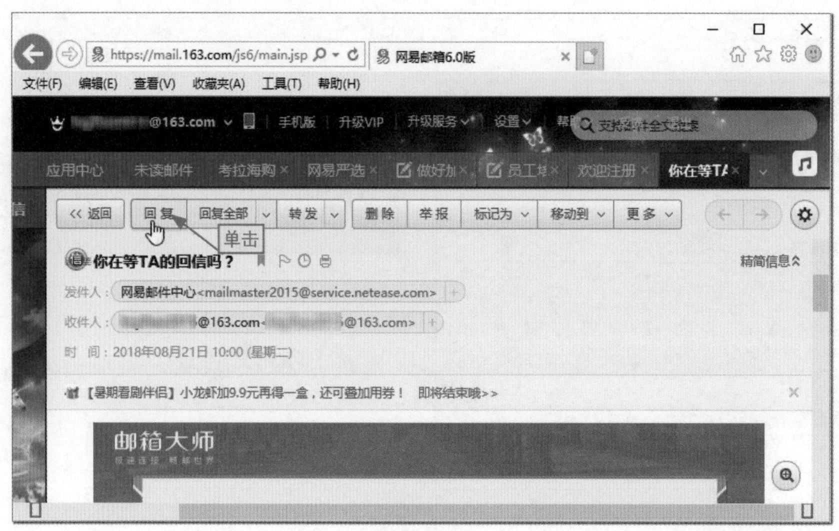

图9-2

长知识 | 发送附件给指定收件人

在发送邮件时，有时需要发送本地文件给对方，❶用户只需在写信页面中，单击“添加附件”超链接，❷在打开的“选择要加载的文件”对话框中选择需要发送的文件，❸单击“打开”按钮，如图9-3所示，随后即可看到在写信页面中，会上传该文件，❹上传完毕后即可在“添加附件”超链接下方查看到添加的附件文件。单击“发送”按钮，文件就会随邮件发送给对方。

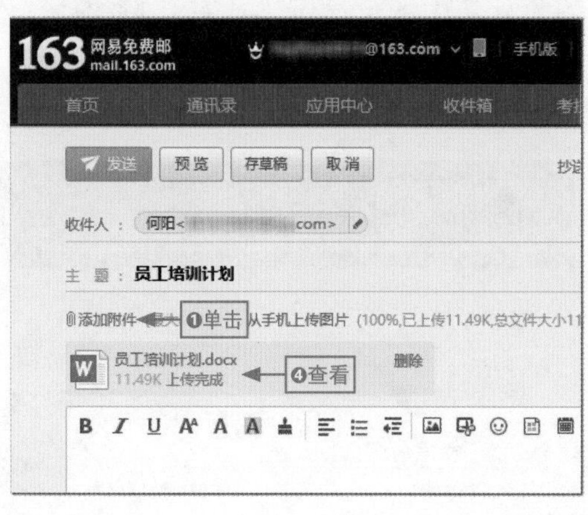

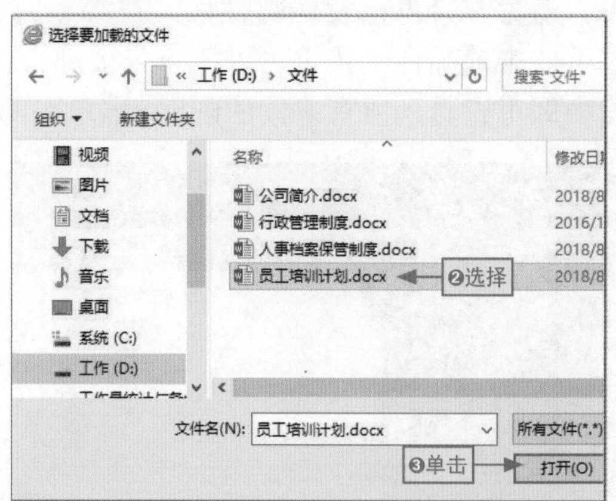

图9-3

LESSON 9.2 使用QQ工具

腾讯QQ，简称QQ，是腾讯公司开发的一款基于Internet的即时通信软件。腾讯QQ支持在线聊天、视频通话、点对点断点续传文件、自定义面板、QQ邮箱等多种功能。下面就来具体介绍这款通信软件的使用。

9.2.1 认识QQ常用界面

使用QQ前先了解QQ的常用界面，能让新手用户用起来更得心应手。QQ的常用界面有登录界面、主面板和聊天界面三种，下面对这三种常用界面分别进行介绍。

● 登录界面

要进入QQ需输入账号和密码，登录后才能进入QQ主面板，如图9-4所示的是QQ登录界面。

图9-4

长知识 | 拥有QQ账号

要想使用QQ，首先得拥有自己的专属QQ号，它就像每个人的身份证号码一样，是独一无二的。注册QQ号的方法为：直接在登录页面中单击“注册账号”超链接，在打开的注册界面中填写相关的注册信息即可，其方法与注册电子邮箱的方法相似。注册成功后即可获取一个QQ账号。

● 主面板

主面板上的内容很丰富，上面会显示QQ头像、昵称以及好友和QQ群等，如图9-5所示。

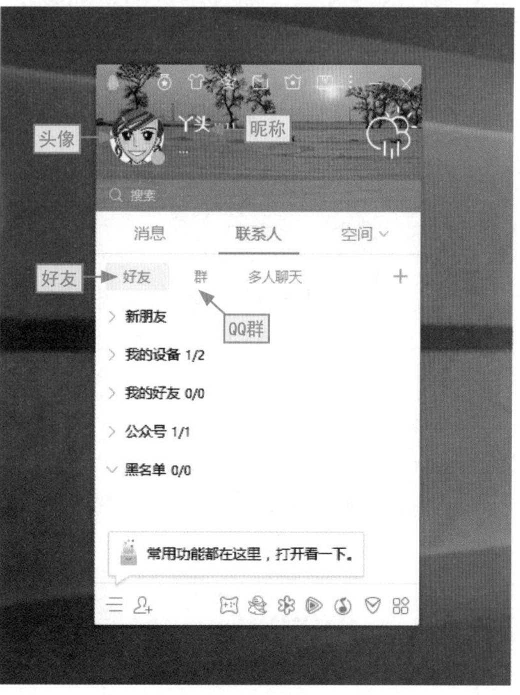

图9-5

● 聊天界面

QQ聊天界面是与好友沟通并发送QQ消息的界面，它包括两个主要区域，一个是消息显示区，另一个是消息发送区，也称消息发送框，在两个区域之间有一个工具栏，通过该工具栏可以进行图标、动图的发送、屏幕截图、发送图片等，如图9-6所示。

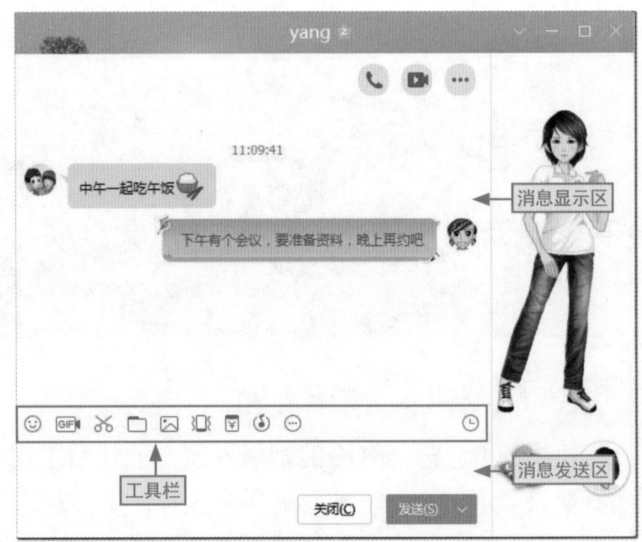

图9-6

9.2.2 与他人成为QQ好友

要与他人进行QQ聊天，需要先与他人成为好友才行。用户可以主动添加好友，也可以被好友添加，下面具体讲解这两种方式。

1. 主动添加好友

主动添加好友即是已知好友的账号，通过精确查找并添加的过程，使其与自己成为好友，其具体的操作步骤如下。

步骤01 登录QQ

❶在QQ登录界面中输入QQ账号和密码，❷单击“登录”按钮开始登录。

步骤02 单击“加好友”按钮

程序自动登录成功并打开主界面，在该界面左下角单击“加好友”按钮。

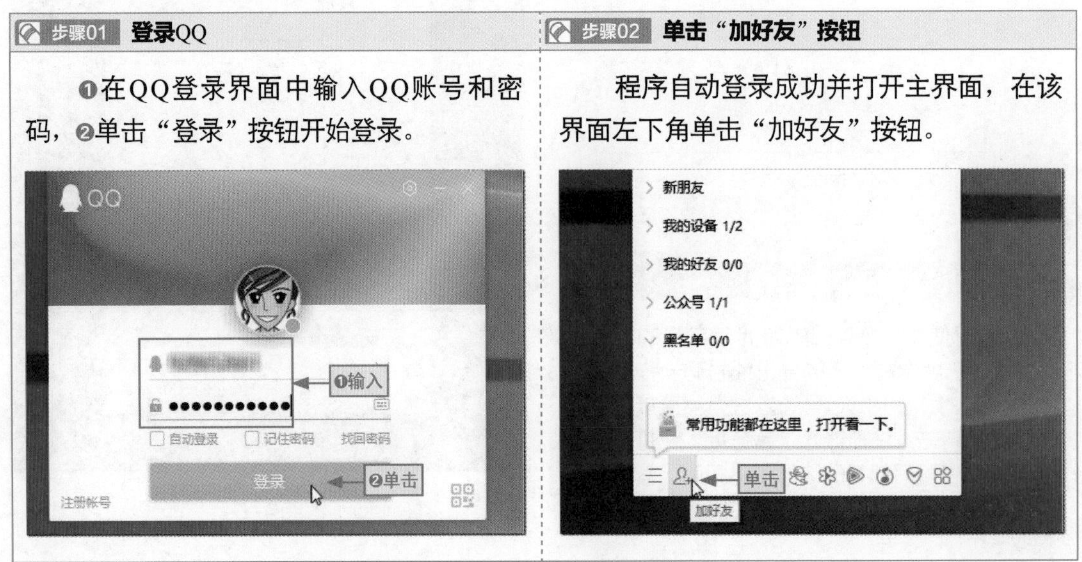

步骤03 输入查找的QQ账号

❶在打开的"查找"对话框的"找人"界面的文本框中输入要添加的好友的QQ账号，❷单击"查找"按钮。

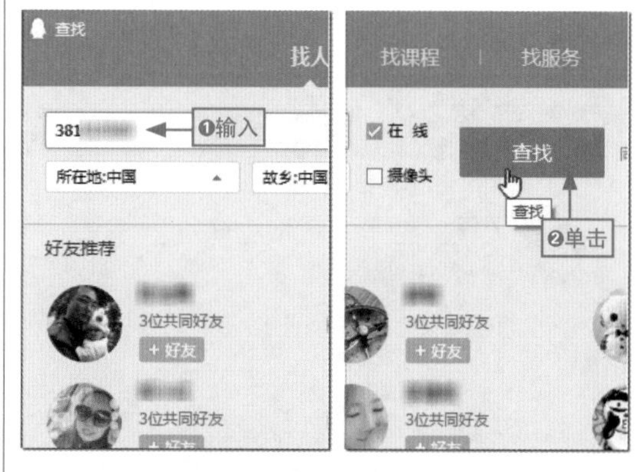

步骤04 输入验证信息

❶在打开的添加好友对话框中输入验证信息，这里输入"我是丫头"文本，❷单击"下一步"按钮。

步骤05 设置备注姓名

❶在打开的对话框的"备注姓名"文本框中输入"杨姐"，保持默认分组，❷单击"下一步"按钮。

步骤06 单击"完成"按钮

程序自动发送请求，并提示正在等待对方确认，单击"完成"按钮，关闭对话框并结束添加好友的操作。

此时，好友还没有添加成功，等对方确认添加之后，程序会提示添加成功，并在QQ主面板中看到对方已存在自己的好友列表中。在添加好友的过程中，设置备注姓名的作用是方便记忆，用户也可以在设置备注页面中单击"新建分组"按钮，创建不同的组，从而将好友进行分组管理。

2. 被好友添加

被好友添加的操作比较简单，用户只需要确认对方的添加即可，其具体的操作步骤如下。

步骤01 单击“验证消息”超链接

❶当有人添加您为好友时，Windows状态栏会有形状的图标闪烁，将鼠标光标放在该图标上，❷在打开的面板中单击“验证消息”超链接。

步骤02 同意添加好友

在打开的“验证消息”对话框中单击“同意”按钮（如果要拒绝对方，可单击“同意”按钮右侧的下拉按钮，在弹出的下拉列表中选择“拒绝”选项）。

步骤03 确定添加

在打开的“添加”对话框中自动从对方的附加消息识别备注姓名，单击“确定”按钮。

步骤04 查看添加的好友

打开主界面，在“我的好友”分组中即可查看到添加的好友。

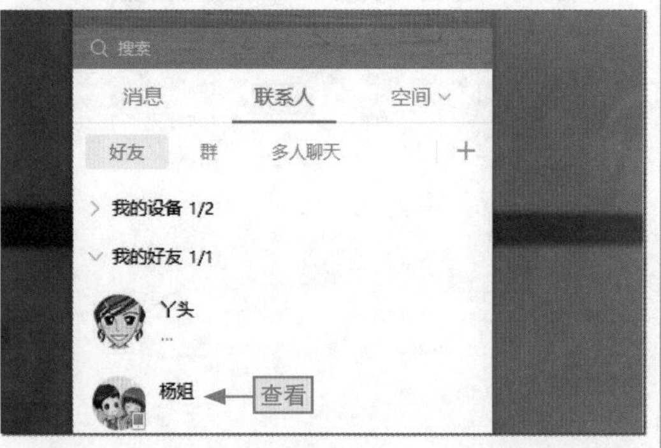

9.2.3 与好友进行交流

利用QQ工具与好友进行交流有三种情况，分别是通过文本交流、通过语音交流和通过视频交流，下面对这三种情况分别进行介绍。

1. 通过文本交流

通过文本交流的方式就是直接用文字或者符号来传递消息，是最基础的一种交流方式，其具体的操作步骤如下。

步骤01 双击好友，打开聊天面板

在QQ主界面中找到要聊天的好友，双击该好友，打开聊天面板。

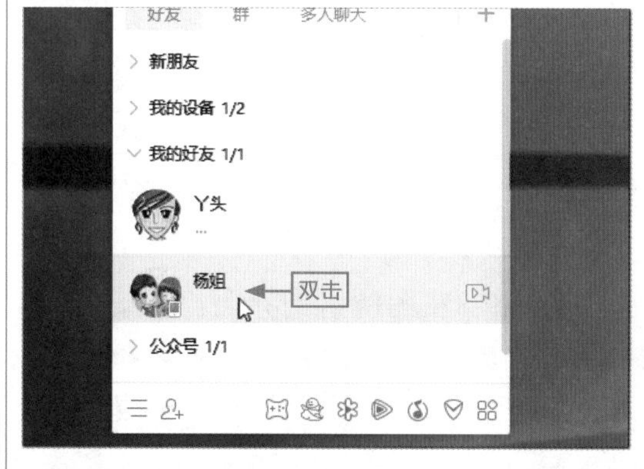

步骤02 输入文本信息

将文本插入点定位到消息发送框中，直接输入想要发送的信息。

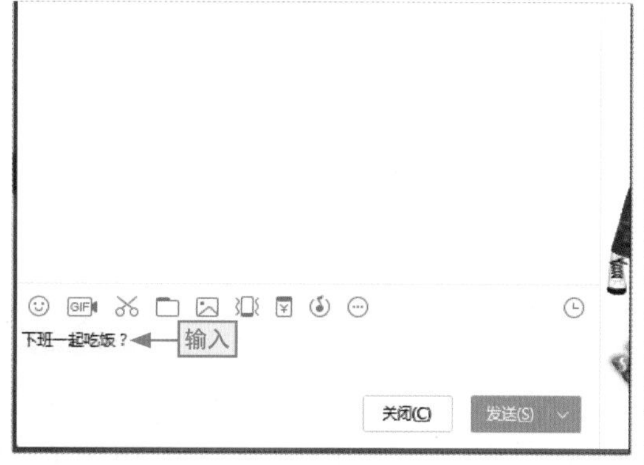

步骤03 插入表情符号

❶单击“选择表情”图标，❷在弹出的面板中选择需要的表情符号并将其添加到消息的后面。

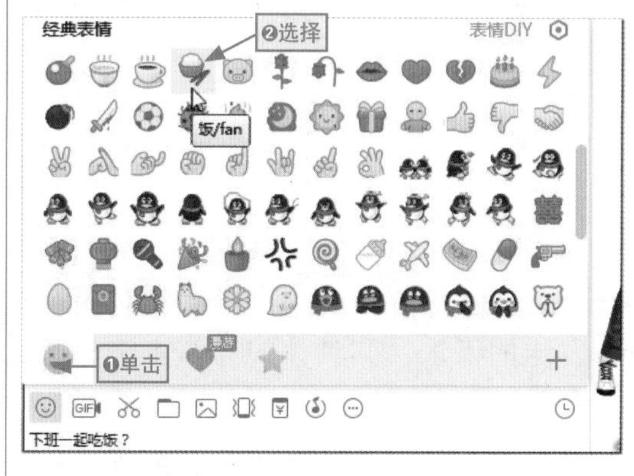

步骤04 发送消息

直接单击“发送”按钮即可将输入的信息发送到对方，并在消息显示区中显示。

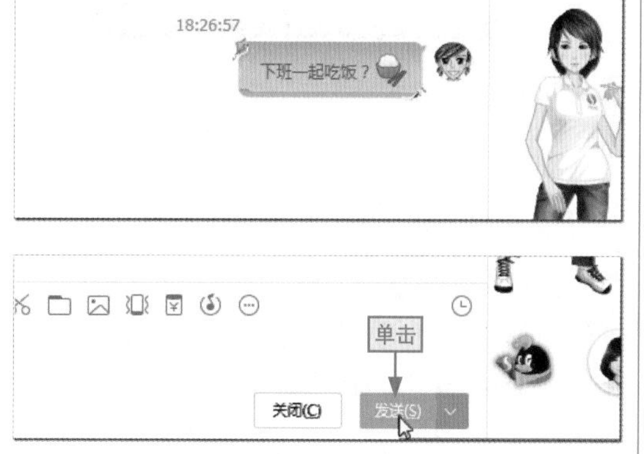

2. 通过语音交流

通过语音交流的方式就是直接通过QQ工具，像打电话一样同好友进行交流。语音交流也分为两种情况，一种是主动发送语音，另一种是对方发送语音。

如果是主动给好友发送语音聊天，其具体操作步骤如下。

在聊天界面的上方单击“发起语音通话”按钮，如图9-7左图所示；当对方接受语音聊天请求后，就会进入语音聊天模式，如图9-7右图所示。如果用户想要终止语音聊天，直接单击“挂断”按钮即可终止当前通话。

图9-7

如果对方给你发来语音聊天请求，将会弹出如图9-8左图所示的界面，直接在其中单击“接听”按钮即可连通语音交流。如果用户在手机上登录了QQ，也可以单击“转至手机接听”超链接在电脑中关闭该界面，手机中也会自动显示语音接听的界面，如图9-8右图所示，单击“接听”按钮即可使用手机QQ与对方进行语音聊天。

图9-8

3. 通过视频交流

通过视频交流的方式就是通过QQ工具为载体，让QQ两端的两个人“面对面”地进行交流。它也分为主动发送请求和接受对方发送的请求，其具体的操作方法与通过语音交流的方法一样。

如果是主动发送视频聊天请求，则直接在聊天界面的上方单击“发起视频通话”按钮 ，如图9-9左图所示，当对方接受视频聊天请求后，就会进入视频聊天模式。如果是对方发送视频聊天请求，则直接在如图9-9右图所示的界面中单击“接听”按钮即可。

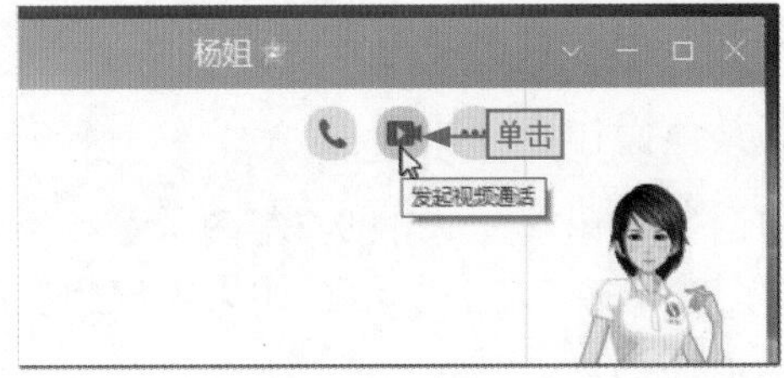

图9-9

9.2.4 通过QQ发送和接收文件

利用QQ工具可以方便地与好友进行文件（具体包括文档、视频、音频、图片等）的相互收发。下面分别对利用QQ发送和接受文件的相关内容进行具体讲解。

1. 通过QQ发送文件

如果想要将本地电脑中的某个文件发送给好友，❶直接将鼠标光标移动到工具栏中的文件夹图标上，❷在弹出的菜单中选择“发送文件”命令，❸在打开的“打开”对话框中选择要传送的文件，❹单击“打开”按钮，如图9-10所示（直接找到要发送的文件，将其拖动到聊天界面的消息发送框中也可以选择“发送文件”命令）。

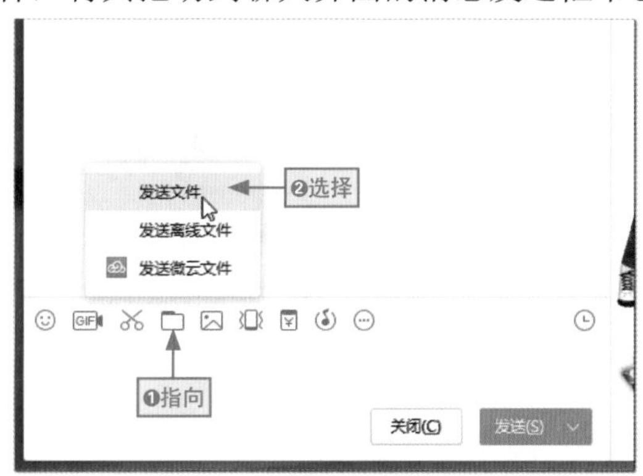

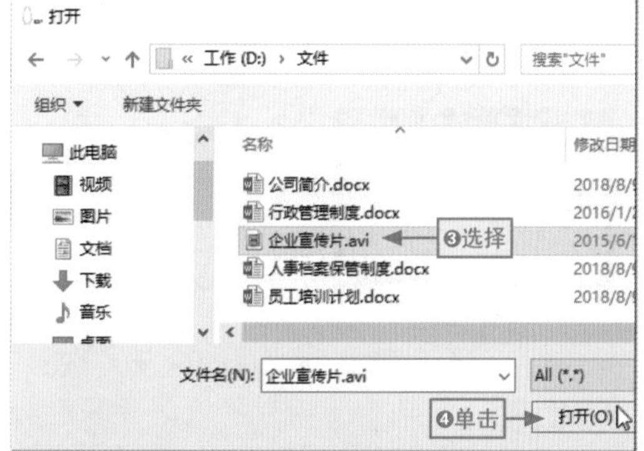

图9-10

此时在聊天界面的右侧窗格中即可查看到正要发送的文件，如图9-11所示，待对方接收文件后就可以连接传送了。

图9-11

如果对方没有在线，用户可以通过发送离线文件的方式进行传送，可以在图9-10的左图中选择“发送离线文件”命令，也可以在图9-11中单击“转离线发送”超链接，通过离线发送文件可以先将文件传送给对方，待对方登录QQ查看到传送的文件后，接收即可。

需要特别说明的是，如果要发送文件夹给好友，此时必须将文件夹进行压缩，否则直接发送文件夹，是发送不出去的。

2. 通过QQ接收文件

当有好友传送在线文件给你的时候，如果你正好在线，则在桌面右下角将弹出如图9-12所示的面板，单击“另存为”按钮，在打开的对话框中设置接收文件的保存位置即可接收文件。

接收完成后在聊天界面的消息显示区中会显示接收的文件，单击“打开”超链接，可以直接打开该文件进行查阅，如图9-13所示。

如果对方给你发送的是离线文件，则在桌面右下角会有好友向您发送离线文件的提示，如图9-14所示，离线文件的接收方法与在线文件的接收方法是一样的。

图9-12

图9-13

图9-14

LESSON 9.3 在电脑上使用微信

微信是时下最热门的沟通工具之一，但是大部分人是在手机上使用微信进行语音聊天、视频聊天、文字信息聊天的，其沟通方式与QQ大同小异。对于电脑办公的用户而言，如果要使用微信辅助办公，与他人进行沟通，互传文件，则在电脑上使用微信更方便，本节将具体讲解相关的操作。

9.3.1 在电脑上登录微信

在电脑上登录微信有两种情况，一种是在PC客户端登录微信，另一种是直接在网页上登录，下面对这两种情况分别进行介绍。

1. 在PC客户端登录微信

在PC客户端登录微信是指将微信的PC客户端程序下载并安装到电脑中，再进行登录，其具体的登录操作方法如下。

步骤01 **选择“微信”应用程序**

单击“开始”按钮，弹出“开始”屏幕，在其中选择“微信”应用程序，启动该程序。

步骤02 **自动生成二维码**

此时程序自动启动微信程序，并在登录界面中生成一个二维码，且提示用微信扫一扫功能登录。

步骤03 **选择“扫一扫”命令**

❶在手机上登录微信，点击右上角的+按钮，❷在弹出的下拉菜单中选择“扫一扫”命令，启用扫一扫功能。

步骤04 **确认登录**

手机进入扫一扫状态，对准电脑上的二维码进行扫描，扫描成功后在手机上将出现登录确认的界面，点击“登录”按钮确认登录。

首次登录微信必须通过扫描二维码才能进行，以后再次在电脑上登录微信时，启动微信程序后，将打开如图9-15左图所示的界面，在其中单击“登录”按钮，将打开如图9-15右图所示的界面，提示在手机上进行确认登录。此时手机界面将出现步骤04的界面，点击“登录”按钮即可确认登录。

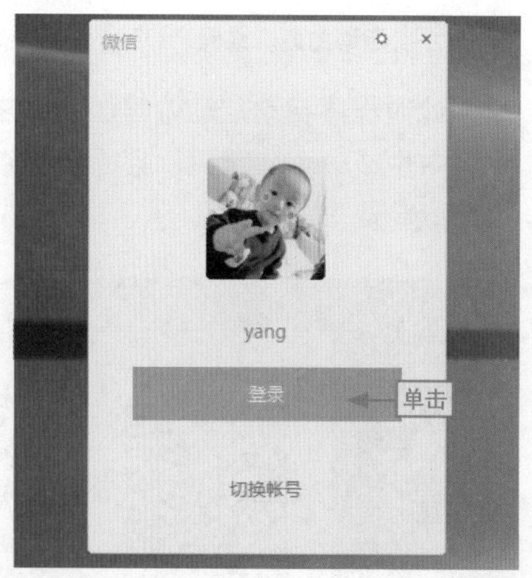

图9-15

2. 在网页上登录微信

在网页上登录微信与在PC客户端登录微信的操作相似，首先要通过“https://wx.qq.com/”网址进入网页微信的页面，程序自动在页面中生成二维码，如图9-16所示，同样要求使用手机微信的扫码功能扫描二维码，扫码成功后，在手机端的确认登录界面中点击“登录”按钮即可完成微信的登录操作。

图9-16

9.3.2 将文件传送给他人

在电脑上登录微信后即可向他人传送文件了，其操作与QQ传送文件的操作相似，其具体操作方法如下。

步骤01 单击微信好友

在电脑上成功登录微信，在打开的界面的左侧单击需要发送文件的好友。

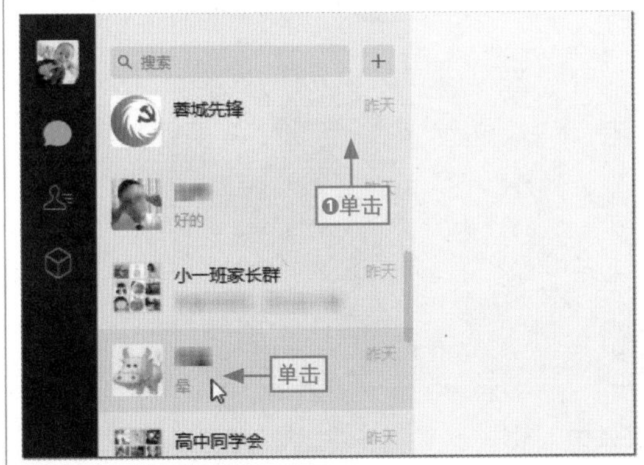

步骤02 单击“发送文件”按钮

在打开的聊天窗口的工具栏中单击“发送文件”按钮。

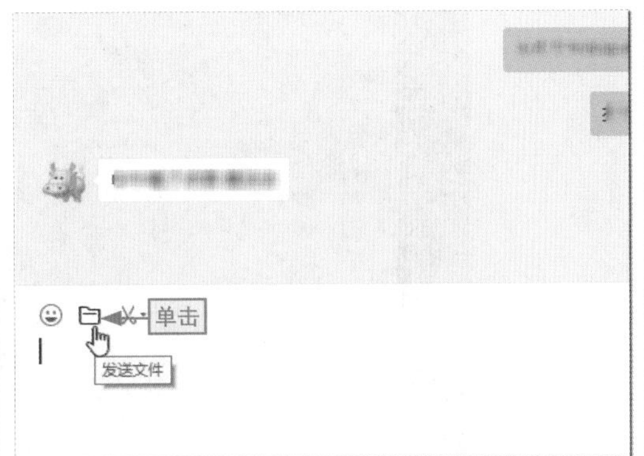

步骤03 选择要发送的文件

❶在打开的“打开”对话框中选择要发送的文件，❷单击“打开”按钮。

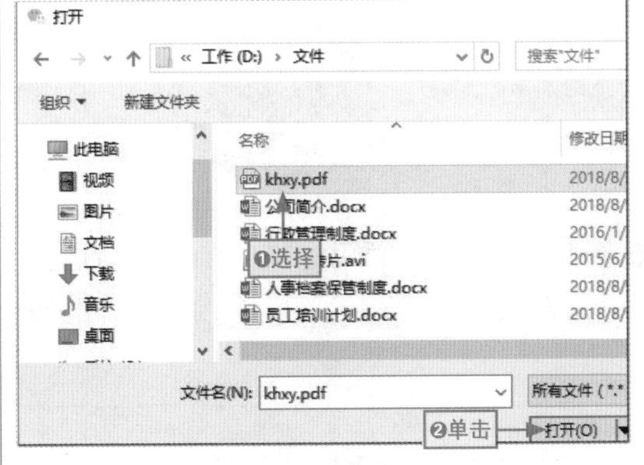

步骤04 发送文件

在聊天界面的消息发送框中可以查看到添加的文件，单击“发送”按钮即可将其发送给微信好友。

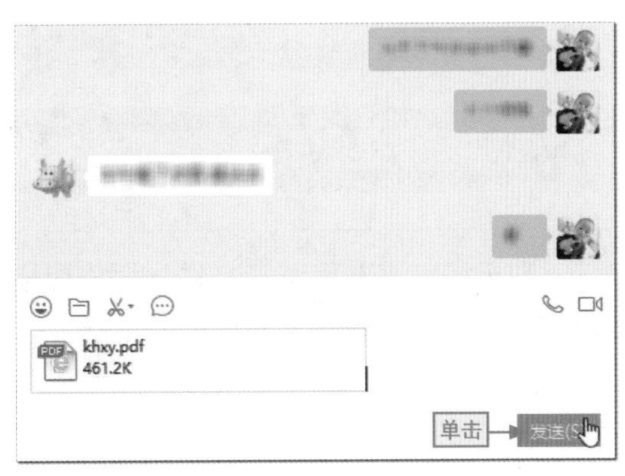

长知识 | 单击好友和双击好友的说明

在步骤01中，也可以单击需要发送文件的好友，此时聊天窗口显示在该界面的右侧，双击微信好友，系统则自动将聊天窗口单独进行显示。

9.3.3 将电脑文件传送到自己的手机

如果用户需要将电脑上的文件通过微信传送到手机上，此时需要借助微信的手机助手来实现，其具体操作为：❶直接在好友列表中单击“文件传输助手”选项，在右侧将展示“文件传输助手”聊天窗口，❷在其中单击“发送文件”按钮，如图9-17所示，之后传送文件的操作就与将文件传送给微信好友的操作相似。

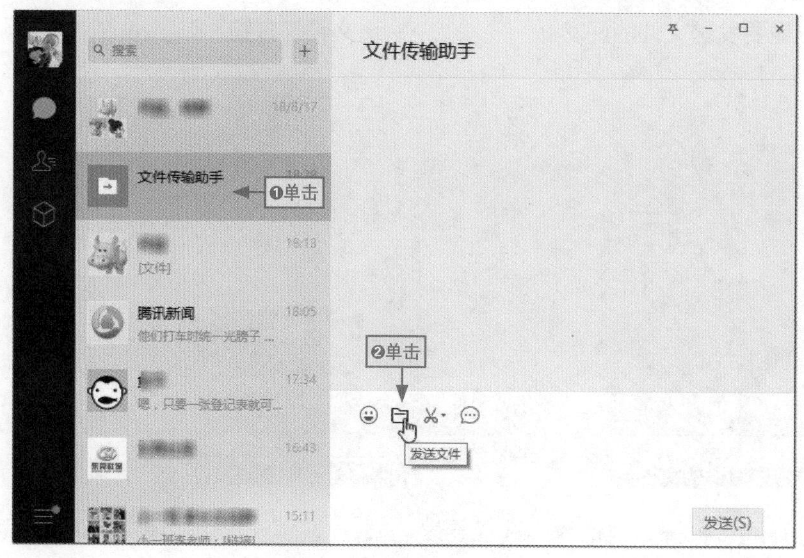

图9-17

高手支招 | 将经常需要发送的文件上传到文件中心

对于经常需要传送的文件，用户可以先将其上传到163邮箱的文件中心，待需要发送给好友时，直接从文件中心发送，从而避免每次都上传发送的麻烦，其具体的操作步骤如下。

步骤01 单击超链接

登录到163网易邮箱，在首页的左侧窗格中单击“文件中心”超链接，进入163的网盘界面（163网盘具有永久免费、文件永久存储、超大容量存储空间不限大小、超大附件单文件大小随等级而增加等特色功能）。

步骤02 单击“上传文件”按钮

在打开的“文件中心”界面中单击“上传文件”按钮。

步骤03 选择上传的文件

❶在打开的“打开”对话框中选择要上传的文件，❷单击“打开”按钮。

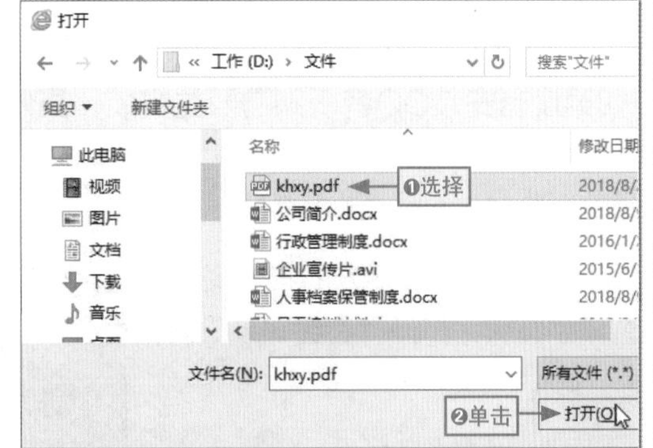

步骤04 上传文件

❶程序自动开始上传，上传完毕后在窗口的右下角可查看到提示信息，❷在页面的中间即可查看到上传的文件。

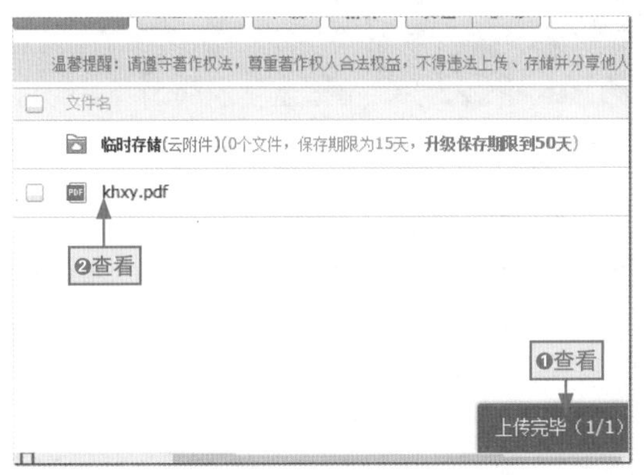

步骤05 发送文件

❶选中要发送的文件左侧的复选框，❷单击上方的“发送”按钮。

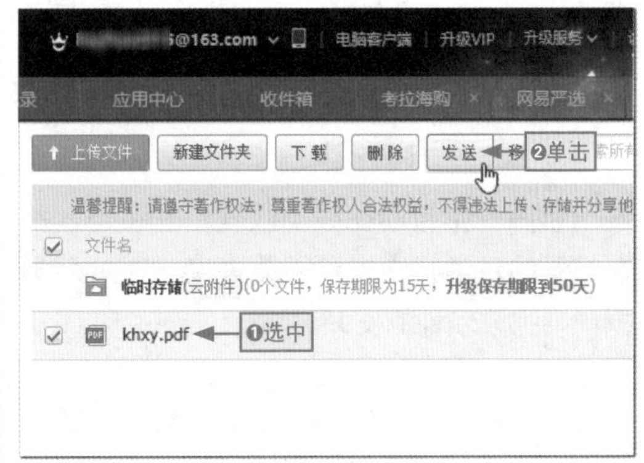

步骤06 设置收件人

❶在打开的界面中设置收件人，❷单击“发送”按钮即可将该文件以电子邮件的方式发送给收件人。

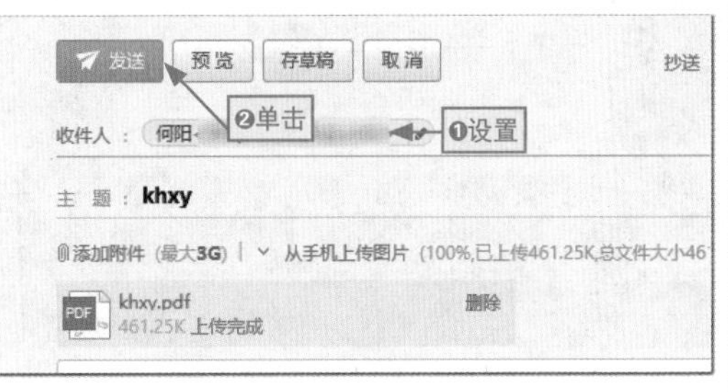

高手支招 | QQ音乐播放器一键加载

在QQ面板中提供了QQ音乐的按钮，单击该按钮后可以实现一键进入QQ音乐，如果没有安装QQ音乐则需要先安装，具体操作方法如下。

步骤01 单击“QQ音乐”按钮

在QQ主面板下方的工具栏中单击“QQ音乐”按钮，打开“在线安装”对话框。

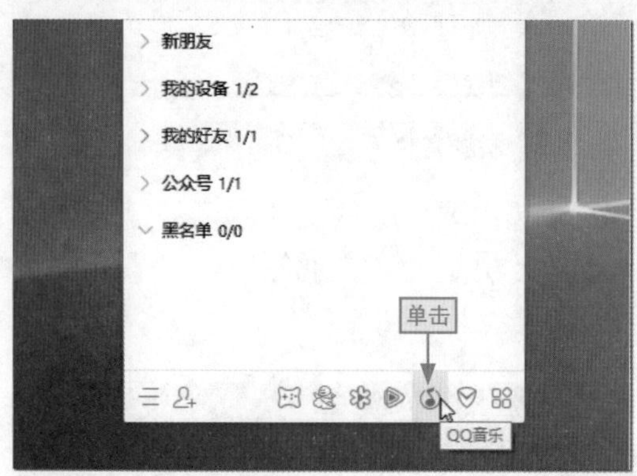

步骤02 单击“安装”按钮

在该对话框中提示需要先安装或者升级，直接单击“安装”按钮。

步骤03 下载并安装软件

程序开始自动在线下载软件安装包，并在打开的对话框中提示下载进度，完成后根据向导完成软件的安装。

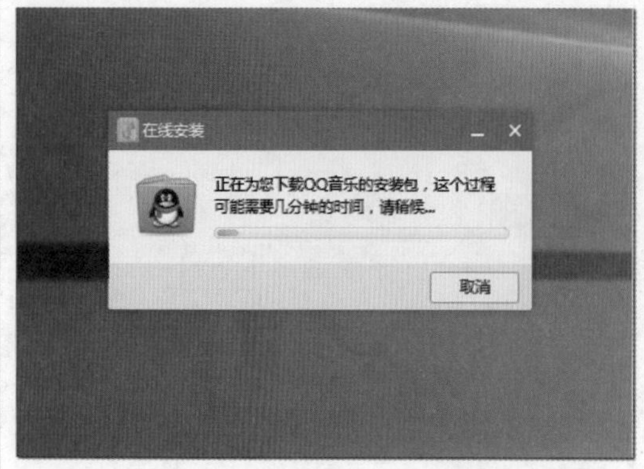

步骤04 从主面板启动QQ音乐播放器

完成安装后，再次单击QQ主面板下方工具栏的“QQ音乐”按钮，程序自动启动QQ音乐播放器。

第10章

畅享网上娱乐与便民服务

学习目标

网络不仅仅是办公的好帮手，在互联网上还有丰富多彩的内容，如玩游戏、看视频、听音乐等。除此之外，通过互联网还可以帮助用户解决生活中遇到的许多小麻烦，让用户的生活更多姿多彩与便捷。本章就来具体学习相关的知识和操作，教会新用户如何畅享互联网生活。

本章要点

- 在线畅玩游戏
- 在网上看视频
- 在网上听音乐
- 网银必会操作

……

- 在淘宝网上购物
- 在网上缴纳水、电、气费
- 出行线路查询

……

知识要点	学习时间	学习难度
丰富的网络娱乐生活	40分钟	★★★
网上便民服务	45分钟	★★★

LESSON 10.1 丰富的网络娱乐生活

虽然互联网是一个虚拟世界，但在这虚拟的世界中，用户可以进行许多操作，让人们的生活更加多姿多彩。下面就来具体体验互联网带给用户的乐趣。

10.1.1 在线畅玩游戏

互联网上的游戏种类很多，而且许多游戏都有自己的客户端，比如英雄联盟（http://lol.qq.com/main.shtml）、逆水寒（https://n.163.com/index.html）等，如图10-1所示，用户必须下载并安装客户端后，才可以玩游戏，对于下载安装的操作很简单，这里不再赘述。

图10-1

用户除了可以自行下载安装网络游戏外，互联网中还有专门研发各种游戏的网站，在这些网站上包含的游戏更多、更全面、更好玩。例如大家熟知的4399（http://www.4399.com/），它是中国最早的和领先的在线休闲小游戏平台，该平台坚持用户第一，以“用户体验”为核心的建站模式，免费为用户提供各种绿色、安全、健康的游戏，不断完善服务策略，赢得了众多忠实的用户。其首页效果如图10-2所示。

图10–2

下面以在4399网页中玩“五彩泡泡”游戏为例，演示在该网站中在线玩游戏的整个过程，其具体操作如下。

步骤01 选择游戏类别

进入4399官网，在首页的导航栏中单击“休闲”导航按钮。

步骤02 选择要玩的游戏

在打开的网页中选择要玩的游戏，这里单击“五彩泡泡”游戏。

步骤03 单击“开始游戏”按钮

❶在打开的游戏详细页面中阅读游戏的介绍，❷单击“开始游戏”按钮。

步骤04 单击“播放”按钮

在打开的界面中程序自动开始加载游戏，待游戏加载完成后，直接单击其中的“播放”按钮。

步骤05 选择闯关等级

在打开的页面中选择要闯关的等级，当前已经闯过一关，这里单击第二关（用户也可以选择第一关重新闯关）。

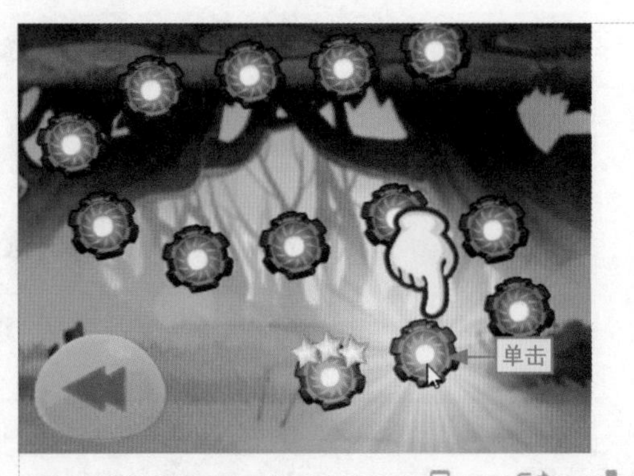

步骤06 直线发射泡泡

在打开的页面正下方的球为当前发射的球，左侧的球为下次发送的泡泡颜色，单击正下方的操作区域直线发射该泡泡。

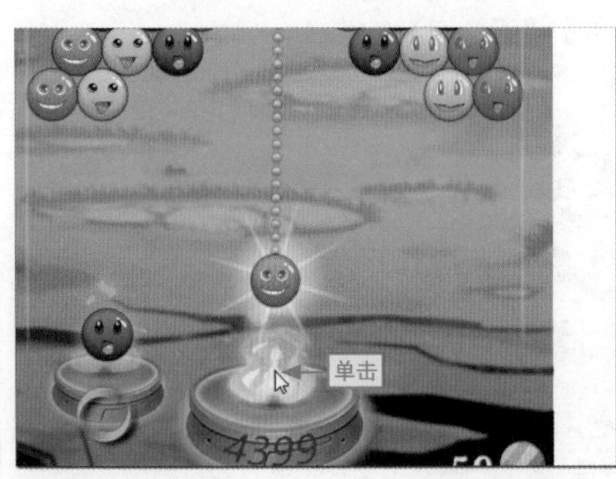

步骤07 改变泡泡的发射路径

在正下方的操作区中按住鼠标左键不放，拖动鼠标可改变泡泡的发射路径，确认路径后释放鼠标左键即可发送该泡泡。

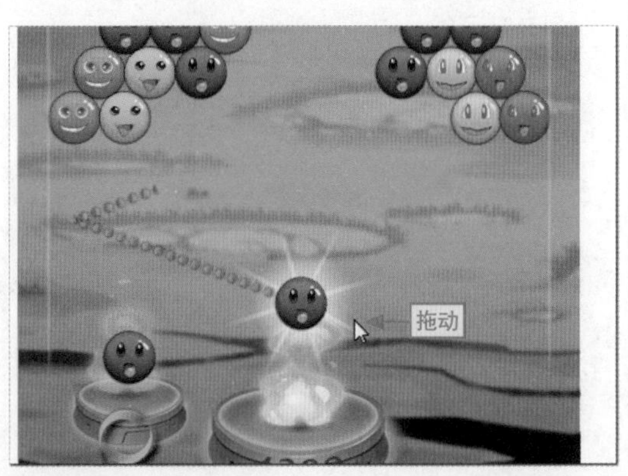

步骤08 完成闯关

按照步骤06和步骤07的操作继续玩游戏，直到当前关的可发送的泡泡用完后（在页面右下角有可用泡泡的计数器），即可完成该关的闯关。

10.1.2 在网上看视频

视频的分类有很多，如搞笑视频、动漫、剧集、综艺、电影、少儿、纪实等，有些视频是免费观看的，有些视频是需要付费观看的。下面以在优酷网中观看电影为例，讲解在网上看视频的相关操作，其具体操作方法如下。

步骤01 进入优酷官网

启动浏览器，在地址栏中输入“https://www.youku.com/”网址，按Enter键进入优酷的官网。

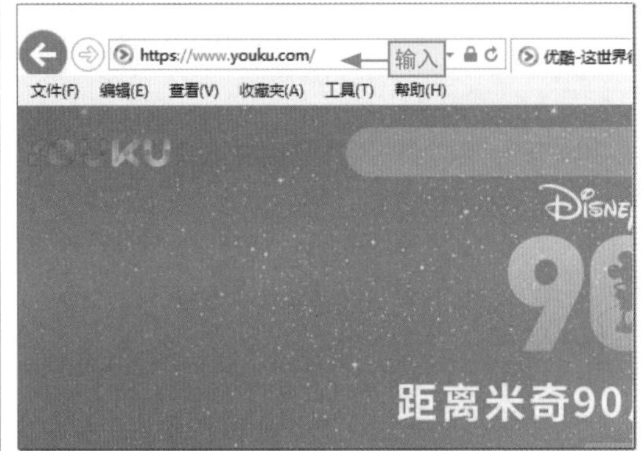

步骤02 单击“电影”超链接

在首页的中间位置显示了视频各种分类的超链接，这里单击“电影”超链接，进入电影页面。

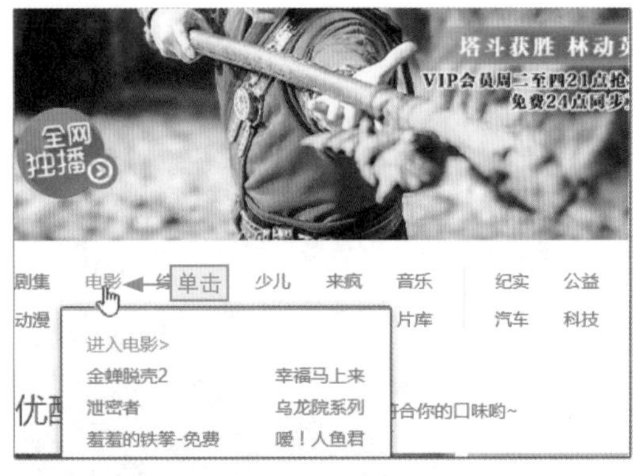

步骤03 按类型查找电影

在打开的页面中可以查看到页面中提供了不同的划分依据，这里单击“按热播排行”栏下的“用户好评”超链接。

步骤04 选择要播放的电影

在打开的页面列举了热播排行榜中用户好评的所有电影列表，找到要观看的电影，在其上单击鼠标即可开始播放。

除了在优酷中观看视频以外，下面再推荐几个其他观看视频的网址：酷6网（http://www.ku6.com/index）、土豆网（http://www.tudou.com/）、爱奇艺（http://www.iqiyi.com/），各网址的首页效果如图10-3所示。

图10-3

10.1.3 在网上听音乐

网络上的音乐网站有很多，用户进入网站后，可以搜索想要听取的歌曲在线收听，也可以按类别进行收听。下面以在虾米音乐网听音乐为例讲解相关的操作。

步骤01 单击“排行榜”超链接

❶在浏览器的地址栏中输入“https://www.xiami.com/”网址，按Enter键进入虾米音乐网首页，❷单击“排行榜”超链接。

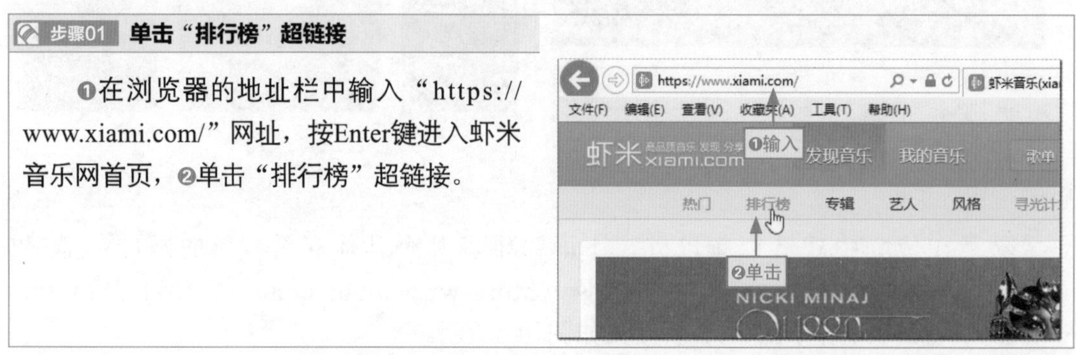

步骤02 单击“虾米新歌榜”按钮

在打开的界面中单击左侧“虾米官方榜”窗格中的“虾米新歌榜”按钮。

步骤03 单击“欧美”选项卡

在切换的界面中默认显示了全部新歌列表，也可以按语言类别进行播放，这里单击“欧美”选项卡。

步骤04 单击“一键播放”按钮

在切换到的“欧美”选项卡中列举了当前虾米新歌榜中的所有欧美歌曲，单击“一键播放”按钮。

步骤05 播放歌曲

在打开的界面中系统自动播放列表中的歌曲，并在页面下方显示了播放进度和控制歌曲播放的控制按钮组。

在虾米音乐网的首页提供了客户端下载，用户也可以将客户端下载到电脑中，下次直接启动客户端，同样可以在线播放音乐，如果将音乐下载到电脑中后，即使没有联网，用户也可以用客户端播放本地下载的音乐。

除了虾米音乐网以外，下面再推荐几个其他在线听音乐的网址：365音乐网（http://www.yue365.com/）、一听音乐（http://www.1ting.com/）、酷狗音乐（http://www.kugou.com/），各网址的首页效果如图10-4所示。

图10-4

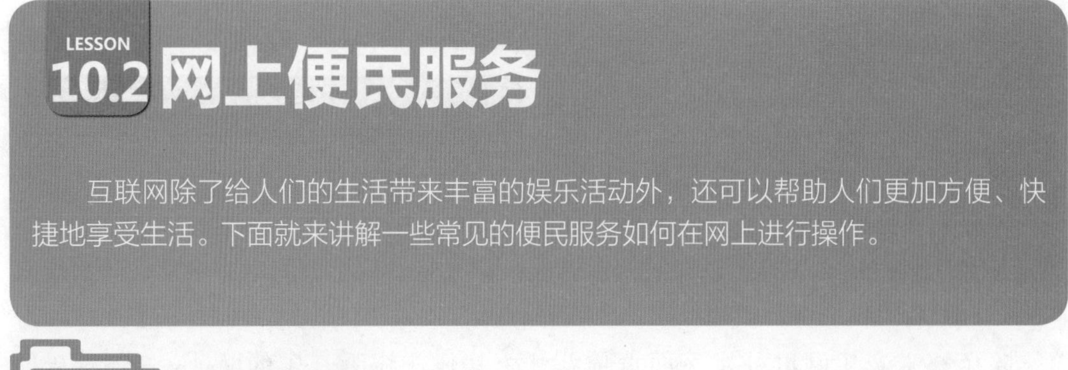

LESSON 10.2 网上便民服务

互联网除了给人们的生活带来丰富的娱乐活动外，还可以帮助人们更加方便、快捷地享受生活。下面就来讲解一些常见的便民服务如何在网上进行操作。

10.2.1 网银必会操作

通过网络进行购物、充值等都需要与银行卡绑定支付，因此必须确保网上银行卡有足够的余额供支付。在没有互联网或互联网技术尚不成熟时，用户要进行银行转账，必须到银行柜台或相应的ATM上才能完成转账的操作，而现在可以通过电脑直接转账，从而大大方便了用户在网上及时完成支付。下面以通过网页来进行跨行转账为例，讲解有关网银的操作，其具体操作方法如下。

步骤01 单击“登录”按钮

❶登录中国建设银行官网“http://www.ccb.com/”，❷在其中单击“个人网上银行”下拉列表框右侧的“登录”按钮。

步骤02 按账户方式登录网银

❶在打开的个人网上银行账户登录界面中输入账号和密码，❷单击“登录”按钮登录网上银行。

步骤03 建行转他行

进入个人网上银行页面，❶单击“转账汇款”选项卡，❷在跨行转账的下拉列表中选择“建行转他行”选项。

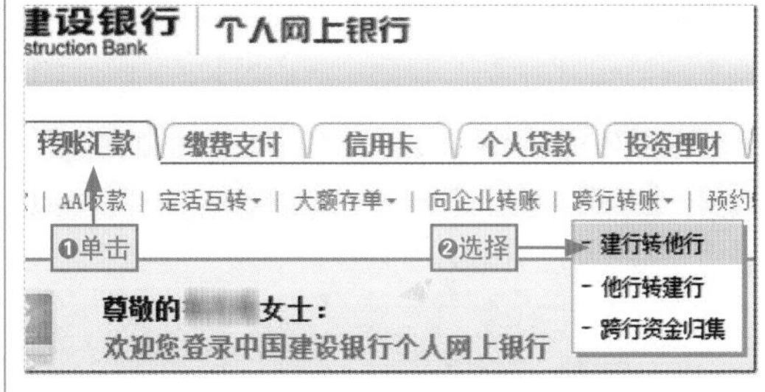

步骤04 现在转账

在跳转出的页面中显示了转账的时间、手续费、收款信息等内容，阅读完毕后直接单击“现在转账”按钮。

长知识 | 跨行转账与同行转账

在转账过程中，如果用户与收款人同属于一家银行，则在转账页面中选择“活期转账汇款”选项。一般来说，同行之间转账的速度要比跨行转账更快。目前，跨行转账的到账时间为半个小时，非常便捷。而银行提供的加急转账，则可以让转账资金实时到账。

步骤05 填写转账信息

进入转账页面后依次输入收款人的姓名、账号等信息。

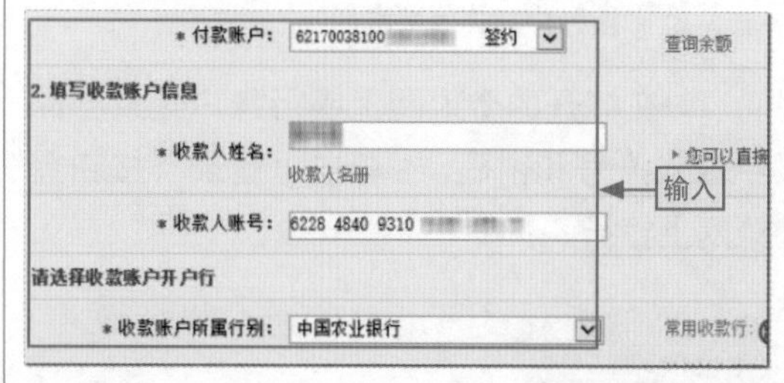

步骤06 确认转账

确认无误后，单击“下一步”按钮即可完成转账。

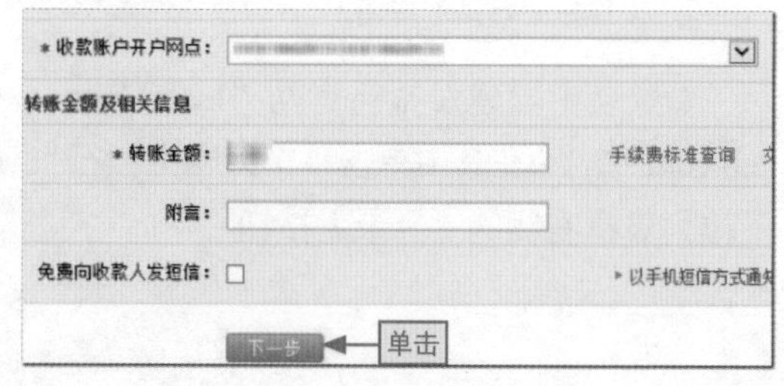

长知识 | 利用支付宝完成银行转账

支付宝是国内领先的第三方支付平台，用户可以利用它完成银行转账。❶用户需要先在支付宝官网（https://www.alipay.com/）注册并成功登录，❷在其首页的下方单击“转账到银行卡”按钮（不能在首页的账户余额处单击“转账”按钮，此处的转账默认是转账到好友的支付宝中）。进入转账页面后，❸在其中依次输入收款方银行卡类型、银行卡账号、账户名称、付款金额等信息，❹单击“下一步”按钮即可完成转账，如图10-5所示。

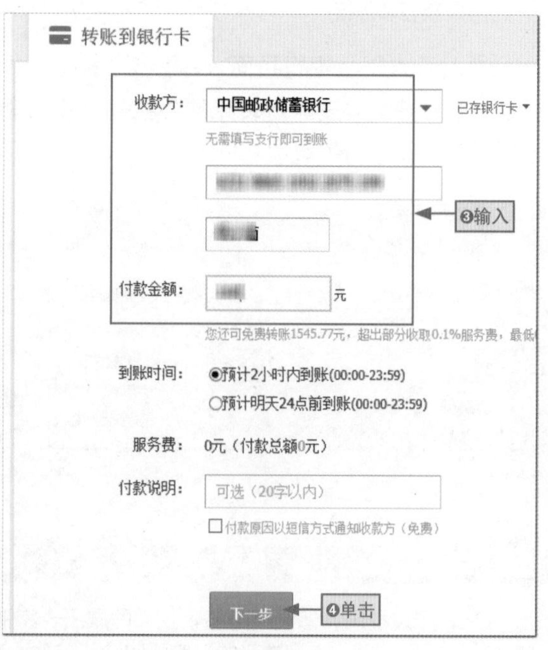

图10-5

10.2.2 在淘宝网上购物

网上购物早已成为一种潮流，越来越多的电脑用户参与其中。网上购物不仅仅是因为便宜，还因为商品的选择性更多，物流速度也快。

国内网上购物平台主要以淘宝网（https://www.taobao.com/）和京东商城（https://www.jd.com/）为主。下面以在淘宝网购买商品为例，讲解网上购物的具体操作方法。

步骤01 单击“亲，请登录”超链接

❶进入淘宝网首页，❷在页面左上角单击“亲，请登录”超链接（也可以在页面右侧单击“登录”按钮）。

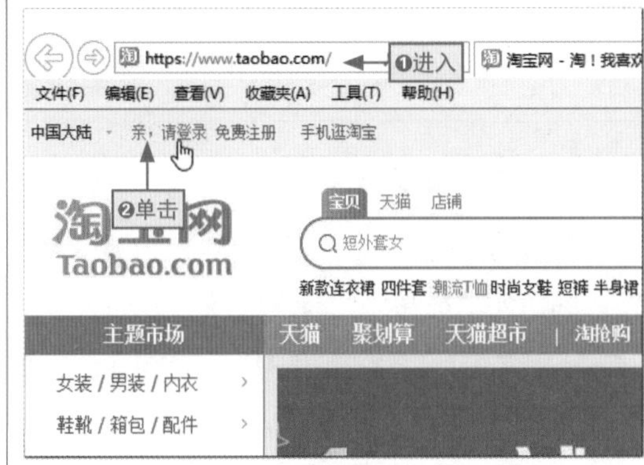

步骤02 登录淘宝账户

❶在打开的登录界面中输入用户名和密码，❷单击“登录”按钮（单击右上角的二维码切换到扫码，用手机淘宝扫描二维码登录）。

步骤03 单击“花瓶”超链接

❶成功登录后，将鼠标光标移动到页面左侧的“家具/家饰/家纺”分类上，❷在弹出的界面中单击“花瓶”超链接。

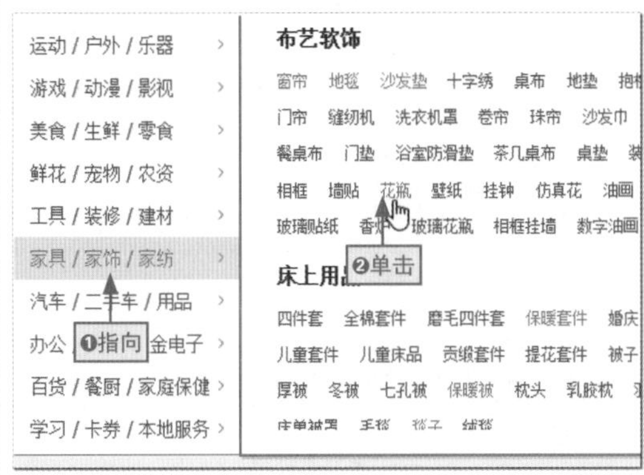

步骤04 单击“玻璃”超链接

在打开的界面的所有分类下方可以按品牌、材质、风格、家居饰品等类别进行筛选，这里单击“玻璃”超链接。

步骤05 选择需要购买的商品

在打开的界面中找到需要的花瓶，单击该商品（单击“找同款”或“找相似”超链接可以查找与该商品同款或相似的其他商品）。

步骤06 单击“立即购买”按钮

❶在打开的界面中选择颜色分类，❷单击“立即购买”按钮（可单击“加入购物车”按钮，加入购物车，待挑选完商品后统一结算）。

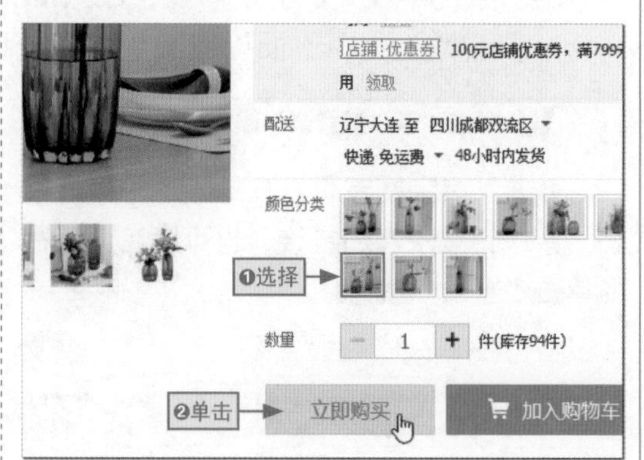

步骤07 按毛利的降序顺序排序

在打开的“确认订单信息”界面中确认收货地址（如果没有收货地址，可单击“使用新地址”按钮添加地址）。

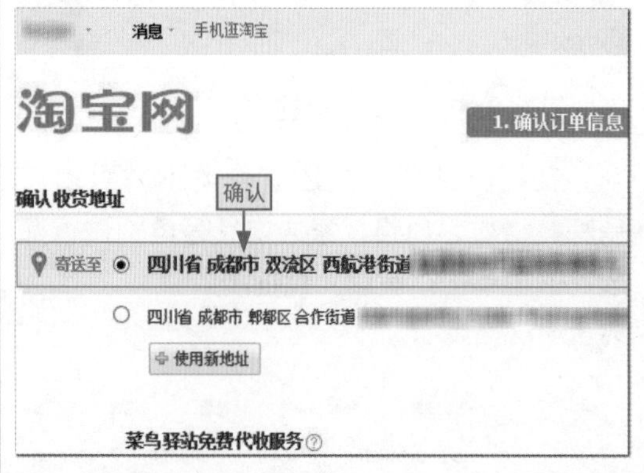

步骤08 单击“提交订单”按钮

仔细确认购买的商品名称、数量、价格，确认无误后单击“提交订单”按钮。

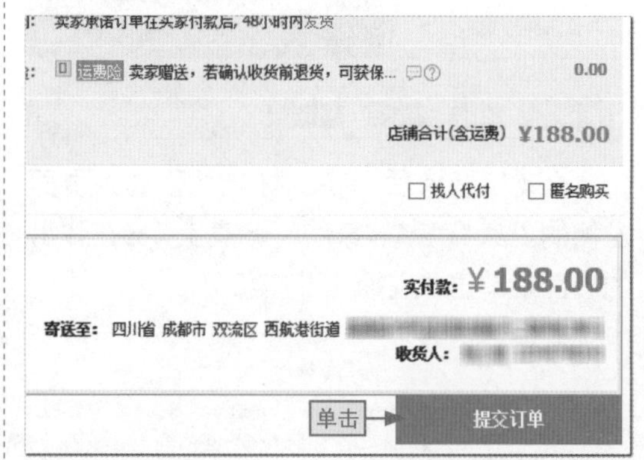

步骤09 支付商品

❶在打开的付款页面中选择支付方式，❷在“支付宝支付密码”文本框中输入支付密码，❸单击“确认付款”按钮即可完成购买商品的操作。

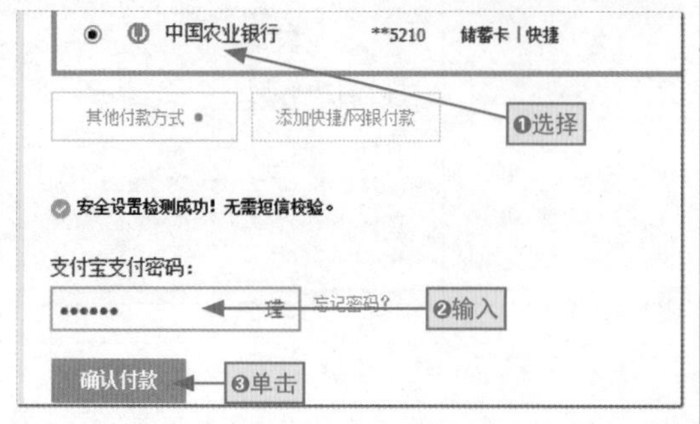

10.2.3 在网上缴纳水、电、气费

在人们的日常生活中，每个家庭每月或每季度都需要缴纳水、电、气费，虽然现在缴纳水、电、气费的网点很多，但是也需要到现场排队缴纳，太浪费时间，也太麻烦。用户可通过网上支付来轻松搞定。下面以在支付宝中缴纳燃气费为例，讲解在网上缴纳水、电、气费的相关操作方法。

步骤01 单击“水电煤缴费”按钮

❶进入支付宝首页（https://my.alipay.com/）并登录，❷在页面下方单击“水电煤缴费”按钮。

步骤02 选择缴纳燃气费

在打开的“水电煤缴费”页面中确认缴纳水费、电费还是燃气费，这里单击“缴燃气费”按钮。

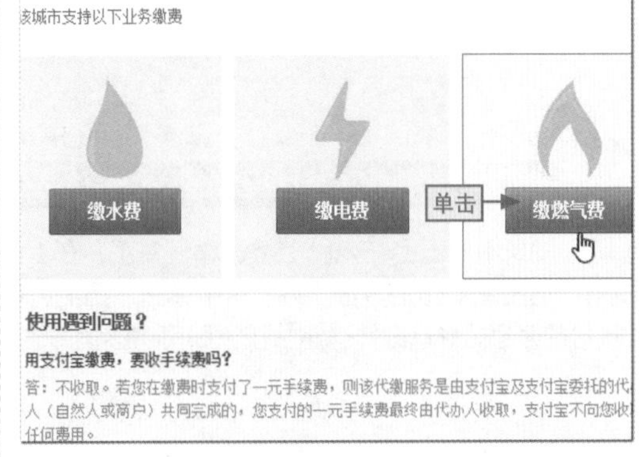

步骤03 设置缴费账户

❶在打开的界面的“公用事业单位”下拉列表框中设置天然气公司的名称，❷在“用户编号”文本框中输入账户编号，❸单击“查询”按钮。

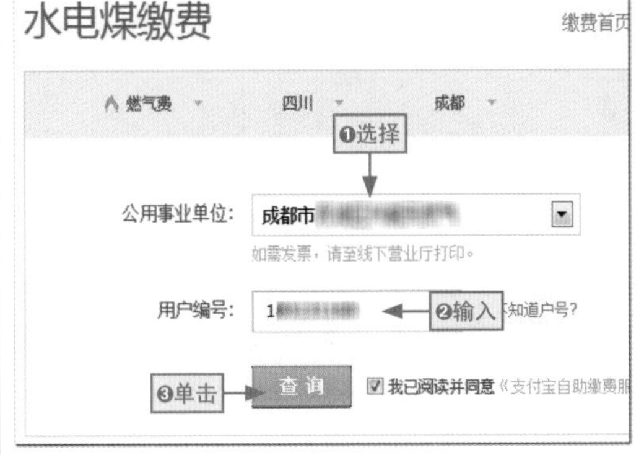

步骤04 单击“去缴费”按钮

在打开的界面中详细显示了缴费项目、缴费地区、收费单位、缴费号码、户名、地址和欠费金额等信息，确认无误后单击“去缴费”按钮。

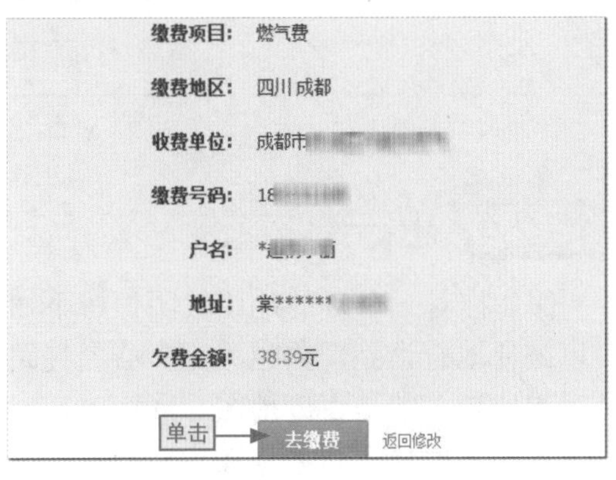

步骤05 单击“继续电脑付款”按钮

在打开的界面中单击“继续电脑付款”按钮，继续缴费操作。

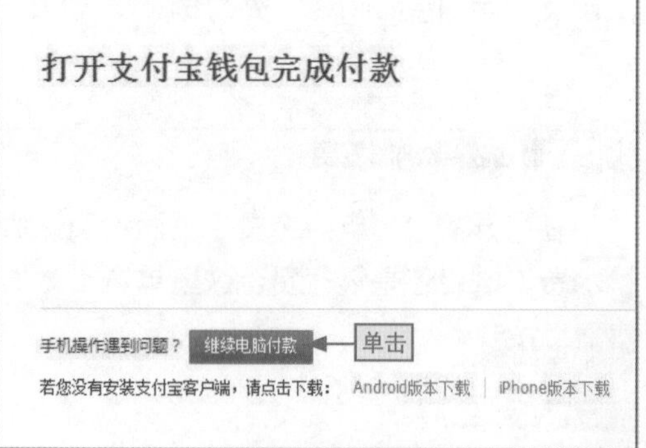

步骤06 完成缴费操作

❶在打开的界面中选择付款方式，❷输入支付密码，❸单击“确认付款”按钮完成操作。

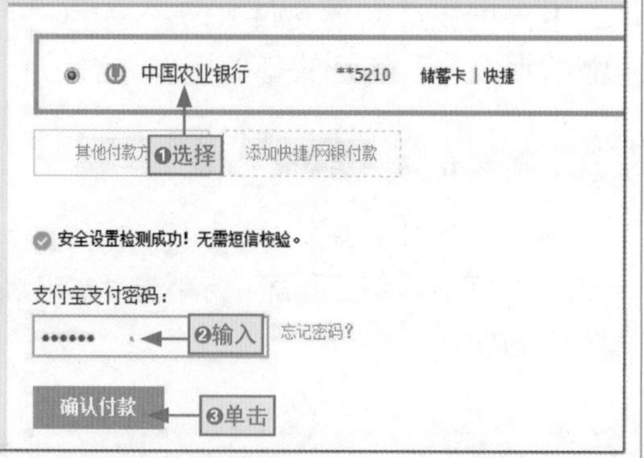

长知识｜根据历史缴费记录快速填写信息

如果用户已经在电脑上缴过燃气费了，在上例中的步骤02中单击“缴燃气费”按钮后，将进入如图10-6左图所示的界面，❶在其中单击“历史缴费账号”超链接，在打开的对话框中显示了历史缴费账号的信息，❷单击“确定”按钮即可将该信息填入缴费信息填写页面中，如图10-6右图所示。

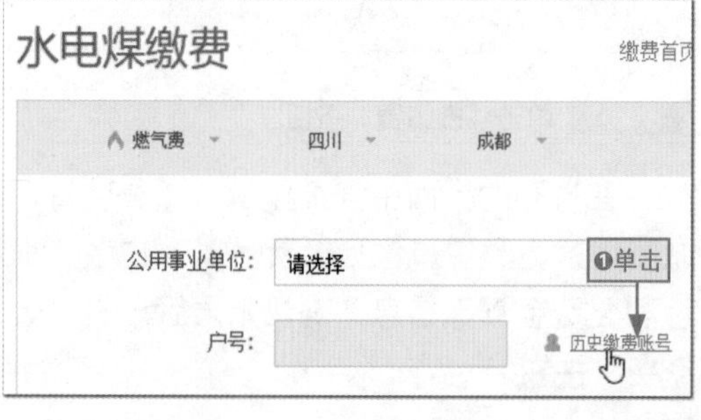

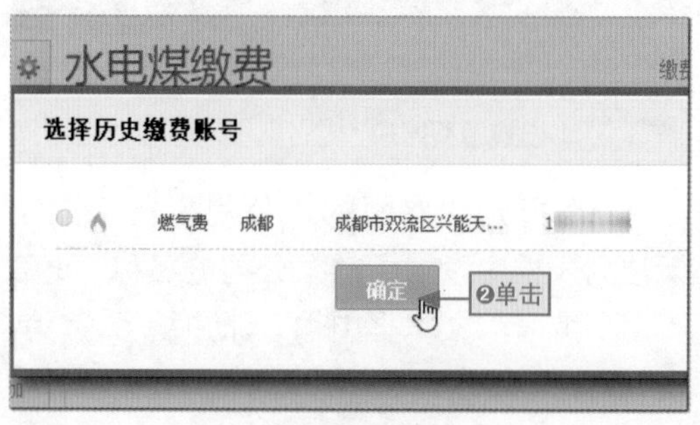

图10-6

10.2.4 出行线路查询

假如你对一个目的地比较陌生，不知道如何抵达，此时只要有网络，出行线路也可以方便地查询到，再也不用担心会迷路或者坐错公交车了。对于线路的查询，现如今用得比较多的是百度地图（https://map.baidu.com/）和高德地图（https://www.amap.com/）。下面以在百度地图中查找出行线路为例，讲解相关的操作，其具体操作方法如下。

步骤01 选择目的地

❶进入百度地图首页，❷在其中的搜索框中输入“王府井百货”关键字，程序自动弹出相关的地址下拉列表，❸选择目的地。

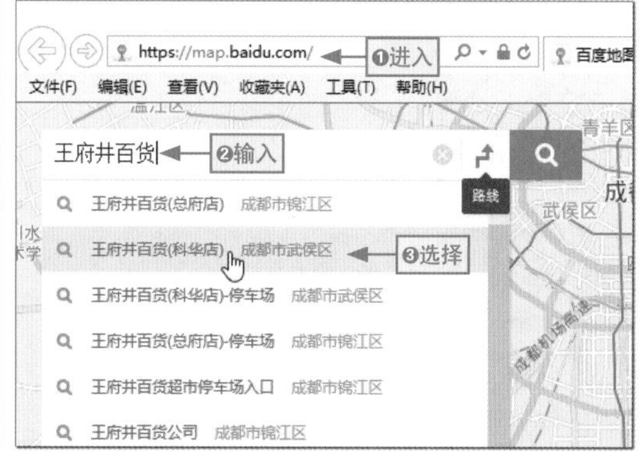

步骤02 确认目的地

程序自动进行搜索，并在搜索框下方显示出搜索目的地的具体位置，确认无误后单击该目的地的地址。

步骤03 单击“到这去”按钮

在显示的界面中单击“到这去”按钮（如果要从搜索结果出发，则单击“从这出发”按钮）。

步骤04 确定出发地的位置

❶在打开的界面的起始位置文本框中输入“百草路”，❷在弹出的下拉列表中选择精确的所在位置。

步骤05 确定出行方案

程序自动根据所设置的起始位置和终止位置进行搜索，并得到推荐路线、时间最短、换乘最少、步行最少的不同出行方案，这里单击“时间短”按钮。

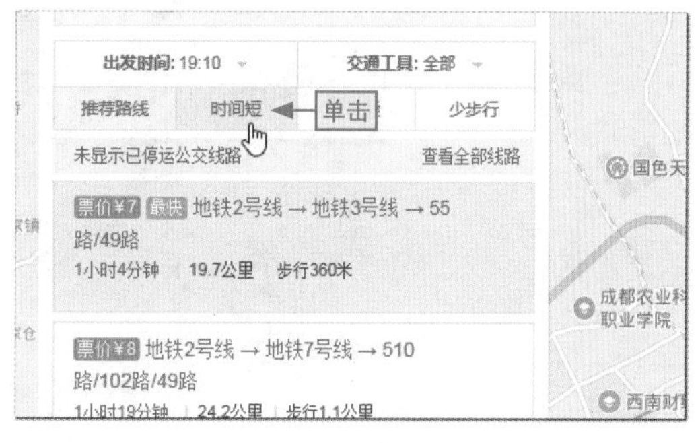

步骤06 确定具体的出行方案

程序自动筛选出时间最短的所有出行方案列表，在其中确定一种出行方法，这里选择耗时最短的第一种方案。

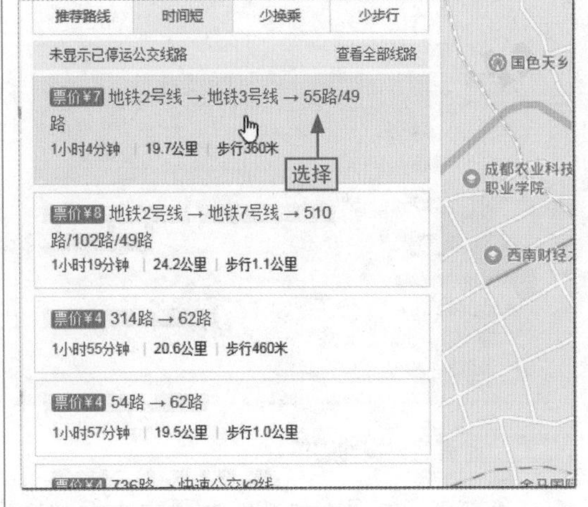

步骤07 查看具体的出行方案

程序自动展开该出行方案的详细列表，在其中用户即可查看到该出行方案的起始站、中途换成站以及终点站等信息。

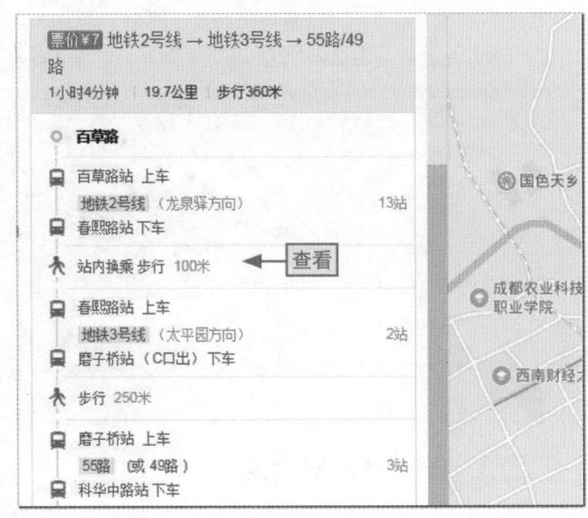

高手支招 | IE 11网页游戏显示不正常怎么办

在Windows 10中，系统自带的IE浏览器的版本为IE11，但是在该版本下，一些网页的在线小游戏是无法玩的，如图10-7所示，在4399网页中在线玩五彩泡泡游戏，在程序加载后显示不能打开游戏的提示信息。如果用户仍然要在Windows 10操作系统中使用IE浏览器，此时就只能降级使用了，其具体操作方法如下。

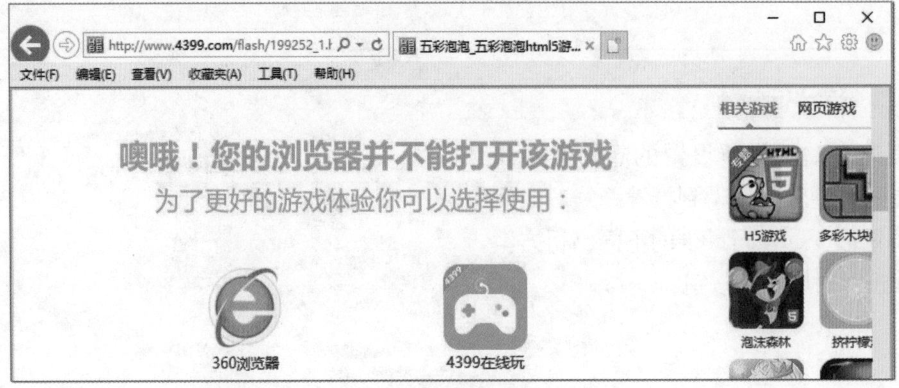

图10-7

步骤01 选择“appwiz.cpl”命令

❶按Windows+R组合键打开“运行”对话框，在“打开”下拉列表框中输入“appwiz.cpl”，❷单击“确定”按钮。

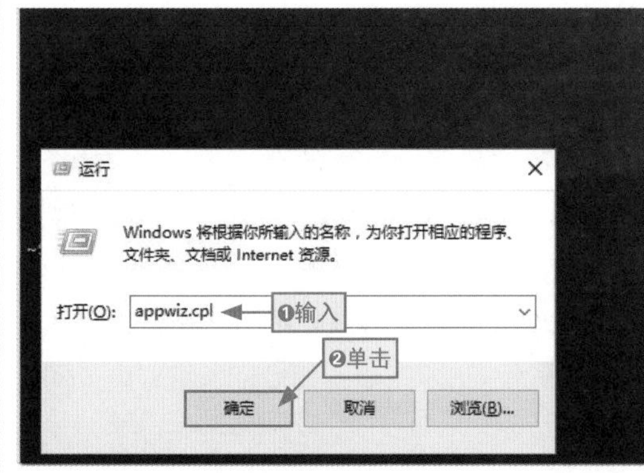

步骤02 单击“启用或关闭windows功能”超链接

程序自动打开“程序和功能”窗口，在其左侧的窗格中单击“启用或关闭Windows功能”超链接。

步骤03 单击“是”按钮

❶在打开的对话框中对“Internet Explorer 11”执行取消选中操作，❷程序将打开提示对话框，单击“是”按钮。

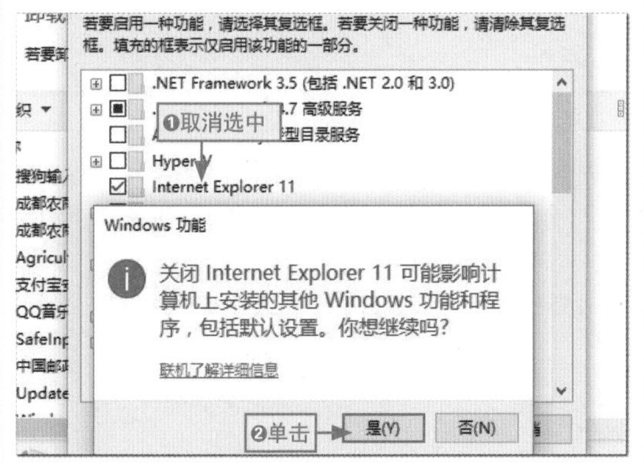

步骤04 按毛利的降序顺序排序

❶在返回的对话框中可查看到“Internet Explorer 11”复选框被取消选中了，❷单击“确定”按钮。

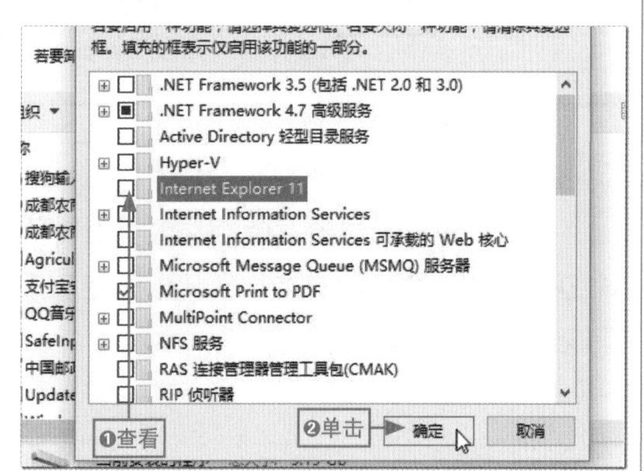

步骤05 重启电脑使操作生效

程序自动开始卸载IE 11浏览器，稍后，在打开的对话框中提示需要重启电脑，单击“立即重新启动”按钮重启电脑。重启电脑后，浏览器默认回复为IE 8。

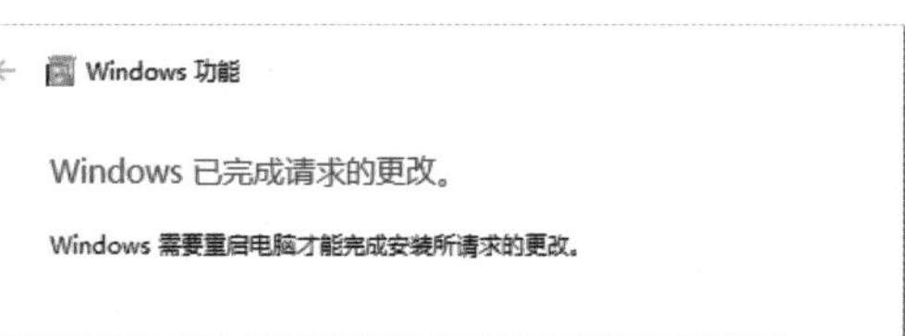

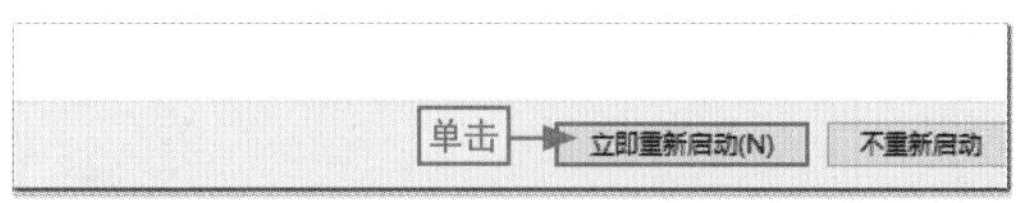

高手支招 | 将网页查询的出行线路发送到手机

在网页地图中查找的出行线路可以方便地将其发送到手机上，从而让用户不用担心查询的出行线路记不住的情况。其具体操作方法如下。

步骤01 单击“发送到手机”按钮

在百度地图中查询到公交路线后，在方案列表下方单击“发送到手机”按钮。

步骤02 设置免费发送到手机

❶在打开的对话框中单击“发送到短信”选项卡，❷依次输入手机号码和验证码，❸单击“免费发送到手机”按钮。

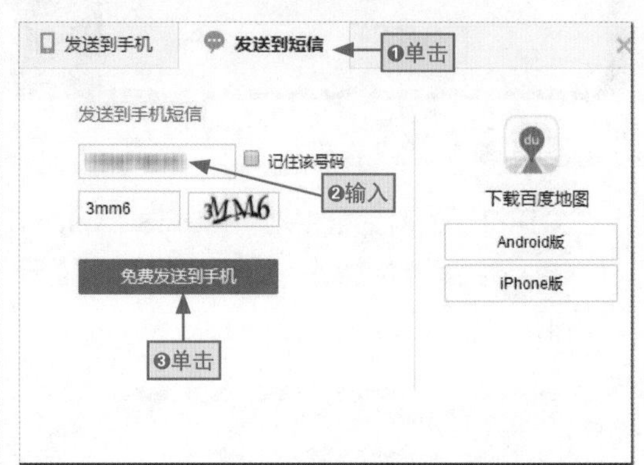

步骤03 在手机上查看接收的出行线路

稍后，指定的手机将收到一条来自百度地图发来的手机短信信息，在其中详细显示了查询的出行线路信息。

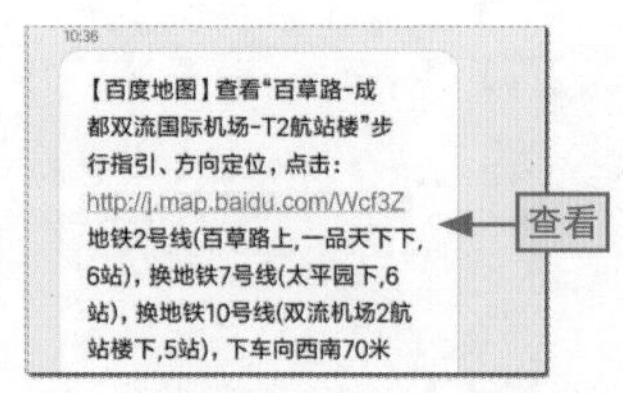

第11章

电脑的优化与维护

学习目标

电脑使用的时间长了，或多或少会出现一些问题，从而影响电脑的使用。对于新手而言，掌握一些常见的电脑优化与维护的方法与技巧，可以更好地使用电脑。本章将针对这些内容进行详细介绍。

本章要点

- 如何判断电脑中了病毒
- 电脑病毒的传播及其对应的预防措施
- 清除电脑中使用不到的程序
- 整理磁盘碎片
- 清理磁盘
- 禁用开机启动项
- 对电脑进行全面体检
- 进行常规木马扫描
- 清理电脑

知识要点	学习时间	学习难度
电脑中潜在的威胁	20分钟	★
使用电脑自带工具优化	40分钟	★★★
使用360安全卫士维护电脑	35分钟	★★

LESSON 11.1 电脑中潜在的威胁

电脑病毒是我们生活中经常会听到的词汇，可对于一些电脑初学者来说，对电脑病毒的了解比较少，甚至有时连自己的电脑已经中了病毒都不知道。本节就来具体认识电脑病毒及其防范措施。

11.1.1 如何判断电脑中了病毒

虽然病毒的类型很多，初学者也无从知晓电脑到底是否中毒了，下面就来具体介绍几种电脑中毒的常见现象，供初学者辨别，具体如图11-1所示。

内存不足

用电脑的时间并没有太久，也没有下载太多的影片，就莫名出现内存控件不足的情况

网页异常

电脑浏览器无故自动打开多个网页，并且内容多为电脑游戏页面和广告信息等

CPU使用率过高

一打开电脑，就会出现CPU使用率过高的现象

文件被无限复制

打开某一文件夹，发现有未知的文件被复制了很多个，且这些文件多为压缩文件

QQ在另一地点登录

QQ在使用过程中经常出现“您的账号在另一地点登录”的提示对话框

无法启动Windows

开机电脑停留在蓝屏状态，无法正常启动Windows，或在使用过程中突然蓝屏

无法删除的图标

电脑桌面出现莫名图标，这些图标为IE浏览器或应用程序的形式，且无法删除

运行缓慢

电脑运行缓慢，打开一个程序时没有反应，或拖动一个窗口时出现重影的现象

图11-1

11.1.2 电脑病毒的传播及其对应的预防措施

由于电脑的便捷性、网络的新鲜特点，对于初学者来说，防范心理很少。为了让电脑更加安全，不被病毒侵害，用户就要了解电脑病毒的传播途径，从而维护电脑的安全，从源头保护自己的电脑。下面介绍几种电脑病毒的常见传播途径，具体如表11-1所示。

表 11-1 了解病毒的传播途径

传播途径	描 述
不安全的网站	网页病毒是一些非法网站在其网页中嵌入恶意代码，这些代码一般是利用浏览器的漏洞，在用户的电脑上自动执行传播病毒，当用户无意地登录了一些不受信任的网站，可能受到电脑病毒的攻击
电子邮件	电子邮件一直是病毒传播的重要途径之一。病毒一般夹带在邮件的附件中，当用户打开附件时，病毒就会被激活。尤其对于压缩包附件要谨慎打开，因为里面很可能包含木马病毒
QQ 聊天工具	在使用 QQ 软件聊天时，有时会收到陌生好友的消息，而且一般后面还带有一个网址链接，如果打开这个网址，电脑很可能就会中病毒。感染病毒的主机又会自动给 QQ 上的其他用户发送带有病毒的网址，从而使病毒迅速扩散。此外，一些陌生 QQ 好友发来的文件，特别是一些压缩文件，很可能包含木马病毒
U 盘、移动硬盘	U盘、移动硬盘等存储设备也是病毒传播的重要媒介。通过U盘传播的病毒，是利用操作系统的自动播放功能（将光盘放进光驱时，系统自动播放光盘中的程序或视频文件）。通过 AutoRun.inf 文件实现在打开U盘或移动硬盘时自动执行病毒文件，从而感染电脑。因此，在使用这些存储设备（特别是他人的）时，一定要留意是否有不明文件

在了解了电脑病毒的传播途径后，用户应当如何预防电脑不被病毒侵害呢？这就需要掌握一定的预防措施，下面列举一些常见的预防措施，供读者学习。

①增强自身电脑安全使用的防范意识，养成良好的电脑操作习惯，不轻易打开他人发送的网址、来源不明的邮件（尤其是邮件中的附件）和文件，访问正规的网站，从正规的网站下载资源。

②利用第三方工具及时修补系统和应用软件安全漏洞，切断病毒入侵的渠道。

③正确使用U盘、移动硬盘等存储设备，将存储设备插入电脑后，先对其进行病毒查杀，最好禁用移动设备的自动播放功能，通过右键快捷菜单中的“打开”命令打开存储设备。

④养成对重要数据进行备份的习惯，从而确保即使电脑中病毒，损坏了文件，也有备份，从而将影响降到最低。

LESSON 11.2 使用电脑自带工具优化

在Windows操作系统中，系统本身就自带了许多优化电脑的工具，如卸载程序、整理磁盘碎片、禁用开机启动项等，使用这些工具优化电脑后，可以让电脑更加快速地运行。

11.2.1 清除电脑中使用不到的程序

在使用电脑的过程中，有些软件是暂时使用的，这类软件俗称“酱油软件”，如果电脑中的这类软件太多的话，就会占一定的电脑空间，而且有些软件还自动在开机时就重启，无疑拖慢了电脑的开机速度。因此用户要学会对“酱油软件”的清除，直接使用系统自带的卸载应用程序功能即可完成。

下面通过具体的实例，讲解相关的操作，其具体操作方法如下。

步骤01 单击“程序和功能”超链接

打开“控制面板”窗口，在大图标查看方式下单击“程序和功能”超链接，打开“程序和功能”窗口。

步骤02 单击“卸载”按钮

❶在该窗口的列表框中选择要卸载的程序，❷单击列表框上方的“卸载”按钮。

长知识 | 通过右键快捷菜单选择“卸载”命令

在“程序和功能”对话框中选择要卸载的程序，在其上右击，在弹出的快捷菜单中选择“卸载”命令，同样可以卸载程序。

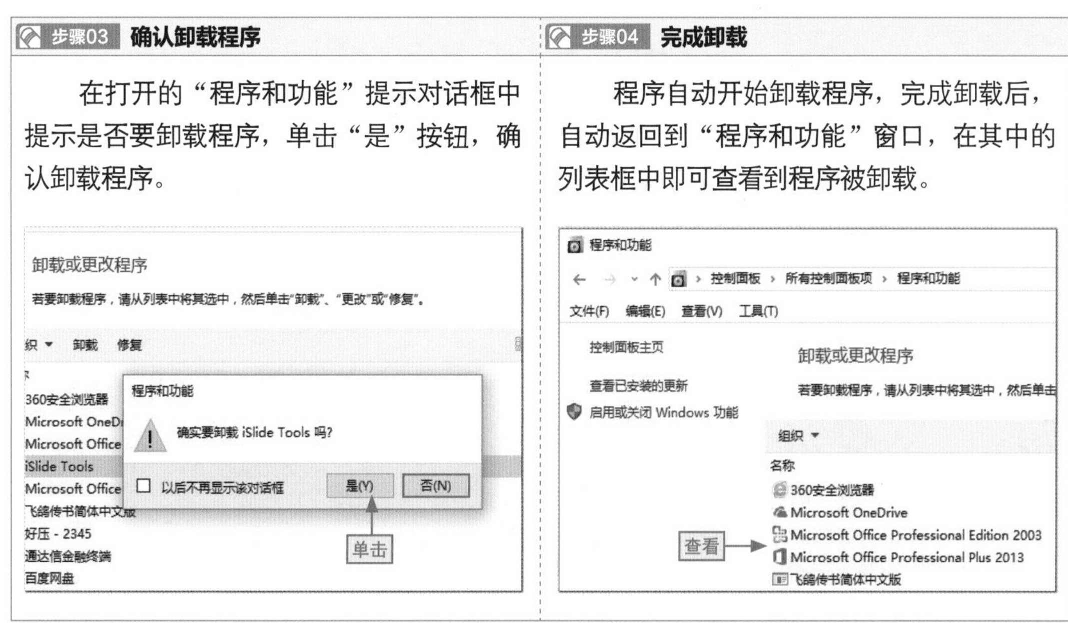

步骤03 确认卸载程序

在打开的“程序和功能”提示对话框中提示是否要卸载程序，单击“是”按钮，确认卸载程序。

步骤04 完成卸载

程序自动开始卸载程序，完成卸载后，自动返回到“程序和功能”窗口，在其中的列表框中即可查看到程序被卸载。

有些软件在执行卸载命令后直接就进行卸载了，而有些程序在执行卸载命令后，会进入自身的卸载界面。如图11-2所示的百度网盘卸载界面和美图秀秀工具的卸载界面。

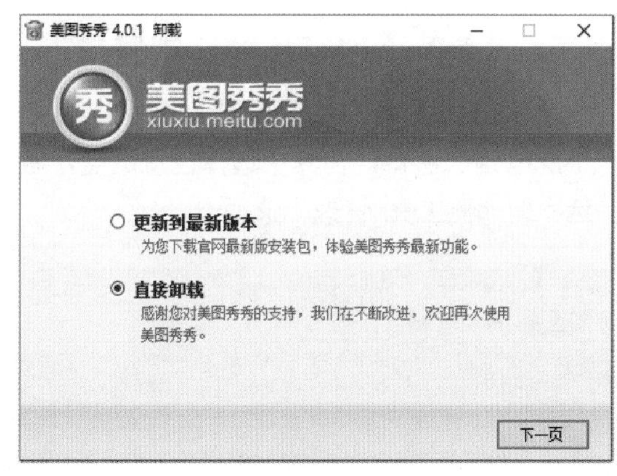

图11-2

此外，在“程序和功能”窗口中选择要卸载的程序后，会出现“卸载”和“更改”按钮，如上例。而有些软件在选择后会出现“卸载”“更改”“修复”按钮，还有些软件只有“卸载”按钮或者“卸载/更改”按钮，如图11-3所示。在这些情况下，单独的“卸载”按钮是执行卸载程序的，而“卸载/更改”按钮，则既可以执行卸载程序操作，也可以执行修改程序操作。

图11-3

11.2.2 整理磁盘碎片

整理磁盘碎片就是对电脑磁盘在长期使用过程中产生的碎片和零乱文件重新整理，从而提高电脑的整体性能和运行速度。在Windows 10操作系统中，使用系统自带的优化功能即可完成磁盘碎片的整理。下面通过具体的实例讲解整理磁盘碎片的相关操作，其具体操作步骤如下。

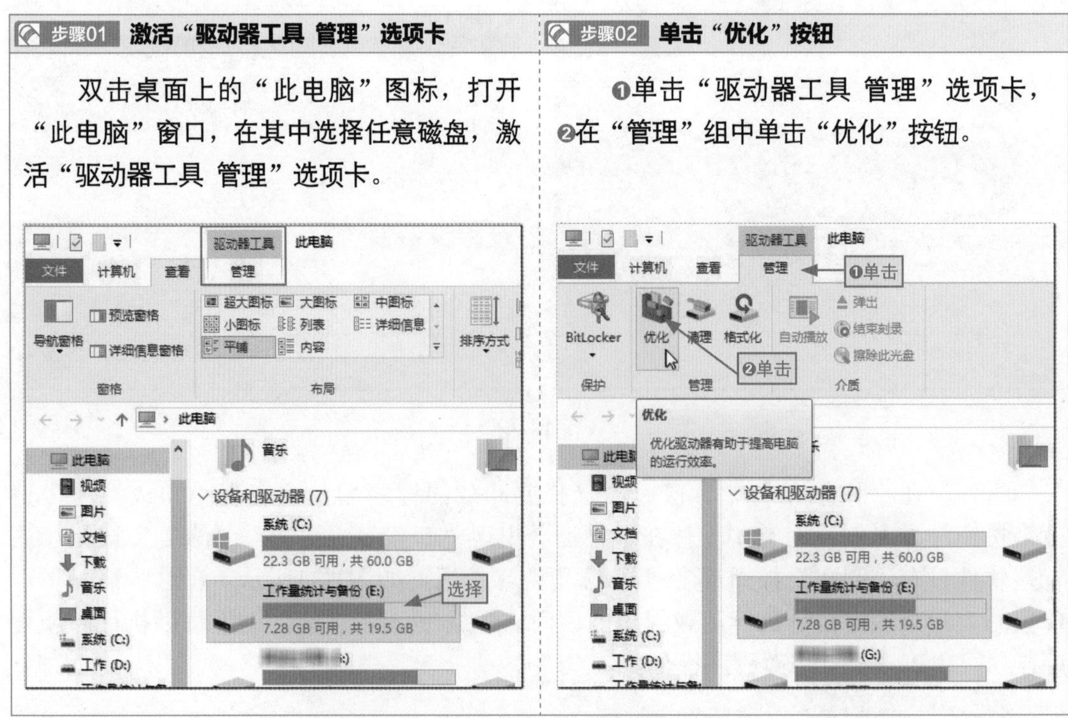

步骤01 激活“驱动器工具 管理”选项卡

双击桌面上的“此电脑”图标，打开“此电脑”窗口，在其中选择任意磁盘，激活“驱动器工具 管理”选项卡。

步骤02 单击“优化”按钮

❶单击“驱动器工具 管理”选项卡，❷在“管理”组中单击“优化”按钮。

步骤03 单击“分析”按钮

在打开的“优化驱动器”对话框的列表框中选择要整理的磁盘，❶这里选择E盘，❷单击“分析”按钮。

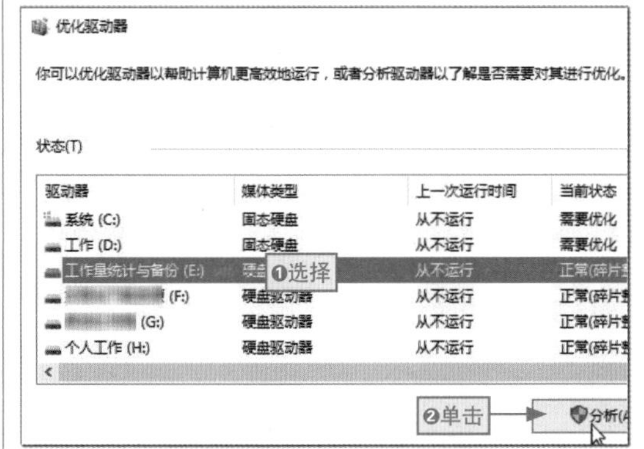

步骤04 单击“优化”按钮

程序开始对当前选择的磁盘进行磁盘碎片分析，当分析完成后单击“优化”按钮，开始优化电脑。

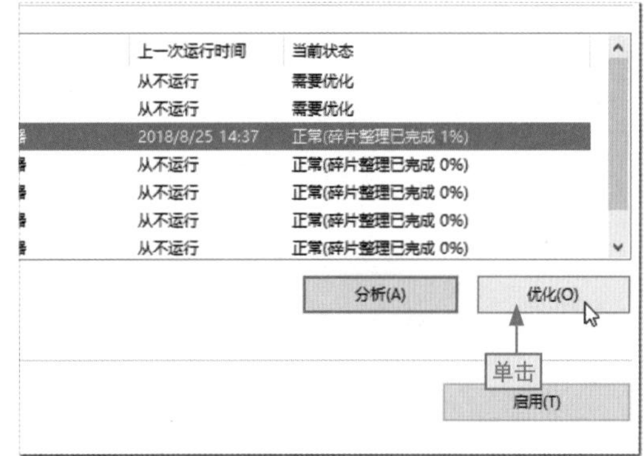

步骤05 自动整理并合并

程序开始自动整理碎片，整理完成后，程序自动执行碎片的合并整理操作。

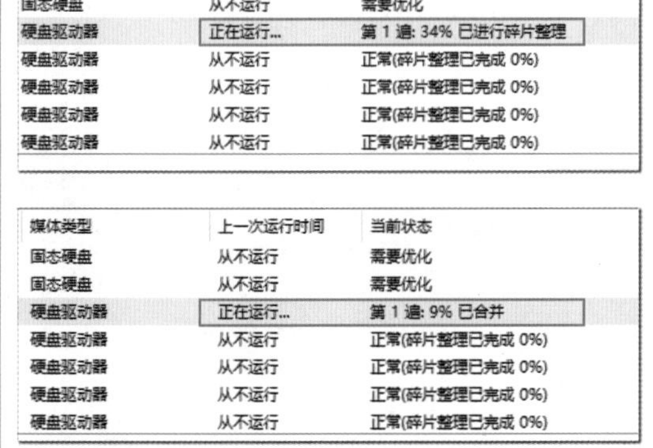

步骤06 完成整理

待检测到的碎片整理并合并完成后，单击“关闭”按钮，完成整个操作。

11.2.3 清理磁盘

电脑用的时间久了，运行速度会变慢，此时可以通过系统提供的清理磁盘功能对某个指定的磁盘空间进行清理，删除多余的垃圾文件，释放更多的磁盘空间，从而提升电脑的运行速度。利用清理磁盘功能清理磁盘的具体操作步骤如下。

步骤01 单击“清理”按钮

在“此电脑”窗口中选择要清理的磁盘，❶这里选择C盘，❷在“驱动器工具 管理”选项卡的“管理”组中单击“清理”按钮。

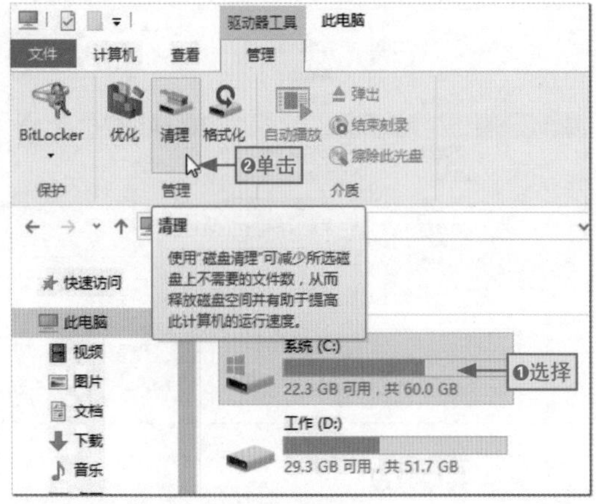

步骤02 确认要清理的文件类型

❶在打开的磁盘清理对话框的“要删除的文件”列表框中选中删除文件的类型，❷单击“确定”按钮。

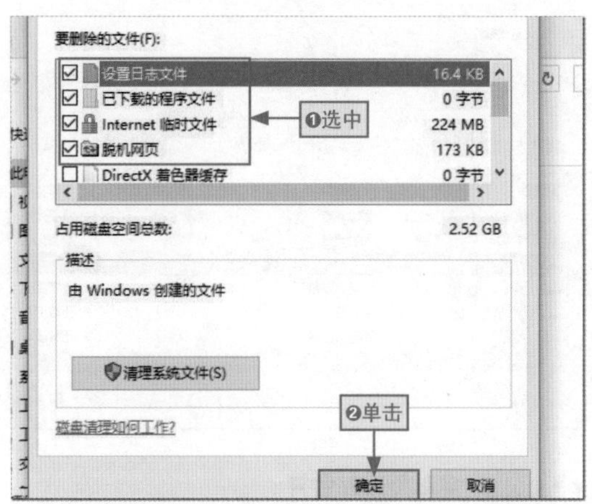

步骤03 确认永久删除文件

在打开的“磁盘清理”提示对话框中提示是否要永久删除这些文件，单击“删除文件”按钮。

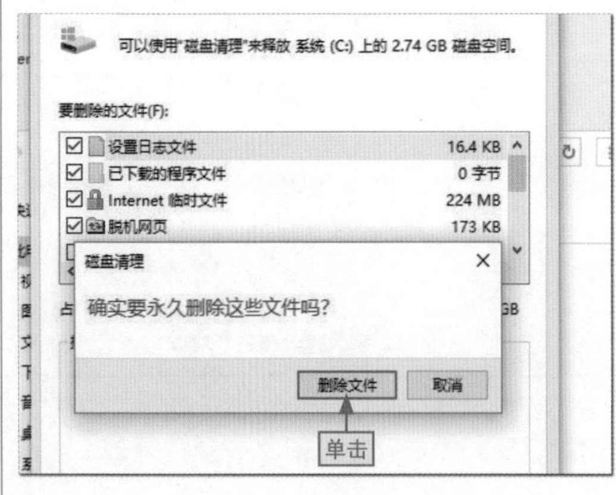

步骤04 开始自动清理磁盘

程序自动开始清理磁盘，并且在打开的“磁盘清理”对话框中显示清理的情况，清理完成后系统自动关闭该对话框。

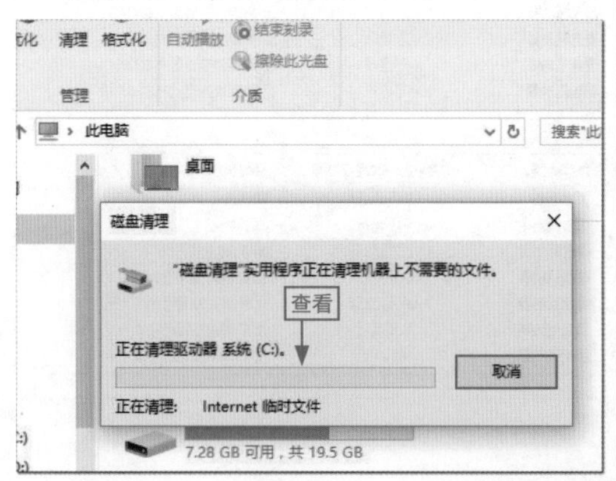

11.2.4 禁用开机启动项

有些用户的电脑开机速度总是很慢，有的甚至需要几分钟才能完成电脑的开机操作。造成这种情况的常见原因就是开机的启动项太多了。对于一些不常用的程序，可以禁用其开机启动，从而加快电脑的启动，其具体操作步骤如下。

步骤01 单击“管理工具”超链接

打开“控制面板”窗口，在大图标查看方式下单击“管理工具”超链接。

步骤02 双击“系统配置”选项

在打开的“管理工具”窗口中找到“系统配置”选项，双击该选项。

步骤03 单击超链接

程序自动打开“系统配置”对话框，并切换到“启动”选项卡，在其中单击“打开任务管理器”超链接。

步骤04 设置禁用启动项

❶在打开的“任务管理器”对话框的“启动”选项卡的列表框中选择要禁用的启动项，❷单击“禁用”按钮。

步骤05 查看设置效果

此时系统自动将选择的启动项的状态更改为“已禁用”，且“禁用”按钮变为“启用”按钮（单击该按钮可重新启用该启动项），完成设置后关闭对话框即可完成整个操作。

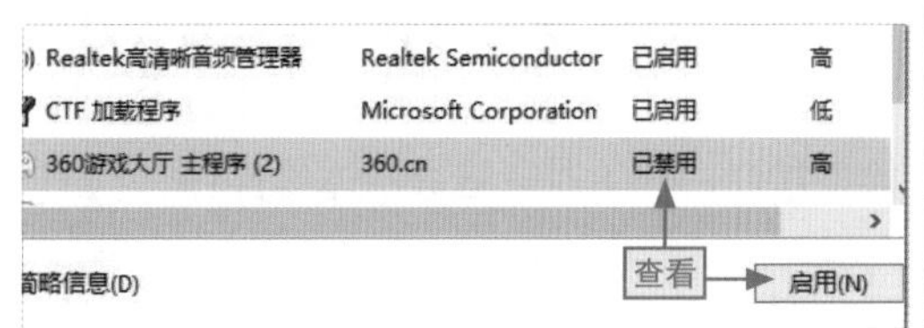

LESSON 11.3 使用360安全卫士维护电脑

360安全卫士是一款非常好用的电脑管理软件，它操作简单，功能齐全，可以解决用户电脑日常操作的各种问题。360安全卫士的主界面，如图11-4所示。

图11-4

11.3.1 对电脑进行全面体检

电脑就像人的身体一样，需要定期进行检查，从而来判断电脑是否“健康”。下面介绍如何利用360安全卫士来对电脑进行全面检查，其具体操作步骤如下。

步骤01 单击“立即体检”按钮

启动360安全卫士后，程序自动进入“电脑体检”界面，在其中单击“立即体检”按钮，开始对电脑进行体检操作。

步骤02 自动进行体检

程序自动对电脑系统进行全面体检，在打开的正在进行体检的界面中可以查看到体检的进度和情况。

步骤03 单击“一键修复”按钮

❶待程序对电脑体检完毕后，会对当前的体检进行打分，并显示体检结果，❷单击“一键修复”按钮。

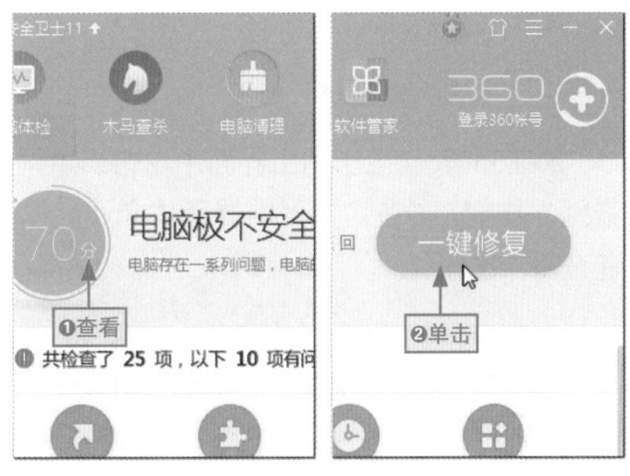

步骤04 自动修复问题

系统自动开始对体检的所有问题进行修复，此时用户只需耐心等待。

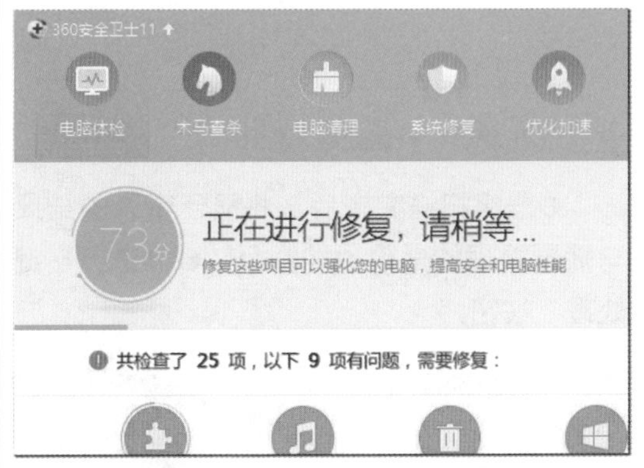

步骤05 取消本次优化

修复完毕后，程序会打开“电脑体检”对话框，在其中提示可以优化加速，这里单击“本次取消优化”超链接。

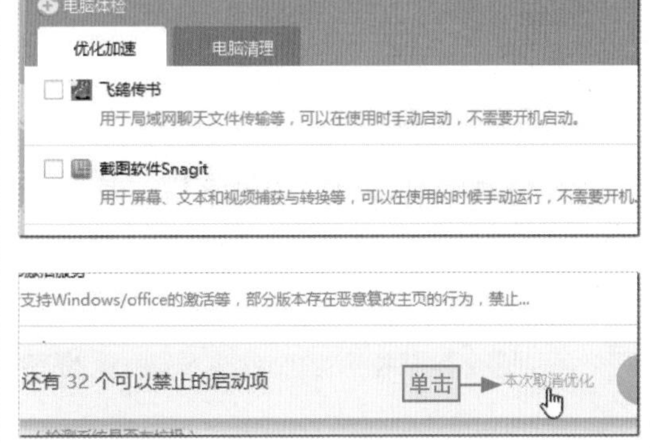

步骤06 完成修复

程序自动切换到“电脑清理”选项卡，在其中单击“本次取消清理”超链接后关闭对话框，在返回的界面中即可查看到所有问题修复完毕的信息。

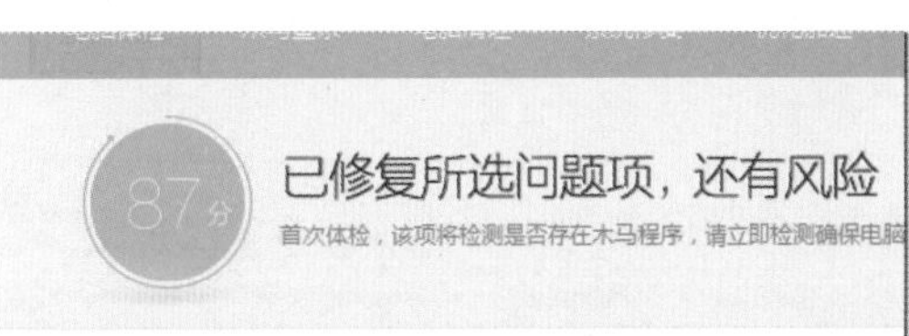

11.3.2 进行常规木马扫描

木马对电脑的影响是非常大的，一旦电脑中植入了木马，就会影响到电脑的运行，严重的还会造成电脑损坏等不良后果。对于新用户而言，应该养成对电脑进行常规木马扫描的习惯，从而确保电脑的安全。下面以使用360安全卫士进行木马查杀为例来讲解相关的操作。

步骤01 单击“快速查杀”按钮

❶在360安全卫士的主界面中单击“木马查杀”按钮，❷在切换到的界面中单击“快速查杀”按钮。

步骤02 单击“继续快速扫描”按钮

稍后程序开始自动快速查杀电脑中的木马，如果发现恶性木马，程序会打开提示对话框，单击“继续快速扫描”按钮。

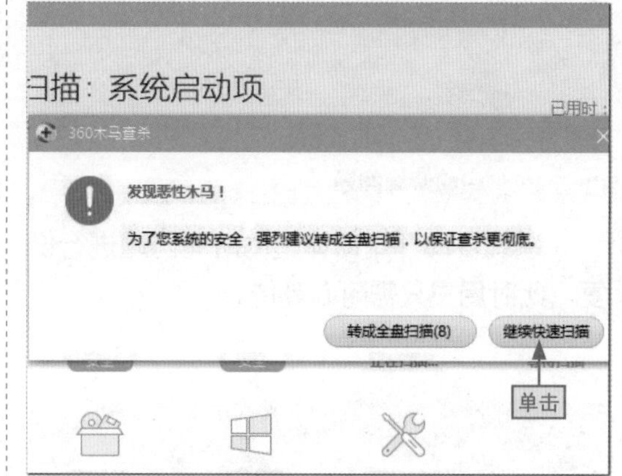

步骤03 查看危险项

在检测的过程中，如果发现有危险的项目，用户可以将鼠标光标移至危险选项上方，进行查看。

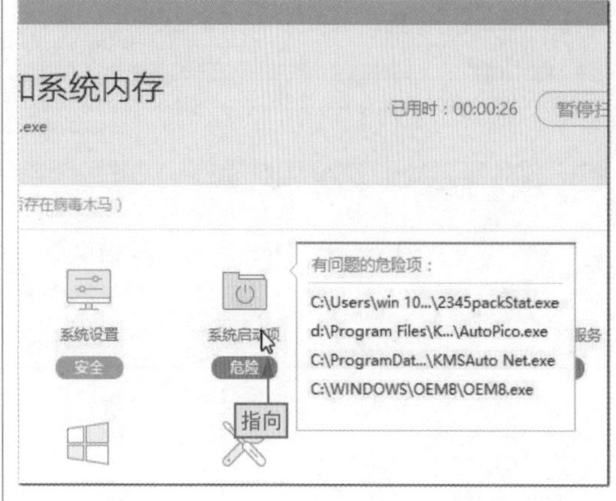

步骤04 单击“一键处理”按钮

❶程序扫描完毕后，将显示查杀的结果与需要处理的危险项的数目，❷单击“一键处理”按钮。

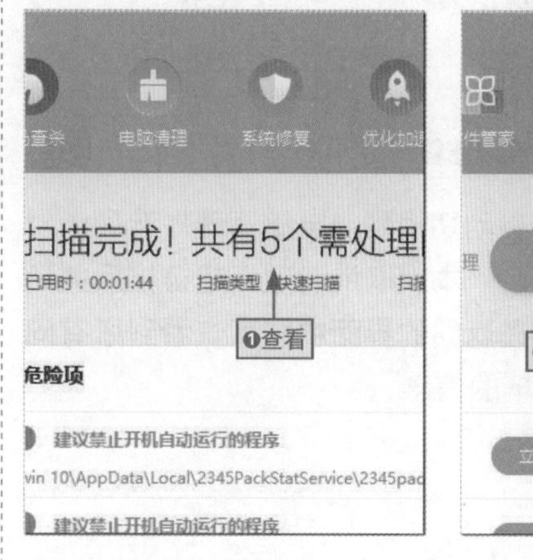

步骤05 确认开始处理风险项

程序将打开提示对话框，提示处理的风险项包含结束进程的操作，确保保存个人资料，单击“确定”按钮。

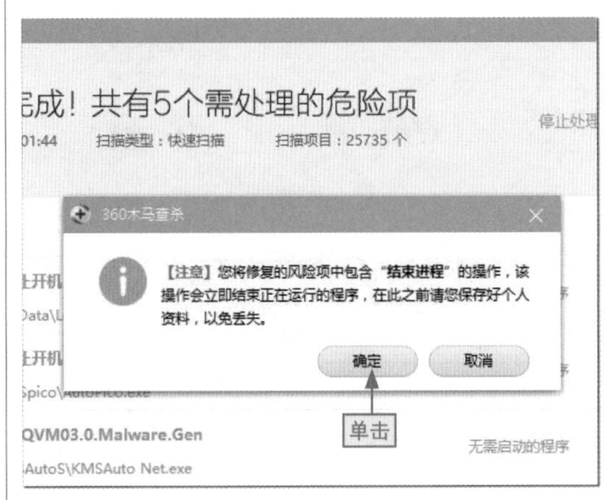

步骤06 重启电脑

程序开始自动处理危险项，处理完成后会打开对话框提示处理完毕，要求重启电脑，单击“好的，立刻重启”按钮开始重启电脑。

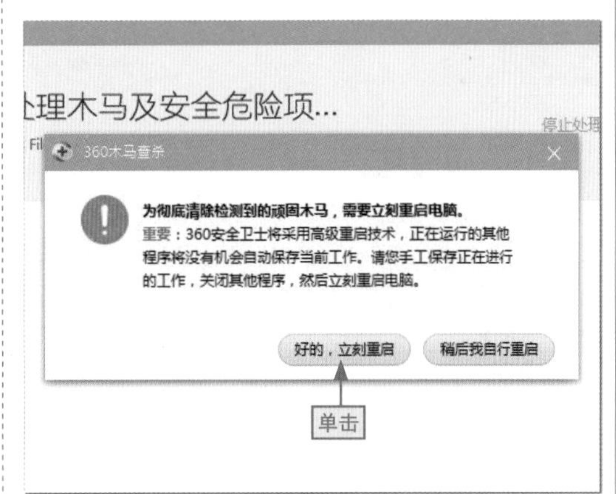

11.3.3 清理电脑

360安全卫士中提供的电脑清理功能其实是将电脑中的垃圾文件、插件、网页浏览痕迹以及注册表等进行清理，使电脑长期保持较好的运行状态，该功能的具体使用操作步骤如下。

步骤01 单击“全面清理”按钮

❶在360安全卫士的主界面中单击“电脑清理”按钮，❷在切换到的界面中单击“全面清理”按钮。

步骤02 单击“一键清理”按钮

程序自动扫描电脑中要清理的各种垃圾、插件和痕迹等，❶扫描完毕后可查看到扫描的结果，❷单击“一键清理”按钮。

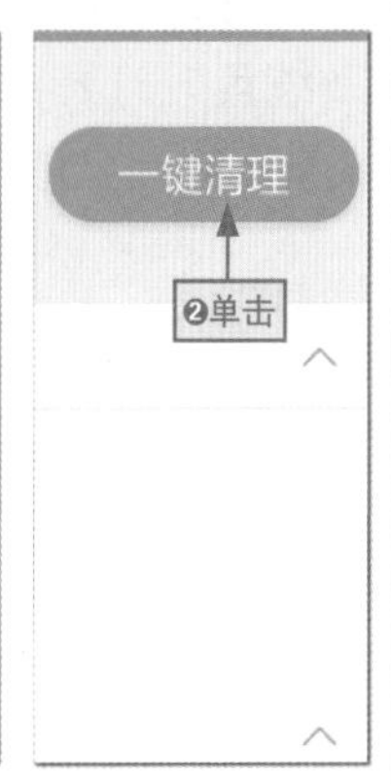

步骤03 单击“清理所有”按钮

在打开的“风险提示”对话框中提示某些项目清理后存在的风险，这里单击“清理所有”按钮。

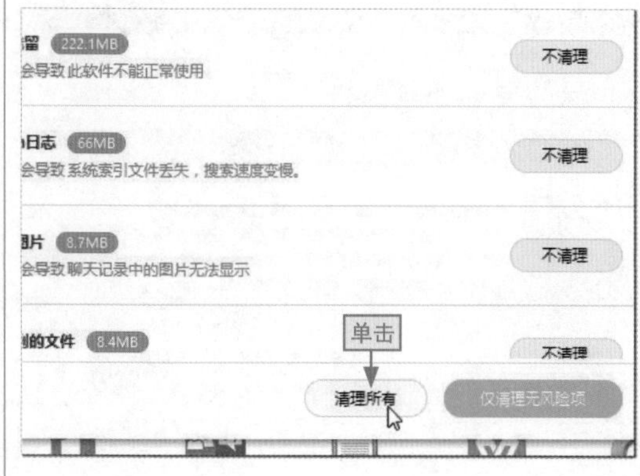

步骤04 完成清理

程序自动对扫描到的所有垃圾、插件、痕迹等进行清理，清理完毕后，在返回的主界面中单击“完成”按钮即可完成整个操作。

高手支招 | 给电脑的系统盘“瘦身”

系统盘是整个电脑系统的灵魂所在，一旦该盘储存的资料太多，其使用空间就会减小，轻者减慢电脑的使用速度，重者可能导致系统崩溃。所以对系统盘的“瘦身”就显得尤为重要了。下面具体介绍如何对电脑的系统盘“瘦身”，其具体操作步骤如下。

步骤01 双击“Windows”文件夹

打开“此电脑”窗口，在其中双击系统盘，打开系统盘的窗口，在其中找到“Windows”文件夹，并在其上双击。

长知识 | 快速找到以W开头的文件夹

在系统盘中选择任意文件夹，在英文输入法状态下按W键即可快速跳转到以W开头的第一个文件夹。

步骤02 双击"Prefetch"文件夹

在打开的"Windows"窗口中找到"Prefetch"文件夹，在其上双击鼠标，打开"Prefetch"窗口。

步骤03 删除文件

❶在该窗口中按Ctrl+A组合键，全选所有文件，右击，❷在弹出的快捷菜单中选择"删除"命令删除文件即可。

除了上述方法，在360安全位置中，❶单击"功能大全"按钮，❷在切换到的界面中单击"系统盘瘦身"按钮，程序自动开始扫描系统盘，❸在打开的界面中单击"立即瘦身"按钮即可对系统盘进行"瘦身"，如图11-5所示。

图11-5

高手支招 | 设置自动整理磁盘碎片

电脑运行过程中会产生许多磁盘碎片，降低系统性能，所以Windows一直都自带磁盘整理程序，但是每次都要手动进行操作，会很麻烦，此时用户可以通过设置让系统自动定期地对电脑的指定盘进行磁盘碎片整理，其具体操作步骤如下。

步骤01 单击"启用"按钮

选择任意磁盘，在"驱动器工具 管理"选项卡的"管理"组中单击"优化"按钮，打开"优化驱动器"对话框，单击"启用"按钮。

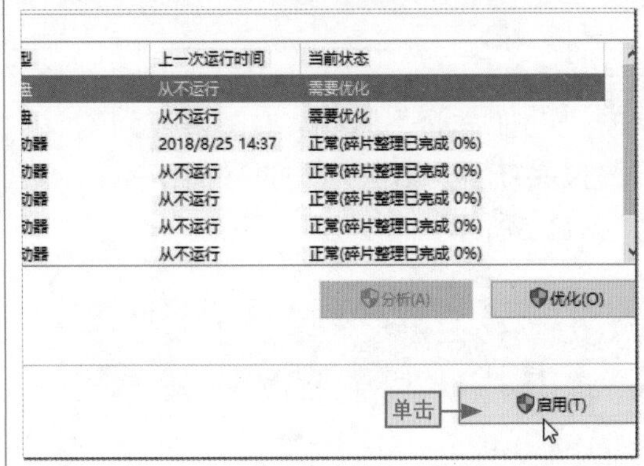

步骤02 设置优化计划

❶在打开的"优化驱动器"对话框的"频率"下拉列表框中选择"每月"选项，❷单击"选择"按钮。

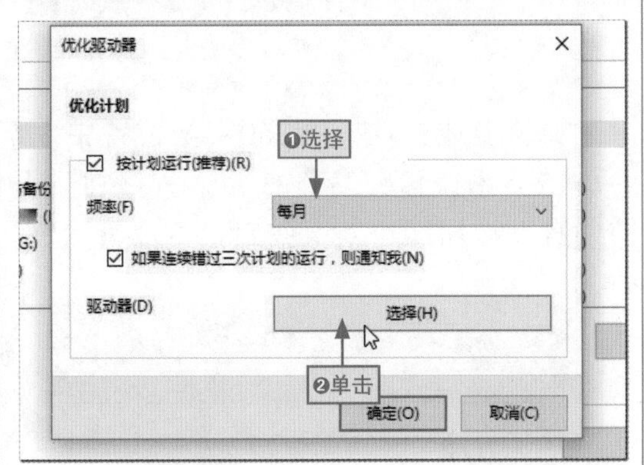

步骤03 设置定期优化的磁盘

❶在打开的对话框的定期要优化的驱动器列表框中设置要优化的磁盘，❷单击"确定"按钮。依次关闭所有对话框即可完成整个操作。

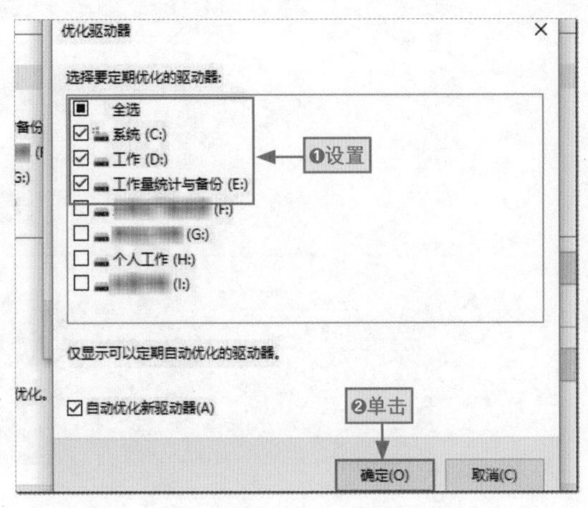

第12章

电脑使用的常见故障排除

学习目标

电脑在使用过程中，操作系统、硬件设备和网络难免会出现一些小故障，从而导致电脑无法正常使用。本章就针对一些常见的故障及其对应的排除方法进行详细讲解，使用户能自行动手解决常见的故障。

本章要点

- 按下电源开关，电脑无反应
- 开机后显示器无信号输出
- 快捷键打不开资源管理器
- 关机后自动重启

……

- 显卡常见故障排除
- 不能使用路由器上网
- 新设备无法连接到无线网络
- QQ能登录但网页打不开

……

知识要点	学习时间	学习难度
操作系统常见故障排除	50分钟	★★★
常见硬件使用故障排除	45分钟	★★★
常见网络故障排除	40分钟	★★

LESSON 12.1 操作系统常见故障排除

Windows系统在启动、使用和退出这些过程中，都容易出现故障，尤其对于系统从开机到进入桌面的过程中出现的故障，更难直接判断其产生的原因。下面就针对系统在启动、使用和退出过程中出现的常见故障的排除方法进行讲解。

12.1.1 按下电源开关，电脑无反应

按下电源开关后，电脑无反应，检查了电脑的所有外部连接均是正常、正确的连接，出现此种故障，一般是由于主机供电线路、主机电源或电源开关问题所致，可按以下方法排除。

● 检查主板电源连接

在确定主机外部线路供电正常后，打开主机箱，检查主机箱内部电源输出的主要插头是否正确连接到主板上，如图12-1所示。

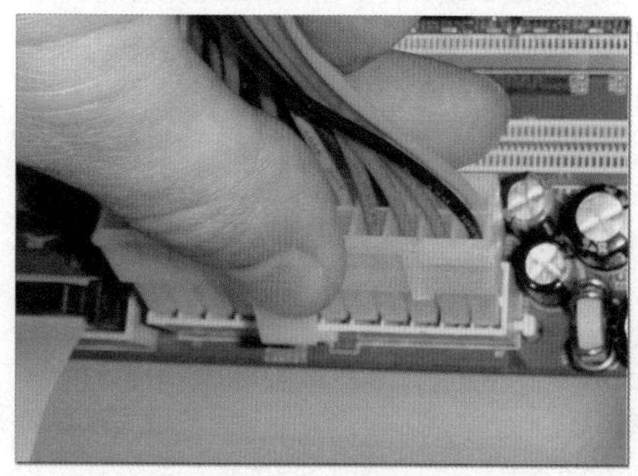

图12-1

● 检查电源按钮的接线

确认电源线连接正确后，再检查机箱前面板的电源控制线是否已经正确连接到主板上的“Power SW”针脚上，如图12-2所示。

图12-2

通过以上两种方法检测后，如果均是正常，则导致故障的原因可能是电源的开关坏了，此时直接换个电源开关就好了。

12.1.2 开机后显示器无信号输出

按下电源按钮开机后，电脑主机运行看似正常，但显示器上无任何信号输出，此故障可能是显示器连接故障或显示器硬件故障引起的，可按以下方法排除。

● 检查显示器供电

首先需要检查显示器供电是否正常，最简单的方法是按下显示器的电源按钮，看是否有指示灯的变化，如图12-3所示。

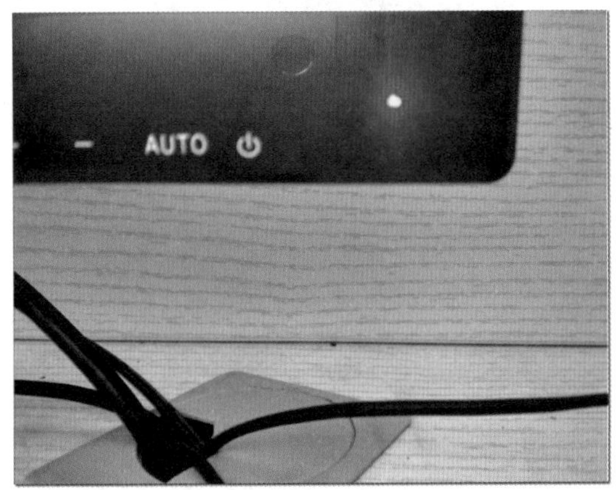

图12-3

● 检查显示器数据线连接

在供电正常且显示器打开的情况下，直接拔下与主机相连的数据线再插上，如图12-4所示，看显示器是否有变化（包括电源指示灯颜色变化），如果有变化，说明连接正常。

图12-4

● 检查系统是否正常运行

在线路连接都检查完后，如果主机指示灯正常亮或闪烁，可反复按键盘上的Num Lock键，看数字锁定指定灯是否正常开关，如图12-5所示。如果正常开关，说明是主机运行正常，故障就出现在显示器上，需要更换数据线或显示器进行测试。

图12-5

如果上述方法都试过了，故障仍然存在，还可能是以下原因造成的故障，其具体的排除方法如下。

● 打开机箱检测是否有异物或主板变形

打开主机箱查看机箱内有无多余金属物，或主板变形造成的短路，闻一下机箱内有无烧焦的煳味，主板上有无烧毁的芯片，CPU周围的电容有无损坏等。如果没有，接着清理主板上的灰尘，然后检查电脑是否正常。

● 检查设备是否损坏

如果故障依旧，则故障可能由内存、显卡、CPU、主板等设备引起。接着使用插拔法、交换法等方法分别检查内存、显卡、CPU等设备是否正常，如果有损坏的设备，就需要更换损坏的设备。

12.1.3 系统运行过程中经常死机

电脑在使用很长一段时间后，运行较大的程序时频繁出现死机现象，死机时的表现多为“蓝屏”，无法启动系统，画面“定格”无反应，鼠标、键盘无法输入，软件运行非正常中断等。有时甚至系统运行过程中突然自动断电关机。这种情况通常是由于电脑散热不好所导致，可对电脑硬件进行清理来尝试解决，其具体操作步骤如下。

步骤01 检查机箱内的情况

完全关闭电脑并断开所有电源，打开主机箱，查看机箱内哪些部分灰尘最严重。

步骤02 清理灰尘

按组装机箱内部组件的逆序，将机箱中灰尘较多的部件卸下，用气吹和毛刷进行清理。

除此之外，以下两种情况也是造成电脑频繁死机的原因。

①电脑运行的程序越多，占用的电脑内存就越高。当内存用到一大半时就会经常出现死机现象。这是无法避免的，也是造成死机的最常见现象。其处理办法为：通过任务管理器结束一部分不用的程序来缓解电脑的内存，当内存使用率变低以后再操作。

②电脑桌面太零乱，这在新用户的使用群体中最为常见。由于桌面上的文件也是保存在系统盘中的，因此当桌面上的文件过多时，会导致系统盘不足而死机。因此，

桌面文件应该归类分档保存到其他磁盘中，这样操作不仅可以缓解系统盘空间，自己查找文件也方便。

12.1.4 快捷键打不开资源管理器

在Windows 10操作系统中，直接按Windows+E组合键可以快速打开资源管理器窗口，如果快捷键失效，则可能是由于安装了某些与Windows不兼容的软件导致注册表被修改所致，此时可通过更改注册表设置来恢复，其具体操作步骤如下。

步骤01 选择“regedit”命令

❶按Windows+R组合键，打开“运行”对话框，在其中输入“regedit”命令，❷单击“确定”按钮。

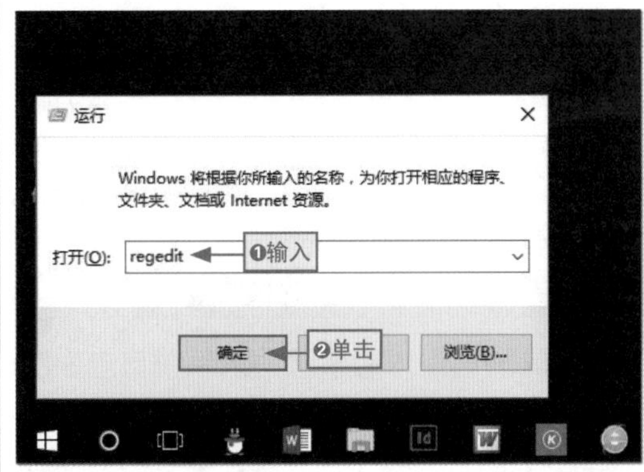

步骤02 展开注册表目录

在打开的“注册表编辑器”窗口中展开“HKEY CLASSES ROOT\Folder\shell\explore\command”分支。

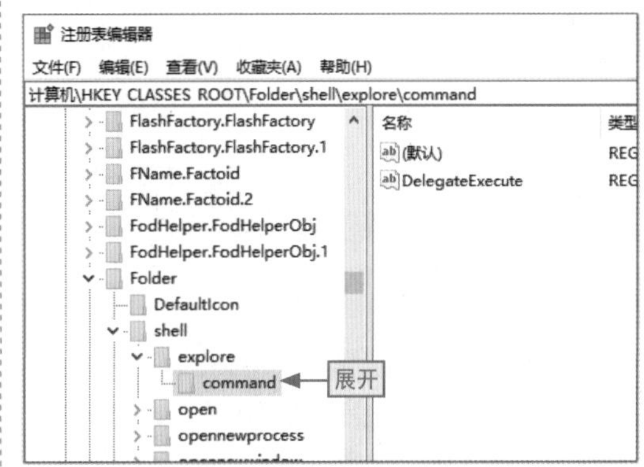

步骤03 选择“修改”命令

❶在右侧窗格中的“DelegateExecute”选项上右击，❷在弹出的快捷菜单中选择“修改”命令。

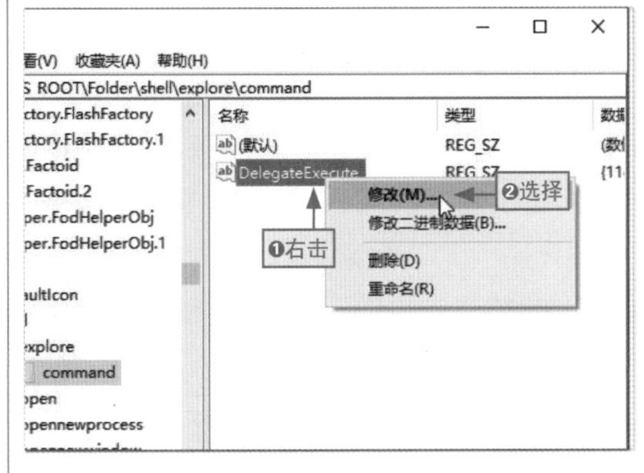

步骤04 修改键值

❶在打开的对话框中输入“{11dbb47c-a525-400b-9e80-a54615a090c0}”字符串，❷单击“确定”按钮，完成后重启电脑即可。

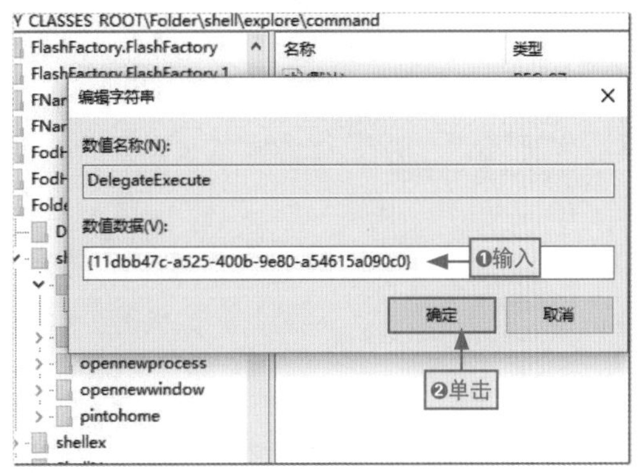

12.1.5 关机后自动重启

用户在关机时，明明选择的是“关机”命令，但是电脑却自动重新启动了，此时只能通过重新关机或强制关机操作才能将电脑关机。这种故障多出现在系统运行时出错，或更改过系统设置后，可尝试通过以下操作来解决该问题。

步骤01 选择“属性”命令

❶在“此电脑”桌面图标上右击，❷在弹出的快捷菜单中选择“属性”命令。

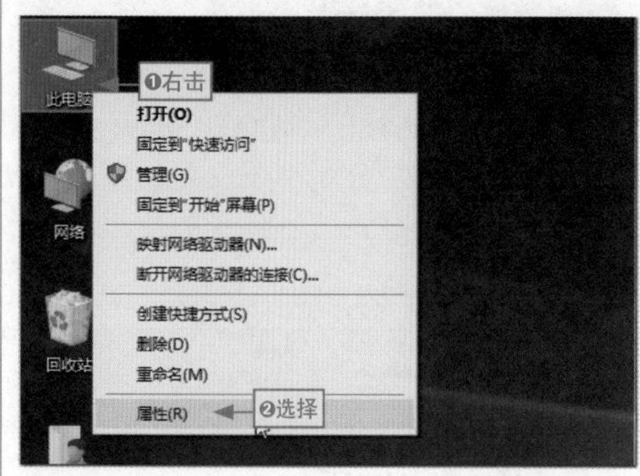

步骤02 单击超链接

在打开的“系统”窗口中单击左侧窗格中的“高级系统设置”超链接。

步骤03 单击“设置”按钮

在打开的“系统属性”对话框的“高级”选项卡的“启动和故障恢复”栏中单击“设置”按钮，打开“启动和故障恢复”对话框。

步骤04 设置禁止系统出错自动重启

❶取消选中“将事件写入系统日志”和“自动重新启动”复选框，❷设置“写入调试信息”为“（无）”，❸单击“确定”按钮完成操作。

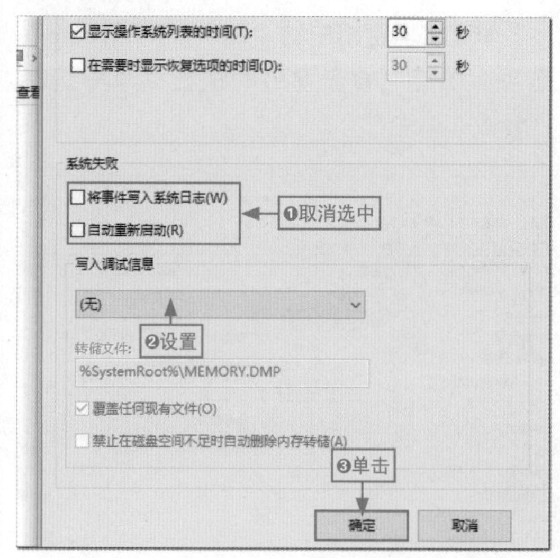

LESSON 12.2 常见硬件使用故障排除

电脑硬件随着使用时间的增长，也会老化或者终止使用，从而导致电脑出现故障，无法使用，下面就来具体介绍一些常见硬件的故障排除方法。

12.2.1 CPU风扇引发CPU故障

CPU是电脑的核心部件，也是整个电脑系统中最重要的部件之一。CPU一旦出现故障，就会影响整个电脑系统的正常运行。因此对CPU常见故障的了解与故障的排除方法的学习非常必要，下面具体介绍由于CPU风扇引发的CPU故障及其相关排除方法。

1. 电脑运行时噪声太大且容易死机

电脑开机后会出现很大的噪声，且在运行较短时间后就出现卡机、死机等情况。出现该故障可能是CPU风扇引起的，此时可以按图12-6所示的流程排除故障。

1. 首先关闭电脑，断开电源，拆开机箱，观察CPU风扇上是否有大量灰尘或其他杂物阻碍其正常运转
2. 如果发现CPU风扇上有大量灰尘，应拆下风扇，清理这些灰尘；如果没有灰尘，可能是风扇无润滑油而产生的噪声，为马达滴入1~2滴润滑油
3. 如果清除灰尘和加入润滑油后，噪声仍不能消除，并且使用一段时间后，CPU温度有明显升高，建议更换新的CPU风扇
4. 更换新CPU风扇后，如果噪声消除，CPU散热正常（还可在更换风扇、清理灰尘时涂抹新的导热硅脂），这可以说明是CPU风扇引起的电脑故障

图12-6

2. 更换CPU风扇后电脑无法启动

电脑在运行过程中，CPU风扇发出很大的噪声，更换风扇后重新启动电脑，发现电脑无法正常启动，且显示器无信号输入。此时可以判断故障可能是硬件方面的原因引起，首先需要检查主机的各个连接线、接口等是否正常，再分析其他原因，其步骤如图12-7所示。

1 断开电源，打开机箱盖，检查CPU风扇附近的连接线是否正常，如果正常，则将其拆卸下来

2 检查CPU是否因为安装风扇时损坏，查看CPU的针脚是否弯曲，如果没有问题，再将其重新安装到位

3 如果CPU的针脚出现弯曲，可用尖嘴钳、镊子等工具小心地将其掰正，将CPU与CPU风扇重新安装好

4 接通电源，检测是否正常。如果显示器仍无任何信号，但CPU风扇在正常运转，断开电源，检查其他因安装CPU风扇时可能触动的设备

图12-7

12.2.2 内存故障导致电脑开机长鸣且无法启动

电脑在通电并按下电源开关后无法正常启动，而且还会发出“嘀，嘀，嘀……”的提示声音，显示器也没有任何信号。根据提示音可以判断该故障是内存检测没有通过，此时需要手动对内存进行检测因，其步骤如图12-8所示。

1 关闭电源，打开机箱，清理机箱内的灰尘，观察内存条是否安装正确，有问题的话，重新安装好内存条，然后开机检测，如果没有问题，则取下内存条

2 用橡皮擦擦拭内存条的金手指，清除内存条金手指上被氧化的氧化层，并用吹气球清理内存条的插槽

3 清理完后，重新安装上内存并开机检测，如果故障依然没有排除，可能是内存条的插槽出现故障

4 将内存条插到另外的插槽上，并开机检测，如果通过自检并成功进入系统，则该故障排除

图12-8

12.2.3 显卡常见故障排除

显卡能将系统所需的显示信息进行转换驱动，并向显示器发送信号源，控制显示器的正确显示，显卡出现故障，将影响正常的显示。下面来具体介绍常见的显卡故障的现象及其排除方法，具体如表12-1所示。

表 12-1 常见显卡故障排除方法

故障现象	故障原因	故障排除
显示花屏，看不清字迹	此类故障多为显示器或显卡不能够支持高分辨率，显示器分辨率设置不当引起	花屏时可切换启动模式到安全模式，重新设置显示器的显示模式即可
	显存损坏，当显存损坏后，在系统启动时就会出现花屏混乱字符的现象	更换显存，或者直接更换显卡
开机无显示	此类故障一般是因为显卡与主板接触不良或主板插槽有问题造成	打开机箱，重新把显卡插好即可。要检查 AGP/PCIE 插槽内是否有小异物，否则会使显卡不能插接到位；如果以上办法处理后还报警，就可能是显卡的芯片坏了，需更换或修理显卡
突然死机	对于突然死机的情况，故障原因会有很多情况，就显卡而言，一般多见于主板与显卡的不兼容、主板与显卡接触不良；或者显卡和其他扩展卡不兼容也会出现突然死机的情况	如果是在玩游戏、处理 3D 时才出现花屏、停顿、死机的现象，那么在排除掉散热问题之后，可以先尝试着换一个版本的显卡驱动
		假如一开机显示就花屏死机的话，则先检查显卡的散热问题，用手摸一下显存芯片的温度，检查显卡的风扇是否停转。再看看主板上的 AGP/PCIE 插槽里是否有灰，金手指是否被氧化了，然后根据具体情况清理灰尘

LESSON 12.3 常见网络故障排除

网络在工作和生活中都起着非常重要的作用，一旦网络出现故障，会直接中断用户与网络相关的一切操作，因此，无论是工作需要还是生活需要，用户都应该了解并学会一些常见网络故障的排除方法。

12.3.1 不能使用路由器上网

安装宽带时通过宽带连接拨号上网，添加路由器后，在路由器里面保存了宽带账号的密码，但始终无法获取到正确的IP地址，局域网中所有电脑都无法上网。

这种情况大多是由于ISP服务器限制了设备的MAC地址导致的，可通过路由器的克隆MAC地址来解决，其操作方法如下。

步骤01 展开MAC地址克隆

进入路由器设置页面，在其中展开“网络参数/MAC地址克隆”目录。

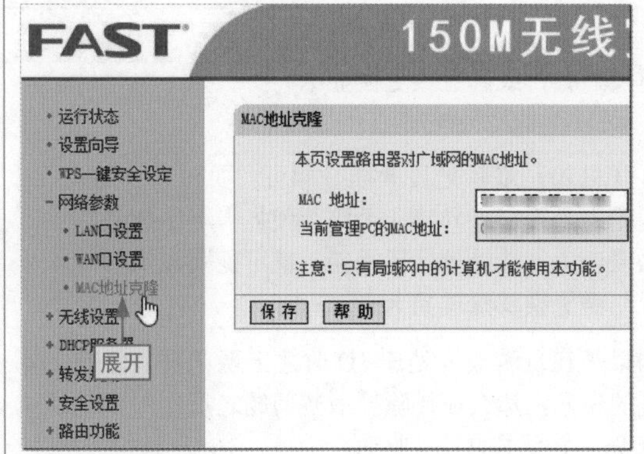

步骤02 克隆MAC地址

❶单击“克隆MAC地址”按钮，将当前管理电脑的MAC地址复制给路由器，❷单击“保存”按钮，重启路由器后即可生效。

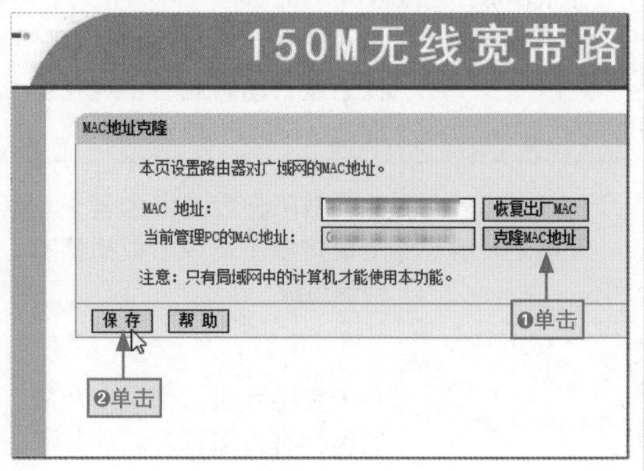

12.3.2 新设备无法连接到无线网络

家里安装了无线路由器，原来的手机和平板电脑都可以正常连接上网，但新买的手机却也无法连接到路由器。

此故障可能是由于新设备与路由器的兼容性问题所致，也可能是路由器开启了MAC地址过滤功能，限制了新设备的连接，可通过以下方法尝试解决。

步骤01 查看防火墙设置状态

进入路由器设置页面，在左侧窗格中展开“安全设置/防火墙设置”目录，查看防火墙设置状态。

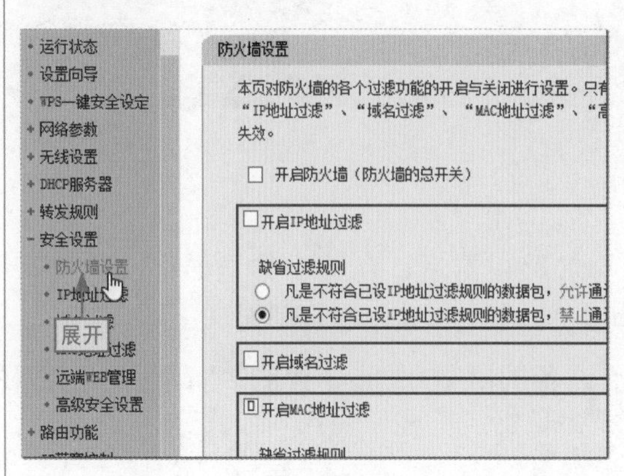

步骤02 关闭MAC地址过滤功能

❶取消选中“开启MAC地址过滤”复选框，❷单击“保存”按钮，关闭MAC地址过滤功能，允许所有设备连接路由器。

长知识 | 谨慎开启MAC地址过滤

在开启MAC地址过滤之前，必须仔细检查当前管理的设备的MAC地址是否在列表中。

如果规则是允许列表中的设备访问网络，则必须将当前设备的MAC地址添加到列表中；如果规则是禁止列表中的设备访问网络，则必须将当前设备的MAC地址从列表中删除，否则规则生效后，当前管理的设备也无法访问路由器。

12.3.3 QQ能登录但网页打不开

使用路由器上网的电脑可以登录QQ收发消息，但打不开任何网页。这种情况多数是由于DNS服务器错误导致的，如果路由器开启了DHCP服务，可将本地连接的IP地址设置为自动获取，否则需要指定正确的DNS地址。将IP地址设置为自动获取的具体操作方法如下。

步骤01 选择“打开网络和共享中心”命令

❶在桌面左下角的通知区域中右击“网络连接”图标，❷在弹出的快捷菜单中选择“打开网络和共享中心”命令。

步骤02 单击“更改适配器设置”超链接

在打开的“网络和共享中心”窗口的左侧任务窗格中单击“更改适配器设置”超链接。

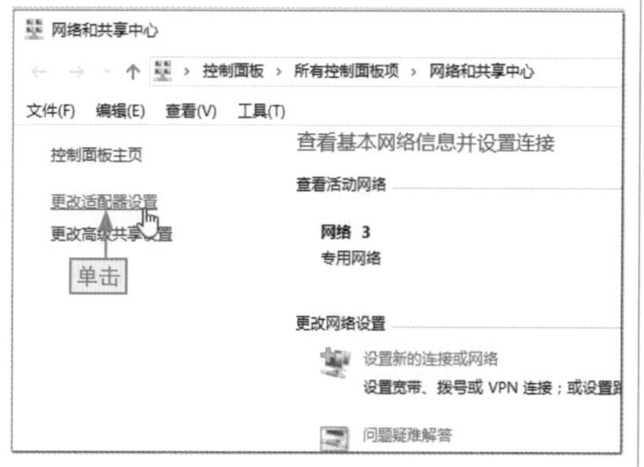

步骤03 选择“属性”命令

❶在当前使用的网络连接上右击，❷在弹出的快捷菜单中选择“属性”命令。

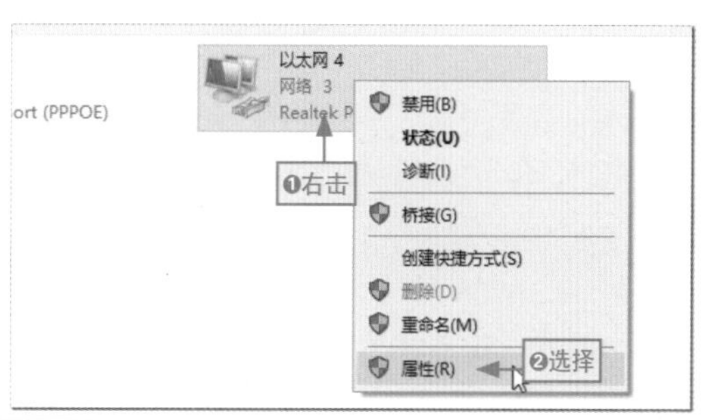

步骤04 单击“属性”按钮

❶在打开的对话框中间的列表框中选择“Internet 协议版本4（TCP/IPv4）”选项，❷单击“属性”按钮。

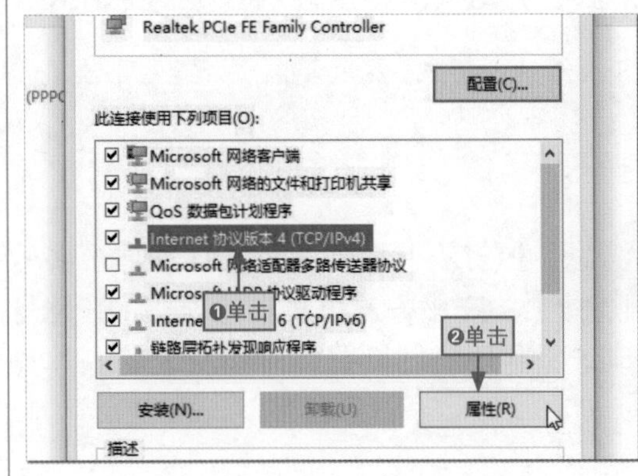

步骤05 让系统自动获得IP地址和DNS地址

在打开的对话框中选中“自动获得 IP 地址”和“自动获得 DNS 服务器地址”单选按钮，单击“确定”按钮完成操作。

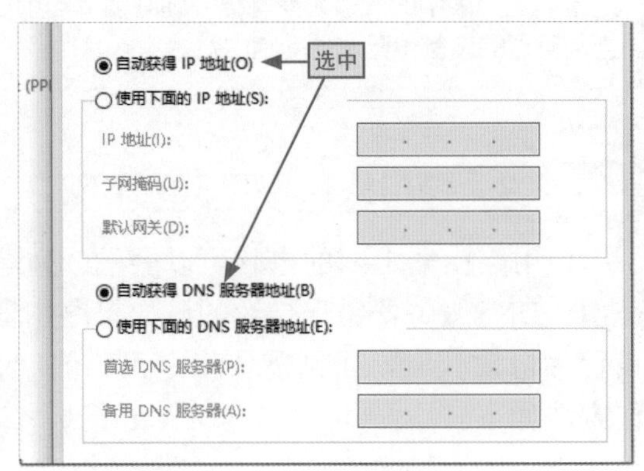